LEÇONS

SUR L'INTÉGRATION

ET LA

RECHERCHE DES FONCTIONS PRIMITIVES

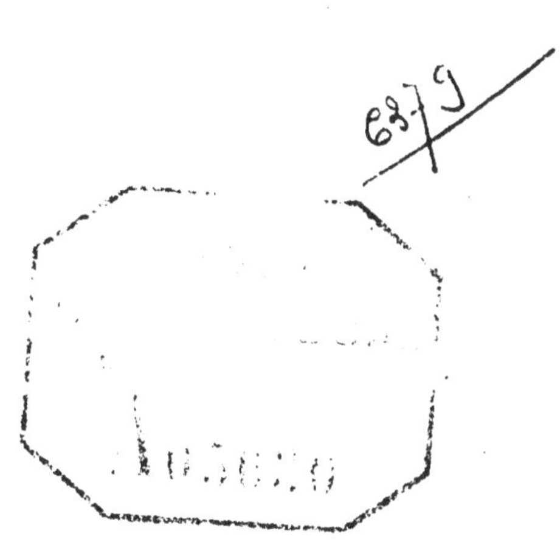

COLLECTION DE MONOGRAPHIES SUR LA THÉORIE DES FONCTIONS
PUBLIÉE SOUS LA DIRECTION DE M. ÉMILE BOREL.

LEÇONS

SUR L'INTÉGRATION

ET LA

RECHERCHE DES FONCTIONS PRIMITIVES

PROFESSÉES AU COLLÈGE DE FRANCE

PAR

Henri LEBESGUE

Membre de l'Institut,
Professeur au Collège de France,
Professeur honoraire à la Faculté des Sciences de Paris.

DEUXIÈME ÉDITION

PARIS

GAUTHIER-VILLARS ET Cⁱᵉ, ÉDITEURS

LIBRAIRES DU BUREAU DES LONGITUDES, DE L'ÉCOLE POLYTECHNIQUE
Quai des Grands-Augustins, 55

1928

PRÉFACE.

J'ai réuni dans cet Ouvrage les Leçons que j'ai faites au Collège de France, pendant l'année scolaire 1902-1903, comme chargé du cours fondé par la famille Peccot.

Les vingt Leçons que comprend ce Cours ont été consacrées à l'étude du développement de la notion d'intégrale. Un historique complet n'aurait pu tenir en vingt Leçons; aussi, laissant de côté bien des résultats importants, je me suis tout d'abord limité à l'intégration des fonctions réelles d'une seule variable réelle; le lecteur pourra rechercher si les résultats indiqués se prêtent facilement à des généralisations. De plus, parmi les nombreuses définitions qui ont été successivement proposées pour l'intégrale des fonctions réelles d'une variable réelle, je n'ai retenu que celles qu'il est, à mon avis, indispensable de connaître pour bien comprendre toutes les transformations qu'a reçues le problème d'intégration et pour saisir les rapports qu'il y a entre la notion d'aire, si simple en apparence, et certaines définitions analytiques de l'intégrale à aspects très compliqués.

On peut se demander, il est vrai, s'il y a quelque intérêt à s'occuper de telles complications et s'il ne vaut pas mieux se borner à l'étude des fonctions qui ne nécessitent que des définitions simples. Cela n'a guère que des avantages quand il s'agit d'un Cours élémentaire; mais, comme on le verra dans ces Leçons, si l'on voulait toujours se limiter à la considération de ces bonnes fonctions, il faudrait renoncer à résoudre bien des problèmes à énoncés simples posés depuis longtemps. C'est pour la résolution de ces problèmes, et non

par amour des complications, que j'ai introduit dans ce
Livre une définition de l'intégrale plus générale que celle de
Riemann et comprenant celle-ci comme cas particulier.

Ceux qui me liront avec soin, tout en regrettant peut-être
que les choses ne soient pas plus simples, m'accorderont, je
le pense, que cette définition est nécessaire et naturelle.
J'ose dire qu'elle est, en un certain sens, plus simple que
celle de Riemann, aussi facile à saisir que celle-ci et que,
seules, des habitudes d'esprit antérieurement acquises peuvent la faire paraître plus compliquée. Elle est plus simple
parce qu'elle met en évidence les propriétés les plus importantes de l'intégrale, tandis que la définition de Riemann
ne met en évidence qu'un procédé de calcul. C'est pour cela
qu'il est presque toujours aussi facile, parfois même plus
facile, à l'aide de la définition générale de l'intégrale, de
démontrer une propriété pour toutes les fonctions auxquelles
s'applique cette définition, c'est-à-dire pour toutes les fonctions *sommables*, que de la démontrer pour les seules fonctions intégrables, en s'appuyant sur la définition de Riemann.
Même si l'on ne s'intéresse qu'aux résultats relatifs aux fonctions simples, il est donc utile de connaître la notion de
fonction sommable parce qu'elle suggère des procédés rapides
de démonstration.

Comme application de la définition de l'intégrale, j'ai
étudié la recherche des fonctions primitives et la rectification
des courbes. A ces deux applications j'aurais voulu en
joindre une autre très importante : l'étude du développement trigonométrique des fonctions ; mais, dans mon
Cours, je n'ai pu donner à ce sujet que des indications tellement incomplètes que j'ai jugé inutile de les reproduire ici.

Suivant en cela l'exemple donné par M. Borel, j'ai rédigé
ces Leçons sans supposer au lecteur d'autres connaissances
que celles qui font partie du programme de licence de
toutes les Facultés ; je pourrais même dire que je ne suppose rien de plus que la connaissance de la définition et

des propriétés les plus élémentaires de l'intégrale des fonctions continues. Mais, s'il n'est pas indispensable de connaître beaucoup de choses avant de lire ces Leçons, il est nécessaire d'avoir certaines habitudes d'esprit, il est utile de s'être déjà intéressé à certaines questions de la théorie des fonctions. Un lecteur parfaitement préparé serait celui qui aurait déjà lu l'*Introduction à l'étude des fonctions d'une variable réelle*, de M. Jules Tannery, et les *Leçons sur la théorie des fonctions*, de M. Émile Borel.

Si l'on compare ce Livre aux quelques pages que l'on consacre ordinairement à l'intégration et à la recherche des fonctions primitives, on le trouvera sans doute un peu long; j'espère cependant que tous ceux qui ont écrit sur la théorie des fonctions et qui savent les difficultés qu'il y a, en cette matière, à être à la fois rigoureux et court, ne s'étonneront pas trop de cette longueur; peut-être même me pardonneront-ils d'avoir été, à leur gré, parfois trop diffus, parfois trop concis.

Pour la rédaction, j'ai eu surtout recours aux Mémoires originaux; je dois cependant signaler, comme m'ayant été particulièrement utiles, outre les deux Ouvrages précédemment cités, les *Fondamenti per la teorica delle funzioni di variabili reali*, de M. Ulisse Dini, et le *Cours d'Analyse de l'École Polytechnique*, de M. Camille Jordan. Enfin j'ai à remercier M. Borel des conseils qu'il m'a donnés au cours de la correction des épreuves.

Rennes, le 3 décembre 1903.

HENRI LEBESGUE.

PRÉFACE

DE LA DEUXIÈME ÉDITION.

Lorsque, il y a déjà deux ans, la maison Gauthier-Villars m'a informé que la première édition de ces Leçons était épuisée, j'ai été fort embarrassé. Comment conserver à ce Livre son caractère de revue des principales conceptions de l'intégrale et des résultats acquis dans la recherche dés fonctions primitives, sans le grossir des nombreux travaux publiés sur ces sujets durant vingt-trois années?

Il me fallait choisir. J'ai écarté résolument tout ce qui ne concourrait pas directement à «faire comprendre». Si, par exemple, j'ai parlé de l'intégration terme à terme des séries c'est que la possibilité de cette opération découle directement des propriétés qui caractérisent l'intégrale et qu'elle éclaire celles-ci; c'est que, lorsque l'on considérait l'intégrale comme la somme d'une infinité d'indivisibles, on utilisait une extension de la notion de somme à certains égards comparable à celle qui donne la somme d'une série et que ces deux extensions sont intimement liées. Mais je n'ai pas parlé des procédés d'intégration par parties et par substitutions, du second théorème de la moyenne, de l'inégalité de Schwarz et de ses généralisations, indispensables pourtant pour l'utilisation mathématique de l'intégrale.

La généralisation est l'un des meilleurs moyens de «faire comprendre» en mathématiques; alors que, sur le cas particulier, on est gêné par tous les faits que l'on peut observer et qui ne sont propres qu'à ce cas particulier, dans le cas général il n'y a plus rien à observer en dehors des faits mêmes sur lesquels il faut raisonner; on atteint ainsi au même résultat qu'avec les définitions axiomatiques, d'une façon moins précise logiquement, mais tellement plus vivante et suggestive !

Si, pourtant, je n'ai pas traité des fonctions de plusieurs variables, c'est que les lecteurs de cette Collection peuvent se reporter à un excellent livre de M. de la Vallée Poussin et que s'offrait à moi une généralisation de l'intégrale bien autrement vaste : l'intégrale de Stieltjès.

A la vérité, c'est presque commettre un contresens que de traiter actuellement de l'intégrale de Stieltjès en se limitant aux fonctions d'une seule variable. J'ai cru pourtant pouvoir le faire; je me suis contenté d'indiquer la signification physique générale de l'intégrale de Stieltjès.

Lorsque, abandonnant le point de vue des quadratures, je me suis placé au point de vue des fonctions primitives, je n'avais plus à choisir. Il me fallait exposer les travaux de M. Denjoy, fondamentaux et d'ailleurs si décisifs que j'ai pu me borner à eux. On verra que, tout en suivant les idées de M. Denjoy, je me suis beaucoup écarté de son exposé, toujours dans la forme, parfois quant au fond. Je souhaite avoir ainsi rendu plus accessible et contribuer à faire mieux connaître l'une des plus belles conceptions de la théorie des fonctions de variable réelle.

La totalisation de M. Denjoy utilise essentiellement la récurrence transfinie; il m'a donc fallu employer le transfini plus délibérément que je ne l'avais fait dans la première édition.

Bien que cette première édition avait paru, à certains, audacieusement et volontairement remplie de nouveautés un peu scandaleuses, elle était l'œuvre d'un timide qui, sur les sept Chapitres qu'il avait écrits, en avait consacré six à l'exposé des recherches antérieures avant d'aborder les travaux que l'on considérait comme révolutionnaires. S'il l'avait fait, ce n'était pas par habileté de propagandiste qui cherche à recruter des adeptes pour la révolution, mais pour se rassurer lui-même. Il croyait en effet, et il croit encore, que pour faire œuvre utile il faut marcher dans l'une des voies ouvertes par les travaux antérieurs; qu'on risquerait trop, en agissant autrement, de créer une science sans rapport avec le reste des mathématiques. Aussi s'était-il efforcé de dégager les idées qui avaient guidé, consciemment ou inconsciemment, les mathématiciens dans l'étude de l'intégration, leur idéal dans ce domaine eût dit le regretté P. Boutroux, et de montrer que ses idées personnelles étaient en liaison étroite avec celles de ses devanciers.

C'est avec la même timidité que j'avais parlé des nombres transfinis. J'avais pu procéder par allusions et affirmations parce que je n'utilisais en somme que des transformations de séries simplement infinies en séries plus complexes fournies par le procédé des chaînes d'intervalles. Mais, pour la totalisation de M. Denjoy, j'ai dû développer la Note que j'avais consacrée aux nombres transfinis.

De cette Note il résulte, en particulier, que j'aurais pu éviter l'emploi des chaînes d'intervalles et, par suite, ne plus faire appel au transfini en bien des endroits de ce Livre. J'ai cru qu'il y aurait des inconvénients et quelque hypocrisie à le faire. Je m'explique par analogie. Les infiniment petits étaient jadis des êtres obscurs qui intervenaient dans des énoncés imprécis et inexacts; tout est devenu clair grâce à la notion de limite. On peut, dès lors, se passer de la notion d'infiniment petit; mais, d'autre part, il n'y a plus aucune obscurité à l'employer. Et n'y aurait-il pas quelque hypocrisie à défendre aux autres l'emploi du langage si suggestif et si commode des infiniment petits, si l'on continuait à l'utiliser soi-même pour chercher des raisonnements? Les chaînes d'intervalles s'introduisent tout naturellement, les nombres transfinis sont un excellent outil mathématique, il convient de s'habituer à les employer.

Pour mieux faire comprendre la totalisation de M. Denjoy,

je l'ai généralisée à la manière dont Stieltjès avait généralisé l'intégration ordinaire. A ceci se rattachent des problèmes qui attendent encore une solution.

Mais à quoi servent toutes ces études? Elles auraient été fort utiles même si elles n'avaient eu pour effet que de fixer notre attention sur l'intégration et la dérivation assez pour que nous ayons reconnu ceci : l'intégration est toujours une opération analogue à celle qu'il faut faire pour calculer la quantité de chaleur nécessaire pour élever un corps de $1°$, en fonction des masses de ses parties et de leurs chaleurs spécifiques; la dérivation est l'opération inverse. Ces opérations relient deux grandeurs attachées à ces corps et une fonction attachée aux points de ces corps.

« Comment, dira-t-on peut-être, vous ne saviez pas cela? » Qu'on ne s'attende pas à obtenir aussi facilement mes aveux : «Je le savais, je le savais très bien.» Pourtant, si je l'avais su en 1903 aussi parfaitement bien que maintenant, je n'aurais pas omis de parler de l'intégrale de Stieltjès dans la première édition de ce livre. Et il faut croire que cette omission n'a pas généralement paru très grave, car aucun de ceux qui m'ont fait l'honneur de faire un compte rendu de mon livre ne l'a signalée.

J'ai dit l'intégrale de Stieltjès; n'aurais-je pas dû dire l'intégrale de Cauchy? Cauchy a, en effet, très nettement exposé l'importance et la signification physique de la nouvelle intégration prise dans toute sa généralité, alors que Stieltjès a surtout défini logiquement la nouvelle opération, dans le cas seulement d'une variable. Je n'ai pas cru devoir changer la dénomination adoptée. Si je l'avais fait, aurait-il fallu prendre le nom du premier inventeur actuellement connu ou le nom de celui qui a donné à l'intégrale la définition la plus large, actuellement connue? De toute façon l'attribution eût été inexacte et injuste; autant s'en tenir aux inexactitudes consacrées.

Ceci me fournit l'occasion de m'excuser et des citations que je n'ai pas faites et de celles que j'ai faites; j'ai seulement voulu donner quelques points de départ pour les recherches bibliographiques, je n'ai pas essayé de résumer par là l'histoire du développement intensif de la notion d'intégrale pendant ces vingt dernières années. Je n'ai pas non plus la prétention de réussir à énumérer tout ce que j'ai emprunté aux divers Ouvrages récents sur la théorie des fonctions de variable réelle; tous m'ont été constamment utiles.

Je remercie M. Vasilesco qui a bien voulu m'aider dans la correction des épreuves.

Paris, le 3 décembre 1926.

HENRI LEBESGUE.

INDEX.

LEÇONS

SUR L'INTÉGRATION

ET LA

RECHERCHE DES FONCTIONS PRIMITIVES

CHAPITRE I.

L'INTÉGRALE AVANT RIEMANN.

I. — L'intégration des fonctions continues.

L'intégration a été définie tout d'abord comme l'opération inverse de la dérivation; c'est l'opération permettant de résoudre le problème des fonctions primitives :

Trouver les fonctions $F(x)$ *qui admettent pour dérivée une fonction donnée* $f(x)$.

On sait que, si ce problème est possible, il l'est d'une infinité de manières, et que toutes les fonctions primitives $F(x)$ d'une même fonction $f(x)$ ne diffèrent que par une constante additive. Ce qu'on se propose, c'est de trouver l'une quelconque des fonctions $F(x)$.

A l'époque où le problème des fonctions primitives fut posé sous la forme que j'indique, c'est-à-dire à l'époque de Newton et de Leibnitz, le mot *fonction* avait un sens assez mal défini. On appelait ainsi, le plus souvent, une quantité y liée à la variable x par une équation où intervenait un certain nombre des symboles d'opérations que l'on avait l'habitude de considérer. Les principales de ces opérations étaient : les opérations arithmétiques (addition, soustraction, multiplication, division, extraction de racines), les opérations trigonométriques (avec les signes sin, cos, tang, arc sin, arc cos, arc tang), les opérations logarithmiques et exponentielles (avec les signes log, a^x).

Pour un grand nombre de fonctions exprimées de cette manière on avait pu exprimer les fonctions primitives de la même manière, de sorte qu'il apparaissait comme certain que toute fonction admet une fonction primitive. D'ailleurs on pouvait répondre à qui doutait de cette proposition.

Soit (*fig.* 1) la courbe Γ, $y = f(x)$, représentant la fonction

Fig. 1.

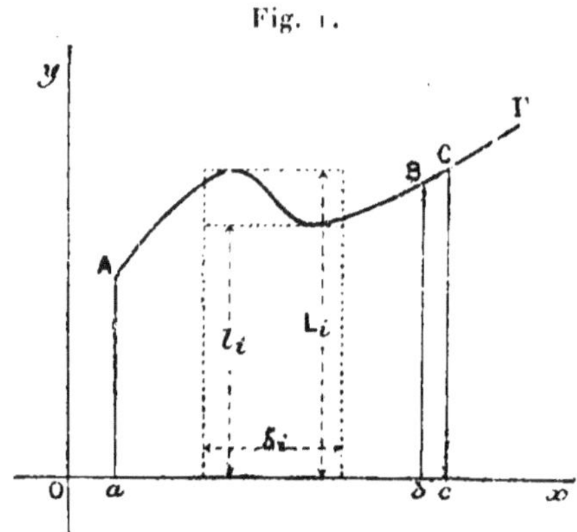

donnée $f(x)$; les axes sont rectangulaires. Supposons, pour simplifier, $f(x)$ positive; soient aA, bB deux parallèles à l'axe des y, d'abscisses a et x. Ces deux parallèles, l'arc AB de Γ, le segment ab de Ox, limitent un domaine d'aire $S(x)$. En évaluant l'accroissement bBCc de cette aire, on voit que $f(x)$ est la dérivée de $S(x)$ ([1]).

Remarquons que dans les considérations précédentes le mot *fonction* a déjà reçu une extension considérable. La relation entre $S(x)$ et x est en effet une relation géométrique et non plus une relation algébrique-trigonométrique-logarithmique. De telles relations étaient encore considérées comme définissant des fonctions; seulement, on distinguait soigneusement entre les figures géométriques définies à l'aide de lois exprimables par des égalités géo-

---

([1]) Pour la démonstration et pour le cas où $f(x)$ n'est pas toujours positive, *voir* les traités classiques de calcul différentiel et intégral.

métriques et les figures qui n'étaient pas définies ainsi. Les courbes $y = f(x)$ de la première espèce ou courbes géométriques définissaient des fonctions $f(x)$; les courbes de la seconde espèce ou courbes arbitraires ne définissaient pas de vraies fonctions. Lorsqu'on employait le mot *fonction* pour ces deux espèces de correspondances entre y et x, on distinguait les premières en les appelant *fonctions continues* (¹).

Il y avait aussi une catégorie intermédiaire de fonctions, celles qui étaient représentées à l'aide de plusieurs arcs de courbes géométriques; on les considérait plus volontiers comme formées de parties de fonctions.

Les fonctions *continues* étaient les vraies fonctions. On donnait ainsi au mot *fonction* un sens assez restreint parce qu'on croyait que toute fonction continue, définie géométriquement ou non, était représentable par une expression analytique, de la nature de celles dont il a été parlé précédemment, et qu'on croyait cela impossible pour les fonctions non continues.

Mais Fourier montra que les séries trigonométriques, qui pouvaient être employées dans des cas étendus à la représentation des fonctions continues, pouvaient servir aussi à la représentation de fonctions non continues formées de parties de fonctions. En particulier, une fonction nulle de o à π, égale à 1 de π à 2π, admet un développement trigonométrique convergent. Le seul critère permettant de distinguer les vraies fonctions des fausses disparaissait. Il fallait, ou bien étendre le sens du mot *fonction*, ou bien restreindre la catégorie des expressions algébriques, trigonométriques, exponentielles qui pouvaient servir à définir des fonctions.

Cauchy remarqua que les difficultés qui résultent des recherches de Fourier se présentent même lorsqu'on ne se sert que d'expressions très simples, c'est-à-dire que, suivant le procédé employé pour donner une fonction, elle apparaît comme continue ou non. Cauchy cite, comme exemple, la fonction égale à $+x$ pour x positif, à $-x$ pour x négatif. Cette fonction n'est pas continue, elle est formée de parties des deux fonctions continues $+x$ et $-x$; elle apparaît au contraire comme continue quand on la note $+\sqrt{x^2}$.

(¹) Cette continuité est connue sous le nom de *continuité eulérienne*.

Pour conserver aux mots *fonction continue* leur sens primitif, il aurait donc fallu ne considérer que des expressions analytiques très particulières ([1]); Cauchy préféra modifier considérablement les définitions.

Pour Cauchy *y est fonction de x quand, à chacun des états de grandeur de x, correspond un état de grandeur parfaitement déterminé de y.*

Cette définition paraît la même que celle donnée plus tard par Riemann, mais en réalité les correspondances que Cauchy considère sont encore celles qu'on peut établir à l'aide d'expressions analytiques, car, après avoir défini les fonctions, Cauchy ajoute : les fonctions sont dites explicites si l'équation qui lie x à y est résolue en y, et implicites si cela n'a pas lieu. Le fait que les correspondances sont établies à l'aide d'expressions analytiques n'intervient jamais dans les raisonnements de Cauchy, de sorte que les propriétés obtenues par Cauchy s'appliquent immédiatement ainsi que leurs démonstrations aux fonctions satisfaisant à la définition de Riemann ([2]).

Pour Cauchy, *une fonction $f(x)$ est continue pour la valeur x_0 si, quel que soit le nombre positif ε, on peut trouver un nombre $\eta(\varepsilon)$ tel que l'inégalité $|h| \leqq \eta(\varepsilon)$ entraîne*

$$|f(x_0 + h) - f(x_0)| \leqq \varepsilon;$$

la fonction $f(x)$ est continue dans (a, b) si la correspondance

---

([1]) C'est ce qu'avait fait Méray qui donnait au mot *fonction* un sens très voisin de celui qu'on donnait autrefois aux mots *fonction continue*. Méray définit les fonctions par les séries de Taylor et le prolongement analytique; lorsqu'on adopte les définitions de Méray, l'existence des fonctions primitives résulte immédiatement des propriétés des séries entières.

Mais, si l'on applique les définitions de Méray aux fonctions de la variable complexe, on se trouve conduit nécessairement, comme me l'a fait remarquer M. Borel, à considérer des fonctions discontinues d'une variable réelle. Par exemple, lorsqu'une série de Taylor est convergente sur son cercle de convergence, ses valeurs, sur ce cercle, peuvent définir deux fonctions réelles discontinues de l'argument.

([2]) Je ne veux pas dire par là que la définition de Cauchy est moins générale que celle de Riemann mais seulement que, s'il existait des fonctions satisfaisant à la définition de Riemann sans satisfaire à celle de Cauchy, elles ne seraient pas exclues des raisonnements.

entre ε et $\eta\,(\varepsilon)$ peut être choisie indépendamment du nombre x_0, quelconque dans (a, b).

On reconnaît là les définitions aujourd'hui classiques.

Pour démontrer l'existence des fonctions primitives des fonctions continues, il suffit de reprendre la démonstration géométrique indiquée précédemment. Dans cette démonstration on a fait appel à la notion d'aire. Cette notion, déjà assez délicate lorsqu'il s'agit de domaines limités par des courbes géométriques simples comme le cercle ou l'ellipse, le devient plus encore lorsqu'il s'agit des domaines intervenant dans la démonstration qui nous occupe.

Les courbes Γ qui limitent ces domaines ne sont plus nécessairement des courbes géométriques, elles peuvent être formées de parties de courbes géométriques $\left(y = +\sqrt{\overline{x^2}}\right)$; on sait donc qu'elles peuvent être compliquées sans savoir où s'arrête cette complication. Aussi Cauchy crut devoir préciser ce que l'on doit entendre par le nombre $S(x)$ de la démonstration précédente; il lui suffit pour cela de reprendre les opérations qui servaient ordinairement à calculer des valeurs approchées de $S(x)$ considérée comme aire et de démontrer que ces calculs conduisaient à un nombre limite (^{1}). On a ainsi la démonstration maintenant classique de l'existence des fonctions primitives.

Soit (a, X) l'intervalle que nous considérons. Divisons (a, X) en intervalles partiels à l'aide des nombres croissants

$$a_0 = a,\ a_1,\ a_2,\ \ldots,\ a_{n-1},\ a_n = X;$$

(^{1}) Très souvent, en mathématiques, on prend, ainsi que le fait ici Cauchy, le procédé de calcul d'un nombre comme définition même de ce nombre. D'ailleurs certains Mathématiciens n'admettent pas d'autres définitions d'un nombre que celles qui permettent son calcul.

On remarquera l'intérêt de la si simple transformation effectuée par Cauchy : elle réduit le nombre des notions premières à partir desquelles nous raisonnons. On dit souvent que Descartes a ramené la géométrie à l'algèbre; cela n'aurait pas été exact, si Cauchy, par sa définition de l'intégrale, n'avait pas donné une construction logique de notions jusque-là déduites de l'intuition géométrique : aires, volumes, etc.

Il y a là un progrès dont l'importance philosophique est extrême; mais, comme le travail de Cauchy n'apporte aucun enrichissement pour la notion d'intégrale, son intérêt mathématique est minime; aussi Cauchy ne l'a-t-il donné que comme un simple exposé pédagogique.

et formons la somme

$$S = (a_1 - a_0)f(x_1) + (a_2 - a_1)f(x_2) + \ldots + (a_n - a_{n-1})f(x_n).$$

où x_i est un nombre quelconque compris entre a_{i-1} et a_i. On démontre que S tend vers un nombre déterminé $S(X)$ quand le maximum de $a_i - a_{i-1}$ tend vers zéro d'une manière quelconque

Le nombre $S(X)$ ainsi obtenu s'appelle l'*intégrale définie* de la fonction $f(x)$ dans l'intervalle (a, X). Depuis Fourier, on le représente par la notation $\int_a^X f(x)dx$.

Ce symbole n'a jusqu'à présent de sens que dans les intervalles positifs (a, X), $(X \geq a)$; par définition, on pose

$$\int_a^X f(x)\,dx + \int_X^a f(x)\,dx = 0.$$

Il est évident que l'on a, quels que soient a, b, c,

$$\int_a^b + \int_b^c + \int_c^a = 0.$$

Remarquons encore que si L et l sont les limites supérieure et inférieure de $f(x)$ dans (a, b), $\int_a^b f(x)dx$ est comprise entre $L(b - a)$ et $l(b - a)$. La fonction continue $f(x)$ prenant toutes les valeurs entre l et L, y compris les valeurs l et L, on peut écrire

$$\int_a^b f(x)\,dx = (b - a)f(\xi).$$

ξ étant compris entre a et b (¹); c'est le théorème des accroissements finis.

(¹) Cette démonstration n'exclut pas les égalités $\xi = a$, $\xi = b$. Dans certains cas il est bon de prouver qu'on peut choisir ξ différent de a et b; la démonstration est immédiate.

Le théorème considéré est le théorème des accroissements finis pour la fonction

$$S(x) = \text{const.} + \int_a^x f(x)\,dx;$$

il fournit, en effet, une expression de l'accroissement $S(b) - S(a)$ subie par $S(x)$ quand on passe de a à b.

Le nombre $S(X)$ étant maintenant défini d'une manière précise, on démontre l'existence de la fonction primitive de $f(x)$ sans difficulté. En effet, on a

$$\frac{S(x_0 + h) - S(x_0)}{h} = \frac{1}{h}\int_{x_0}^{x_0 + h} f(x)\,dx = f(x_0 + \theta h),$$

égalité qui démontre que la fonction $S(x)$ est continue et a pour dérivée $f(x)$.

La fonction $S(X)$ qui figure dans la démonstration précédente ou plus exactement la fonction

$$S(X) + K = K + \int_a^X f(x)\,dx = K_1 + \int_x^X f(x)\,dx,$$

dans laquelle K et K_1 sont des constantes quelconques et α une valeur de x prise dans l'intervalle où $f(x)$ est définie, s'appelle *l'intégrale indéfinie* de la fonction $f(x)$ et se note $\int f(x)\,dx$. On voit que l'intégrale indéfinie d'une fonction $f(x)$ est la fonction $F(x)$ la plus générale telle que l'on ait, quels que soient α et β dans l'intervalle où $f(x)$ est définie,

$$(1) \qquad F(\beta) - F(\alpha) = \int_\alpha^\beta f(x)\,dx.$$

On voit aussi que, pour les fonctions continues, il y a identité entre les intégrales indéfinies et les fonctions primitives ([1]).

II. — L'intégration des fonctions discontinues.

Dans ce qui précède, l'intégrale définie apparaît comme un élément permettant de calculer la fonction primitive; dans la pratique, les fonctions primitives servent, au contraire, au calcul des intégrales définies. Ces intégrales définies, qui sont des limites de sommes dont le nombre des termes augmente indéfiniment tandis que la valeur absolue de ces termes tend vers zéro, se ren-

---

([1]) Cela ne serait plus vrai si l'on n'introduisait pas la constante K dans la définition de l'intégrale indéfinie.

contrent dans un grand nombre de questions d'Analyse, de Géométrie et de Mécanique ([1]). Pour le calcul de certaines de ces limites de sommes, par exemple pour la définition et le calcul de l'aire comprise entre une courbe et son asymptote, l'intégration des fonctions continues ne suffisait plus; on a été ainsi conduit à s'occuper de l'intégration des fonctions qui sont infinies en certains points ou au voisinage de certains points. D'autre part, pour certaines applications des intégrales définies, par exemple pour le calcul des coefficients de la série trigonométrique représentant une fonction donnée, il semblait y avoir avantage à définir l'intégrale d'une fonction qui, tout en restant finie, est discontinue en certains points. Aussi, dès l'introduction de la notion d'intégrale définie, a-t-on étendu cette notion à certaines fonctions discontinues.

On a été conduit à la définition qui sera donnée plus loin en posant en principe l'identité, constatée dans le cas des fonctions continues, de l'intégrale indéfinie et de la fonction primitive.

Considérons la fonction $f(x)$ qui, pour $x \gtrless 0$, est égale à $\frac{1}{\sqrt[3]{x}}$. Les seules fonctions *continues* qui admettent, sauf pour $x = 0$, une dérivée égale à $f(x)$ sont données par la formule $\mathrm{K} + \frac{3}{2}\sqrt[3]{x^2}$; on a dit que $\mathrm{F}(x) = \mathrm{K} + \frac{3}{2}\sqrt[3]{x^2}$ était l'intégrale indéfinie de $f(x)$, et convenu que la formule (1) donnerait l'intégrale définie de $f(x)$ dans un intervalle quelconque (α, β).

Soit encore la fonction $f(x)$ (considérée par Fourier) égale à -1 pour x négatif, à $+1$ pour x positif ([2]). Les seules fonctions *continues* qui admettent $f(x)$ pour dérivée, sauf pour la

---

([1]) L'application la plus simple de la notion d'intégrale est la quadrature des domaines plans. A cause de cette application, on a fait souvent remonter la notion d'intégrale définie à Archimède et à la quadrature de la parabole. Il est vrai que beaucoup de quadratures ont été effectuées avant l'introduction du Calcul intégral, mais les géomètres n'attachaient en général aucune importance particulière aux domaines bien spéciaux dont il faut calculer les aires pour avoir des intégrales définies. L'importance de ces domaines n'est nettement apparue qu'après l'introduction de la notion de dérivée.

([2]) Cette fonction, non définie pour $x = 0$, admet, comme on sait, un développement trigonométrique; on peut aussi la noter $\frac{+\sqrt{x^2}}{x}$.

valeur singulière $x = 0$, sont les fonctions (considérées par Cauchy) $K + \sqrt{x^2}$; si l'on considère ces fonctions comme des intégrales indéfinies, on en déduit, par la formule (1), la valeur de l'intégrale définie de $f(x)$ dans tout intervalle (¹).

Cauchy énonce d'une manière très précise la définition dont on vient de voir deux applications. Pour lui, *si une fonction $f(x)$ est continue dans un intervalle (a, b), sauf en un point c, au voisinage duquel $f(x)$ est bornée ou non* (²), *on peut définir l'intégrale de $f(x)$ dans (a, b) si les deux intégrales*

$$\int_a^{c-h} f(x)\,dx \quad \text{et} \quad \int_{c+h}^{b} f(x)\,dx$$

tendent vers des limites déterminées quand h positif tend vers zéro, alors on a par définition

$$\int_a^b f(x)\,dx = \lim_{h=0}\left[\int_a^{c-h} f(x)\,dx + \int_{c+h}^b f(x)\,dx \right] \quad (3).$$

Si dans (a, b) il existe plusieurs points de discontinuité, on partage (a, b) en assez d'intervalles partiels pour que, dans chacun d'eux, il n'existe plus qu'un seul point singulier; on applique à chaque intervalle la définition précédente, si cela est possible; on fait ensuite la somme des nombres ainsi obtenus.

C'est à ces définitions que se rattachent les critères connus relatifs à l'existence des intégrales des fonctions infinies autour d'un point.

(¹) Il est bon d'ajouter que les intégrales définies, que l'on peut ainsi attacher aux deux espèces de fonctions discontinues que l'on vient de considérer, permettent d'exprimer les coefficients du développement trigonométrique des fonctions à l'aide des formules d'Euler et de Fourier qui servent dans le cas des fonctions continues.

(²) Cauchy ne se préoccupe pas de la valeur de la fonction pour $x = c$. D'ailleurs, pour lui, si $f(x)$ tend vers une valeur déterminée quand x tend vers c, cette valeur limite est $f(c)$; si $f(x)$ ne tend pas vers une limite unique, $f(c)$ est l'une quelconque des valeurs comprises entre la plus petite et la plus grande des limites de $f(x)$. Dans quelques Mémoires, P. Du Bois Reymond a repris ces conventions.

(³) Cauchy s'occupe aussi du cas où le second membre de cette égalité aurait un sens, sans que les deux intégrales qui y figurent aient des limites. Dans ce cas, il appelle ce second membre la *valeur principale de l'intégrale* $\int_a^b f(x)\,dx.$

Pour des recherches relatives à la théorie des fonctions et en particulier pour l'étude des séries trigonométriques, Lejeune-Dirichlet a étendu la notion d'intégrale. Les recherches de Lejeune-Dirichlet, qu'il avait annoncées lui-même, n'ont jamais été publiées; mais, d'après Lipschitz, on peut les résumer comme il suit.

Soit une fonction $f(x)$ définie dans un intervalle fini (a, b), dans lequel il faut l'intégrer; soit e l'ensemble des points de discontinuité de $f(x)$. Si e ne contient qu'un nombre fini de points, nous appliquons les définitions de Cauchy.

D'après Lipschitz, le cas qu'étudie Dirichlet est celui où le dérivé e' de e ne contient qu'un nombre fini de points ([1]), comme cela se présente, par exemple, pour la fonction $\dfrac{1}{\sin\dfrac{1}{x}}$, où e' ne contient que $x = 0$.

Les points de e' divisent alors (a, b) en un nombre fini d'intervalles partiels, soit (α, β) l'un d'eux. Dans $(\alpha + h, \beta - k)$, il n'y a qu'un nombre fini de points de e. Si, dans cet intervalle, les définitions de Cauchy ne s'appliquent pas, on dira que la fonction n'a pas d'intégrale dans (a, b). Si au contraire elles s'appliquent, on considère l'intégrale $\int_{\alpha+h}^{\beta-k} f(x)\,dx$ et l'on fait tendre simultanément h et k vers zéro suivant des lois quelconques. Si l'on n'obtient pas une limite déterminée, $f(x)$ n'a pas d'intégrale dans (a, b); si au contraire on a une limite déterminée, on pose

$$\int_{\alpha}^{\beta} f(x)\,dx = \lim_{h=0,\,k=0} \int_{\alpha+h}^{\beta-k} f(x)\,dx.$$

L'intégrale dans (a, b) est, par définition, la somme des intégrales dans les intervalles (α, β).

On voit que la définition de Dirichlet repose sur les mêmes

([1]) Pour la définition des ensembles dérivés et pour les propriétés des ensembles réductibles, *voir* la Note placée à la fin du Volume. Dans la traduction qu'il a donnée récemment du Mémoire de Lipschitz (*Acta mat.*, t. 36), M. Montel fait observer que Lipschitz admet explicitement seulement que le dérivé est non dense (*voir* plus loin) et qu'il croit cependant pouvoir en conclure qu'il ne contient qu'un nombre fini de points. Cette erreur rend encore plus incertaine la signification qu'il convient de donner au texte de Lipschitz.

principes que celle de Cauchy; la définition générale qui découle
de ces principes peut s'énoncer ainsi :

*Une fonction $f(x)$ a une intégrale dans un intervalle
fini (a, b) s'il existe dans (a, b) une fonction continue $F(x)$,
et une seule à une constante additive près, telle que l'on ait*

$$(1) \qquad \int_{\alpha}^{\beta} f(x)\,dx = F(\beta) - F(\alpha).$$

*dans tout intervalle où $f(x)$ est continue. $F(x)$ est l'intégrale
indéfinie de $f(x)$ et l'on pose*

$$\int_{a}^{b} f(x)\,dx = F(b) - F(a).$$

Pour que cette définition s'applique, il faut d'abord qu'il existe
une fonction continue $F(x)$ vérifiant la formule (1). Ceci revient,
dans les deux cas traités par Cauchy et Dirichlet, à supposer
l'existence des limites qui ont servi dans la définition. Nous supposerons cette condition remplie et nous allons chercher comment
doivent être distribués les points singuliers de $f(x)$ pour que cette
fonction ait une intégrale. Au point de vue qui nous occupe, les
points singuliers de $f(x)$ sont ceux qui ne sont intérieurs à aucun
intervalle dans lequel $f(x)$ est continue; ce sont donc les points
de e et ceux de e', ces points forment un ensemble que nous désignerons par E. Tout point limite de points de E, par sa définition
même, est aussi point de E; E contient donc tous ses points
limites. C'est un des ensembles que Jordan appelait *parfaits* et
M. Borel *relativement parfaits;* nous appellerons un tel ensemble
un *ensemble fermé*, conformément à un usage maintenant uni-
versel.

Pour que la formule (1) définisse entièrement $F(x)$, il faut que,
dans tout intervalle, il en existe un autre où $f(x)$ est continue.
L'ensemble E doit donc être tel que, dans tout intervalle, s'en
trouve un autre qui ne contienne pas de points de E; c'est ce que
l'on exprime en disant que E doit être non dense dans tout intervalle ([1]).

([1]) P. Du Bois Reymond, auquel est due la distinction des deux classes remar-
quables d'ensembles, que nous appelons *ensembles denses* dans tout intervalle

Cette propriété de E n'est nullement suffisante ; pour énoncer la propriété nécessaire et suffisante que doit vérifier E, il faut avoir recours aux propriétés des ensembles dérivés.

L'ensemble fermé E a des dérivés successifs E', E'', ..., E^{ω}, ... ; on sait que, si l'un des dérivés est nul, E est dit *réductible*, c'est un ensemble dénombrable ; sinon l'un des dérivés est parfait, E et tous ses dérivés ont la puissance du continu ([1]).

Ce sont ces propriétés qui vont nous servir. Supposons qu'il existe une fonction $F(x)$ satisfaisant à l'égalité (1) dans tous les intervalles où $f(x)$ est continue et recherchons si $F(x)$ est bien déterminée ; lorsqu'il en sera ainsi, l'égalité (1) servira de définition à l'intégrale.

Nous nous appuierons sur cette remarque évidente : si l'intégrale $\int_{\alpha}^{\beta} f(x)\,dx$, qui figure au premier membre de (1), a un sens dans tous les intervalles qui ne contiennent aucun des points x_1, x_2, ..., x_n, en nombre fini, les différentes fonctions continues $F(x)$ satisfaisant toujours à l'égalité (1) ne peuvent différer que par une constante.

Si E ne contient qu'un nombre fini de points, $F(x)$ est donc bien déterminée, d'où la définition de Cauchy.

Le premier membre de (1) a maintenant un sens dans tout intervalle ne contenant pas de points de E' ; donc, si E' n'a qu'un nombre fini de points, $F(x)$ est bien déterminée, d'où la définition de Dirichlet-Lipschitz.

On passe de là au cas où soit E'', soit E''', ..., soit E^n ne contient qu'un nombre fini de points.

Dans tout intervalle où E^{ω} n'a pas de points, $F(x)$ est donc bien déterminée ([2]) et, par suite, le premier membre de (1) a un sens dans un tel intervalle ; de là on conclut que $F(x)$ est bien

---

d'une part et *ensembles non denses* dans tout intervalle d'autre part, appelle les premiers *systèmes pantachiques* ou *pantachies* et les seconds *systèmes apantachiques* ou *apantachies*. C'est aussi Du Bois Reymond qui a donné le procédé général de formation des ensembles fermés et des apantachies, procédé qui consiste à enlever d'un intervalle des intervalles en nombre fini ou dénombrable convenablement choisis. Au sujet des ensembles fermés et des ensembles non denses, *voir* Borel, *Leçons sur la théorie des fonctions*, Chap. III.

([1]) *Voir* la Note placée à la fin du Volume.

([2]) Car, dans un tel intervalle, l'un des E^n n'a qu'un nombre fini de points.

déterminée quand E^ω n'a qu'un nombre fini de points. On passe ensuite au cas où soit $E^{\omega+1}$, soit $E^{\omega+2}$, ... n'a qu'un nombre fini de points; puis au cas où c'est $E^{2\omega}$ qui jouit de cette propriété, et ainsi de suite.

Nous voyons ainsi que, si E est réductible, $F(x)$ est bien déterminée, de sorte que notre définition s'applique; il existe alors une intégrale que l'on obtient par l'application répétée de la méthode de Cauchy-Dirichlet.

Pour avoir des exemples de fonctions auxquelles s'applique cette méthode, il suffit de prendre un ensemble réductible E, de ranger ses points en suite simplement infinie, x_1, x_2, ..., et de former la série

$$f(x) = \sin \frac{1}{x - x_1} + \frac{1}{2} \sin \frac{1}{x - x_2} + \ldots + \frac{1}{2^p} \sin \frac{1}{x - x_{p+1}} + \ldots \quad (^1).$$

Supposons maintenant que l'ensemble E des points singuliers de $f(x)$ ne soit pas réductible. Nous allons voir que, s'il existe une fonction $F(x)$ satisfaisant à la condition (1) dans tout intervalle où $f(x)$ est continue, il en existe une infinité.

Soit E^α celui des dérivés de E qui est parfait; E^α s'obtient en enlevant de l'intervalle considéré (a, b) les points *intérieurs* à des intervalles δ_1, δ_2, ..., qui forment une suite dénombrable si E est non dense dans tout intervalle, ce qui est le seul cas qui nous intéresse $(^2)$.

Définissons une fonction $\varphi(x)$ par la condition d'être nulle pour $x = a$, égale à 1 pour $x = b$. En tous les points de δ_1, $\varphi(x) = \frac{1}{2}$. En tous les points de δ_2, $\varphi(x) = \frac{1}{4}$, si δ_2 est entre a et δ_1; et $\varphi(x) = \frac{3}{4}$, si δ_2 est entre δ_1 et b. D'une façon générale, ayant attribué à $\varphi(x)$, dans δ_1, δ_2, ..., δ_{n-1}, les valeurs Δ_1, Δ_2, ..., Δ_{n-1}, on attribue à $\varphi(x)$, dans δ_n, la valeur $\frac{\Delta_i + \Delta_j}{2}$, i et j étant les indices de ceux des deux intervalles δ_1, δ_2, ..., δ_{n-1} qui comprennent δ_n.

$(^1)$ D'après les propriétés des séries uniformément convergentes, $f(x)$ a tous les points de E pour points de discontinuité. On verra facilement que la série précédente est intégrable terme à terme.

Pour des exemples d'ensembles réductibles, *voir* la Note à la fin du Volume.

$(^2)$ Car si E est dense dans un intervalle, $F(x)$ est certainement indéterminée.

Tout point de E^α est limite de points de certains intervalles δ_n; il est facile de voir que si des points de $\delta_{x_1}, \delta_{x_2}, \ldots$ tendent vers x, $\Delta_{\alpha_1}, \Delta_{x_2}, \ldots$ tendent vers une limite déterminée; on prend cette limite pour valeur de $\varphi(x)$. $\varphi(x)$ est ainsi partout déterminée, c'est une fonction continue non constante dans (a, b) et, cependant, constante dans tout intervalle ne contenant pas de points de E. De sorte que, s'il existe une fonction $F(x)$, satisfaisant à l'égalité (1) dans tout intervalle où il n'y a pas de points de E. $F(x) + \varphi(x)$ satisfait aussi à cette condition.

Maintenant, si l'on remarque que les ensembles qui, à la page 11, ont été désignés par E et e sont réductibles en même temps ([1]), on voit que, *pour que la définition adoptée s'applique, il faut et il suffit que l'ensemble des points de discontinuité de la fonction à intégrer $f(x)$ soit réductible et qu'il existe une fonction continue $F(x)$ vérifiant* (1) *dans les intervalles où $f(x)$ est continue.*

([1]) Il faut bien remarquer que e peut être dénombrable sans que E le soit, e est alors un ensemble dénombrable non réductible; c'est le cas de l'ensemble des nombres rationnels.

CHAPITRE II.

LA DÉFINITION DE L'INTÉGRALE DONNÉE PAR RIEMANN.

I. — Propriétés relatives aux fonctions.

Les fonctions auxquelles s'appliquent les définitions précédentes peuvent avoir une infinité de points de discontinuité ; mais ces points sont encore exceptionnels, en ce sens qu'ils forment un ensemble non dense. Dirichlet a rencontré incidemment la fonction

$$\chi(x) = \lim_{m \to \infty} \left[\lim_{n \to \infty} (\cos m! \, \pi x)^{2n} \right],$$

dont tous les points sont des points de discontinuité, puisqu'elle est nulle pour x irrationnel, égale à 1 pour x rationnel. Les considérations de Cauchy et de Dirichlet ne s'appliquent donc pas à toutes les fonctions au sens de Cauchy. Riemann ([1]) a montré, sur un exemple, comment l'emploi des séries permettait de construire des fonctions dont les points de discontinuité forment un ensemble partout dense, fonctions auxquelles les définitions précédentes ne peuvent donc s'appliquer.

Soit (x) la différence entre x et l'entier le plus voisin ; si x est égal à un entier plus $\frac{1}{2}$, on prend $(x) = 0$. La fonction ainsi définie se nomme *excès de* x ; c'est une fonction au sens de Cauchy car elle admet un développement de Fourier, procédant suivant les lignes trigonométriques des multiples de $2\pi x$, qui est partout convergent. Considérons la fonction, au sens de Cauchy,

$$f(x) = \frac{(x)}{1^2} - \frac{(2x)}{2^2} + \frac{(3x)}{3^2} + \ldots;$$

([1]) Sur la possibilité de représenter une fonction par une série trigonométrique (*Bulletin des Sciences mathématiques*, 1873, *Œuvres de Riemann*).

on voit immédiatement que si x n'est pas de la forme $\frac{2p+1}{2n}$ (n et $2p+1$ étant premiers entre eux) $f(x)$ est continue ([1]). Au contraire, si x est de la forme indiquée, quand x tend en croissant vers $\frac{2p+1}{2n}$, $f(x)$ tend vers une limite que l'on note

$$f\left(\frac{2p+1}{2n} - 0\right) \quad (^2)$$

et qui est

$$f\left(\frac{2p+1}{2n} - 0\right) = f\left(\frac{2p+1}{2n}\right) + \frac{\pi^2}{16\,n^2};$$

quand x tend vers $\frac{2p+1}{2n}$ en décroissant, $f(x)$ tend vers

$$f\left(\frac{2p+1}{2n} + 0\right) = f\left(\frac{2p+1}{2n}\right) - \frac{\pi^2}{16\,n^2}.$$

Dans tout intervalle, $f(x)$ a des points de discontinuité; les considérations du Chapitre précédent ne sont pas applicables à $f(x)$.

En employant un procédé analogue à celui de Riemann, il était possible de former de nombreux exemples de fonctions très discontinues. En utilisant la notion maintenant classique de série uniformément convergente, il est facile de donner un énoncé général : une série uniformément convergente de fonctions discontinues f_n définit une fonction f qui admet pour points de discontinuité tous les points de discontinuité des fonctions f_n, pourvu que chacun de ces points ne soit point de discontinuité que pour une seule fonction f_n. Lorsqu'il n'en est pas ainsi, comme dans l'exemple de Riemann, il faut rechercher si les différentes discontinuités, que l'on rencontre pour la valeur considérée, ne se compensent pas de telle manière que f soit continue.

On a souvent l'occasion d'appliquer un procédé analogue lorsque, connaissant des fonctions f_n qui présentent une certaine singularité en des points isolés A_n, on veut construire une fonction présentant cette singularité dans tout intervalle. On essaie si l'on n'obtiendrait pas le résultat désiré en prenant une série unifor-

---

[1] On s'appuiera sur la convergence uniforme de la série donnant $f(x)$.
[2] Cette notation est due à Dirichlet.

mément convergente de fonctions f_n, telles que les A_n correspondants forment un ensemble partout dense. C'est cette méthode de construction qui a reçu le nom de *principe de condensation des singularités* (¹).

Les exemples de Riemann montrent que les fonctions, auxquelles les procédés de définition examinés dans le Chapitre précédent ne peuvent s'appliquer, ne forment pas une classe très particulière dans l'ensemble des fonctions au sens de Cauchy. Et comme la restriction (²) que nous avons imposée, avec Cauchy, aux fonctions $f(x)$, savoir que la relation entre $f(x)$ et x soit exprimable analytiquement, n'est jamais intervenue dans nos raisonnements, elle n'a simplifié ni les énoncés, ni les solutions des problèmes que nous nous sommes proposés. Il n'y a donc aucun inconvénient à dire, avec Riemann : *y est fonction de x si, à chaque valeur de x, correspond une valeur de y bien déterminée, quel que soit le procédé qui a permis d'établir cette correspondance.* C'est cette définition que nous adopterons maintenant; seulement, au lieu de supposer toujours que x puisse être pris quelconque dans un intervalle (a, b), nous supposerons quelquefois que x doive être pris dans un certain ensemble E pour les points duquel la fonction y sera ainsi définie, sans l'être pour tous les points d'un intervalle. Par exemple, la fonction $\left[\dfrac{1}{x}\right]!$ est définie par l'ensemble des inverses des entiers positifs.

Avant d'entreprendre l'étude de l'intégration des fonctions au sens de Riemann, je vais donner celles de leurs propriétés qui nous seront utiles dans la suite.

Si l'on sait qu'une fonction reste toujours comprise entre deux nombres finis A et B, on dit qu'elle est bornée (³). C'est à l'étude

---

(¹) Cette dénomination est due à Hankel. Hankel avait cru pouvoir faire des raisonnements généraux au sujet de cette méthode; ce qu'on en doit conserver se réduit à des applications immédiates des propriétés connues des séries uniformément convergentes.

(²) Je n'ai pas à rechercher ici si cette restriction est effective ou illusoire.

(³) Il est bien entendu qu'une fonction non bornée peut être cependant toujours finie; c'est le cas de la fonction $f(x)$ telle que

$$f(0) = 0, \quad f(x) = \frac{1}{x} \quad \text{pour} \quad x \neq 0.$$

Si l'on savait seulement d'une fonction qu'elle est constamment inférieure à un nombre fixe, on dirait qu'elle est bornée supérieurement.

des fonctions bornées que l'on s'est le plus souvent limité (^{1}). Lorsqu'une fonction est bornée, elle admet une *limite supérieure* L et une *limite inférieure* l; ces nombres sont définis, on le sait, par la condition que (l, L) soit le plus petit intervalle contenant toutes les valeurs de $f(x)$. $\omega = L - l$ est dit l'*oscillation de $f(x)$*.

Soit A un point limite de l'ensemble E sur lequel $f(x)$ est définie (^{2}). Soit δ_1 un intervalle contenant A; dans cet intervalle il existe des points de E; ils forment un ensemble e_1. La fonction $f(x)$ définie sur e_1 admet des limites supérieure et inférieure, L_1, l_1, une oscillation ω_1. Soit δ_2 un intervalle contenant A et compris dans δ_1, il lui correspond les nombres L_2, l_2, ω_2; et l'on a évidemment

$$l_1 \leqq l_2 \leqq L_2 \leqq L_1, \qquad L_2 - l_2 = \omega_2 \leqq \omega_1.$$

Si nous considérons des intervalles δ_1, δ_2, δ_3, ... contenant tous A, compris les uns dans les autres, et dont les longueurs tendent vers zéro, nous avons une suite de limites supérieures et inférieures vérifiant les inégalités

$$l_1 \leqq l_2 \leqq l_3 \leqq \ldots \leqq L_3 \leqq L_2 \leqq L_1.$$

Les l_i d'une part, les L_i d'autre part, tendent donc vers deux limites l et L $(l \leqq L)$ et les ω_i tendent vers

$$\omega = L - l.$$

Nous allons voir que les nombres ainsi obtenus, L, l, ω, sont aussi les limites des nombres L_i', l_i', ω_i' correspondant à des intervalles δ_i' contenant A et dont les deux extrémités tendent vers A quand i augmente indéfiniment; en d'autres termes, ils sont indépendants du choix des intervalles δ_i et l'on peut supposer que ces intervalles ne sont pas contenus nécessairement les uns dans les autres. En effet, i étant choisi arbitrairement, si j est assez grand,

---

(^{1}) On constate souvent que des questions très simples à traiter lorsqu'on se limite aux fonctions bornées sont, au contraire, très compliquées pour les fonctions les plus générales. Aussi j'ai indiqué soigneusement dans la suite si les théorèmes obtenus sont valables pour toutes les fonctions ou seulement pour des fonctions bornées; tandis que, le plus souvent, on omet d'indiquer explicitement que les fonctions dont on s'occupe sont bornées.

(^{2}) A ne fait pas nécessairement partie de E.

δ'_j est contenu dans δ_i; si k est assez grand, δ_k est contenu dans δ'_j; donc on a

$$l_i \leqq l'_j \leqq l_k \leqq L_k \leqq L'_j \leqq L_i,$$

ce qui suffit à démontrer la propriété.

Les nombres L, *l*, ω *sont appelés le maximum ou limite supérieure, le minimum ou limite inférieure et l'oscillation de la fonction en* A. A est un point de continuité ou de discontinuité, suivant que ω est nul ou positif, c'est-à-dire suivant que L et *l* sont égaux ou inégaux ([1]).

Si x_0 est l'abscisse de A et si l'on convient de ne considérer que les valeurs de x supérieures à $x_0 (x > x_0)$, on obtient le maximum M_d, le minimum m_d et l'oscillation ω_d *à droite en* A, *au delà de* A. Si $\omega_d = o$, c'est-à-dire si $M_d = m_d$, $f(x_0 + o)$ existe et est égale à M_d; *la fonction est dite continue à droite au point* x_0, *au delà de* x_0. Si $M_d = m_d = f(x_0)$, la fonction $f(x)$ est dite *continue à droite au point* x_0. On définit de même les nombres M_g, m_g, ω_g ([2]).

Si ω_d et ω_g sont nuls, c'est-à-dire si $f(x_0 + o)$ et $f(x_0 - o)$ existent, la discontinuité est dite *de première espèce*, sinon elle est dite *de seconde espèce*.

Toutes ces définitions pourraient être données pour des fonctions non bornées; rien ne serait changé, sauf que les nombres définis ne seraient plus nécessairement finis.

Aux notions précédentes, on peut rattacher la notion de *limite d'indétermination* qui nous sera souvent utile; cette notion est due à P. Du Bois Reymond.

Un procédé de calcul fournit, dans certaines conditions, un nombre déterminé φ; dans d'autres conditions, au contraire, il ne fournit plus un nombre déterminé, mais, suivant la manière dont

---

([1]) A ces définitions se rattachent les notions très importantes de fonction semi-continue inférieurement, de fonction semi-continue supérieurement introduites par M. Baire. Ce sont les fonctions f qui sont égales en chaque point respectivement au nombre *l* ou L attaché à f en ce point.

([2]) La définition précédente est celle des maximum, minimum, oscillation de $f(x)$ à droite de x_0, x_0 étant exclu. On considère aussi souvent les mêmes nombres, x_0 n'étant pas exclu; il faut alors prendre les valeurs de x égales ou supérieures à $x_0 (x \geqq x_0)$. C'est à cette façon d'opérer que se rattache la notion de *continuité à droite au point* x_0.

on l'applique, il fournit différents nombres qui forment un ensemble A. On peut alors, ou dire que le procédé ne fournit plus aucun nombre, ou dire que le procédé donne pour nombre φ l'un quelconque des nombres de A. Le nombre φ est ainsi considéré comme indéterminé. Le plus petit intervalle qui contient tous les points de A, soit à son intérieur, soit confondus avec ses extrémités, a pour origine et pour extrémité *les limites inférieure et supérieure d'indétermination* du nombre φ. Ces limites sont finies ou infinies, elles ne font pas nécessairement partie de A.

Par exemple, on donne l'expression

$$\varphi = \lim_{n=\infty} x^n,$$

où n est entier. φ est nul pour $|x| < 1$; pour calculer φ dans ce cas on peut choisir arbitrairement une suite d'entiers croissants n_1, n_2, ..., et prendre la limite de la suite x^{n_i} correspondante. Si x n'est plus compris entre -1 et $+1$, en opérant ainsi et en choisissant convenablement les n_i, on aura encore une limite, mais cette limite dépendra parfois du choix des n_i. Pour $x = -1$, l'ensemble A ne contient que $+\infty$ et $-\infty$ qui sont les deux limites d'indétermination.

Pour $x = 1$, φ est égal à 1. Pour $x > 1$, φ est égal à $+\infty$.

La notion des limites d'indétermination peut souvent être remplacée par la notion plus simple de *plus petite* et de *plus grande limite*, notion que l'on doit à Cauchy.

Supposons que le nombre φ soit défini comme la limite pour $\lambda = \lambda_0$ d'un nombre $\psi(\lambda)$; λ prendra toutes les valeurs possibles ou seulement celles d'un certain ensemble dont λ_0 est un point limite $\left(\text{l'exemple précédent se ramène à ce cas si l'on prend } \lambda = \dfrac{1}{n},\right.$ où n est entier, et $\left.\lambda_0 = 0\right)$. La fonction $\psi(\lambda)$ n'est pas définie pour $\lambda = \lambda_0$, mais nous savons qu'*elle a pour $\lambda = \lambda_0$ un minimum ou limite inférieure l et un maximum ou limite supérieure* L [1]; ces nombres, finis ou non, sont respectivement *la plus petite et la plus grande des limites* que l'on peut obtenir quand,

---

[1] Ces dénominations, limite inférieure et limite supérieure, sont celles qu'adopte M. J. Hadamard.

dans $\psi(\lambda)$, on fait tendre λ vers λ_0. l et L sont les deux limites d'indétermination précédemment définies; mais, dans le cas qui nous occupe, ces nombres sont compris dans l'ensemble A des valeurs limites, tandis que, dans le cas général, ils font seulement partie de A ou du dérivé A$'$ de A.

Mais il se peut aussi, et l'on en verra bientôt des exemples, que la fonction $\psi(\lambda)$ ne soit plus une fonction bien déterminée, mais soit une *fonction à plusieurs déterminations*.

On dit que l'on a une telle fonction si, à chaque valeur de λ, prise dans un certain ensemble où la fonction est définie, on fait correspondre un ensemble de nombres; chacun de ces nombres est représenté par la notation $\psi(\lambda)$. Ce qui a été dit relativement aux limites supérieure et inférieure pour les fonctions à une seule détermination, s'applique sans aucun changement aux fonctions à déterminations multiples. $\psi(\lambda)$ a donc une *limite infé-rieure l et une limite supérieure* L *pour* $\lambda = \lambda_0$, qui sont, respectivement, *la plus petite et la plus grande des limites* que l'on peut atteindre en choisissant une suite de nombres λ_i tendant vers λ_0 et en choisissant convenablement les nombres $\psi(\lambda_i)$ correspondants. Ces deux nombres sont *les limites d'indétermina-tion de la limite de* $\psi(\lambda)$ *quand* λ *tend vers* λ_0 ([1]).

Revenons maintenant à l'étude des fonctions.

Il y a une relation très simple entre les oscillations relatives aux intervalles contenus dans (a, b) et les oscillations aux divers points de (a, b). On peut l'exprimer ainsi :

Si, en tous les points de (a, b), *l'oscillation est au plus égale à* ω, *dans tout intervalle intérieur à* (a, b) *et de lon-gueur* λ, *l'oscillation est inférieure à* $\omega + \varepsilon$ *dès que* λ *est assez petit;* ε *étant un nombre positif quelconque.*

S'il en était autrement, on pourrait trouver des couples de

---

[1] Du Bois Reymond dit simplement « les limites d'indétermination de $\psi(\lambda)$ pour $\lambda = \lambda_0$ ». Cela tient à l'idée que se faisait Du Bois Reymond de la valeur d'une fonction en un point de discontinuité (note 1, p. 9). Je crois qu'il vaut mieux adopter le langage du texte, plus conforme aux idées modernes sur la détermination des fonctions.

Les fonctions à plusieurs déterminations, ou fonctions multiformes, ont jusqu'ici été peu étudiées. Le seul travail de quelque étendue les concernant est la Thèse soutenue récemment devant la Faculté des Sciences de Paris par M. F. Vasilesco.

points a_p, b_p, tels que $b_p - a_p$ tende vers zéro et que l'on ait

$$|f(b_p) - f(a_p)| > \omega + \varepsilon.$$

L'ensemble des a_p a, au moins, un point limite α. Si l'on prend une suite de valeurs a_p tendant vers α, les b_p tendent aussi vers α, donc en α l'oscillation est au moins $\omega + \varepsilon$. Il y a là une contradiction avec l'hypothèse.

La propriété est démontrée. Dans le cas où $\omega = o$, elle se réduit à ce fait bien connu : une fonction continue en tous les points d'un intervalle est continue dans cet intervalle ([1]).

La réciproque de notre propriété n'est pas vraie. Soit une fonction égale à -1 pour x négatif, à $+1$ pour x positif, nulle pour x nul. Son oscillation pour $x = o$ est 2 et, cependant, si l'on emploie le point de division $x = o$, la fonction a une oscillation seulement égale à 1 dans chacun des deux intervalles obtenus.

Nous allons maintenant définir l'oscillation moyenne d'une fonction bornée $f(x)$ définie dans un intervalle fini (a, b). Partageons (a, b) en intervalles partiels δ_1, δ_2, ..., δ_n. Soit ω_i l'oscillation de $f(x)$ dans l'intervalle δ_i, les extrémités de δ_i étant ou non considérées comme faisant partie de l'intervalle. Et formons la quantité

$$A = \frac{\delta_1 \omega_1 + \delta_2 \omega_2 + \ldots + \delta_n \omega_n}{b - a}.$$

Si Ω est l'oscillation de $f(x)$ dans (a, b), ω_1, ω_2, ..., ω_n étant au plus égaux à Ω, A est au plus égal à Ω. Si donc nous divisons δ_i en intervalles partiels δ_i^1, δ_i^2, ..., $\delta_i^{p_i}$, auxquels correspondent les oscillations ω_i^1, ω_i^2, ..., $\omega_i^{p_i}$, on a

$$\delta_i \omega_i \geqq \sum_{j=1}^{j=p_i} \delta_i^j \omega_i^j.$$

En subdivisant les intervalles δ_i on remplace donc A par un nombre plus petit ou au plus égal.

Considérons deux séries de divisions de (a, b) en intervalles partiels ; aux divisions, D_i, de la première série correspondent les

---

nombres A_1, A_2, ...; à celles, Δ_i, de la seconde des nombres α_1, α_2, ... Nous supposons que, pour chacune des deux séries, le maximum de la longueur des intervalles employés dans la $i^{ième}$ division tend vers zéro avec $\frac{1}{i}$ (¹); dans ces conditions nous allons voir que les A_i et α_i ont une même limite

Comparons A_i et α_j; les intervalles de la division Δ_j sont de deux espèces : les uns, les intervalles d, contiennent à leur intérieur des points de la division D_i; les autres, les intervalles d', sont compris dans les intervalles de D_i. La contribution des intervalles d au numérateur de α_j est au plus $n\lambda_j\Omega$, si n est le nombre des points de division de D_i et λ_j le maximun de la longueur des intervalles de Δ_j. Les intervalles d' font partie de la division Δ'_j obtenue en réunissant les points de division de D_i et Δ_j, donc ils fournissent au numérateur de α_j une contribution au plus égale à $(b - a)\,A'_j$, où A'_j est le nombre analogue à A et relatif à Δ'_j. Mais, puisque l'on sait que A'_j est au plus égal à A_i, on en déduit

$$\alpha_j \leqq A_i + n\lambda_j\Omega.$$

Tous les α_j, à partir d'un certain indice, sont inférieurs à $A_i + \varepsilon$, $(\varepsilon > 0)$; donc leur plus grande limite est au plus $A_i + \varepsilon$ et, puisque i et ε sont quelconques, la plus grande limite de α_j est au plus égale à la plus petite des A_i. Rien n'empêche d'échanger dans le raisonnement A_i et α_j; donc, toutes les limites des A_i et des α_j sont égales, A_i tend vers une limite déterminée. Cette limite ω est l'*oscillation moyenne de la fonction dans* (a, b).

Il faut remarquer ce que nous avons démontré : A_i tend uniformément vers ω; c'est-à-dire que, dès que tous les intervalles sont inférieurs à un certain nombre λ, le nombre A ne diffère de ω que d'une quantité inférieure à ε choisi à l'avance.

II. — Conditions d'intégrabilité.

Ces définitions posées, arrivons à la définition de l'intégrale telle que l'a donnée Riemann.

(¹) Les points de division employés dans la $i^{ième}$ division ne sont pas nécessairement employés dans la $(i + 1)^{ième}$; en d'autres termes, pour passer d'une division à la suivante, on ne subdivise pas les intervalles de cette division, on marque de nouveaux intervalles sans s'occuper de ceux précédemment employés.

Riemann porte son attention sur le procédé opératoire qui permet, dans le cas des fonctions continues, de calculer l'intégrale avec telle approximation que l'on veut, et il se demande dans quels cas ce procédé, appliqué à des fonctions discontinues, donne un nombre déterminé ([1]).

Soit une fonction bornée $f(x)$ définie dans un intervalle fini (a, b). Divisons (a, b) en intervalles partiels $\delta_1, \delta_2, \ldots, \delta_n$ et choisissons arbitrairement, quel que soit i, un point x_i dans δ_i ou confondu avec l'une des extrémités de δ_i. Considérons la somme

$$S = \delta_1 f(x_1) + \delta_2 f(x_2) + \ldots + \delta_n f(x_n).$$

Augmentons constamment le nombre des intervalles δ et choisissons-les de telle manière que le maximum de leur longueur tende vers zéro ([2]). Alors, si S tend vers une limite déterminée, indépendante des intervalles et des points x_i choisis, Riemann dit que la fonction $f(x)$ est *intégrable* et a pour intégrale, dans (a, b), la limite de S.

Lorsque $\delta_1, \delta_2, \ldots, \delta_n$ sont choisis, le nombre S n'est pas entièrement déterminé; ses limites inférieure et supérieure d'indétermination sont :

$$\underline{S} = \Sigma\, l_i\, \delta_i, \qquad \overline{S} = \Sigma\, L_i\, \delta_i,$$

où l_i et L_i représentent les limites inférieure et supérieure de $f(x)$ dans δ_i. Posons $L_i - l_i = \omega_i$, alors

$$\overline{S} - \underline{S} \leq \overline{S} - \underline{S} = \Sigma\, \delta_i\, \omega_i.$$

Pour que S tende vers une limite déterminée, il faut d'abord

([1]) Cauchy n'appliquait son procédé de définition de l'intégrale qu'à des fonctions considérées *a priori* comme intéressantes : les fonctions continues; maintenant, au contraire, toute fonction sera intéressante à laquelle s'appliquera le procédé de définition.

De là, d'une part, une classification nouvelle des fonctions, d'autre part, un enrichissement de la notion d'intégrale. Si l'on compare les résultats de Cauchy et de Riemann (note 1, p. 5), il faut signaler le caractère mathématique du progrès dû à ce dernier.

La façon dont ce progrès a été obtenu : délimiter le domaine d'application d'une définition quand on n'introduit *a priori* aucune restriction à son emploi, a été souvent utilisée depuis un siècle.

([2]) Il est bien entendu que, pour passer d'une division à la suivante, on n'est pas obligé de se servir des points de division déjà employés.

que $\overline{S} - \underline{S}$ tende vers zéro ; mais $\Sigma \delta_i \omega_i$ tend vers $(b - a)\omega$, où ω est l'oscillation moyenne de $f(x)$; donc, *pour que $f(x)$ soit intégrable, il faut qu'elle soit à oscillation moyenne nulle.*

Cette condition est suffisante. Pour le démontrer, il suffit de prouver que $\overline{S}$ a une limite bien déterminée, puisque $\overline{S} - \underline{S}$ tend vers zéro. Supposons, pour faire cette étude, que l'on raisonne non sur la fonction f, mais sur $f + k$, k étant une constante telle que $f + k$ ne *soit jamais négative.*

Soient, comme précédemment, page 22, les deux suites de divisions D_1, D_2, ... ; Δ_1, Δ_2, ... telles que le maximum de la longueur des intervalles partiels tende dans chaque suite vers zéro ; ce maximum est λ_j pour Δ_j. Soient $\overline{S_1}$, $\overline{S_2}$, ... ; $\overline{\Sigma_1}$, $\overline{\Sigma_2}$, ... les nombres analogues à $\overline{S}$ et correspondant à ces divisions.

Comparons $\overline{S_i}$ et $\overline{\Sigma_j}$. Partageons les intervalles de Δ_j en deux espèces, comme il a été dit dans l'étude de l'oscillation moyenne (p. 23). Les intervalles d fournissent, dans $\overline{\Sigma_j}$, une contribution au plus égale à $n\lambda_j \mathrm{L}$, où L est le maximum de $f(x)$ dans (a, b). Les intervalles d' figurent tous dans Δ'_j, à laquelle correspond $\overline{\Sigma'_j}$; donc, la contribution des intervalles d' dans $\overline{\Sigma_j}$ est au plus égale à $\overline{\Sigma'_j}$. Mais Δ'_j s'obtient en morcelant les intervalles de D_i ; il est évident, dans ces conditions, que $\overline{\Sigma'_j}$ est au plus égale à $\overline{S_i}$. De tout cela on tire

$$\overline{\Sigma_j} \leqq \overline{S_i} + n\mathrm{L}\lambda_j.$$

De cette inégalité on conclut, comme précédemment, que $\overline{S_i}$ et $\overline{\Sigma_j}$ ont la même limite et même qu'ils tendent uniformément vers cette limite.

La propriété est démontrée pour $f + k$, donc elle est vraie pour f, car, en passant de f à $f + k$, on augmente toutes les sommes $\overline{S}$ de $k(b - a)$.

Il est important, pour la suite, de remarquer que nous avons démontré l'existence d'une limite pour $\overline{S}$ sans faire aucune hypothèse sur la fonction bornée $f(x)$. La condition que $f(x)$ est à oscillation moyenne nulle est intervenue seulement lorsque, de l'existence d'une limite pour $\overline{S}$, nous avons déduit l'existence d'une limite pour S.

On peut transformer la condition d'intégrabilité obtenue : il faut et il suffit que la somme $\Sigma \delta_i \omega_i$ tende vers zéro. Cela revient à dire que les intervalles δ_i, dans lesquels ω_i est supérieur à un nombre positif ε arbitrairement choisi, ont, pour i assez grand, une longueur totale λ aussi petite que l'on veut, car on a :

$$\lambda\varepsilon \leqq \Sigma\delta_i\omega_i \leqq (b - a - \lambda)\varepsilon + \lambda\Omega,$$

Ω étant l'oscillation de $f(x)$ dans (a, b). On a ainsi l'énoncé donné par Riemann :

Pour qu'une fonction bornée soit intégrable dans (a, b), il faut et il suffit qu'on puisse diviser (a, b) en intervalles partiels tels que la somme des longueurs de ceux de ces intervalles dans lesquels l'oscillation est plus grande que ε soit aussi petite que l'on veut, et cela quel que soit $\varepsilon > 0$.

Si une telle division est possible, il s'en trouve une infinité dans toute suite de divisions telles que le maximum de la longueur des intervalles partiels tende vers zéro, puisque, quelle que soit cette suite, $\Sigma\,\delta_i\omega_i$ tend toujours vers le même nombre.

De cette propriété de $\Sigma\,\delta_i\omega_i$ résulte aussi que, si, à une suite de divisions de la nature considérée, correspondent des nombres $\underline{S}$ et $\overline{S}$ ayant la même limite, nous pouvons affirmer l'intégrabilité de la fonction considérée.

La forme donnée par Riemann à la condition d'intégrabilité montre bien que les fonctions continues sont intégrables, mais elle ne met pas en évidence le rôle des points de discontinuité de la fonction. Paul Du Bois Reymond a mis ce rôle en évidence par une transformation de la condition d'intégrabilité. L'énoncé de Du Bois Reymond suppose connue la définition des *groupes intégrables*.

Un ensemble de points d'une droite constitue un groupe intégrable, si les points de l'ensemble peuvent être enfermés dans un nombre *fini* de segments dont la somme des longueurs est aussi petite que l'on veut ([1]).

([1]) On peut, à volonté, considérer qu'un point est enfermé dans un intervalle, soit s'il est intérieur à cet intervalle ou confondu avec ses extrémités; soit s'il est intérieur à l'intervalle, les extrémités exclues. Les deux définitions correspondantes des groupes intégrables sont évidemment identiques; pour passer de la première à la seconde il suffit d'en allonger, d'aussi peu qu'on le veut, les intervalles, en leurs deux extrémités.

Un nombre fini de points constitue un groupe intégrable, mais la réciproque n'est pas vraie.

Considérons l'ensemble Z des points dont les abscisses sont données par la formule

$$x = \frac{a_1}{3} + \frac{a_2}{3^2} + \frac{a_3}{3^3} + \dots,$$

dans laquelle tous les a sont égaux à o ou 2. Cet ensemble s'obtient en retranchant de l'intervalle (o, 1) d'abord les points intérieurs à l'intervalle $\left(\frac{1}{3}, \frac{2}{3}\right)$, puis les points intérieurs aux intervalles $\left(\frac{1}{3^2}, \frac{2}{3^2}\right)$, $\left(\frac{2}{3} + \frac{1}{3^2}, \frac{2}{3} + \frac{2}{3^2}\right)$, puis les points intérieurs aux intervalles $\left(\frac{1}{3^3}, \frac{2}{3^3}\right)$, $\left(\frac{2}{3^2} + \frac{1}{3^3}, \frac{2}{3^2} + \frac{2}{3^3}\right)$, $\left(\frac{2}{3} + \frac{1}{3^3}, \frac{2}{3} + \frac{2}{3^3}\right)$, $\left(\frac{2}{3} + \frac{2}{3^2} + \frac{1}{3^3}, \frac{2}{3} + \frac{2}{3^2} + \frac{2}{3^3}\right)$, ... On divise donc toujours chaque intervalle restant en trois parties égales et l'on enlève la partie du milieu. Après n de ces opérations, il reste 2^n intervalles; ces 2^n intervalles peuvent servir à enfermer ([1]) les points de Z; or, ils ont une longueur totale $\frac{2^n}{3^n}$, Z est donc un groupe intégrable. Cette construction de Z montre de plus qu'il est parfait, donc il a la puissance du continu.

Il est évident que l'ensemble formé par la réunion des points de deux groupes intégrables est un groupe intégrable.

Voici maintenant l'énoncé de Du Bois Reymond :

Pour qu'une fonction bornée soit intégrable, il faut et il suffit que, quel que soit $\varepsilon > o$, les points où l'oscillation est supérieure à ε forment un groupe intégrable.

Supposons f intégrable, alors on peut diviser (a, b) en intervalles partiels tels que ceux dans lesquels l'oscillation est supérieure à ε aient une longueur totale inférieure à η. Un point où l'oscillation est supérieure à ε ne peut être contenu dans un intervalle où l'oscillation n'est pas supérieure à ε, donc un tel point est nécessairement l'un des points qui ont servi à la division de (a, b), ou bien il est dans les intervalles de longueur η. Les points de division étant en nombre fini, les points où l'oscillation est supérieure à ε peuvent être enfermés dans un nombre fini d'intervalles

---

([1]) Enfermer est pris ici au sens large.

de longueur totale 2η, et, comme η est quelconque, ils forment un groupe intégrable.

Réciproquement, nous supposons que les points d'oscillation plus grande que ε forment un groupe intégrable. On peut donc les enfermer dans un nombre fini d'intervalles de longueur totale η. Employons ces intervalles I à la division de (a, b) et soient I′ les autres intervalles. Dans chaque I′, il n'y a plus de points d'oscillation plus grande que ε, chacun de ces intervalles peut donc être divisé en intervalles partiels I″ dans chacun desquels l'oscillation est au plus 2ε. Les seuls intervalles, à oscillation plus grande que 2ε, sont donc certains des intervalles I; leur longueur totale est au plus η et cela suffit, d'après le *criterium* de Riemann, pour affirmer que f est intégrable.

Dans l'énoncé précédent, on peut remplacer l'ensemble $G(\varepsilon)$ des points où l'oscillation est supérieure à ε par l'ensemble $G_1(\varepsilon)$ des points où l'oscillation n'est pas inférieure à ε, car $G\left(\dfrac{\varepsilon}{2}\right)$ contient $G_1(\varepsilon)$ qui contient lui-même $G(\varepsilon)$.

L'ensemble $G_1(\varepsilon)$ jouit d'une propriété qui va nous permettre une dernière transformation de la condition d'intégrabilité : $G_1(\varepsilon)$ est fermé. En effet, si A est un point limite de $G_1(\varepsilon)$, tout intervalle contenant A contient des points de $G_1(\varepsilon)$ et f a une oscillation au moins égale à ε dans cet intervalle.

Pour le nouvel énoncé de la condition d'intégrabilité, je vais faire appel à une notion qu'on retrouvera dans la suite : celle d'ensemble de mesure nulle. C'est un ensemble dont les points peuvent être enfermés dans un nombre fini ou *une infinité dénombrable* d'intervalles dont la longueur totale est aussi petite que l'on veut.

Un point, un groupe intégrable sont des exemples d'ensembles de mesure nulle. L'ensemble E formé par la réunion d'un nombre fini ou d'une infinité dénombrable d'ensembles E_n de mesure nulle est évidemment aussi de mesure nulle ([1]); tout ensemble dénom-

---

([1]) Car on peut enfermer E_n dans une infinité dénombrable d'intervalles α_n de longueur totale $\dfrac{\varepsilon}{2^{n+1}}$ et l'ensemble E, somme des E_n, peut être enfermé dans l'infinité dénombrable d'ensembles d'intervalles α_1, α_2, ... de longueur totale

$$\sum \frac{\varepsilon}{2^{n+1}} = \varepsilon.$$

brable de points est de mesure nulle. Ceci suffit pour montrer la différence qu'il y a entre un ensemble de mesure nulle et un groupe intégrable : le premier peut être partout dense, le second est toujours non dense.

Soit $f(x)$ une fonction intégrable, ses points de discontinuité sont ceux de l'ensemble obtenu par la réunion des groupes intégrables $G(1)$, $G\left(\frac{1}{2}\right)$, $G\left(\frac{1}{3}\right)$, $\cdots$; ils forment donc un ensemble de mesure nulle.

Soit maintenant une fonction bornée $f(x)$ dont les points de discontinuité forment un ensemble de mesure nulle. $G_1(\varepsilon)$ faisant partie de cet ensemble est de mesure nulle, et il est fermé; nous démontrerons plus tard que cela suffit pour affirmer que $G_1(\varepsilon)$ est un groupe intégrable ([1]). Il en résultera que f est intégrable. Donc :

Pour qu'une fonction bornée $f(x)$ soit intégrable, il faut et il suffit que l'ensemble de ses points de discontinuité soit de mesure nulle ([2]).

Comme exemple de fonction discontinue intégrable, Riemann cite la fonction

$$f(x) = \frac{(x)}{1} + \frac{(2x)}{4} + \frac{(3x)}{9} + \ldots$$

Son intégrabilité résulte du fait que les seuls points de discontinuité, étant de la forme $x = \frac{2p+1}{2n}$, forment un ensemble dénombrable, donc de mesure nulle; ou encore, du fait que, l'oscillation étant $\frac{\pi^2}{8n^2}$ pour $x = \frac{2p+1}{2n}$, les points en lesquels l'oscillation est supérieure à ε sont en nombre fini.

Pour avoir une fonction intégrable ayant une infinité non dénombrable de points de discontinuité, reprenons l'ensemble Z qui a été défini précédemment (p. 27). La fonction $f(x)$ admettant la période 1, qui est nulle entre 0 et 1 pour tous les points,

---

([1]) *Voir* p. 118.

([2]) **Dans ma Thèse, j'avais utilisé cette propriété comme condition suffisante d'intégrabilité; dans la première édition de ce livre j'ai fait observer qu'elle était aussi une condition nécessaire. M. Vitali avait obtenu de son côté cette réciproque (*Rend. del R. Ist. Lomb.*, série II, XXXVII, 1904).**

sauf pour les points de Z où elle est égale à 1, est intégrable. Ses points de discontinuité forment en effet le groupe intégrable Z; Z étant parfait à la puissance du continu ([1]).

Si l'on veut maintenant que, dans tout intervalle, il y ait un ensemble non dénombrable de points de discontinuité, il suffira d'appliquer le principe de condensation des singularités. On pourra considérer, par exemple, la fonction

$$\varphi(x) = \frac{f(x)}{1} + \frac{f\left(\frac{x}{2}\right)}{2^2} + \frac{f\left(\frac{x}{3}\right)}{3^2} + \ldots$$

Ses seuls points de discontinuité sont, d'après les propriétés des séries uniformément convergentes, ceux ou certains de ceux des fonctions $f(x)$, $f\left(\frac{x}{2}\right)$, …; donc ils forment un ensemble de mesure nulle et φ est intégrable.

III. — Propriétés de l'intégrale.

Le raisonnement qui précède est général, il permet de démontrer que :

Une série uniformément convergente de fonctions intégrables est une fonction intégrable.

En effet, les points de discontinuité de la fonction somme sont compris dans l'ensemble E formé des points de discontinuité des différents termes. Les points singuliers d'un terme forment un ensemble de mesure nulle, donc E est de mesure nulle et la série représente une fonction intégrable.

En particulier, une somme de deux termes étant une série dont les deux premiers termes seuls ne sont pas identiquement nuls, *la somme de deux fonctions intégrables est une fonction intégrable.* De même, *le produit de deux fonctions intégrables est une fonction intégrable,* car les points de discontinuité du produit sont points de discontinuité pour l'un au moins des facteurs.

De même aussi, *si f est intégrable et que $\frac{1}{f}$ soit bornée, $\frac{1}{f}$ est*

([1]) Les deux fonctions qui précèdent ne sont pas intégrables par le procédé de Cauchy-Dirichlet, puisque l'ensemble de leurs points de discontinuité n'est pas réductible.

intégrable; si f est intégrable, la racine $m^{ième}$ arithmétique de f, si elle existe, est intégrable; si f est positive et intégrable et φ intégrable, f^φ est intégrable; etc.

L'opération $f(\varphi)$, appliquée à des fonctions intégrables, peut au contraire donner des fonctions non intégrables.

Prenons pour f une fonction partout égale à 1, sauf pour $x = 0$, où elle est nulle. f n'ayant qu'un point de discontinuité est intégrable. φ sera nulle pour x irrationnel et φ sera égale à $\frac{1}{q}$ pour $x = \frac{p}{q}$ (p et q premiers entre eux). φ est intégrable puisque ses points de discontinuité, étant ceux d'abscisses rationnelles, forment un ensemble dénombrable.

La fonction $f(\varphi)$ est ici la fonction $\chi(x)$ de Dirichlet (p. 15), fonction non intégrable puisque tous ses points sont des points de discontinuité.

On peut préciser les deux premiers théorèmes qui viennent d'être obtenus. Soient f et φ deux fonctions intégrables; partageons l'intervalle où elles sont données en parties $\delta_1, \delta_2, \ldots, \delta_n$ dans lesquelles nous choisissons des valeurs $x_1, x_2, \ldots, x_n$. On a

$$\Sigma \delta_i [f(x_i) + \varphi(x_i)] = \Sigma \delta_i f(x_i) + \Sigma \delta_i \varphi(x_i);$$

or les trois sommes qui figurent dans cette égalité sont des valeurs approchées des intégrales de $f + \varphi, f, \varphi$; donc l'intégrale de $f + \varphi$ est la somme des intégrales de f et de φ (¹). En d'autres termes :

L'intégrale d'une somme est la somme des intégrales. On suppose, bien entendu, qu'il s'agisse d'une véritable somme, c'est-à-dire de la somme d'un nombre fini de termes et non pas d'une série.

Pour arriver au cas des séries uniformément convergentes, il nous sera commode de nous servir du *théorème de la moyenne*.

Soit $f(x)$ une fonction comprise entre l et L dans (a, b). L'intégrale de f est, on le sait, la limite de la somme $S = \Sigma \delta_i f(x_i)$, mais on a

$$(b - a)l = \Sigma \delta_i l \leqq \Sigma \delta_i f(x_i) \leqq \Sigma \delta_i L = (b - a)L.$$

(¹) Il suffit de modifier légèrement la rédaction pour démontrer en même temps l'intégrabilité de $f + \varphi$, laquelle est supposée antérieurement démontrée dans la rédaction du texte.

Donc S, et par suite sa limite, l'intégrale, est comprise entre $(b-a)\,l$ et $(b-a)\,\mathrm{L}$; l'intégrale est donc de la forme $(b-a)\,\mu$, où μ est compris entre l et L; c'est le théorème de la moyenne.

Ce qui le distingue du théorème des accroissements finis, démontré pour les fonctions continues, c'est qu'il nous est impossible d'affirmer que μ est l'une des valeurs que prend f dans (a, b).

De ce théorème il résulte que, si le module de f est inférieur à ε, l'intégrale de f est en module inférieure à $|\,b-a\,|\,\varepsilon$.

Ceci posé, soit une fonction f somme d'une série uniformément convergente de fonctions intégrables

$$f = u_1 + u_2 + \ldots + u_n + \ldots.$$

Soient s_n la somme des n premiers termes, r_n le reste correspondant, F, U_n, S_n, R_n les intégrales de f, u_n, s_n, r_n. On a

$$\mathrm{S}_n = \mathrm{U}_1 + \mathrm{U}_2 + \ldots + \mathrm{U}_n,$$

d'après le théorème sur l'intégration d'une somme. Ce même théorème montre que

$$\mathrm{F} = \mathrm{S}_n + \mathrm{R}_n.$$

Or, dès que n est plus grand que n_1, r_n est en module inférieur à ε, et R_n est en module inférieur à $|\,b-a\,|\,\varepsilon$. Dès que n est plus grand que n_1, $|\,\mathrm{F} - \mathrm{S}_n\,|$ est inférieur à $|\,b-a\,|\,\varepsilon$. La série $\Sigma\mathrm{U}_n$ est donc convergente et de somme F.

Une série uniformément convergente de fonctions intégrables est intégrable terme à terme.

Les théorèmes précédents ne sont démontrés que dans le cas où l'intervalle (a, b) est un intervalle positif $(b > a)$, puisque l'intégrale n'a été définie que dans ce cas. On complète la définition comme précédemment.

L'intégrale dans (a, b) se notant toujours $\displaystyle\int_a^b f(x)\,dx$, la définition complémentaire s'exprime par l'égalité

$$\int_a^b f(x)\,dx + \int_b^a f(x)\,dx = 0.$$

Il est évident que les théorèmes précédemment démontrés pour les intervalles positifs sont vrais aussi pour les intervalles négatifs.

J'ajoute qu'on vérifie immédiatement que

$$\int_a^b f(x)\,dx + \int_b^c f(x)\,dx + \int_c^a f(x)\,dx = 0.$$

IV. — Intégrales par défaut et par excès.

La définition qui vient de nous occuper a été obtenue en appliquant, à des fonctions discontinues, le procédé de calcul des intégrales de fonctions continues. Nous savons qu'il existe des fonctions bornées, les fonctions non intégrables, pour lesquelles ce procédé ne conduit pas à un nombre déterminé. Mais on peut cependant, à l'aide de ce procédé, attacher à chaque fonction bornée deux nombres parfaitement définis.

Nous avons vu (p. 25) que les sommes $\overline{S} = \Sigma \delta_i L_i$ tendent vers une limite parfaitement déterminée quand les δ_i tendent vers zéro d'une manière quelconque, cette limite est l'un des deux nombres dont il s'agit; on l'appelle l'*intégrale par excès* et on le représente par le symbole $\overline{\int_a^b} f(x)\,dx$, qui s'énonce : intégrale par excès de a à b de $f(x)$.

De la même manière, on peut démontrer l'existence d'une limite pour les sommes $\underline{S} = \Sigma \delta_i l_i$. D'ailleurs, en étudiant l'oscillation moyenne (p. 22), nous avons vu que $\Sigma \delta_i \omega_i$ tend vers une limite parfaitement déterminée $(b-a)\,\omega$ et comme l'on a

$$\overline{S} - \underline{S} = \Sigma \delta_i \omega_i,$$

l'existence de la limite de $\underline{S}$ est démontrée ([1]). C'est l'*intégrale par défaut* qu'on note $\underline{\int_a^b} f(x)\,dx$.

Ces deux nombres ont été définis pour la première fois, d'une façon précise, par Darboux ([2]).

Pour compléter leurs définitions, données seulement pour $b > a$,

---

([1]) On pourrait aussi déduire l'existence de cette limite de l'existence de l'intégrale par excès pour $-f$.

([2]) *Annales de l'École Normale supérieure*, 1875.

on pose

$$\overline{\int_a^b} + \overline{\int_b^a} = 0, \qquad \underline{\int_a^b} + \underline{\int_b^a} = 0.$$

Il faut remarquer que, dans un intervalle négatif, l'intégrale par excès est plus petite que l'intégrale par défaut.

On a toujours

$$\overline{\int_a^b} + \overline{\int_b^a} + \overline{\int_c^a} = 0, \qquad \underline{\int_a^b} + \underline{\int_b^c} + \underline{\int_c^a} = 0;$$

mais, l'intervalle d'intégration étant positif, on a

$$\overline{\int(f+\varphi)} \leqq \overline{\int f} + \overline{\int \varphi}, \qquad \underline{\int(f+\varphi)} \geqq \underline{\int f} + \underline{\int \varphi},$$

comme on le voit par un raisonnement analogue à celui de la page 31, et non pas les mêmes relations où les signes d'inégalité sont remplacés par des signes d'égalité; les signes d'inégalité sont indispensables; par exemple, prenons $f(x) = \chi(x)$ (p. 15), et $\varphi(x) = -\chi(x)$; nous aurons, dans $(0,1)$,

$$\overline{\int f} = 1, \quad \overline{\int \varphi} = \overline{\int f+\varphi} = 0, \quad \underline{\int f} = \underline{\int f+\varphi} = 0, \quad \underline{\int \varphi} = -1 \quad (^1).$$

L'intégrale a été définie comme la limite du nombre

$$S = \Sigma \, \delta_i f(x_i)$$

quand le maximum λ des δ_i tend vers zéro. Posons $S = \psi(\lambda)$, nous définissons ainsi une fonction à déterminations multiples (p. 21). Les limites d'indétermination de la limite de $\psi(\lambda)$ pour $\lambda = 0$ sont les deux intégrales par excès et par défaut. Ceci fait prévoir que ces deux intégrales nous feront souvent connaître des limites inférieure et supérieure d'un nombre quand on saura que ce nombre est donné par l'intégrale $\int f\,dx$ toutes les fois que f est intégrable.

Pour mieux étudier l'indétermination de la limite de S, il fau-

---

(^{1}) On pourrait utiliser d'une manière analogue une fonction non intégrable quelconque pour avoir un exemple dans lequel les signes d'inégalité sont indispensables.

drait déterminer l'ensemble A de toutes les valeurs limites de S (¹).
Pour le cas de l'intégrale, on a cette propriété que je me contenterai d'énoncer : Tout nombre compris entre les intégrales par
excès et par défaut est l'une des limites des sommes S, quand λ
tend vers zéro (²).

(¹) Dans certains cas, on a déterminé non seulement l'ensemble des limites
d'une fonction $\psi(\lambda)$, mais encore la *fréquence* de chacune de ces limites. Cela
a été fait notamment pour la sommation de certaines séries divergentes (*voir*
BOREL, *Leçons sur les séries divergentes*, p. 5).

(²) *Voir* LEBESGUE, *Ann. de l'Éc. Norm. sup.*, 1910. A titre d'exercice concernant les intégrales par excès et par défaut, on pourra démontrer que, $f(x)$
étant une fonction bornée d'oscillation moyenne ω dans (a, b) et dont
les limites inférieure, supérieure et l'oscillation en x sont $l(x)$, $L(x)$ et
$\omega(x)$, on a

$$(b-a)\omega = \overline{\int f(x)\,dx} - \underline{\int f(x)\,dx} = \overline{\int L(x)\,dx} - \underline{\int l(x)\,dx} = \overline{\int \omega(x)\,dx}.$$

Les mêmes relations sont vraies si, dans la définition de $L(x)$, $l(x)$, $\omega(x)$,
on exclut la valeur x de la variable, ou si, par ces notations, on désigne les
limites supérieure, inférieure et l'oscillation à droite ou à gauche, x étant exclu
ou non. (*Voir* la note 2, p. 19.)

CHAPITRE III.

DÉFINITION GÉOMÉTRIQUE DE L'INTÉGRALE.

I. — La mesure des ensembles.

Dans le premier Chapitre, la définition de l'intégrale a été rattachée à celle de certaines aires; nous allons rechercher si, par une voie géométrique analogue, on peut arriver à la définition générale de Riemann. Nous verrons que cela est possible, de sorte que l'intégrale de Riemann apparaît comme la généralisation naturelle de l'intégrale de Cauchy, que l'on se place au point de vue analytique ou géométrique ([1]).

Je vais d'abord attacher aux ensembles des nombres qui seront les analogues des longueurs, aires, volumes, attachés aux segments,

---

([1]) Dans ce qui suit, je suppose définie la longueur (euclidienne) d'un segment et l'aire (euclidienne) d'un polygone.

Pour éviter toute difficulté, il est commode de considérer un point comme un ensemble de trois nombres x, y, z; un déplacement comme un changement de coordonnées dont les coefficients sont assujettis aux conditions connues. Alors, par définition, la distance des deux points (a, b, c), (α, β, γ) est

$$+ \sqrt{(a - \alpha)^2 + (b - \beta)^2 + (c - \gamma)^2}.$$

La fonction ainsi définie est, à un multiplicateur constant près, la seule fonction de deux points qui reste invariable dans les déplacements et telle que l'on ait

$$f(P, Q) + f(Q, R) = f(P, R),$$

lorsque Q est sur le segment PR. C'est de là que vient l'importance du nombre longueur.

L'aire d'un polygone est définie par les théorèmes de la Géométrie élémentaire; l'importance de ce nombre se justifie comme celle de la longueur. (*Voir* la *Géométrie élémentaire* de M. Hadamard, note D, ou encore la *Géométrie* de MM. Gérard et Niewenglowski.)

aux domaines plans ou aux domaines de l'espace. C'est à Cantor
que l'on doit la première définition de ces nombres ; je vais adopter
la méthode d'exposition de Jordan qui a simplifié et complété
la définition donnée par Cantor ([1]).

Soit E un ensemble borné ([2]) de nombres ou, si l'on veut, de
points sur une droite. Soit (a, b) l'un des intervalles contenant E.
Divisons (a, b) en un nombre *fini* d'intervalles partiels. Soit λ le
maximum de la longueur de ces intervalles. Je désigne par A la
somme des longueurs des intervalles partiels qui contiennent des
points de E et par B la somme des longueurs de ceux dont tous les
points font partie de E ([3]). Jordan démontre que A et B tendent
vers deux limites parfaitement déterminées quand λ tend vers zéro.
Pour nous, l'existence de ces limites est évidente, car A et B sont
des valeurs approchées des intégrales par excès et par défaut de la

---

([1]) Dans le cas d'un ensemble de points dans l'espace, la définition qu'emploie
Cantor (*Acta mathematica*, t. IV) peut être énoncée ainsi : De chaque point M
d'un ensemble E comme centre traçons une sphère de rayon ρ ; l'ensemble
des points intérieurs à ces sphères forme un ou plusieurs domaines dont on a
le volume (au sens ordinaire du mot) par une intégrale triple. Soit $f(\rho)$ ce
volume ; la limite de $f(\rho)$, quand ρ tend vers zéro, est le volume de E.

Cette définition est équivalente à celle de l'étendue extérieure donnée par
Jordan (t. I de la 2ᵉ édition de son *Cours d'Analyse*).

Minkowski s'est servi du nombre $f(\rho)$. Dans le cas où E est formé de
points d'une courbe, Minkowski considère le rapport $\dfrac{f(\rho)}{\pi\rho^2}$; s'il a une limite,
c'est ce que Minkowski appelle la *longueur de la courbe*. L'aire d'une surface
se définit par le rapport $\dfrac{f(\rho)}{2\rho}$.

On voit que le nombre $f(\rho)$ peut rendre des services dans la théorie des
ensembles. Ce qui précède semble montrer qu'il peut être employé de différentes
manières suivant le nombre de dimensions de E ; d'ailleurs, Cantor indiquait
dans son Mémoire que la notion de volume lui servait dans la définition du
nombre des dimensions d'un ensemble continu. Dans beaucoup de questions, il
semble qu'une telle définition serait fort utile ; Cantor n'a pas publié ses
recherches sur ce sujet. Des recherches récentes concernant le nombre de
dimensions d'un ensemble rendent d'ailleurs fort douteux que Cantor ait pu
arriver à des résultats importants dans cette voie.

Relativement au nombre $f(\rho)$, on pourra consulter un Ouvrage fort intéressant :
Theory of sets of points, publié depuis la première édition de ses Leçons par
M. et Mᵐᵉ W. H. Young.

([2]) C'est-à-dire dont tous les nombres sont compris entre deux limites finies.

([3]) On peut donner deux sens aux deux expressions « un intervalle contient
des points » et « tous les points d'un intervalle » comme au mot « enfermé »
(*voir* note 1, p. 26). Il est indifférent d'adopter l'un ou l'autre.

fonction ψ égale à 1 pour les points de E, nulle pour les autres points ([1]).

La limite de A s'appelle l'*étendue extérieure de* E, $e_e(E)$; celle de B est l'*étendue intérieure*, $e_i(E)$.

Quand ces deux étendues seront égales, nous dirons que l'ensemble est mesurable J, c'est-à-dire par le procédé de Jordan, et d'étendue ([2])

$$e(E) = e_i(E) = e_e(E);$$

dans ce cas, la fonction ψ attachée à E est intégrable au sens de Riemann et son intégrale dans (a, b) est $e(E)$.

Interprétons la condition d'intégrabilité de ψ. Les points de discontinuité de ψ sont les points de E qui sont limites de points ne faisant pas partie de E, et les points limites de E qui ne font pas partie de E. Ces points sont appelés, par Jordan, les *points frontières* de E; leur ensemble est la *frontière* de E. Donc, pour qu'un ensemble soit mesurable J, il faut et il suffit que sa frontière forme un groupe intégrable.

Cette condition peut se transformer si l'on remarque que, par définition, pour un groupe intégrable A tend vers zéro. De sorte qu'un groupe intégrable est un ensemble d'étendue extérieure nulle ou, si l'on veut, un ensemble mesurable J et d'étendue nulle.

La méthode précédente ne pourrait être appliquée aux ensembles formés des points d'un espace à plusieurs dimensions que si nous avions étudié au préalable les intégrales multiples par défaut et par excès. Une telle étude ne présente pas de difficultés, mais il est plus simple d'employer la méthode de Jordan qui est, en somme, la démonstration de l'existence de ces intégrales dans le cas particulier de la fonction ψ.

Considérons dans le plan un ensemble de points E borné, c'est-à-dire tel que l'ensemble des coordonnées des points de E soit borné. Un tel ensemble est tout entier contenu dans un carré convenablement choisi, d'aire R. Divisons le plan en petits carrés dont le maximum de la diagonale est λ. Soient A la somme des aires

---

([1]) M. de la Vallée Poussin définit les étendues extérieure et intérieure à l'aide de ψ.

([2]) C'est à dessein que le mot *étendue* est employé ici; le mot *mesure*, que l'on emploie souvent comme synonyme d'étendue, sera défini plus loin.

de ceux des carrés qui contiennent des points de E et B la somme
des aires de ceux dont tous les points appartiennent à E. A et B
sont plus petites que R. Il faut montrer qu'elles tendent vers des
limites déterminées quand λ tend vers zéro ; pour cela, considérons
d'abord une suite de divisions D_1, D_2, ..., auxquelles correspondent les nombres A_1, B_1, A_2, B_2, ..., et telles que les λ correspondants tendent vers zéro ; et soit une suite de divisions Δ_j auxquelles correspondent les nombres α_j et β_j, et telles que les
nombres λ_j correspondants tendent vers zéro.

Comparons A_i et α_j. Les carrés de Δ_j intervenant dans α_j sont de
deux espèces : les carrés d qui contiennent à leur intérieur des
points des côtés des carrés de D_i intervenant dans A_i, les autres
sont les carrés d'. Les points des carrés d forment un ensemble
qui est contenu dans l'ensemble des points distants de moins de λ_j
de l'un au moins des points des côtés des carrés de D_i.

Si dans A_i n'intervenait qu'un seul carré de D_i et de périmètre $4c$,
cet ensemble serait décomposable en domaines dont la somme des
aires, au sens élémentaire du mot, serait $8c\lambda_j + (\pi - 4)\lambda_j^2$ pour
$c > 2\lambda_j$; plus généralement, si dans D_i la somme des périmètres
des carrés intervenant dans A_i est l, l'ensemble correspondant
sera divisible en domaines dont la somme des aires est au plus $2\,l\lambda_j$.
Ce nombre est aussi le maximum de la contribution dans α_j des
carrés d.

Quant aux carrés d', ils donnent évidemment une contribution
au plus égale à A_i. Donc, on a

$$\alpha_j \leqq A_i + 2\,l\lambda_j,$$

et cela suffit (¹) pour démontrer que α_j et A_i tendent vers une
même limite $\mathcal{C}$.

Le nombre $\mathcal{C}$, dont l'existence vient d'être démontrée, est
l'étendue extérieure de E, $e_c(E)$; mais il s'agit ici d'une étendue
superficielle. Cette distinction est importante à noter, car tout
ensemble de points en ligne droite a une étendue superficielle
extérieure nulle et peut avoir une étendue linéaire extérieure
quelconque.

On démontrerait de même que B_i et β_j tendent vers une même

---

limite $\mathcal{B}$. On peut aussi remarquer que, si à la division Δ_j et à l'ensemble des points du carré d'aire R qui n'appartiennent pas à E, on associe deux nombres α'_j et β'_j, analogues à α_j et β_j, on a

$$\alpha'_j + \beta_j = R$$

et l'existence, qui vient d'être prouvée, de la limite de α'_j montre l'existence de la limite de β_j. Cette limite est l'étendue superficielle intérieure de E, $e_i(E)$.

Comme pour les ensembles linéaires, on dira qu'un ensemble est mesurable J et d'étendue $e(E) = e_e(E)$, si les deux étendues extérieure et intérieure sont égales.

Si nous remarquons que les carrés qui servent dans A sans servir dans B sont ceux que l'on devrait considérer pour avoir l'étendue extérieure de la frontière de E, on voit que la frontière de E a pour étendue extérieure $e_e(E) - e_i(E)$; de là se déduit la condition nécessaire et suffisante pour qu'un ensemble soit mesurable J.

J'ai déjà employé le mot *domaine*, il est utile ici de préciser ce qu'il faut entendre par là.

Une courbe est l'ensemble des formules

$$x = x(t), \qquad y = y(t), \qquad z = z(t);$$

où $x(t)$, $y(t)$, $z(t)$ sont des fonctions continues définies dans un intervalle fini (t_0, t_1). Les points de la courbe sont ceux que l'on obtient en donnant à t une valeur déterminée quelconque; les points qui ne correspondent qu'à une valeur de t sont dits *simples*, les autres *multiples*. Si les deux points correspondant à t_0 et t_1 sont identiques, la courbe est dite *fermée;* si le point t_0, t_1 ne correspond à aucune autre valeur de t, ce point n'est pas considéré comme multiple.

Si l'on remplace t par une fonction toujours croissante ou toujours décroissante de θ, on obtient une nouvelle courbe qu'on ne considère pas comme différente de la première; mais deux courbes, auxquelles correspondent le même ensemble de points, peuvent être différentes; c'est le cas des deux courbes, définies dans $\left(-\dfrac{\pi}{2}, +\dfrac{\pi}{2}\right)$, par $x = \sin t$, $y = 0$, $z = 0$, et par $x = \dfrac{2t}{\pi}\sin^2\dfrac{\pi^2}{4t}$, $y = 0$, $z = 0$.

Dans le cas d'une courbe fermée, on peut faire la transformation $\theta = \dfrac{t - t_0}{t_1 - t_0}$ et considérer les fonctions de θ obtenues comme périodiques et de période 1. Alors, pour définir la courbe, il suffira de se les donner dans un intervalle quelconque d'étendue 1 et non plus nécessairement dans $(o, 1)$; enfin l'on pourra, dans cet intervalle, remplacer θ par une fonction toujours croissante ou toujours décroissante de τ. Toutes les courbes ainsi obtenues sont regardées comme identiques.

Jordan a démontré le premier, dans la deuxième édition de son *Cours d'Analyse*, qu'une courbe fermée sans point multiple sépare le plan en deux régions (¹); nous admettrons ce résultat, qui paraît si évident intuitivement qu'on a tout d'abord quelque peine à comprendre qu'il faille le démontrer.

Les points de la région intérieure constituent ce que l'on appelle le *domaine limité par la courbe*. Relativement aux points de cette courbe, on peut faire deux conventions, les considérer comme points du domaine ou non, cela a en général peu d'importance.

La frontière d'un domaine est constituée par la courbe fermée qui sert à le définir.

Lorsque les deux étendues extérieure et intérieure d'un domaine sont égales, le domaine est dit *quarrable* et son étendue superficielle est appelée son *aire* (²).

Pour qu'un domaine soit *quarrable*, il faut que sa courbe frontière soit d'étendue extérieure nulle; une telle courbe est dite une *courbe quarrable*. Un carré est évidemment quarrable.

De la définition des domaines quarrables, il résulte que rien n'aurait été changé si l'on avait supposé que la division Δ_j (p. 39) était une division en domaines quarrables de diamètres inférieurs à λ_j.

Voici maintenant des exemples des diverses circonstances qu'on vient d'envisager.

(¹) *Voir* aussi le *Traité d'Analyse* de M. de la Vallée Poussin. Dans cette seconde édition, je devrais indiquer bien d'autres références tellement les travaux récents sur cette question et les questions connexes sont nombreux. Je me contenterai de renvoyer à l'article de M. Zoretti : *Recherches récentes sur la théorie des fonctions* (*Encyclopédie des Sciences mathématiques*, II, 1), et aux premiers tomes des *Fundamenta Mathematicæ*.

(²) D'ailleurs, quelques auteurs emploient toujours, à la place des mots *étendue linéaire* et *étendue superficielle*, les mots *longueur* et *aire*.

Les groupes intégrables nous fournissent un premier exemple d'ensembles mesurables J linéairement. En particulier, l'ensemble Z (p. 26) est d'étendue extérieure nulle. Il en sera de même, *a fortiori*, de tout ensemble formé à l'aide des points de Z; tous ces ensembles sont donc mesurables J et d'étendue nulle. Comme Z a la puissance du continu, il est possible d'établir une correspondance biunivoque entre les points de Z et ceux d'un intervalle, de sorte qu'à tout ensemble de points de cet intervalle on fasse correspondre un ensemble de points de Z; donc l'ensemble des ensembles mesurables J a une puissance au moins égale à celle de l'ensemble des ensembles de points et, comme il ne peut évidemment avoir une puissance supérieure, il a exactement cette puissance ([1]).

Un autre exemple d'ensemble mesurable J linéairement nous est fourni par un nombre fini d'intervalles. Si d'un tel ensemble on retire un groupe intégrable, il reste un ensemble mesurable J, l'étendue n'a pas varié.

On verra facilement que l'ensemble mesurable J le plus général ne diffère d'un ensemble mesurable J, formé par une infinité dénombrable d'intervalles, que par l'addition d'un certain groupe intégrable G_1, et par la soustraction d'un autre groupe intégrable G_2 ([2]).

Il est facile aussi de citer des ensembles mesurables J superficiellement. Tout ensemble borné Z_1, se projetant sur l'axe des x suivant l'ensemble Z, est un ensemble mesurable J de mesure superficielle nulle. Les ensembles de mesure superficielle extérieure nulle jouent, dans la théorie des intégrales doubles, au sens de Riemann, le même rôle que les groupes intégrables sur une droite; on peut les appeler les *groupes intégrables du plan*.

([1]) Il est fait usage. ici d'un théorème très important sur la comparaison des puissances dont on trouvera dans la Note I des *Leçons sur la théorie des fonctions* de M. Borel une démonstration due à M. F. Bernstein. Ce théorème est souvent utile; on peut l'énoncer ainsi :

Si un ensemble E *contient un ensemble* E_1 *et est contenu dans un ensemble* E_2, E_1 *et* E_2 *ayant même puissance,* E, E_1, E_2 *ont même puissance.*

([2]) Si par points d'un intervalle on entend les points *intérieurs* à cet intervalle, la considération de G_2 est même inutile.

Un carré est un ensemble mesurable J superficiellement. A partir de carrés et de groupes intégrables dans le plan, on construit tout ensemble mesurable J du plan comme on l'a fait dans le cas de la droite.

Les groupes intégrables du plan peuvent être assez différents des groupes intégrables de la droite. Z_1 est, comme Z, un ensemble *discret* du moins quand chaque point de Z n'est la projection que d'un seul point de Z_1, c'est-à-dire qu'on ne peut passer par un chemin continu d'un point à un autre de cet ensemble qu'en passant par des points qui ne sont pas de l'ensemble. Mais un groupe intégrable dans le plan peut être un ensemble *continu*, c'est-à-dire un ensemble tel que deux quelconques de ses points puissent êre joints par une courbe ne passant que par des points de l'ensemble; nous savons en effet qu'un segment, une ligne polygonale, une circonférence, une ellipse sont d'étendue superficielle extérieure nulle.

Les courbes qui sont des groupes intégrables sont celles que nous avons appelées quarrables.

Pour avoir un ensemble non mesurable J, il suffit de prendre un ensemble partout dense qui ne contienne aucun intervalle, s'il s'agit d'un ensemble sur la droite; qui ne contienne aucun domaine, s'il s'agit d'un ensemble dans le plan; pour un tel ensemble, en effet, l'étendue intérieure est nulle, l'étendue extérieure ne l'est pas. L'ensemble des points dont les coordonnées (ou la coordonnée) sont rationnelles n'est donc pas mesurable J.

P. Du Bois Reymond a remarqué qu'un ensemble peut être partout non dense sans être mesurable J. Prenons une suite de fractions $\alpha_1, \alpha_2, \ldots$, telles que le produit infini $P = \alpha_1 \times \alpha_2 \times \ldots$ soit convergent et différent de zéro; on prendra, par exemple, $\alpha_n = \dfrac{4\,n^2 - 1}{4\,n^2}$. Divisons l'intervalle (a, b) en trois parties, celle du milieu étant de longueur $(b - a)(1 - \alpha_1)$, les deux extrêmes étant égales. Barrons les points intérieurs à l'intervalle du milieu et opérons sur les deux intervalles restants comme sur (a, b), α_1 étant remplacé par α_2, et ainsi de suite. Soit R l'ensemble des points restant après toutes ces opérations. Si l'on se sert des divisions successives qui ont donné R pour calculer l'étendue extérieure de R, on voit que cette étendue est $P(b - a)$, donc qu'elle est différente

de zéro. Or l'étendue intérieure est nulle, puisque R est non dense,
R n'est pas mesurable J ([1]).

Une construction tout à fait analogue peut être faite dans le cas
du plan; on pourra, par exemple, diviser un rectangle, par deux
séries de trois parallèles à ses côtés, en neuf rectangles et barrer
les points intérieurs à celui du milieu, qu'on choisira de manière
que son aire soit $(1 - \alpha_1)$ fois celle du rectangle primitif. Puis on
opérera sur chacun des huit rectangles restants en remplaçant α_1
par α_2; etc.

Parmi les ensembles non mesurables J dans le plan se trouvent
des courbes non quarrables, c'est-à-dire dont l'étendue extérieure
n'est pas nulle; mais toute courbe non quarrable n'est pas nécessairement non mesurable J, elle contient alors tous les points d'un
carré.

M. Peano a construit le premier une courbe qui passe par tous
les points d'un carré; M. Hilbert a ensuite indiqué une méthode
géométrique simple permettant de construire de telles courbes;
toutes ces courbes sont non quarrables ([2]).

Pour avoir une courbe passant par tous les points du carré
$0 \leqq x \leqq 1$, $0 \leqq y \leqq 1$, définie en fonction d'un paramètre t variant
de 0 à 1, je pose

$$x = \frac{1}{2}\left(\frac{a_1}{2} + \frac{a_3}{2^2} + \frac{a_5}{2^3} + \ldots + \frac{a_{2n-1}}{2^n} + \ldots\right),$$

$$y = \frac{1}{2}\left(\frac{a_2}{2} + \frac{a_4}{2^2} + \frac{a_6}{2^3} + \ldots + \frac{a_{2n}}{2^n} + \ldots\right),$$

quand

$$t = \frac{a_1}{3} + \frac{a_2}{3^2} + \ldots + \frac{a_n}{3^n} + \ldots.$$

où les a_i sont égaux à 0 ou 2. Alors t fait partie de l'ensemble Z
de la page 26.

([1]) Si l'on avait $\alpha_n = \frac{2}{3}$, on aurait l'ensemble Z qui est mesurable J, parce
que P est nul.

([2]) PEANO, *Sur une courbe qui remplit toute une aire* (*Math. Ann.*,
Bd XXXVI). — HILBERT, *Ueber die stetige Abbildung einer Linie auf ein
Flächenstück* (*Math. Ann.*, Bd XXXVIII). La courbe de M. Hilbert est définie
à la page 23 du Volume I de la deuxième édition du *Traité d'Analyse* de
M. Picard. La méthode de définition qui va être indiquée, différente de celles
de MM. Peano et Hilbert, peut être utilisée pour les espaces à un nombre fini
quelconque de dimensions et même pour les espaces à une infinité dénombrable
de dimensions (*voir* LEBESGUE, *Journal de Mathématiques*, 1905).

Soit une valeur de t non contenue dans Z, alors elle fait partie de l'un des intervalles qui ont été enlevés dans la construction de Z; soit (t_0, t_1) cet intervalle. Aux points t_0 et t_1 de Z correspondent les valeurs x_0, y_0; x_1, y_1; alors on pose, pour tout l'intervalle (t_0, t_1) :

$$x = x_0 + \frac{x_1 - x_0}{t_1 - t_0}(t - t_0), \qquad y = y_0 + \frac{y_1 - y_0}{t_1 - t_0}(t - t_0),$$

Dans (t_0, t_1) la courbe se réduit donc à un segment.

Notre courbe est complètement définie; mais, pour parler de courbe, il faut démontrer que x et y sont des fonctions continues de t dans $(0, 1)$. Il suffit évidemment pour cela de le démontrer seulement pour les fonctions x et y de t définies sur Z. Et cela résulte du fait que, si t (appartenant à Z) est assez voisin de θ (appartenant aussi à Z), les $2n$ premiers chiffres $a_1, a_2, \ldots, a_{2n}$ de t, écrits dans le système de base 3, sont les mêmes que pour θ, c'est-à-dire que les n premiers chiffres de $x(t)$ et $x(\theta)$ d'une part, de $y(t)$ et de $y(\theta)$ d'autre part, sont les mêmes quand on écrit ces coordonnées dans le système de base 2.

Notre courbe remplit bien tout le carré, elle passe même plusieurs fois par certains points. On démontre facilement qu'il n'en peut pas être autrement [1].

Ce qui vient d'être fait dans le cas d'une et de deux dimensions peut évidemment être répété dans le cas d'un nombre quelconque de dimensions.

En particulier, dans le cas de trois dimensions, on définira le volume d'un domaine. Cela exigerait, au préalable, la définition précise d'une surface fermée et, pour la définition des domaines, des études analogues à celles de Jordan sur les courbes fermées.

---

[1] Ceci résulte de travaux anciens de Lüroth (*Sitz. phys. med. Soc. Erlangen*, t. 10); pour la limitation de l'ordre de multiplicité des points singuliers, voir LEBESGUE, *Fundamenta Mathematicæ*, II, 1921.

On trouvera, au Chapitre VII (§ V), un exemple de l'emploi qu'on peut faire dans certains raisonnements de la courbe de Peano et des courbes analogues.

La courbe de Peano est mesurable J et d'étendue non nulle, elle ne peut servir à limiter un domaine. Il existe des courbes sans point multiple et non quarrables; ces courbes ne sont pas mesurables J, elles peuvent servir à limiter des domaines non quarrables. *Voir* W.-F. OSGOOD, *A Jordan curve of positive area* (*Trans. of the Amer. Mat. Soc.*, 1903) ou H. LEBESGUE, *Sur le problème des aires* (*Bull. de la Soc. math. de France*, 1903).

II. — Définition de l'intégrale.

Soit une fonction $f(x)$ continue positive, définie dans un intervalle positif (a, b), et le domaine abBA que nous lui avons attaché (*fig.* 1, p. 2). Cherchons si ce domaine est quarrable. Pour cela, divisons (a, b) en intervalles partiels $\delta_1, \delta_2, \ldots, \delta_p$. Le plus grand rectangle, de base δ_i et dont tous les points font partie du domaine abBA, a pour hauteur la limite inférieure l_i de f dans δ_i. Le plus petit rectangle, de base δ_i et qui contient tous les points du domaine qui se projettent sur δ_i, a pour hauteur la limite supérieure L_i de f dans δ_i.

De ceci résulte que les deux sommes

$$\underline{S} = \Sigma\, \delta_i l_i, \qquad \bar{S} = \Sigma\, \delta_i L_i$$

tendent, quand le maximum des δ tend vers zéro, vers des limites déterminées qui sont les étendues intérieure et extérieure du domaine. Or $\underline{S} - \bar{S}$ tend vers zéro, car les fonctions continues sont à oscillation moyenne nulle; le domaine abBA est donc quarrable.

Si nous employons la méthode du début, si nous appelons *intégrale définie de f dans* (a, b) l'aire de abBA, nous retrouvons l'intégrale de Cauchy. Il n'y a, entre cette définition et celle de Cauchy, que des différences de forme.

Dans le cas où $f(x)$ n'est pas toujours positive, la courbe AB rencontre l'axe des x un nombre fini ou infini de fois et l'on a deux espèces de domaines, les uns au-dessus de ox, les autres au-dessous. Chacun de ces domaines est quarrable d'après ce qui précède.

La somme des aires de ceux qui sont au-dessus de ox, diminuée de la somme des aires de ceux qui sont au-dessous, est, par définition, l'intégrale de $f(x)$ ([1]).

Considérons maintenant une fonction $f(x)$ quelconque, définie dans l'intervalle positif (a, b). Soit $E(f)$ l'ensemble des points dont les deux coordonnées sont liées par la seule condition que y

---

([1]) Les deux sommes ou séries qui figurent dans cette définition existent bien, puisque l'ensemble de tous les domaines peut être enfermé dans une circonférence de rayon fini.

ne soit pas extérieur à l'intervalle positif ou négatif $[o, f(x)]$.
En d'autres termes, on a

$$y\, f(x) \geqq o \qquad \text{et} \qquad o \leqq y^2 \leqq \overline{f(x)}^2.$$

L'axe des x partage cet ensemble en deux autres : les points situés au-dessus de ox forment $E_1[f(x)]$, ceux qui sont au-dessous forment $E_2[f(x)]$. Quant aux points situés sur ox, on les mettra indifféremment dans E_1 ou E_2, cela importe peu dans la suite, car ils forment un groupe intégrable du plan.

Par analogie avec la définition précédente, il est naturel d'appeler *intégrale de f* la différence

$$I = e[E_1(f)] - e[E_2(f)],$$

lorsque E_1 et E_2 sont mesurables J.

Lorsqu'un ensemble n'est pas mesurable J, son étendue peut être considérée comme un nombre indéterminé dont les deux limites d'indétermination sont les étendues intérieure et extérieure de l'ensemble ; cela conduit, pour I, aux deux limites d'indétermination

$$\underline{I} = e_i[E_1(f)] - e_e[E_2(f)], \qquad \overline{I} = e_e[E_1(f)] - e_i[E_2(f)].$$

Nous allons calculer ces deux limites d'indétermination et pour cela supposons d'abord que f n'est jamais négative, c'est-à-dire que E_2 ne contient aucun point. Le calcul des étendues intérieure et extérieure de E (ou E_1) se fait comme dans le cas où f est continue, c'est-à-dire que ces étendues sont les limites des deux nombres S et $\overline{S}$. Les étendues sont donc les intégrales par défaut et par excès de f.

Pour étudier le cas général posons $f = f_1 - f_2$, où f_1 est égale à f quand f est positive ou nulle, et est nulle quand f est négative. On a alors, évidemment,

$$e_i[E_1(f)] = \underline{\int} f_1\, dx, \qquad e_e[E_1(f)] = \overline{\int} f_1\, dx,$$

$$e_i[E_2(f)] = \underline{\int} f_2\, dx, \qquad e_e[E_2(f)] = \overline{\int} f_2\, dx,$$

donc

$$\underline{I} = \underline{\int} f_1\, dx + \underline{\int} -f_2\, dx, \qquad \overline{I} = \overline{\int} f_1\, dx + \overline{\int} -f_2\, dx.$$

Il est, en général, impossible de remplacer des sommes d'intégrales par excès ou par défaut par les intégrales par excès ou par défaut de la somme (p. 34), parce que le maximum d'une somme est, en général, plus petit que la somme des maxima des termes de la somme, tandis que le minimum est, généralement, plus grand que la somme des minima. Mais ici, dans tout intervalle, le maximum (ou le minimum) de $f = f_1 - f_2$ est bien la somme des maxima (ou des minima) de f_1 et de $-f_2$. On peut donc écrire

$$\underline{I} = \underline{\int f \, dx}, \qquad \overline{I} = \overline{\int f \, dx}.$$

Nous retrouvons ainsi les intégrales de Darboux et nous avons leur signification géométrique.

Remarquons que $E(f)$ est mesurable J quand E_1 et E_2 le sont et que, inversement, si $E(f)$ est mesurable J, E_1 et E_2 le sont aussi. Ainsi, notre définition géométrique de l'intégrale s'applique lorsque E est mesurable J; mais, dans ce cas, et dans ce cas seulement, $\overline{I}$ et $\underline{I}$ sont égaux, c'est-à-dire que les intégrales $\overline{\int f \, dx}$ et $\underline{\int f \, dx}$ sont égales, donc :

Pour qu'une fonction bornée f soit intégrable au sens de Riemann, il faut et il suffit que $E(f)$ soit mesurable J superficiellement; dans ce cas, l'on a

$$I = \int f \, dx.$$

La définition géométrique de l'intégrale est entièrement équivalente à la définition analytique donnée par Riemann.

CHAPITRE IV.

˙LES FONCTIONS À VARIATION BORNÉE.

I. — Les fonctions à variation bornée.

La notion de mesure linéaire est nne généralisation de la notion de longueur d'un segment, une autre généralisation conduit à la définition de la longueur d'un arc de courbe. En étudiant les questions relatives à la rectification des courbes, nous aurons l'occasion d'appliquer quelques-uns des résultats que nous avons obtenus sur l'intégrale; nous verrons, en même temps, l'importance d'une classe de fonctions définies par Jordan : les fonctions à variation bornée.

Soit une fonction $f(x)$ bornée ([1]) définie dans un intervalle positif fini (a, b). Partageons (a, b) à l'aide des points

$$a_0 = a \leqq a_1 \leqq a_2 \leqq \ldots \leqq a_n = b;$$

la somme

$$v = |f(a_1) - f(a_0)| + |f(a_2) - f(a_1)| + \ldots + |f(a_n) - f(a_{n-1})|$$

est ce que l'on appelle *la variation de $f(x)$ pour le système de points $a_0, a_1, \ldots, a_n$*. Si, quel que soit le système des points de division, v est bornée, la fonction est dite à *variation totale finie* ou, simplement, à *variation bornée*. La variation totale finie ou infinie est, par définition, la plus grande limite de v, quand le maximum λ de la longueur des intervalles partiels employés tend vers zéro. Il est à remarquer que si, entre les points de division choisis, on intercale de nouveaux points, on augmente v ou, du moins, on ne le diminue pas; en intercalant ainsi indéfiniment de nouveaux points, de manière que λ tende vers zéro, on a une suite

---

([1]) Il est d'ailleurs évident qu'une fonction non bornée ne peut satisfaire aux définitions qui suivent.

de nombres v tendant vers une limite, finie ou non, qui est au moins égale au nombre v dont on est parti. On peut donc dire que la variation totale de f est la limite supérieure de l'ensemble des nombres v ([1]).

On voit aussi très simplement que, dans les définitions précédentes, on peut remplacer v par

$$o = \omega_1 + \omega_2 \cdots \ldots + \omega_n,$$

où ω_i est l'oscillation de f dans (a_{i-1}, a_i), les extrémités comprises.

A cause de cette propriété, quelques auteurs appellent les fonctions qui nous occupent *fonctions à oscillation totale finie;* l'oscillation totale étant la limite supérieure des o.

Une fonction à variation bornée est intégrable; elle est, en effet, à oscillation moyenne nulle, puisque cette oscillation est le quotient par $(b - a)$ de la limite, quand λ tend vers zéro, de

$$\Sigma(a_i - a_{i-1})\omega_i \leqq \Sigma \lambda \omega_i = \lambda \Sigma \omega_i = \lambda o \leqq \lambda O,$$

O étant l'oscillation totale de $f(x)$.

L'intégrabilité résulte aussi de cette proposition évidente : *les points en lesquels une fonction à variation bornée a une oscillation supérieure à $\alpha(\alpha > o)$ sont en nombre fini* et, par suite, forment bien un groupe intégrable.

Choisissons des nombres α_1, α_2, ..., qui tendent vers zéro en décroissant. Les points en lesquels l'oscillation est supérieure à α_n sans être supérieure à α_{n-1} sont en nombre fini; faisons varier n, nous voyons qu'*une fonction à variation bornée a au plus une infinité dénombrable de points de discontinuité.*

La réciproque n'est pas vraie; il existe même des fonctions continues à variation non bornée.

L'oscillation d'une somme $f_1 + f_2$ étant, dans un intervalle quelconque, au plus égale à la somme des oscillations de f_1 et f_2 dans cet intervalle, l'oscillation totale de $f_1 + f_2$ est, au plus, la somme des oscillations totales de f_1 et f_2. *Donc la somme de deux fonctions à variation bornée est une fonction à variation bornée.*

([1]) Et non plus la limite supérieure d'indétermination de la limite des nombres v.

Des raisonnements analogues permettraient de démontrer que les opérations effectuées aux pages 3o et 31 sur des fonctions intégrables donnent des fonctions à variation bornée quand elles sont effectuées sur des fonctions à variation bornée.

Mais il n'est pas vrai qu'une série uniformément convergente de fonctions à variation bornée donne nécessairement une fonction à variation bornée. La propriété qui remplace celle-là est la suivante :

La limite vers laquelle tend (uniformément ou non) une suite de fonctions à variations totales au plus égales à M *est une fonction dont la variation totale est au plus égale à* **M**.

En effet, prenons une division de l'intervalle; la variation correspondante pour les termes de la suite tend vers la variation relative à la fonction limite et à la division employée; donc, cette variation est au plus égale à M et il en est de même de la variation totale de la fonction limite.

Ce qui précède nous permettrait de citer des fonctions à variation totale bornée. Une fonction croissante $f(x)$ est, en effet, une fonction à variation totale finie et égale à $f(b) - f(a)$; de même, une fonction décroissante est à variation bornée. Par suite, la différence de deux fonctions croissantes est une fonction à variation bornée. Nous allons démontrer maintenant la réciproque : *toute fonction à variation bornée est la différence de deux fonctions jamais décroissantes.*

Reprenons la variation

$$v = |f(a_1) - f(a_0)| + |f(a_2) - f(a_1)| + \ldots + |f(a_n) - f(a_{n-1})|,$$

et soient p la somme de ceux des accroissements $f(a_i) - f(a_{i-1})$ qui sont positifs et $-n$ la somme de ceux qui sont négatifs. On a évidemment

$$v = p + n, \qquad f(b) - f(a) = p - n,$$

d'où

$$v = 2p + f(a) + f(b), \qquad v = 2n + f(b) - f(a),$$

p est la variation positive pour la division choisie, n la variation négative. Les deux dernières égalités montrent que les limites supérieures V, P, N, de v, p, n, que l'on appelle *variation totale, variation totale positive*, *variation totale négative*, sont liées par les mêmes relations que v, p, n.

Ceci posé, soient $V(x)$, $P(x)$, $N(x)$ les trois variations totales dans (a, x), $(x > a)$, on a

$$f(x) = f(a) + P(x) - N(x).$$

Mais $P(x)$ et $N(x)$ ne peuvent pas décroître quand x croît, donc le théorème annoncé est démontré.

On a, de plus,

$$V(x) = P(x) + N(x).$$

De là résulte que, si l'une des trois variations est finie, les deux autres le sont aussi, puisque l'on a entre les variations et l'accroissement $f(b) - f(a)$ les deux relations

$$V = P + N, \qquad f(b) - f(a) = P - N.$$

Une fonction à variation bornée peut être mise d'une infinité de manières sous la forme d'une différence de deux fonctions croissantes. Si l'on ajoute à $P(x)$ et $N(x)$ une même fonction $\lambda(x)$ non décroissante, on obtient deux fonctions non décroissantes $P_1(x)$ et $N_1(x)$ telles que l'on ait

$$f(x) = f(a) + P_1(x) - N_1(x).$$

On voit facilement que les fonctions non décroissantes P_1 et N_1 les plus générales satisfaisant à cette égalité sont celles qui viennent d'être construites ; de sorte que $P(x)$ et $N(x)$ sont, *parmi toutes les fonctions* $P_1(x)$ *et* $N_1(x)$, *non négatives et non décroissantes qui vérifient l'égalité précédente, celles qui sont les plus petites.*

Pour calculer la variation totale d'une fonction discontinue comme limite d'une suite de variations v, il faut choisir d'une manière très particulière les points de division ; par exemple, pour une fonction qui est partout nulle, sauf à l'origine, il faut que l'origine soit un point de division. Pour les fonctions continues, au contraire, on a cette propriété : *la variation d'une fonction continue, relative à une division quelconque, tend uniformément vers la variation totale de cette fonction quand le maximum* λ *de la longueur des intervalles employés tend vers zéro.*

Soient, en effet, deux suites de divisions D_1, D_2, ...; Δ_1,

Δ_2, ..., pour lesquelles les λ tendent vers zéro, et soit λ_j la valeur de λ pour Δ_j. Le maximum de l'oscillation de $f(x)$ dans un intervalle d'étendue λ_j est un nombre ε_j qui tend vers zéro avec λ_j. Comparons les variations v_i, v'_j relatives à D_i et Δ_j.

Les intervalles de Δ_j étant toujours partagés en deux classes, soient d' ceux qui ne contiennent aucun des points de division de D_i. Considérons tous ceux des d' qui sont entre x_i et x_{i+1}, ils couvrent un intervalle dont l'origine O_i est entre x_i et $x_i + \lambda_j$ et dont l'extrémité E_i est entre $x_{i+1} - \lambda_j$ et x_{i+1}. Les valeurs de $f(x)$ pour cette origine et cette extrémité diffèrent de ε_j au plus des nombres $f(x_i)$, $f(x_{i+1})$. La contribution dans v'_j des intervalles considérés est donc au moins

$$| f(E_i) - f(O_i) | \geqq | f(x_{i+1}) - f(x_i) | - 2\varepsilon_j,$$

et la contribution de tous les d' dans v'_j est au moins égale à

$$\Sigma[| f(x_{i+1}) - f(x_i) | - 2\varepsilon_j] = v_i - 2n\varepsilon_j,$$

si les points de division de D_i sont en nombre n. On a, à plus forte raison,

$$v'_j \geqq v_i - 2n\varepsilon_j,$$

et l'une quelconque des limites des v'_j est au moins égale à l'une quelconque des limites des v_i. Mais on peut permuter v'_j et v_i, donc les v'_j et les v_i tendent vers une même limite bien déterminée.

La proposition annoncée est donc démontrée; pour en bien préciser la portée, il convient de l'énoncer ainsi : *la variation v d'une fonction continue $f(x)$, pour une division de l'intervalle considéré en intervalles partiels de longueurs inférieures à λ, diffère de la variation totale V de $f(x)$ au plus d'un infiniment petit $\theta(\lambda)$, si V est fini, et, si V est infini, v est supérieur à un infiniment grand $\Theta(\lambda)$.*

Ceci exprime que v tend vers sa limite, V, finie ou non, avec une sorte d'uniformité.

Dans les conditions considérées, les deux nombres p et $-n$ attachés à la division considérée, et qui sont respectivement la somme des accroissements positifs et la somme des accroissements négatifs donnés par les intervalles partiels, tendent vers leurs limites P et $-N$ avec le même genre d'uniformité.

Voici une conséquence immédiate de cette propriété : *les trois variations totales d'une fonction continue à variation bornée sont des fonctions continues.* Il suffit de le démontrer pour $V(x)$ puisque $P(x)$ et $N(x)$ s'expriment immédiatement à l'aide de $f(x)$ et de $V(x)$.

Pour calculer $V(x_0)$, j'emploie une division $a_1, x_1, \ldots, x_n, x_0$; la variation v correspondant à cette division est égale à celle correspondant à $a, x_1, \ldots, x_n$ plus $|f(x_0)-f(x_n)|$, v est donc au plus égale à

$$V(x_n) + |f(x_0)-f(x_n)| \leqq V(x_0-o) + |f(x_0)-f(x_n)|,$$

car $V(x)$ est croissante; et, puisque $f(x_0)-f(x_n)$ tend vers zéro quand on fait tendre vers zéro le maximum des $x_{i+1}-x_i$, la valeur $V(x_0)$ est au plus égale à $V(x_0-o)$. Mais $V(x)$ est une fonction croissante, donc on a

$$V(x_0) = V(x_0-o),$$

la fonction est continue à gauche.

Étudions la variation totale de $f_1(x)=f(-x)$ entre $-b$ et $-x$, $(x<b)$; cette variation totale est évidemment égale à

$$V(b)-V(x).$$

Considérée comme fonction de $-x$, elle est continue à gauche de $-x_0$; donc, en tant que fonction de x, elle est continue à droite de x_0. La fonction $V(x)$ est donc continue.

La seconde partie de cette démonstration suppose essentiellement que la fonction est à variation bornée. Si $V(x)$ devenait brusquement infinie pour $x>x_0$, et nous verrons que cela est possible, le symbole $V(b)-V(x)$ n'aurait aucun sens pour $x>x_0$.

Puisque $P(x)$ et $N(x)$ sont des fonctions continues, *toute fonction continue à variation bornée est la différence de deux fonctions continues non décroissantes.*

La variation v, pour la division D, a été définie seulement dans le cas où D ne contient qu'un nombre fini d'intervalles; pour la suite, il est utile d'étudier un cas où D comprend une infinité d'intervalles. C'est le cas où les points de division de D forment un ensemble fermé réductible E; alors nous appellerons *varia-*

tion u, pour cette division, la somme de la série $\Sigma |f(x_i) - f(y_i)|$, étendue à tous les intervalles (y_i, x_i) contigus (¹) à E.

Nous allons comparer l'ensemble des variations *u* qui viennent d'être définies à l'ensemble des variations *v* antérieurement définies (²).

L'ensemble des *u* contient, quand on fait varier l'ensemble réductible E, l'ensemble des *v*; donc la limite supérieure de l'ensemble des *u* est au moins égale à la limite supérieure de l'ensemble des *v*. Il suffira de démontrer que *u* est toujours inférieure à la variation totale pour qu'il soit prouvé que la limite supérieure des *u* est la variation totale V.

Soit (α, β) un intervalle contigu à E'. Soient α_1 et β_1 deux points de E situés dans (α, β); la contribution de la partie de E située dans (α_1, β_1) pour le calcul de *u* est au plus égale à celle qu'elle fournit dans V, puisque E ne contient qu'un nombre fini de points dans (α_1, β_1). Faisons tendre les points α_1 et β_1 vers α et β, la proposition reste vraie et l'on trouve que (α, β) fournit dans V une contribution au moins égale à celle qu'il donne dans *u*. Si, dans (α, β), il n'y avait pas de points de E voisins de α, il faudrait prendre α_1 en α et l'on opérerait d'une façon analogue si, dans (α, β), il n'y avait pas de points de E voisins de β.

On prouvera de même que la proposition est vraie dans un intervalle contigu à E″, ou E‴, ...; mais l'un des dérivés de E étant nul dans (a, b), la proposition est vraie pour (a, b).

Ainsi les *u* peuvent remplacer les *v*.

Lorsqu'il s'agit d'une fonction continue, le nombre *u*, comme le nombre *v*, tend uniformément vers la variation totale, quand le maximum λ de la longueur des intervalles contigus à E tend vers zéro.

Soit, en effet, une division D correspondant à un ensemble fermé et réductible E et à un certain maximum λ. En choisissant convenablement un nombre fini de points de E, j'ai une division D_1 correspondant au plus au maximum 2λ. Soient *u* et v_1 les varia-

---

(¹) Un intervalle (y_i, x_i) est dit *contigu* à un ensemble E s'il ne contient pas de points de E et si ses extrémités font partie de E ou de E'. La dénomination d'intervalle contigu est due à M. R. Baire.

(²) Puisque nous n'avons pas encore prouvé que la série définissant *u* est convergente, il n'est pas exclu qu'une variation *u* ait pour valeur $+\infty$.

tions relatives à D et à D_1. Soit (a, b) un intervalle intervenant dans D, je dis que sa contribution dans u n'est pas inférieure à sa contribution dans v_1. Cela est évident si (a, b) ne contient qu'un nombre fini de points de E; s'il en contient un nombre infini mais seulement un nombre fini de points de E', on raisonnera comme nous venons de le faire, il y a un instant. De là on passera au cas où E″ n'aurait qu'un nombre fini de points dans (a, b), etc.

Finalement on conclut : $u \geqq v_1$. Donc $v_1 \leqq u \leqq V$, et, puisque v_1 tend vers V (fini ou non) quand λ tend vers zéro, notre proposition est démontrée.

On pourra préciser l'énoncé de cette proposition comme nous l'avons fait (p. 53) lorsqu'il ne s'agissait que de variations calculées à l'aide d'un nombre fini de points de division. .

La série u étant convergente, la série $\Sigma[f(x_i) - f(y_i)]$, étendue à tous les intervalles contigus à E, est absolument convergente et, par un raisonnement analogue aux précédents, on vérifiera que sa somme est égale à l'accroissement $f(b) - f(a)$ de $f(x)$ dans l'intervalle (a, b) considéré (¹). On peut donc parler de la somme de ses termes positifs et de la somme de ses termes négatifs, ces deux sommes tendent vers P et $- N$ quand λ tend vers zéro.

Il est important de remarquer qu'on ne peut pas remplacer l'ensemble réductible E par un ensemble non dense quelconque sans que certaines des propriétés précédentes cessent d'être vraies. Soit, en effet, la fonction $\xi(x)$ définie par

$$2\,\xi(x) = \frac{a_1}{2} + \frac{a_2}{2^2} + \frac{a_3}{2^3} + \ldots,$$

quand

$$x = \frac{a_1}{3} + \frac{a_2}{3^2} + \frac{a_3}{3^3} + \ldots,$$

où les a sont égaux à o ou à 2. x appartient alors à l'ensemble Z. On vérifie immédiatement que, pour les deux extrémités d'un

---

(¹) La notation $\Sigma[f(x_i) - f(y_i)]$ suppose que les intervalles contigus ont été numérotés. Cela est possible d'une infinité de manières, mais aucune ne s'impose. De sorte que les termes de notre série ne sont pas, en réalité, rangés dans un ordre déterminé; la série ne peut donc être convergente que si elle est absolument convergente.

Nous retrouverons ce fait dans la suite pour toutes les séries de nombres attachés aux intervalles contigus à un ensemble.

intervalle contigu à Z, ξ prend la même valeur; nous assujettissons ξ à rester constante dans un tel intervalle. $\xi(x)$ est maintenant partout définie; c'est une fonction non décroissante et, cependant, on trouvera zéro pour u, si, parmi les points de division employés, se trouvent les points de Z.

On a vu que la variation totale finie ou non d'une fonction est la limite supérieure des nombres v pour cette fonction, donc aussi de ses nombres u. Montrons que, si la variation totale de $f(x)$ est infinie, il y a des ensembles réductibles E pour lesquels les nombres u correspondants sont infinis.

Supposons qu'il s'agisse de l'intervalle (a, b) et faisons croître x de a à b. Si, de a à x_0, $f(x)$ est à variation bornée, $f(x)$ est *a fortiori* à variation bornée de a à $x < x_0$; donc, quand x parcourt (a, b), x atteint une valeur ξ qui est soit la première telle que la variation totale de a à ξ soit infinie, soit la dernière pour laquelle cette variation est finie; ξ pourra d'ailleurs être confondu avec a, ou avec b.

Dans le premier cas envisagé $f(x)$ sera à variation totale non bornée dans tout intervalle $(\xi - h, \xi)$; dans le second cas sa variation totale serait infinie dans tout intervalle $(\xi, \xi + h)$. Plaçons-nous, par exemple, dans la seconde hypothèse. Nous pourrons choisir dans (ξ, b) des points $b > b_1 > b_2 > \ldots > b_p > \xi$, tels que la variation v dans (ξ, b) pour ce système de points surpasse $o + 1$, o étant l'oscillation de $f(x)$ dans (a, b). On a donc

$$|f(b_p) - f(\xi)| + |f(b_{p-1}) - f(b_p)| + \ldots + |f(b) - f(b_1)| > o + 1,$$
$$|f(b_p) - f(\xi)| \leqq o;$$

donc

$$|f(b) - f(b_1)| + |f(b_1) - f(b_2)| + \ldots + |f(b_{p-1}) - f(b_p)| > 1.$$

Choisissons dans (ξ, b_p) des points $b_p > b_{p+1} > \ldots > b_{p+q} > \xi$, tels que la variation v dans (ξ, b_p) calculée à l'aide de ces points surpasse $o + 1$; puis, dans (ξ, b_{p+q}) des points

$$b_{p+q} > b_{p+q+1} > \ldots > b_{p+q+r} > \xi,$$

tels qu'ils donnent pour la variation v dans (ξ, b_{p+q}) une valeur supérieure à $o + 1$, et ainsi de suite.

Il est clair que l'ensemble E formé du point ξ et de cette suite

indéfinie de points b_1, b_2, ..., répond à la question, puisque la
série $\Sigma\,|(b_i) - f(b_{i+1})|$ est divergente.

Je terminerai en donnant quelques exemples des diverses parti-
cularités qui ont été signalées.

La fonction $x \sin \dfrac{1}{x}$ est égale à $(-1)^{K+1}\dfrac{1}{K\pi - \dfrac{\pi}{2}}$ pour $x = \dfrac{1}{K\pi - \dfrac{\pi}{2}}$,

donc, si l'on emploie ces valeurs de x pour calculer u dans l'intervalle $\left(o, \dfrac{1}{\pi}\right)$, on trouve

$$u = \frac{1}{K\pi - \dfrac{\pi}{2}} + \frac{2}{2K\pi - \dfrac{\pi}{2}} + \frac{2}{3K\pi - \dfrac{\pi}{2}} + \ldots,$$

et la fonction est à variation non bornée bien qu'elle soit continue.
Pour une fonction continue nulle pour x négatif, égale à $x \sin \dfrac{1}{x}$
pour x positif, la variation totale de -1 à x saute brusquement
de o à ∞ quand x dépasse la valeur zéro.

La fonction $x \sin \dfrac{1}{x}$ a une infinité de maxima et de minima, mais
cette condition ne suffit pas pour qu'une fonction soit à variation
non bornée. La fonction $x^2 \sin \dfrac{1}{x^{\frac{4}{3}}}$ admet un maximum ou un

minimum, et un seul, dans chaque intervalle $\left(\dfrac{1}{(K\pi)^{\frac{3}{4}}}, \dfrac{1}{[(K+1)\pi]^{\frac{3}{4}}}\right)$;
si l'on remarque que la valeur absolue de ce maximum ou de ce
minimum est au plus $\dfrac{1}{(K\pi)^{\frac{3}{2}}}$, on voit que la fonction est à variation

totale finie au plus égale à $2\sum \dfrac{1}{(K\pi)^{\frac{3}{2}}}$.

Les deux fonctions précédentes n'ont une infinité de maxima et
de minima que dans le voisinage de l'origine; si l'on veut qu'il en
soit ainsi autour de tout point, il faut appliquer le principe de
condensation des singularités. Il est nécessaire d'employer ce
principe d'une façon assez particulière parce que la limite vers
laquelle tendent uniformément des fonctions à variation bornée
peut être à variation non bornée et parce que les maxima et
minima ne se conservent pas dans l'addition.

Considérons les deux fonctions, définies dans $(-1, +1)$,

$$a(x) = x \sin \frac{\pi}{x}, \qquad b(x) = x^2 \sin \frac{\pi}{x^{\frac{4}{3}}};$$

l'une et l'autre s'annulent pour -1 et $+1$, la première est à variation totale V infinie, la seconde à variation totale V bornée. $f_1(x)$ désignera l'une ou l'autre de ces deux fonctions.

$f_1(x)$ a une infinité de maxima et de minima qui se présentent quand x appartient à un certain ensemble E_1.

$f_2(x)$ est une fonction continue qui s'annule aux points de E_1 et qui, dans l'intervalle (α, β) de deux points consécutifs de E_1, est égale à

$$\frac{(\beta - \alpha)}{2} f_1 \left[\frac{2}{\beta - \alpha} \left(x - \frac{\alpha + \beta}{2} \right) \right].$$

$f_2(x)$ a même variation totale que $f_1(x)$ parce que, dans (α, β), la variation totale de $f_2(x)$ est $\frac{\beta - \alpha}{2}$ V.

La fonction $f_1 + \frac{1}{2^2} f_2$ a, dans chaque intervalle (α, β), une infinité de maxima et de minima. En effet, si $f_1 = a$, elle est à variation non bornée dans (α, β) et cela entraîne cette conséquence qu'elle a une infinité de maxima et de minima; car si une fonction n'a qu'un nombre fini de maxima et minima, il suffit de calculer le nombre v relatif à une division $x_1, x_2, \ldots, x_p$ dans laquelle figurent les abscisses de tous les maxima et minima pour avoir la variation totale V, qui est donc finie. Si $f_1 = b$, f_1 a une dérivée bornée dans (α, β), tandis que la dérivée de f_2 prend toutes les valeurs positives et négatives, d'où encore l'existence d'une infinité de maxima et de minima. Soit E_2 l'ensemble des valeurs de x pour lesquelles $f_1 + \frac{1}{2^2} f_2$ est maximum ou minimum.

En opérant, à partir de $E_1 + E_2$, comme à partir de E_1, on formera f_3, d'où $f_1 + \frac{1}{2^2} f_2 + \frac{1}{3^2} f_3$ et E_3 ([1]).

En continuant ainsi, on définit les différents termes de la série

$$f(x) = f_1(x) + \frac{1}{2^2} f_2(x) + \frac{1}{3^2} f_3(x) + \ldots$$

qui est uniformément convergente, car $|f_i|$ est inférieure à 1.

La fonction continue $f(x)$ a des maxima et des minima dans

([1]) Pour être tout à fait rigoureux, il faudrait démontrer que la somme des longueurs des intervalles contigus à $E_1 + E_2$, intervalles qui jouent le rôle des (α, β), est égale à 2 comme la somme des différences $\beta - \alpha$. Cela est presque évident et résulte, si l'on veut, de ce que $E_1 + E_2$ est d'étendue extérieure nulle.

tout intervalle. Dans un intervalle quelconque (l, m), en effet, pourvu que n soit assez grand, il y a plus de deux points de E_n. Supposons qu'il y ait les trois points consécutifs r, s, t de E_n, f étant égale à la somme $s_n = f_1 + \frac{1}{2^2}f_2 + \ldots + \frac{1}{n^2}f_n$ pour ces trois points, f aura un maximum ou un minimum, au moins, entre r et t, suivant que s correspond à un maximum ou à un minimum.

La fonction f admet tous les maxima et minima de s_n, donc f est à variation non bornée dans tout intervalle si $f_1 = a$. Au contraire si $f_1 = b$, la variation totale de s_n étant finie et inférieure à $V\left(1 + \frac{1}{2^2} + \ldots + \frac{1}{n^2}\right)$, f est à variation bornée dans tout intervalle (*voir* p. 51).

Occupons-nous maintenant des fonctions discontinues à variation bornée.

Voici une propriété des points singuliers, qu'il était facile d'ailleurs de mettre directement en évidence, et qui résulte immédiatement de la construction de la fonction à variation bornée la plus générale à partir de deux fonctions croissantes : *tous les points de discontinuité d'une fonction à variation bornée sont de première espèce.*

Soit x_0 un point de discontinuité; la quantité

$$s_g(x_0) = f(x_0) - f(x_0 - 0)$$

est le saut de la fonction à gauche de x_0;

$$s_d(x_0) = f(x_0 + 0) - f(x_0)$$

est le saut à droite de x_0; enfin

$$s(x_0) = f(x_0 + 0) - f(x_0 - 0)$$

est le saut au point x_0,

Ceci posé, considérons la *fonction des sauts de* $f(x)$

$$\varphi(x) = \sum_{a \leqq x_i < x} s_d(x_i) + \sum_{a < x_i \leqq x} s_g(x_i),$$

où chacune des séries contient tous les x_i qui satisfont à l'inégalité placée au-dessous du signe Σ correspondant. On verra aisément que ces deux séries sont absolument convergentes et que, si l'on pose

$$f(x) = \varphi(x) + \psi(x),$$

$\psi(x)$ est une fonction continue à variation bornée ; la variation totale de f étant la somme de celles de φ et de ψ.

La fonction discontinue la plus générale qui soit à variation bornée s'obtient donc, soit en faisant la différence de deux fonctions discontinues croissantes, soit en ajoutant à une fonction continue à variation bornée la fonction des sauts $\varphi(x)$. Cette seconde méthode montre qu'on peut construire des fonctions à variation bornée en choisissant à volonté l'ensemble dénombrable des points de discontinuité, et même les sauts de droite et de gauche s_d et s_g, pourvu que les séries $\Sigma s_d(x)$, $\Sigma s_g(x)$ soient absolument convergentes.

Par exemple, l'ensemble des points de discontinuité pourra être l'ensemble des nombres rationnels, les sauts étant, quand x s'écrit $\frac{a}{b}$ sous forme irréductible,

$$s_d = (-1)^a \frac{1}{a^2 b^2}, \qquad s_g = (-1)^b \frac{1}{a^3 b^3}.$$

Démontrons que, pour calculer la variation totale d'une fonction f discontinue, il suffit de prendre la limite des nombres v fournis par une suite de divisions D_1, D_2, ..., en intervalles de longueur tendant vers zéro et telles que tout point de discontinuité de f soit point de division de D_i à partir d'une certaine valeur de i. Il suffira de prouver cela pour la fonction des sauts φ. Or, si ξ est un point de discontinuité de φ et appartient à D_i, D_{i+1}, ..., il y a dans la division D_{i+p} un intervalle $(\xi, \xi + h_p)$ d'origine ξ dont la contribution dans v_{i+p} tendra vers $|s_d(\xi)|$ quand p augmentera indéfiniment. Ainsi, dans v_n, il y a des termes qui, pour n grandissant indéfiniment, tendent vers les K premiers termes de $\Sigma |s_d(x_i)| + |s_g(x_i)|$; donc la limite des v_n ne saurait être inférieure à la variation totale de φ, mais comme elle ne saurait être plus grande, les v_n tendent bien vers la variation totale de φ.

On peut aussi utiliser des divisions D_i remplissant les conditions indiquées mais obtenues à l'aide d'ensembles réductibles de points et non plus seulement à l'aide de points en nombres finis. Seulement il faut définir avec précision ce que l'on entendra par le nombre u ; ce sera, si l'on désigne par $\delta_i = (a_i, b_i)$ les différents intervalles contigus à l'ensemble E des points de division et par x_1, x_2, ... les points de cet ensemble,

$$u = \Sigma\,|f(b_i - \mathrm{o}) - f(a_i + \mathrm{o})| + \Sigma\,|s_g(x_i)| + \Sigma\,|s_d(x_i)|.$$

Il est clair que la première somme tend vers la variation totale de la partie continue ψ de f et que la seconde finit par contenir les valeurs absolues de tous les sauts de f, donc donne la variation totale de φ.

Lorsqu'en tout point $f(x)$ est compris entre $f(x + \mathrm{o})$ et $f(x - \mathrm{o})$ on peut prendre pour u la quantité u'

$$u' = \Sigma\,|f(b_i - \mathrm{o}) - f(a_i + \mathrm{o})| + \Sigma\,|f(x_i + \mathrm{o}) - f(x_i - \mathrm{o})|;$$

mais, dans le cas général, cette quantité donnerait une limite trop petite. Lorsque f est à variation bornée, les séries constituant u' sont convergentes, donc on peut ranger comme l'on veut les termes de

$$\Sigma[f(b_i - \mathrm{o}) - f(a_i + \mathrm{o})] + \Sigma[f(x_i + \mathrm{o}) - f(x_i - \mathrm{o})].$$

Groupons ceux fournis par les δ_i et les x_i intérieurs à un intervalle δ' contigu au dérivé E' de E, il est clair que la somme de ces termes est $\Sigma[f(\beta' - \mathrm{o}) - f(\alpha' + \mathrm{o})]$ si δ' est l'intervalle (α', β'). Donc, par de tels groupements, on transforme la somme relative à E en la somme analogue relative à E'; puis en la somme relative à E'', etc. Et finalement on conclut que, si (a, b) est l'intervalle considéré, on a, pour f à variation bornée,

$$f(b) - f(a) = \Sigma[f(b_i - \mathrm{o}) - f(a_i + \mathrm{o})] + \Sigma[f(x_i + \mathrm{o}) - f(x_i - \mathrm{o})].$$

II. — Les courbes rectifiables.

Soit une courbe C définie dans (a, b)

$$x = x(t), \qquad y = y(t), \qquad z = z(t).$$

Considérons un polygone P inscrit dans cette courbe et dont les sommets, dans l'ordre où ils se rencontrent sur P, correspondent à des valeurs croissantes de t (¹), a, α_1, α_2, ..., α_p, b. On peut

---

(¹) Quand nous parlerons d'un polygone inscrit dans une courbe, nous supposerons toujours cette dernière condition remplie.

considérer P comme une courbe définie dans (a, b) à l'aide de fonctions $\xi(t)$, $\eta(t)$, $\zeta(t)$ égales à $x(t)$, $y(t)$, $z(t)$ pour les valeurs a, t_1, t_2, ..., t_p, b de t.

Ceci posé, soient deux suites de polygones inscrits dans C, P_i et π_j, choisis tels que le maximum des différences $t_k - t_{k-1}$ tende vers zéro avec $\frac{1}{i}$ d'une part, avec $\frac{1}{j}$ d'autre part. La longueur d'un polygone est, par définition, la somme des longueurs de ses côtés; nous allons comparer la longueur s_i de P_i à celle σ_j de Π_j.

Supposons que deux sommets consécutifs m_1, m_2 de P_i correspondent à $t = \theta_1$ et $t = \theta_2$. Les points μ_1, μ_2 de Π_j qui correspondent à ces valeurs de t tendent, quand j augmente indéfiniment, vers m_1, m_2; la plus petite des limites, pour j infini, de la longueur de l'arc $\mu_1\mu_2$ est donc au moins égale à la longueur du côté $m_1 m_2$. Mais ceci étant vrai pour chaque côté, la plus petite limite des σ_j est au moins égale à s_i. Et puisque l'on pourrait permuter P_i et π_j, les longueurs s_i et σ_j tendent vers la même limite quand i et j augmentent indéfiniment, et elles sont toujours inférieures à leur limite.

Lorsque le maximum de la longueur des côtés d'un polygone inscrit dans une courbe tend vers zéro, la longueur de ce polygone tend vers la limite supérieure des longueurs des polygones inscrits dans la courbe. C'est cette limite que l'on appelle la longueur de la courbe.

Une courbe est dite *rectifiable* si elle est de longueur finie. L'étude des courbes rectifiables a été entreprise par Ludwig Scheeffer ([1]), puis continuée par Jordan ([2]) à qui l'on doit le résultat suivant :

Pour qu'une courbe soit rectifiable, il faut et il suffit que les fonctions $x(t)$, $y(t)$, $z(t)$ qui la définissent soient à variation bornée.

En effet, un côté quelconque d'un polygone inscrit dans la courbe est de longueur au moins égale à chacune des projec-

---

([1]) *Allgemeine Untersuchungen über Rectification der Curven (Acta mathematica*, t. V).

([2]) *Cours d'Analyse*, t. I, 2ᵉ édition. Scheeffer et Jordan ont aussi examiné le cas où $x(t)$, $y(t)$, $z(t)$ ne sont pas continues.

tions δ_x, δ_y, δ_z de ce côté sur les axes, et de longueur au plus égale à $\delta_x + \delta_y + \delta_z$. Mais la somme des projections δ_x est la variation v_x de la fonction $x(t)$ pour les valeurs de t correspondant aux sommets ([1]). La longueur du polygone est donc supérieure à v_x; elle est, de même, supérieure à v_y ou à v_z, mais elle est inférieure à $v_x + v_y + v_z$; la propriété est démontrée.

De plus *la longueur de l'arc de t_0 à $t(t > t_0)$ d'une courbe rectifiable est une fonction continue non décroissante de t*, puisque l'accroissement de cet arc, dans un intervalle quelconque, est compris entre les accroissements de v_x et $v_x + v_y + v_z$.

Pour calculer la longueur d'une courbe, on pourra se servir de polygones ayant une infinité de sommets correspondant à des valeurs de t formant un ensemble réductible; car le raisonnement du début s'applique à ces polygones.

Une courbe rectifiable plane est quarrable, car si on la divise en n morceaux de longueur égale à $\frac{s}{n}$, chacun d'eux peut être enfermé dans une circonférence de rayon $\frac{s}{2n}$, et la somme $\frac{\pi s^2}{4n}$ des aires de ces cercles tend vers zéro avec $\frac{1}{n}$.

Supposons que $x(t)$, $y(t)$, $z(t)$ aient des dérivées intégrables; alors $|x'(t)|$, $|y'(t)|$, $|z'(t)|$ sont aussi intégrables, car on peut écrire

$$x'^2 = u, \qquad |x'| = + \sqrt{u},$$

et si l'on élève au carré ou si l'on prend la racine carrée arithmétique d'une fonction intégrable, on ne cesse pas d'avoir des fonctions intégrables.

Si l, m, n, L, M, N sont les limites inférieures et supérieures de $|x'|$, $|y'|$, $|z'|$ dans un intervalle (t_1, t_2), les sommes telles que $\Sigma(t_2 - t_1)(L - l)$, étendues à une division quelconque de (a, b) en intervalles partiels, tendent vers zéro quand les intervalles employés tendent vers zéro.

La corde (t_1, t_2) a une longueur δ qui vérifie les inégalités

$$a = (t_2 - t_1)\sqrt{l^2 + m^2 + n^2} \leq \delta \leq (t_2 - t_1)\sqrt{L^2 + M^2 + N^2} = A.$$

([1]) La courbe $x = x(t)$, $y = 0$, $z = 0$, qui sert dans ce raisonnement, est dite la *projection sur ox de la courbe donnée;* la projection sur xoy est $x = x(t)$, $y = y(t)$, $z = 0$.

Donc un polygone inscrit a une longueur comprise entre les sommes Σa, ΣA correspondantes. Si l'on fait tendre vers zéro les longueurs des côtés du polygone, ΣA et Σa tendent vers une même limite; car on a

$$\Sigma A - \Sigma a \leqq \Sigma(t_2 - t_1)(L - l) + \Sigma(t_2 - t_1)(M - m)$$
$$+ \Sigma(t_2 - t_1)(N - n).$$

La limite de ΣA et Σa est la longueur de la courbe. Mais, puisque l'intégrale $\displaystyle\int_a^b \sqrt{x'^2 + y'^2 + z'^2}\, dt$, qui existe d'après nos hypothèses, est toujours, elle aussi, comprise entre Σa et ΣA, nous pouvons conclure que, *si x', y', z' existent et sont intégrables, la longueur de l'arc (a, b) est*

$$\int_a^b \sqrt{x'^2 + y'^2 + z'^2}\, dt.$$

Le raisonnement précédent montre aussi que si $f'(x)$ existe sans être intégrable, et nous verrons que cela est possible, la longueur de la courbe $y = f(x)$ est comprise entre les intégrales par défaut et par excès de $\sqrt{1 + f'^2}$.

Nous obtiendrons la généralisation de cette proposition aux courbes $x(t)$, $y(t)$, $z(t)$, ainsi qu'un résultat relatif au cas où $\sqrt{x'^2 + y'^2 + z'^2}$ est une dérivée, à l'aide des considérations qui suivent.

On suppose que x', y', z' existent; alors, du point x_0, y_0, z_0, t_0, quel qu'il soit, comme origine, on peut tracer une corde dont la longueur $\sqrt{\delta x_0^2 + \delta y_0^2 + \delta z_0^2}$ diffère, au plus de $\varepsilon\, \delta t_0$, de la quantité $\delta t_0 \sqrt{x_0'^2 + y_0'^2 + z_0'^2}$; et nous pouvons même assujettir δt_0 à être inférieur à une certaine quantité donnée à l'avance λ.

La courbe étant définie dans (a, b), du point $a = t_1$ comme origine, nous pouvons tracer une corde remplissant les conditions indiquées; elle correspond à (t_1, t_2). De t_2 nous pouvons tracer une nouvelle corde qui correspond à (t_2, t_3) et ainsi de suite. Si, après un nombre fini d'opérations, on arrive en b, la construction est ainsi achevée. Sinon les t_n ont un point limite t_ω à partir duquel, comme origine, on peut tracer une corde $(t_\omega, t_{\omega+1})$, puis de $t_{\omega+1}$ on trace $(t_{\omega+1}, t_{\omega+2})$ et ainsi de suite. Si l'on n'atteint pas b, on se rapproche d'un point limite $t_{2\omega}$, à partir duquel on opère de même qu'à partir de t_ω.

On a ainsi des intervalles dont les origines t_α ont pour indices les différents nombres finis et transfinis α. Il faut démontrer qu'on arrivera en b avant d'avoir épuisé la suite des nombres transfinis, c'est-à-dire à l'aide d'une infinité dénombrable d'intervalles $(t_\alpha, t_{\alpha+1})$. Cela est tout à fait évident, car il n'y a pas plus de $\dfrac{b-a}{\eta}$ intervalles de longueur supérieure à η, et tous les intervalles, étant supérieurs en longueur à l'un des nombres $1, \dfrac{1}{2}, \dfrac{1}{3}, \cdots$, forment un ensemble fini ou dénombrable.

L'ensemble des valeurs t_1, t_2, ... est réductible, puisqu'il est fermé et dénombrable; donc on peut se servir des cordes tracées pour évaluer la longueur de la courbe. La somme des longueurs de ces cordes diffère de la somme

$$\mathrm{I} = \Sigma (t_{\alpha+1} - t_\alpha) \sqrt{x'^2(t_\alpha) + y'^2(t_\alpha) + z'^2(t_\alpha)},$$

au plus de

$$\varepsilon\, \Sigma (t_{\alpha+1} - t_\alpha) = \varepsilon(b-a).$$

Si nous faisons tendre simultanément ε et λ vers zéro, $\varepsilon(b-a)$ tend vers zéro, la somme des longueurs des cordes tend vers la longueur s de la courbe, I tend donc vers s. Mais, d'après la forme de I, on peut écrire, si $\sqrt{x'^2 + y'^2 + z'^2}$ est bornée,

$$\int_a^b \sqrt{x'^2 + y'^2 + z'^2}\, dt \leqq s \leqq \overline{\int_a^b \sqrt{x'^2 + y'^2 + z'^2}\, dt}.$$

Supposons maintenant que $\sqrt{x'^2 + y'^2 + z'^2}$, *bornée ou non, soit la dérivée d'une fonction* $\sigma(t)$. Si nous avons choisi chaque intervalle $(t_\alpha, t_{\alpha+1})$ de manière qu'il satisfasse, non seulement aux conditions, précédemment indiquées, mais encore, ce qui est possible, à l'inégalité

$$\varepsilon\, \delta t_\alpha \geqq \left| \delta \sigma(t_\alpha) - \delta t_\alpha \sqrt{x'^2(t_\alpha) + y'^2(t_\alpha) + z'^2(t_\alpha)} \right|,$$

I tend vers l'accroissement $\sigma(b) - \sigma(a)$ de $\sigma(t)$ dans (a, b) quand ε et λ tendent simultanément vers zéro. On a donc

$$s = \sigma(b) - \sigma(a).$$

La longueur de l'arc est l'accroissement de la fonction σ.

J'appelle l'attention sur la construction employée dans la démonstration précédente.

Je suppose qu'un procédé, permettant de construire un ou plusieurs intervalles ayant pour origine un point quelconque t_0, ait été indiqué. Je dirai qu'un intervalle (a, b) a été couvert, à partir de a, par une chaîne d'intervalles choisis parmi les intervalles définis par le procédé donné, lorsqu'on aura construit par ce procédé un intervalle (t_1, t_2) d'origine $t_1 = a$, puis un intervalle (t_2, t_3) d'origine t_2, etc., puis, si cela est nécessaire, un intervalle $(t_\omega, t_{\omega+1})$ dont l'origine est la limite de $t_1, t_2, \ldots$, et ainsi de suite. Il a été démontré qu'on arrive ainsi nécessairement à atteindre b au bout d'un nombre fini ou d'une infinité dénombrable d'opérations, de sorte que la chaîne construite couvrira bien tout (a, b) ([1]).

([1]) Lorsque le procédé donné fait correspondre plusieurs intervalles à une même origine t_α, il faut choisir entre tous ces intervalles celui qu'on appellera $(t_\alpha, t_{\alpha+1})$. Ce choix peut être fait arbitrairement si la nécessité de choisir ne se présente qu'un nombre fini de fois. Si elle se présente un nombre infini de fois, pour éviter les difficultés qui surgissent de l'emploi des mots « choisir une infinité de fois », il vaut mieux supprimer le choix en indiquant suivant quelle loi on déterminera $(t_\alpha, t_{\alpha+1})$ parmi tous les intervalles possibles. Dans la démonstration précédente, on pourra assujettir chaque intervalle $(t_\alpha, t_{\alpha+1})$ à être le plus grand qui satisfasse aux conditions imposées ; il y a bien d'ailleurs, dans l'ensemble de ces intervalles, un intervalle plus grand que tous les autres.

Dans la Note finale on trouvera une étude approfondie de l'emploi de ces chaînes d'intervalles.

CHAPITRE V.

LA RECHERCHE DES FONCTIONS PRIMITIVES.

I. — L'intégrale indéfinie.

Soit $f(x)$ une fonction bornée intégrable définie dans (a, b); la fonction

$$F(x) = \int_a^x f(x)\,dx + K$$

est *l'intégrale indéfinie* de $f(x)$.

En appliquant le théorème de la moyenne on voit que *l'intégrale indéfinie de $f(x)$ est une fonction continue, à variation bornée* ([1]), *et qu'elle admet $f(x)$ pour dérivée en tous les points où $f(x)$ est continue.*

Que se passe-t-il au point α si $f(x)$ n'y est pas continue? Alors il se peut qu'il y ait une dérivée égale à $f(\alpha)$, c'est le cas pour $\alpha = 0$ si $f(x)$ est nulle pour x quelconque, et égale à 1 quand x est l'inverse d'un entier; il se peut qu'il y ait une dérivée différente de $f(\alpha)$, c'est le cas pour $\alpha = 0$ quand $f(x)$ est partout nulle sauf pour $x = 0$; il se peut qu'il n'y ait pas de dérivée, c'est le cas pour $\alpha = 0$ quand $f(x) = \cos \mathcal{L}\,|x|$ pour $x \neq 0$ et $f(0) = 0$ ([2]).

Ainsi l'intégration peut conduire à des fonctions n'ayant pas

---

([1]) Je laisse au lecteur le soin de démontrer que la variation totale de $F(x)$ dans (a, b) est exactement égale à $\left| \int_a^b |f(x)|\,dx \right|$. Cette proposition a d'ailleurs été démontrée incidemment (p. 61) car elle est un cas particulier de celle relative à la longueur d'une courbe $x(t)$, $y(t)$, $z(t)$, lorsque $x'(t)$, $y'(t)$, $z'(t)$ sont intégrables. Il suffit en effet de considérer la courbe $x(t) \equiv f(t)$, $y(t) \equiv z(t) \equiv 0$.

([2]) L'intégrale indéfinie est alors $\dfrac{x}{2}\left(\sin \mathcal{L}\,|x| + \cos \mathcal{L}\,|x|\right)$.

partout une dérivée. Cette conséquence a été signalée par Riemann qui a appelé l'attention sur l'intégrale indéfinie de la fonction

$$f(x) = \sum \frac{(n\,x)}{n^2} \, (^1).$$

Cette intégrale indéfinie $F(x)$ admet $f(x)$ pour dérivée quand x n'est pas de la forme $\frac{2p+1}{2n}$.

Supposons $\alpha = \frac{2p+1}{2n}$ et faisons tendre β vers α par valeurs croissantes, on a vu que $f(\beta)$ tend vers $f(\alpha) + \frac{\pi^2}{16\,n^2}$, donc, d'après le théorème de la moyenne, il en est aussi de même de $\frac{F(\beta) - F(\alpha)}{\beta - \alpha}$.

Au contraire, ce rapport tendra vers $f(\alpha) - \frac{\pi^2}{16\,n^2}$ si l'on fait tendre β vers α par valeurs décroissantes; donc $F(x)$ n'a pas de dérivée pour les valeurs de la forme $\frac{2p+1}{2n}$.

C'est le premier exemple que l'on ait connu d'une fonction de laquelle il n'aurait pas été clairement légitime de dire qu'elle admet, *en général*, une dérivée. On connaissait bien des fonctions, celle de Cauchy, par exemple, $+\sqrt{x^2}$, qui, en certains points, n'avaient pas de dérivée; mais ces points étaient exceptionnels, ils ne formaient jamais un ensemble partout dense; dans l'exemple de Riemann, au contraire, il y a des points sans dérivée dans tout intervalle. Le principe de condensation des singularités nous donnera autant d'exemples que nous le voudrons de fonctions analogues à celles de Riemann; si les a_p sont tous les nombres rationnels, $\int \sum \frac{\cos \mathcal{L} \, |\, x - a_p\, |}{p^2} \, dx$ est une de ces fonctions.

L'intégration fournit des fonctions qui n'ont pas toujours une dérivée. Par une méthode toute différente, Weierstrass a construit une fonction n'ayant jamais de dérivée $(^2)$; il est évident que l'intégration ne peut pas donner de telles fonctions : *Les points en*

(^{1}) *Voir* page 15. L'intégrale indéfinie s'obtient en intégrant terme à terme.
(^{2}) Voir *Journal de Crelle,* vol. 79, ou Jordan, *Cours d'Analyse,* 2ᵉ édition, t. I, p. 316.
La fonction de Weierstrass est à variation non bornée dans tout intervalle.

lesquels une intégrale indéfinie n'admet pas de dérivée forment un ensemble de mesure nulle, puisque ces points appartiennent à l'ensemble des points de discontinuité de la fonction intégrée $f(x)$. Ainsi, les points sans dérivée sont encore, à un certain égard, exceptionnels.

Lorsqu'une fonction $f(x)$ est bornée, mais non intégrable, on peut lui attacher *les deux intégrales indéfinies par excès et par défaut*

$$\overline{F(x)} = \overline{\int_a^x f(x)\,dx + K}, \qquad \underline{F(x)} = \underline{\int_a^x f(x)\,dx + K}.$$

Ces deux fonctions sont continues, à variation bornée, et admettent f pour dérivée en tous les points où f est continue ([1]).

A la notion d'intégrale indéfinie se rattache une généralisation importante de l'intégrale définie.

Si une fonction $f(x)$ définie dans (a, b) est non intégrable dans (a, b) mais intégrable dans tout intervalle (α, β) intérieur à (a, b), on peut espérer définir une intégrale dans (a, b) en posant en principe la continuité de l'intégrale indéfinie et en appliquant les méthodes de Cauchy.

On voit facilement que les conditions supposées ne sont jamais réalisées si $f(x)$ est bornée. Mais, si $f(x)$ n'est pas bornée, on peut être conduit par la méthode de Cauchy à un nombre déterminé; il en sera ainsi en particulier si, autour de a et b, $|f(x)|$ est inférieure à une fonction d'ordre d'infinitude déterminé, inférieur à 1 ([2]).

On peut refaire au sujet de l'intégrale de Riemann tous les raisonnements faits au sujet de l'intégrale de Cauchy et des procédés de Cauchy-Dirichlet; je n'insiste pas sur ce point ([3]).

([1]) La propriété relative à l'ensemble des points sans dérivée est donc vraie aussi pour les intégrales par excès et par défaut; nous verrons d'ailleurs plus tard qu'elle appartient à toutes les fonctions à variation bornée.

([2]) D'une manière plus générale, on peut appliquer tous les théorèmes que l'on donne ordinairement relativement à l'existence d'une intégrale quand la quantité placée sous le signe d'intégration devient infinie en un point.

([3]) A ces questions se rattache une généralisation de l'intégrale exposée par Jordan dans le Tome II de la deuxième édition de son *Cours d'Analyse*. Si les généralisations du texte permettent de définir l'intégrale de $f(x)$ dans tout intervalle contigu à uu ensemble fermé E, Jordan appelle *intégrale de $f(x)$* la

II. — Les nombres dérivés.

L'intégration s'applique à des fonctions qui ne sont pas des fonctions dérivées. Une fonction nulle partout, sauf pour $x = 0$, n'est pas une fonction dérivée, puisque sa fonction primitive, si elle existait, devrait être continue, constante pour x positif, et pour x négatif, donc toujours constante et cependant sa dérivée ne serait pas nulle pour $x = 0$. Ceci montre que les notions d'intégrale indéfinie et de fonction primitive sont différentes.

Il semble que l'on ait admis pendant longtemps que la première de ces notions comprend la seconde et que, par suite, l'intégration permet toujours de résoudre le problème de la recherche des fonctions primitives. En tout cas, au lieu de s'occuper de ce problème, on a étudié quels services pouvait rendre l'intégration dans la résolution de problèmes, généralisations, en des sens divers, du problème des fonctions primitives.

Pour l'étude de ces problèmes il nous sera utile de connaître quelques propriétés des nombres dérivés.

Soit $f(x)$ une fonction continue (^{1}), prenons le rapport

$$r[f(x),\ x_0,\ x_0 + h] = \frac{f(x_0 + h) - f(x_0)}{h};$$

et faisons tendre h vers zéro. Si nous assujettissons h à ne prendre que des valeurs négatives, la plus petite et la plus grande des limites du rapport sont les deux *nombres dérivés à gauche* au point x_0. Ces deux nombres, qui ont été définis et étudiés par P. Du Bois Reymond et Dini, sont encore appelés les *extrêmes oscillatoires antérieurs*. La plus petite limite est le *nombre dérivé inférieur à gauche*, la plus grande limite est le *nombre dérivé supérieur à gauche*.

____

somme des intégrales dans les intervalles contigus à E. Pour que l'intégrale d'une somme soit la somme des intégrales, il faut ajouter que l'étendue extérieure de E doit être nulle. A ces questions se rattachent des travaux de Harnack (*Math. Ann.*, Bd XXI, XXIV), Hölder (*Math. Ann.*, Bd XXIV), de la Vallée Poussin (*J. de Liouville*, série 4, vol. VIII), Stolz (*Wiener Berichte*, Bd CVII), Moore (*Trans. Amer. Math. Soc.*, vol. II).

(^{1}) On peut aussi considérer le cas des fonctions discontinues, mais les définitions du texte nous suffiront.

En donnant à h des valeurs positives, on définit les *deux nombres dérivés à droite* ou *extrêmes oscillatoires postérieurs.*

Ces quatre nombres, qui ne sont pas nécessairement finis, se notent

$$\lambda_g, \quad \Lambda_g, \quad \lambda_d, \quad \Lambda_d ;$$

si l'on veut rappeler la fonction f et la valeur x_0 dont il s'agit on écrit $\lambda_g f(x_0)$, $\Delta_g f(x_0)$ ([1]).

La signification géométrique de ces nombres est simple. Soit la courbe $y = f(x)$, considérons l'arc AB de cette courbe correspondant à l'intervalle $(x_0, x_0 + h)$; supposons-le positif. Toutes les droites joignant A à un point quelconque de AB sont toutes les droites d'un certain angle XAY. Faisons tendre h vers zéro, l'angle XAY varie de telle manière que, pour la valeur h, il contient tous les angles correspondant aux valeurs inférieures à h.

Ceci suffit pour qu'on en conclût l'existence de droites limites ξA, ηA pour XA et YA. Les coefficients angulaires de ces deux droites limites sont les nombres dérivés à droite.

On pourra faire la figure pour la courbe $y = x \sin \frac{1}{x}$; pour $x = 0$ les deux nombres dérivés inférieurs sont égaux à -1 et les deux nombres dérivés supérieurs sont égaux à $+1$. Pour cette courbe l'angle XAY est fixe. Au contraire, il varie pour la fonction

$$y = x \sin \frac{1}{x} + x^2 \sin \frac{1}{x},$$

qui admet les mêmes nombres dérivés que la précédente pour $x = 0$.

Les nombres dérivés peuvent remplacer dans certaines études les dérivées ordinaires. Dans l'étude de la variation d'une fonction par exemple : si les nombres dérivés sont tous quatre positifs, la fonction est croissante; si les deux nombres dérivés postérieurs sont positifs, la fonction est croissante à droite; si les deux dérivés postérieurs sont positifs et les deux antérieurs négatifs, la fonction admet un minimum pour $x = x_0$; si les deux nombres dérivés à droite sont de signes contraires, la fonction n'est ni crois-

---

([1]) On emploie aussi quelquefois les notations D_-, D^-, D_+, D^+ ou d_-, D_-, d_+, D_+.

sante ni décroissante à droite de $x = x_0$, mais si l'un des deux est nul on ne peut plus rien dire.

Lorsque $\Lambda_d = \lambda_d$, on dit que la fonction admet une *dérivée à droite*, égale à Λ_d; si $\Lambda_g = \lambda_g$, la valeur de Λ_g est la *dérivée à gauche*.

Si $\Lambda_d = \lambda_d = \Lambda_g = \lambda_g$, la fonction a une dérivée égale à Λ_d. Cette définition est identique à la définition classique, sauf le cas où $\Lambda_d = \pm \infty$ (¹).

Faisons une application de ces définitions à l'intégrale. Le théorème de la moyenne donne

$$l \leqq r[\mathrm{F}(x), \alpha, \beta] \leqq \mathrm{L},$$

si F est l'une quelconque des trois intégrales indéfinies et si l et L sont les limites inférieure et supérieure de f dans (α, β); on peut même supposer que α est exclu de l'intervalle (α, β).

Si nous faisons tendre β vers α par valeurs plus petites que α, nous voyons que *le nombre dérivé supérieur à gauche pour $x = \alpha$ d'une des intégrales indéfinies d'une fonction bornée $f(x)$ est au plus égal à la limite supérieure de $f(x)$ à gauche de α et le nombre dérivé inférieur de $f(x)$ à gauche est au moins égal à la limite inférieure de $f(x)$, à gauche de α; il s'agit ici des limites inférieure et supérieure en α, α exclu* (*voir* p. 19).

Supposons que $f(\alpha - \mathrm{o})$ existe, alors les deux limites de $f(x)$ à gauche de α sont $f(\alpha - \mathrm{o})$, donc : *quand $f(\alpha - \mathrm{o})$ existe, l'une quelconque des intégrales indéfinies de la fonction bornée $f(x)$ admet, pour $x = \alpha$, une dérivée à gauche égale à $f(\alpha - \mathrm{o})$.*

On raisonne de même pour les nombres dérivés et la dérivée à droite.

La fonction de Riemann $\sum \dfrac{(nx)}{n^2}$, n'admettant que des points de discontinuité de première espèce, conduit à une intégrale indéfinie qui a, en tout point, une dérivée à droite et une dérivée à gauche déterminée. C'est en somme l'existence de ces dérivées à droite et à gauche qui a été démontrée à la page 69.

Si $f(\alpha - \mathrm{o})$ et $f(\alpha + \mathrm{o})$ existent et sont égales, l'intégrale de

---

(¹) Avec cette définition $\sqrt[3]{x}$ admet une dérivée déterminée, $+ \infty$, pour $x = \mathrm{o}$.

$f(x)$ admet la valeur commune de $f(\alpha - 0)$ et $f(\alpha + 0)$ pour dérivée, quand $x = \alpha$, quel que soit le nombre $f(\alpha)$.

Il existe pour les nombres dérivés une proposition analogue au théorème des accroissements finis (¹) :

Si L *et* l *sont les limites supérieure et inférieure de l'un quelconque des quatre nombres dérivés de la fonction* $f(x)$ *dans* (a, b), *on a*

$$l \leqq r[f(x), a, b] \leqq L.$$

Je suppose que l et L soient relatifs à Λ_d; les autres cas se ramènent à celui-ci, car on a évidemment :

$$\lambda_d[f(x)] = -\Lambda_d[-f(x)], \qquad \lambda_g[f(x)] = -\Lambda_g[-f(x)],$$
$$\Lambda_g[f(x)] = \Lambda_d[f(-x)].$$

Je suppose donc que l et L sont les limites de Λ_d; pour démontrer la seconde inégalité, il me suffira de prouver qu'il existe des valeurs de Λ_d au moins égales à

$$r[f(x), a, b].$$

J'adopte pour cela le langage géométrique parce qu'il me paraît plus expressif; on le traduira facilement si l'on veut en langage analytique.

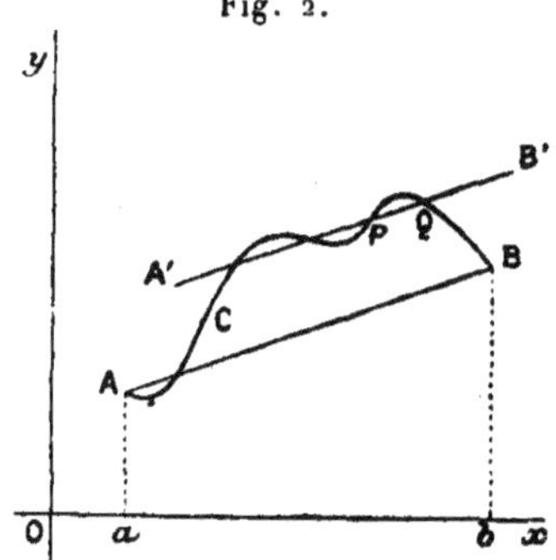

Fig. 2.

La propriété est évidente si la courbe C qui représente $f(x)$ se réduit à la corde AB joignant ses extrémités (*fig.* 2).

(¹) On sait que ce théorème s'énonce ainsi :

Si une fonction $f(x)$ est continue dans l'intervalle (a, b), et admet une dérivée bien déterminée pour chaque valeur de x intérieure à (a, b), il existe un nombre ξ

S'il n'en est pas ainsi et s'il existe des points de la courbe C au-dessus de AB (c'est-à-dire du côté de $y = +\infty$), je déplace la droite AB parallèlement à elle-même en A'B' de manière qu'elle coupe C.

Au-dessus de A'B' il y a des arcs de C, soit PQ l'un deux. Au point P de A'B', Λ_d et λ_d sont évidemment supérieurs ou au moins égaux au coefficient angulaire de PQ, c'est-à-dire à $r[f(x), a, b]$ et la propriété est démontrée dans ce cas.

Enfin si C n'a pas de point au-dessus de AB (*fig.* 3), je déplace

Fig. 3.

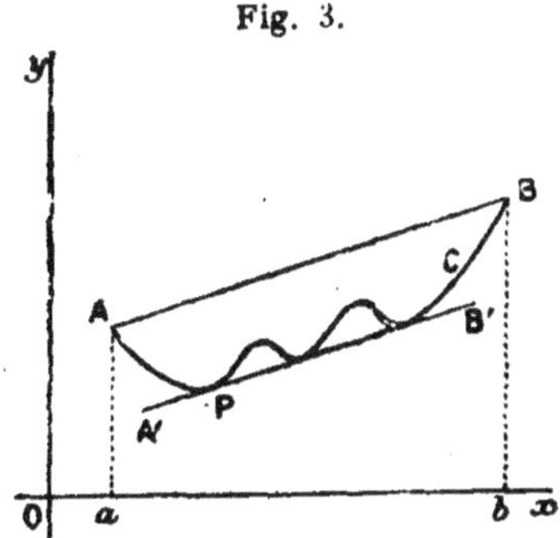

AB parallèlement à elle-même vers $y = -\infty$, et soit A'B' la dernière position dans laquelle elle ait des points communs avec C. Si P est l'un quelconque de ces points, en ce point Λ_d et λ_d sont au moins égaux à $r[f(x), a, b]$; la propriété est démontrée dans tous les cas. Dans l'un et l'autre cas de figure nous avons raisonné sur un arc Pp, d'origine P, et situé au-dessus de la parallèle à AB menée par P. Nous avons, de plus, en vue de la suite, pris P différent de A.

Du théorème précédent il résulte que *les quatre nombres dérivés ont la même limite supérieure et la même limite inférieure dans tout intervalle.*

Comparons, en effet, les limites supérieures L et L' de Λ_d et λ_g. Puisque Λ_d a pour limite L et que Λ_d est la limite de rapports

---

de cet intervalle tel que

$$f(b) - f(a) = f'(\xi)[b - a].$$

Cet énoncé ne suppose pas que $f'(x)$ soit bornée ou même finie, mais si $f'(x)$ est infinie, ce doit être $+\infty$, ou $-\infty$, et non pas $\pm\infty$.

$r[f(x), \alpha, \beta]$, où α et β appartiennent à l'intervalle considéré (a, b), on peut trouver α et β dans (a, b) tels que $r[f(x), \alpha, \beta]$ soit supérieur à $L - \varepsilon$. Le maximum de λ_g dans (α, β), donc dans (a, b), est par suite au moins égal à $L - \varepsilon$. Ceci suffit pour démontrer que L et L' sont égaux.

La valeur commune de L et L' est en même temps la limite supérieure du rapport $r[f(x), \alpha, \beta]$.

La propriété énoncée pour les limites supérieure et inférieure dans un intervalle entraîne la même propriété pour les limites supérieure et inférieure en un point; en particulier, si pour l'un des nombres dérivés ces deux limites sont égales, il en est de même pour les autres, ce qui s'énonce : *Si en un point x_0 l'un des nombres dérivés est continu, il en est de même des trois autres nombres dérivés et de plus la fonction admet une dérivée pour $x = x_0$.*

Voici une autre conséquence évidente : *si les quatre nombres dérivés sont bornés, ils admettent la même intégrale supérieure et la même intégrale inférieure; si l'un deux est intégrable, tous le sont et ils ont même intégrale.*

Dans le cas des dérivées le théorème de Rolle ([1]) est un cas particulier du théorème des accroissements finis; dans le cas des nombres dérivés le théorème analogue au théorème de Rolle peut s'énoncer ainsi : *Si la fonction continue $f(x)$ s'annule pour a et b, les limites des nombres dérivés dans (a, b) sont, ou toutes deux nulles, ou toutes deux différentes de zéro et de signes contraires.*

Cet énoncé se justifie en remarquant que si $f(x)$ n'est pas constant, $r[f(x), \alpha, \beta]$ prend des valeurs positives et des valeurs négatives.

On peut aussi dire : *si la fonction continue $f(x)$, non constante dans (a, b), s'annule pour a et b, il existe des points intérieurs à l'intervalle (a, b) pour lesquels les deux nombres dérivés à droite (ou à gauche) sont positifs et non nuls et*

([1]) Ce théorème s'énonce ainsi :

Si une fonction continue $f(x)$ s'annule pour a et b, et admet pour les points intérieurs à (a, b) une dérivée déterminée de grandeur et de signe, finie ou non, cette dérivée s'annule dans (a, b).

d'autres points où ils sont négatifs et non nuls. Si dans les figures 2 et 3, on suppose $b\mathrm{B} > a\mathrm{A}$, les deux nombres dérivés au point P, intérieur à (a, b), sont en effet différents de zéro et positifs.

La réciproque peut s'énoncer sous la forme suivante : *si l'on sait que les deux nombres dérivés à droite (ou à gauche) de* $f(x)$ *ne sont jamais tous deux différents de zéro et de même signe,* $f(x)$ *est une constante* (¹).

Parmi les fonctions continues il faut remarquer les *fonctions à nombres dérivés bornés* qui possèdent beaucoup des propriétés des fonctions dérivables. Cette classe de fonctions comprend les intégrales indéfinies des fonctions bornées. Les fonctions à nombres dérivés bornés sont celles pour lesquelles on a toujours

$$| r[f(x), \alpha, \beta] | < \mathrm{M},$$

où M est un nombre fixe. Cette inégalité, connue sous le nom de *condition de Lipschitz*, intervient dans presque tous les raisonnements sur l'existence des solutions des équations différentielles. Ceci montre l'importance pratique des fonctions à nombres dérivés bornés.

Nous reviendrons au Chapitre IX sur l'étude de ces fonctions; pour le moment il suffira d'en signaler une propriété immédiate :

Une fonction à nombres dérivés bornés et inférieurs en valeur absolue à M *est à variation bornée, sa variation totale étant au plus* Mδ *dans un intervalle d'étendue* δ.

Soit maintenant une courbe rectifiable

$$x = x(t), \quad y = y(t), \quad z = z(t),$$

définie dans (a, b), et soit $s(t)$ son arc de a et t.

L'équation $s(t) = s$ peut être résolue en t quand s est dans l'intervalle $[o, s(b)]$; elle n'admet qu'une solution, sauf le cas où $x(t)$, $y(t)$, $z(t)$ seraient constantes à la fois dans un intervalle. Sauf dans ce cas, $t(s)$ est une fonction croissante bien déterminée,

$$x = x[t(s)], \quad y = y[t(s)], \quad z = z[t(s)]$$

(¹) Cette propriété correspond à la suivante : Si la dérivée d'une fonction continue est nulle quel que soit x dans (a, b), la fonction est constante.

représentent la courbe donnée et ces fonctions de s sont des fonctions continues à nombres dérivés au plus égaux à 1.

L'étude des courbes rectifiables, et par suite celle des fonctions à variation bornée, est donc intimement liée à l'étude des fonctions à nombres dérivés bornés. Nous aurons l'occasion de nous servir de cette remarque.

Il existe d'ailleurs des fonctions continues à variation bornée et à nombres dérivés non bornés, la fonction $x^2 \sin \dfrac{1}{x}$ en est un exemple.

Les fonctions dont nous venons de nous occuper sont définies dans tout un intervalle, mais il est clair que les notions de dérivée et de nombres dérivés s'étendent de suite à une fonction définie seulement pour les points d'un ensemble, ou considérée seulement pour les points d'un ensemble. La fonction $\chi(x)$ (p. 15) est discontinue en tout point; elle admet cependant une dérivée nulle sur l'ensemble des nombres rationnels aux points x rationnels et une dérivée nulle sur l'ensemble des nombres irrationnels aux points x irrationnels.

III. — Fonctions déterminées par un de leurs nombres dérivés.

Revenons à la recherche des fonctions primitives. Le problème :

A. *Trouver une fonction dont la dérivée soit une fonction donnée,*

n'admet pas en général de solution. Aussi le remplace-t-on par deux autres :

B. *Reconnaître si une fonction donnée est une fonction dérivée.*

C. *Trouver une fonction connaissant sa dérivée.*

A ces problèmes correspondent les suivants :

A'. *Trouver une fonction dont le nombre dérivé supérieur à droite (ou l'un des autres nombres dérivés) est donné.*

B'. *Reconnaître si une fonction donnée est le nombre dérivé supérieur à droite d'une fonction inconnue.*

C'. *Trouver une fonction connaissant son nombre dérivé supérieur à droite.*

Nous allons d'abord préciser l'indétermination de la solution du problème C' en démontrant qu'*une fonction est déterminée, à une constante additive près, quand on connaît la valeur finie de l'un des nombres dérivés pour chaque valeur de la variable.*

Soient, en effet, deux fonctions $f_1(x)$ et $f_2(x)$ ayant en chaque point le même nombre dérivé supérieur à droite. Nous avons, par hypothèse,

$$\Lambda_d f_1(x) = \Lambda_d f_2(x)$$

et aussi

$$\lambda_d[-f_2(x)] = -\Lambda_d f_2(x),$$

comme on le voit en se reportant à la définition géométrique ou analytique des nombres dérivés. Cette définition fournit aussi l'inégalité

$$\lambda_d[f_1(x)-f_2(x)] \leqq \Lambda_d f_1(x) + \lambda_d[-f_2(x)] \leqq \Lambda_d[f_1(x)-f_2(x)],$$

dans laquelle le terme du milieu est nul.

La fonction $f_1(x) - f_2(x)$ n'a donc jamais ses deux nombres dérivés à droite différents de zéro et de même signe, elle est constante.

Notre proposition est démontrée. La démonstration ne suppose pas que la fonction soit à nombres dérivés bornés, mais elle suppose que le nombre dérivé donné est fini, sans quoi le terme du milieu, dans l'inégalité qui nous a servi, n'aurait aucun sens.

La proposition n'est d'ailleurs plus nécessairement vraie quand la valeur connue du nombre dérivé, ou de la dérivée, n'est pas partout finie; d'une façon précise, on peut citer *deux fonctions $f_1(x)$ et $f_2(x)$ continues, ayant en tout point la même dérivée, déterminée en grandeur et signe mais non partout finie, et dont la différence n'est pas une constante.*

A cet effet, reprenons l'ensemble Z de la page 27 et la fonction $\xi(x)$ de la page 56. $\xi(x)$ est continue, croissante; elle a une dérivée nulle dans chaque intervalle contigu à Z, elle a des nombres dérivés positifs ou nuls aux points de Z. Si donc on trouve une fonction continue $f_1(x)$ ayant une dérivée déterminée en tout point, cette dérivée étant $+\infty$ aux points de Z, la fonction continue $f_2(x) = f_1(x) + \xi(x)$ aura en tout point la même dérivée que $f_1(x)$ sans en différer par une constante.

Pour construire $f_1(x)$, rangeons les intervalles contigus à Z en suite infinie ; leurs longueurs formeront, par exemple, la suite :

$$\delta_1 = \frac{1}{3}, \qquad \delta_2 = \delta_3 = \frac{1}{3^2}, \qquad \delta_4 = \delta_5 = \delta_6 = \delta_7 = \frac{1}{3^3}, \qquad \dots$$

Si cet ordre a été adopté, la série $\Sigma(\delta_i)^k$ sera convergente pour k plus petit que un et assez voisin de un, d'une façon précise dès que $\frac{2}{3^k}$ sera plus petit que un. Supposons k ainsi choisi et définissons $f_1(x)$.

Si x est point de Z, nous prendrons

$$f_1(x) = 2^{1-k} \Sigma_0^x (\delta_n)^k,$$

la sommation étant étendue aux intervalles δ_n compris entre o et x. Si (α, β) est un intervalle contigu à Z, nous prendrons

$$f_1(x) = f_1(\alpha) + (x - \alpha)^k, \qquad \text{pour } \alpha \leqq x \leqq \frac{\alpha + \beta}{2}$$

et

$$f_1(x) = f_1(\beta) - (\beta - x)^k, \qquad \text{pour } \frac{\alpha + \beta}{2} \leqq x \leqq \beta.$$

Il est clair que $f_1(x)$ est continue au point $\frac{\alpha + \beta}{2}$, car

$$f_1(\beta) - f_1(\alpha) = 2^{1-k}(\beta - \alpha)^k = 2\left(\frac{\beta - \alpha}{2}\right)^k ;$$

et qu'elle y admet une dérivée déterminée.

La fonction $f_1(x)$ est donc continue dans $(o, 1)$, constamment croissante et elle admet une dérivée déterminée et finie en tous les points n'appartenant pas à Z. Nous allons démontrer qu'aux points de Z elle a une dérivée égale à $+\infty$.

Soient x_0 et x_1, $x_0 < x_1$, deux points de Z. On a :

$$f_1(x_1) - f_1(x_0) = 2^{1-k} \Sigma_{x_0}^{x_1}(\delta_n)^k > 2^{1-k}(\Sigma_{x_0}^{x_1} \delta_n)^k > (\Sigma_{x_0}^{x_1} \delta_n)^k = (x_1 - x_0)^k,$$

car, puisque k est plus petit que un, on a

$$\Sigma_{x_0}^{x_1}(\delta_n)^k > (\Sigma_{x_0}^{x_1} \delta_n)^k.$$

Mais, dans un intervalle (α, β) contigu à Z, on a évidemment

$$f_1(x) - f_1(\alpha) \geqq (x - \alpha)^k;$$

donc, quel que soit x supérieur à la valeur x_0 faisant partie de Z, on a

$$f_1(x) - f_1(x_0) \geqq (x - x_0)^k.$$

Et par suite $f_1(x)$ a, au point x_0, une dérivée à droite au moins égale à celle de $(x - x_0)^k$ en ce point, donc égale à $+\infty$.

On prouverait de même que $f_1(x)$ a une dérivée à gauche égale à $+\infty$ aux points de Z. Donc $f_1(x)$ remplit bien les conditions imposées; les fonctions $f_1(x)$ et $f_2(x)$ nous montrent qu'une fonction n'est pas déterminée à une constante additive près par la connaissance de sa dérivée en tout point, quand celle-ci n'est pas partout finie ([1]).

Les fonctions qu'on rencontre en Analyse, et qui ne sont pas bornées, prennent en général une valeur infinie en certains points; on peut encore dire qu'il est rare qu'on sache prouver qu'une fonction est toujours finie sans démontrer, par cela même, qu'elle est bornée. Aussi l'étude des problèmes C et C' ne présentait guère d'intérêt que dans le cas où la fonction donnée, comme dérivée ou comme nombre dérivé, est bornée si l'on ne savait pas délimiter des cas où les fonctions solutions des problèmes C et C' restent déterminées, à une constante additive près, bien que la fonction donnée ne soit pas partout finie. C'est ce que nous allons faire :

Si le nombre fini $\Lambda_d f(x)$ est donné pour toute valeur de la variable, sauf pour les points d'un ensemble E, la fonction *continue* $f(x)$ est déterminée à une constante additive près dans tout intervalle ne contenant pas de points de E à son intérieur; donc il en est aussi de même dans tout intervalle si E est réductible, comme on le voit en reprenant les raisonnements employés au Chapitre I à l'occasion des recherches de Cauchy et Dirichlet.

([1]) L'exemple précédent est dû à M. Hans Hahn (*Mon. Math. Phys.*, 1905). Il a été construit en réponse à une question que j'avais posée dans la *première édition* de ce livre.

Depuis, d'autres exemples ont été donnés, en particulier par M. Denjoy. *Voir* aussi M. Ruziewicz (*Fund. Mat.*, t. 1).

Nous aurons un résultat analogue toutes les fois que nous connaîtrons un ensemble solution de l'un des problèmes suivants :

D. *En quel ensemble de points suffit-il de connaître la dérivée finie d'une fonction pour que cette fonction soit déterminée à une constante additive près ?*

D'. *En quel ensemble de points suffit-il de connaître la valeur finie du nombre dérivé supérieur à droite d'une fonction pour que cette fonction soit déterminée à une constante additive près ?*

Nous venons de citer une famille d'ensembles répondant à la question : les ensembles complémentaires des ensembles réductibles; c'est-à-dire ceux qu'on obtient en enlevant les points d'un ensemble réductible de l'intervalle considéré. On doit à Ludwig Scheeffer une solution plus générale :

Une fonction est déterminée, à une constante additive près, quand on connaît pour chaque valeur de x, sauf peut-être pour celles d'un ensemble dénombrable D, *la valeur finie du nombre dérivé supérieur à droite de cette fonction.*

Soient $f_1(x)$ et $f_2(x)$ les deux fonctions ayant en général le même nombre dérivé supérieur à droite fini; nous allons démontrer que l'on a toujours

$$f_1(x) - f_2(x) = f_1(a) - f_2(a),$$

et pour cela nous démontrerons que l'égalité

$$(1) \qquad f_1(b) - f_2(b) = f_1(a) - f_2(a) - \mathrm{H},$$

où H est différent de zéro, est impossible. Il suffit de considérer le cas où H est positif, puisque l'autre cas se réduit à celui-là par le changement de f_1 et f_2; de même on peut supposer $b > a$.

Considérons la fonction

$$\varphi_c(x) = c(x - a) + f_1(x) - f_2(x) - f_1(a) + f_2(a) + \frac{\mathrm{H}}{2},$$

dans laquelle c est une constante telle que

$$0 < c < \frac{\mathrm{H}}{2(b - a)}.$$

Alors

$$\varphi_c(a) = \frac{H}{2} > 0, \qquad \varphi_c(b) = c(b-a) - \frac{H}{2} < 0;$$

la fonction φ_c étant continue s'annule entre a et b; soit x_c la plus grande des valeurs comprises entre a et b qui annule φ_c. On a évidemment

$$\Lambda_d\, \varphi_c(x_c) \leqq 0.$$

On peut conclure de là que x_c est un point de D.

En effet, nous avons démontré (p. 79), que pour tout point n'appartenant pas à D, on a

$$\Lambda_d[f_1(x) - f_2(x)] \geqq 0;$$

donc pour ces points on a

$$\Lambda_d\, \varphi_c(x) \geqq c > 0.$$

A chaque valeur c de l'intervalle $\left[0, \dfrac{H}{2(b-a)}\right]$ correspond ainsi un point x_c de D. Mais, si c et c_1 sont différents, x_c et x_{c_1} le sont; car l'égalité

$$\varphi_c(x_c) = \varphi_{c_1}(x_{c_1}) = 0$$

entraîne

$$c(x_c - a) = c_1(x_{c_1} - a)$$

et x_c est différent de a.

Donc, pour que l'égalité (1) soit possible, il faudrait que D ait la puissance du continu (¹).

Une conséquence de cette propriété, signalée par Ludwig Scheeffer, est qu'une fonction est déterminée quand on connaît sa dérivée, finie, pour toutes les valeurs irrationnelles. Mais une fonction n'est pas déterminée quand on connaît, pour chaque valeur rationnelle de x, la valeur finie de sa dérivée. Pour le prouver, soient x_1, x_2, ... les nombres rationnels positifs. Traçons un intervalle δ_1 de longueur incommensurable, ayant x_1 comme milieu. Soit x_{α_2} le premier des x_i ne faisant pas partie de δ_1; traçons un

---

(¹) La démonstration précédente est, à très peu près, celle de L. Scheeffer. J'ai respecté aussi son énoncé, mais il est bon de remarquer que la démonstration suppose seulement que D n'a pas la puissance du continu, ce qui ne signifie peut-être pas que D soit dénombrable.

intervalle δ_2 de longueur incommensurable, de milieu x_{α_2} et n'empiétant pas sur δ_1. Si x_{α_2} est le premier des x_i qui ne fait partie ni de δ_1, ni de δ_2, x_{α_3} est le milieu d'un intervalle incommensurable n'empiétant ni sur δ_1, ni sur δ_2, et ainsi de suite.

La fonction $f(x)$, égale à la somme des longueurs des intervalles δ et des parties d'intervalles δ, compris entre o et x, est une fonction continue croissante de x, qui admet $+1$ comme dérivée pour toutes les valeurs rationnelles de x. Et cependant cette fonction n'est pas nécessairement de la forme $x + $ const., puisque $f(+\infty) - f(o)$ est la somme des longueurs des δ, somme qui a telle valeur positive que l'on veut.

La fonction continue $f(x) - 1$ n'est pas constante et dans tout intervalle il existe des points où sa dérivée est nulle.

C'est à l'occasion d'une fonction dont la dérivée s'annule dans tout intervalle que Ludwig Scheeffer a entrepris ses recherches sur la détermination d'une fonction par ses nombres dérivés.

Comme fonctions dont la dérivée s'annule dans tout intervalle, nous pouvons encore citer la fonction $\varphi(x)$ (p. 13), la fonction $\xi(x)$ (p. 56).

La démonstration précédente, inspirée de certaines méthodes de démonstration du théorème des accroissements finis ou de la formule de Taylor, est assez artificielle, en voici une autre :

Les deux fonctions f_1 et f_2 ayant même Λ_d en tout point, sauf peut-être aux points de D, la fonction $f(x) = f_1 - f_2$ a, en tout point n'appartenant pas à D, un Λ_d positif ou nul et un λ_d négatif ou nul. Si α est un tel point, faisons-lui correspondre le plus grand intervalle $(\alpha, \alpha + h)$ tel que l'on ait

$$f(\alpha + h) - f(\alpha) < \varepsilon\, h.$$

Supposons les points de D rangés en suite simplement infinie, $x_1, x_2, \ldots$. A x_n faisons correspondre le plus grand intervalle (x_n, x_n') tel que l'on ait

$$f(x_n') - f(x_n) < \frac{\varepsilon}{2^n}.$$

Chaque point de (a, b) est maintenant l'origine d'un intervalle δ attaché à ce point; nous pouvons couvrir (a, b), à partir de a, à l'aide d'une chaîne d'intervalles δ (p. 67). Servons-nous de ces intervalles pour calculer $f(b) - f(a)$, nous trouvons que cette quantité est au plus égale à

$$\varepsilon \sum h + \varepsilon \sum \frac{1}{2^n} \leqq \varepsilon(b - a + 1);$$

or ε est quelconque, donc $f(b) = f(a)$; et, puisque ce raisonnement pourrait être employé pour une partie quelconque de (a, b), la fonction $f(x)$ est constante.

Ce mode de démonstration conduit à un autre résultat. Supposons que l'ensemble exceptionnel soit, non plus un ensemble D dénombrable, mais un ensemble E de mesure nulle. Cela veut dire que les points de E peuvent être recouverts à l'aide d'une infinité dénombrable d'intervalles d dont la somme des longueurs est aussi petite que l'on veut.

A un point α, n'appartenant pas à E, faisons correspondre un intervalle $(\alpha, \alpha + h)$, ou δ, comme il a été dit plus haut. A un point α de E nous faisons maintenant correspondre, comme intervalle δ, l'intervalle δ_1 dont l'origine est α et dont l'extrémité est l'extrémité de l'intervalle d contenant α.

Nous recouvrons (a, b) à partir de a à l'aide d'une chaîne d'intervalles δ et δ_1; cette chaîne donne, comme limite supérieure de l'accroissement $f(b) - f(a)$ de $f(x)$ dans (a, b), le nombre $\varepsilon \Sigma h$ augmenté de la somme des accroissements de $f(x)$ dans les intervalles δ_1. La somme λ des longueurs des δ_1 est plus petite que la somme relative aux d, donc elle est aussi petite que l'on veut. Cela ne permet pas d'en conclure en général que la somme correspondante des accroissements de $f(x)$ est aussi petite que l'on veut; mais si $f_1(x)$ et $f_2(x)$ ont des nombres dérivés inférieurs en valeur absolue à M, cette somme est inférieure à $2M\lambda$. Ainsi :

Une fonction, à nombres dérivés bornés, est déterminée, à une constante additive près, quand on connaît son nombre dérivé supérieur à droite, pour toute valeur de x, sauf pour celles d'un ensemble de mesure nulle.

Cet énoncé ne nous fournit aucun renseignement relativement à l'indétermination du problème C′ quand le nombre dérivé donné n'est pas borné.

Mais remarquons que c'est seulement pour les points de E que nous avons besoin de savoir que la limite supérieure du nombre dérivé de $f(x)$ est de la forme $2\,\mathrm{M}$, sans d'ailleurs avoir besoin de connaître M ; ceci va nous conduire à l'énoncé suivant qui renferme tous les précédents :

Une fonction continue est déterminée, à une constante additive près, quand on sait qu'elle a un nombre dérivé supérieur à droite fini en tout point, sauf peut-être en ceux d'un ensemble dénombrable D, *et quand on connaît ce nombre dérivé fini, sauf tout au plus aux points d'un ensemble* E *de mesure nulle.*

Soit toujours $f = f_1 - f_2$ la différence de deux fonctions convenant aux données et couvrons (a, b) à partir de a d'une chaîne d'intervalles. Ceux qui ont pour origines des points de D, ou n'appartenant ni à D, ni à E, sont choisis comme il a été dit et donnent dans $f(b) - f(a)$ une contribution égale au plus à $\varepsilon(b - a + 1)$. Partageons E en des ensembles E_i, l'ensemble E_i étant formé des points en lesquels le nombre dérivé supérieur à droite de f vérifie l'inégalité

$$i - 1 \leqq |\Lambda_d f| < i;$$

et enfermons E_i, qui est de mesure nulle, dans des intervalles d_i de longueur totale $\dfrac{\varepsilon}{2^i i}$. Un intervalle $(x,\ x + \delta)$ de la chaîne ayant pour origine un point de E_i sera pris intérieur aux d_i et tel que

$$\left| \frac{f(x + \delta) - f(x)}{\delta} \right| < i.$$

Alors les intervalles de la chaîne ayant pour origine des points de E_i ont dans $f(b) - f(a)$ une contribution au plus égale à leur longueur multipliée par i, donc inférieure à $\dfrac{\varepsilon}{2^i i} \times i = \dfrac{\varepsilon}{2^i}$. Et, par suite, on trouve

$$f(b) - f(a) < \varepsilon(b - a + 2).$$

Nous n'avons plus conservé qu'une restriction : le nombre dérivé supérieur à droite est fini.

Cette restriction est d'ailleurs nécessaire : la fonction $\xi(x)$ (page 56) n'est pas une constante, bien qu'elle ait sa dérivée nulle partout, sauf peut-être aux points de Z, lequel est de mesure nulle.

Les théorèmes précédents peuvent être avantageusement transformés; pour ces transformations j'utiliserai une généralisation heureuse de la notion de la limite inférieure et supérieure qui est due à M. Baire ([1]).

Soit une fonction $f(x)$; la limite supérieure de $f(x)$, dans un intervalle (a, b), est un nombre L tel que l'ensemble $E(f > m)$, formé des points x de (a, b) tels que $f(x)$ soit supérieure à m, existe dès que m est inférieur à L, tandis qu'il ne contient aucun point pour $m > L$; la limite inférieure de $f(x)$ dans l'intervalle (a, b) peut se définir de même.

Il existe de même un nombre L_1 tel que l'ensemble $E(f > m)$ est dénombrable pour $m > L_1$ et ne l'est pas pour $m < L_1$. Ce nombre L_1 est appelé par M. Baire *la limite supérieure de $f(x)$ dans (a, b), quand on néglige les ensembles dénombrables.*

Cet exemple suffira pour faire comprendre ce qu'il faudra entendre par la limite supérieure ou inférieure, dans un intervalle ou en un point, d'une fonction quand on néglige les ensembles dénombrables, ou les ensembles non denses, ou les ensembles de mesure nulle. Si, en négligeant certains ensembles, on obtient des limites inférieure et supérieure égales, on pourra dire que, à ces ensembles près, la fonction est continue.

Ces définitions posées, voici les deux propositions que j'avais en vue : *Les limites inférieure et supérieure d'un nombre dérivé sont les mêmes, que l'on néglige ou non les ensembles dénombrables.*

Les limites inférieure et supérieure d'un nombre dérivé fini sont les mêmes, que l'on néglige ou non les ensembles de mesure nulle.

Je démontre, par exemple, la première de ces deux propositions. Si les limites supérieures L et L_1 d'un nombre dérivé $\Lambda_d \varphi(x)$, obtenues en tenant compte puis sans tenir compte des ensembles dénombrables, sont inégales, et si K est un nombre fini compris entre L et L_1, le nombre dérivé $\Lambda_d[\varphi(x) - Kx]$ est négatif, sauf pour les points d'un ensemble dénombrable pour lesquels il est positif.

([1]) Thèse *Sur les fonctions de variables réelles* (*Annali di Matematica,* 1900).

Or il suffit de reprendre, en le modifiant légèrement, l'un ou l'autre des deux raisonnements qui nous ont conduits au théorème de Scheeffer, pour voir que cela est impossible.

IV. — Recherche de la fonction dont un nombre dérivé est connu.

Nous allons essayer de résoudre les problèmes B′ et C′ dans le cas où la fonction $f(x)$, donnée comme Λ_d, est bornée.

Divisons l'intervalle positif (a, b) en intervalles partiels. Dans (α, β) les limites inférieure et supérieure de $f(x)$ sont l et L, donc, si F est la fonction cherchée telle que $\Lambda_d F(x) = f(x)$, on a

$$(\beta - \alpha)l \leqq F(\beta) - F(\alpha) \leqq (\beta - \alpha)L.$$

Si nous faisons la somme des inégalités analogues, relatives aux intervalles partiels, nous avons, en faisant tendre ces intervalles vers zéro,

$$\underline{\int_a \Lambda_d f(x)\,dx} \leqq F(b) - F(a) \leqq \overline{\int_a^b \Lambda_d f(x)\,dx}.$$

De cette inégalité il résulte en particulier que : *si l'un des nombres dérivés d'une fonction $f(x)$ est intégrable, auquel cas les trois autres le sont aussi et ont même intégrale, son intégrale indéfinie est de la forme $f(x) +$ const.* ; et cet énoncé, plus particulier encore : *lorsqu'une dérivée est intégrable, il y a identité entre ses fonctions primitives et ses intégrales indéfinies.*

Ces énoncés s'appliqueraient évidemment au cas où la fonction donnée deviendrait infinie au voisinage des points d'un ensemble réductible, à condition d'employer la généralisation de l'intégrale qui a été indiquée page 70.

Si nous tenons compte des théorèmes énoncés à la fin du paragraphe précédent, nous voyons que si l'on connaît partout le nombre dérivé, sauf pour les valeurs d'un ensemble dénombrable, — ou si on le connaît partout, sauf pour les valeurs d'un ensemble de mesure nulle, et si l'on sait de plus qu'il est borné partout, — on peut encore appliquer les théorèmes précédents, à condition d'étendre les intégrales qui y figurent à l'ensemble dans lequel on connaît le nombre dérivé.

A cette remarque s'en rattache une autre plus importante. Le cas dans lequel nous savons résoudre le problème C′ est celui où le nombre dérivé donné est intégrable. Ce nombre dérivé a alors des points de continuité; en ces points l'intégrale de ce nombre dérivé a une dérivée égale au nombre dérivé donné, et l'on connaît partout la dérivée de la fonction inconnue, sauf aux points de discontinuité, c'est-à-dire sauf aux points d'un ensemble de mesure nulle. Il suffirait de se servir des valeurs connues de la dérivée pour avoir la fonction. Le cas résolu du problème C′ se ramène donc en réalité au problème C.

Les raisonnements qui précèdent nous permettent de répondre aux questions B et B′ dans un cas important : celui où la fonction donnée est intégrable. Pour reconnaître, par exemple, si une fonction intégrable donnée $f(x)$ est une dérivée exacte, on formera son intégrale indéfinie $F(x)$, puis on recherchera si l'on a

$$f(x) = \lim_{n=0} \frac{F(x+h) - F(x)}{h}.$$

On a donc un procédé régulier de calcul permettant de reconnaître si f est ou non une dérivée exacte. Il est vrai qu'il faut rechercher si une certaine expression a ou non la limite connue $f(x)$; mais une dérivée étant par définition une limite, il est peu probable qu'on puisse remplacer le procédé de calcul indiqué par un autre dans lequel on n'emploierait pas les limites.

Nous avons trouvé une condition nécessaire et suffisante pour qu'une fonction intégrable soit une dérivée; elle ne se présente pas sous la forme que l'on donne habituellement à de telles conditions. Le plus souvent on énonce, comme condition nécessaire et suffisante pour l'existence d'un fait A, l'existence d'une propriété B qui accompagne toujours le fait A et est toujours accompagnée par lui; mais, pour que l'on ait autre chose qu'une tautologie, il faut que l'on connaisse un procédé régulier de calcul permettant de savoir si l'on a ou non la propriété B. C'est ce procédé qui a été directement donné pour le cas qui nous occupe.

Si l'on tient à énoncer la condition nécessaire et suffisante trouvée sous la forme habituelle, on pourra, comme le fait Darboux, appeler valeur moyenne dans (a, b) d'une fonction intégrable $f(x)$ la quantité $\frac{1}{b-a}\int_b^a f(x)\,dx$; puis on appelle valeur moyenne au point x_0 la limite, si elle existe, de la valeur moyenne dans $(x_0 - h,\ x_0 + k)$, quand les nombres positifs h et k tendent vers zéro ; et l'on a l'énoncé suivant :

Pour qu'une fonction intégrable soit une fonction dérivée, il faut et il suffit qu'elle ait en tout point une valeur moyenne déterminée et qu'elle soit partout égale à sa valeur moyenne.

V. — L'intégration riemannienne considérée comme l'opération inverse de la dérivation.

Nous avons vu que l'on a généralisé de différentes manières le problème des fonctions primitives ; recherchons maintenant si l'une de ces généralisations permet de considérer l'intégration au sens de Riemann comme le problème inverse de la dérivation.

Si nous nous rappelons qu'une intégrale indéfinie admet comme dérivée la fonction intégrée en tous les points où celle-ci est continue, nous sommes conduits à nous poser, avec M. Volterra, le problème suivant : *Rechercher une fonction continue qui admette une fonction bornée donnée $f(x)$ pour dérivée en tous les points où $f(x)$ est continue* ([1]).

Ce problème est toujours possible, car les deux intégrales par défaut et par excès de $f(x)$ répondent à la question. Mais il est en général indéterminé, c'est-à-dire que toutes ses solutions ne sont pas comprises dans une formule de la forme $F(x) +$ const. Lorsque $f(x)$ n'est pas intégrable, le problème est toujours indéterminé. Si $f(x)$ est intégrable, il se peut que le problème soit déterminé ; par exemple quand l'ensemble des points de disconti-

---

([1]) En réalité, M. Volterra recherche les fonctions qui admettent $f(x)$ pour dérivée en tous les points qui ne sont ni des points de discontinuité de $f(x)$, ni des points limites de discontinuités. De plus M. Volterra suppose implicitement que les fonctions qu'il recherche ont des nombres dérivés bornés. Pour ces deux raisons les résultats qu'il obtient ne sont pas ceux du texte ; d'ailleurs toute fonction est évidemment solution du problème de M. Volterra, si les points de discontinuité de $f(x)$ forment un ensemble partout dense, tandis qu'il n'y a alors que des fonctions très particulières qui satisfont à l'énoncé du texte.

nuité est réductible, mais il se peut aussi qu'il soit indéterminé. Il en est ainsi lorsque l'ensemble des points de discontinuité contient un ensemble parfait E; nous avons appris (p. 13) à former une fonction continue non partout constante, mais constante dans tout intervalle contigu à E; cette fonction, ajoutée à une fonction solution du problème proposé, donne une nouvelle solution de ce problème.

Ainsi notre problème comprend comme cas particulier le problème de l'intégration indéfinie riemannienne, mais il est plus vaste que ce dernier problème.

Proposons-nous maintenant de *trouver une fonction à nombres dérivés bornés qui admette une fonction bornée donnée* $f(x)$ *comme dérivée en tous les points où* $f(x)$ *est continue.*

Ce nouveau problème est toujours possible et admet encore pour solutions les deux intégrales de $f(x)$; mais, si $f(x)$ est intégrable, il est déterminé, car la dérivée de la fonction à nombres dérivés bornés cherchée est connue partout, sauf aux points d'un ensemble de mesure nulle. Ce problème n'est donc déterminé que pour les fonctions intégrables; lorsqu'il est déterminé, sa solution est l'intégrale indéfinie de $f(x)$.

Nous pouvons ainsi, en un certain sens, considérer l'intégration riemannienne comme l'opération inverse de la dérivation.

CHAPITRE VI.

L'INTÉGRATION DÉFINIE A L'AIDE DES FONCTIONS PRIMITIVES.

I. — Recherche directe des fonctions primitives.

Nous avons obtenu des théorèmes permettant théoriquement, dans des cas étendus, de reconnaître si une fonction donnée est une fonction dérivée et, s'il en est ainsi, de trouver sa fonction primitive. En réalité, un seul de ces théorèmes est employé couramment : toute fonction continue est une fonction dérivée. Quant au calcul effectif des fonctions primitives, il ne se fait jamais au moyen de l'intégrale définie (¹), mais à l'aide des procédés connus sous le nom d'intégration par parties et d'intégration par substitution. Ces deux procédés s'appliquent, qu'il s'agisse de fonctions continues ou non.

On peut aussi utiliser le théorème suivant : *Une série uniformément convergente de fonctions dérivées représente une fonction dérivée.*

Sa fonction primitive s'obtient en faisant la somme des fonctions primitives des termes de la série donnée, les constantes

---

(¹) Cependant il est parfois possible d'effectuer *pratiquement* la recherche d'une fonction primitive à l'aide d'intégrales définies. On trouvera un exemple d'une telle recherche dans l'*Introduction à l'étude des fonctions d'une variable réelle* de J. Tannery, p. 284.

Au reste, les géomètres, et en particulier ceux qui ont utilisé la méthode des indivisibles, ont effectué quantité de quadratures en appliquant ce qui devait devenir la définition de l'intégrale définie. Après l'invention du calcul différentiel et l'introduction des notions de dérivée et de fonction primitive, les quadratures effectuées antérieurement ont formé les premiers éléments du tableau des dérivées et des fonctions primitives. Actuellement, ce tableau est tout d'abord donné sous la forme de tableau des dérivées ; on voit que l'ordre historique est exactement inverse de celui adopté dans nos cours.

étant choisies de manière que la série obtenue soit convergente pour l'une des valeurs de la variable.

Soient

$$f = u_1 + u_2 + \ldots = u_1 + \ldots + u_n + r_n = s_n + r_n,$$
$$F = U_1 + U_2 + \ldots = U_1 + \ldots + U_n + R_n = S_n + R_n,$$

la série donnée et la série des fonctions primitives, laquelle est, par hypothèse, convergente pour une certaine valeur x_0.

Choisissons n assez grand, pour que l'on ait, quel que soit p positif,

$$|s_{n+p}(x) - s_n(x)| < \varepsilon;$$

le théorème des accroissements finis donne, si (a, b) est l'intervalle considéré,

$$|S_{n+p}(x) - S_n(x)| < \varepsilon|x - x_0| + |S_{n+p}(x_0) - S_n(x_0)|$$
$$\leqq \varepsilon(b - a) + |S_{n+p}(x_0) - S_n(x_0)|.$$

Cette inégalité montre que la série F est uniformément convergente dans (a, b), puisqu'elle est convergente pour x_0.

Évaluons le rapport

$$r[F(x), x, x + h] = \frac{F(x + h) - F(x)}{h} = \Lambda F(x),$$
$$\Lambda F = \Lambda S_n + \Lambda R_n = \Lambda S_n + \lim_{p = \infty} \Lambda(S_{n+p} - S_n).$$

La quantité $\Lambda(S_{n+p} - S_n)$ est inférieure en valeur absolue à ε, d'après le théorème des accroissements finis, donc, si l'on fait tendre h vers zéro, l'une quelconque des limites de ΛF ne diffère que de ε au plus de la limite $s_n(x)$ de ΛS_n. Puisque ε est quelconque, il est ainsi démontré que $F(x)$ admet $f(x)$ pour dérivée.

Ce théorème permet aussi d'employer le principe [de condensation des singularités à la construction de fonctions dérivées.

Lorsqu'une fonction dérivée est donnée par une série de fonctions dérivées non négatives, on peut prendre les fonctions primitives terme à terme à condition de choisir les constantes de manière que la série obtenue soit convergente.

Pour le démontrer, je conserve les notations précédentes, et je suppose, pour simplifier le langage, que la série F soit convergente pour l'origine de l'intervalle (a, b) considéré et que $U_1, U_2, \ldots,$

s'annulent pour $x = a$. Soit $\mathscr{F}$ celle des fonctions primitives de f qui s'annule par $x = a$. Il faut démontrer que $F = \mathscr{F}$.

Tous les U_i sont positifs, donc S_n croît avec n. Mais, puisque f est au moins égale à s_n, $\mathscr{F}(x)$ est au moins égale à $S_n(x)$, et $S_n(x)$ tend vers une limite $F(x)$, au plus égale à $\mathscr{F}(x)$.

Le même raisonnement appliqué à l'intervalle positif $(x, x + h)$ montre que $\mathscr{F}(x + h) - \mathscr{F}(x)$ est au moins égale à $F(x + h) - F(x)$, et par suite $f(x)$, dérivée de $\mathscr{F}(x)$, est au moins égale à $\Lambda_d F(x)$.

D'autre part $F(x + h) - F(x)$ est supérieure à $S_n(x + h) - S_n(x)$, donc $\lambda_d F(x)$ est au moins égale à la dérivée $s_n(x)$ de $S_n(x)$, et, puisque n est quelconque, $\lambda_d F(x)$ est au moins égale à $f(x)$.

$F(x)$ a donc une dérivée à droite égale à $f(x)$; en raisonnant de même sur l'intervalle négatif $(x, x - h)$, on voit que $F(x)$ admet aussi $f(x)$ pour dérivée à gauche ; le théorème est démontré.

Nous pouvons dire aussi : *si des fonctions dérivées f_n tendent en croissant vers une fonction dérivée f, leurs fonctions primitives tendent vers la fonction primitive de $f(x)$ si les constantes sont choisies convenablement.*

On peut écrire en effet

$$f = f_1 + (f_2 - f_1) + (f_3 - f_2) + \ldots,$$

et tous les termes, qui sont des fonctions dérivées, sont positifs, à l'exception peut-être du premier.

Le théorème est encore vrai si, au lieu de considérer des fonctions $f_n(x)$ croissant avec l'entier n, on considère des fonctions dérivées $f(x, \alpha)$ croissant avec le paramètre α et tendant vers une fonction dérivée f quand α tend vers α_0.

Enfin, il faut remarquer qu'il est nécessaire de savoir que la fonction f, limite ou somme, est une fonction dérivée, pour avoir le droit d'appliquer le théorème précédent : la fonction

$$f(x, \alpha) = - e^{-\alpha x^2}$$

tend en croissant, quand α augmente indéfiniment, vers la fonction $f(x)$ partout nulle sauf pour $x = 0$ où elle est égale à -1. Cependant $f(x, \alpha)$ est une fonction dérivée et $f(x)$ n'en est pas une.

Ces deux propriétés vont nous permettre d'effectuer la recherche des fonctions primitives dans des cas étendus.

Tout d'abord, quand une fonction est la somme d'une série uniformément convergente de fonctions dérivées, c'est une fonction dérivée dont nous savons trouver les fonctions primitives. Voici une application théorique importante.

Soit une fonction continue $f(x)$ définie dans (a, b). Marquons les points $x_0 = a, x_1, x_2, \ldots, x_n = b$ pris assez rapprochés pour que, dans (x_i, x_{i+1}), l'oscillation de f soit inférieure à ε.

Dans la courbe $y = f(x)$ inscrivons la ligne polygonale $y = \varphi(x)$ dont les sommets ont pour abscisses $x_0, x_1, \ldots, x_n, f(x)$ et $\varphi(x)$ diffèrent de moins de ε. C'est dire que $\varphi(x)$ tend uniformément vers $f(x)$, quand ε tend vers zéro; il nous suffira donc de démontrer que $\varphi(x)$ est une fonction dérivée pour que nous puissions affirmer qu'il en est de même de $f(x)$. Mais $\varphi(x)$, étant dans (x_i, x_{i+1}) le polynome du premier degré

$$\varphi(x) = f(x_i) + (x - x_i)\frac{f(x_{i+1}) - f(x_i)}{x_{i+1} - x_i},$$

est la dérivée de la fonction continue qui, dans (x_i, x_{i+1}), est définie par

$$\Phi(x) = \Phi(x_i) + (x - x_i)f(x_i) + \frac{(x - x_i)^2}{2}\frac{f(x_{i+1}) - f(x_i)}{x_{i+1} - x_i}.$$

Il est démontré que *toute fonction continue est une fonction dérivée*, et cela sans avoir recours à l'intégration ([1]).

Lorsque nous saurons mettre une fonction sous la forme d'une série de fonctions dérivées toutes de même signe, nous aurons un procédé régulier de calcul permettant de reconnaître si f est une dérivée exacte, puisque la fonction primitive de f ne peut être autre que la somme des fonctions primitives des termes de la série donnée (*comparez* p. 89).

([1]) On pourrait être tenté, pour appliquer le théorème sur les séries uniformément convergentes de dérivées, de s'appuyer sur cette proposition, due à Weierstrass : toute fonction continue est représentable par une série uniformément convergente de polynomes. Pour que cette méthode convienne pour le but que nous avons en vue, il faut avoir soin de démontrer le théorème de Weierstrass sans se servir de l'intégration. La démonstration que j'ai donnée dans le *Bulletin des Sciences mathématiques* de 1898, dans une Note *Sur l'approximation des fonctions*, satisfait à cette condition. Dans une autre Note : *Remarques sur la définition de l'intégrale*, parue au même Bulletin en 1905, j'ai utilisé de façon différente les idées qui viennent de nous servir ici.

Ainsi les deux théorèmes sur les fonctions primitives des séries nous permettent de faire dans certains cas, relativement à la détermination des fonctions primitives, ce que les théorèmes sur l'intégration nous permettent de faire pour les fonctions intégrables.

Je laisse de côté les remarques analogues relatives à la recherche d'une fonction admettant pour nombre dérivé une fonction donnée. Je vais indiquer quelques propriétés des fonctions dérivées qui permettront parfois de reconnaître immédiatement qu'une fonction donnée n'est pas une fonction dérivée.

II. — Propriétés des fonctions dérivées.

Une fonction dérivée ne peut passer d'une valeur à une autre sans prendre toutes les valeurs intermédiaires. Supposons, en effet, que l'on ait $f'(a) = A$, $f'(b) = B$, et soit C un nombre compris entre A et B. On peut prendre h positif assez petit pour que $r[f(x), a, a+h]$ soit compris entre A et C et que $r[f(x), b-h, b]$ soit compris entre B et C. La fonction $r[f(x), x, x+h]$ est, h étant fixe, une fonction continue de x; quand x varie de a à $b-h$ elle passe d'une valeur comprise entre A et C à une valeur comprise entre B et C, donc pour une certaine valeur x_0 de $(a, b-h)$ on a $r[f(x), x_0, x_0+h] = C$. Le théorème des accroissements finis montre que dans (x_0, x_0+h) il existe une valeur c telle que $f'(c) = C$ [1].

Les fonctions dérivées jouissent donc de l'une des propriétés des fonctions continues. Darboux, dans son Mémoire *Sur les fonctions discontinues* [2], a beaucoup insisté sur cette propriété. On avait pris, en France, l'habitude de définir une fonction continue celle qui ne peut passer d'une valeur à une autre sans passer par toutes les valeurs intermédiaires, et l'on considérait cette définition comme équivalente à celle de Cauchy. Darboux, qui construisait dans son Mémoire des fonctions dérivées non continues

----

[1] Ceci ne suppose pas que $f'(x)$ soit finie, mais seulement que $f'(x)$ soit toujours bien déterminée en grandeur et signe.

[2] *Annales de l'École Normale*, 1875.

au sens de Cauchy, a pu montrer que les deux définitions de la continuité étaient fort différentes ([1]).

Il est facile de citer des fonctions discontinues qui ne passent pas d'une valeur à une autre sans prendre, une fois au moins, chaque valeur intermédiaire. C'est le cas de la fonction égale à $\sin \frac{1}{x}$ pour $x \neq 0$ et à n'importe quelle valeur de l'intervalle $(-1, +1)$ pour $x = 0$.

Il est assez curieux qu'une fonction puisse jouir de cette propriété qui a été prise pour définition de la continuité et être cependant discontinue en tout point. Pour construire une telle fonction, j'écris le nombre x, pris entre 0 et 1, dans un système de numération, le système décimal par exemple

$$x = \frac{a_1}{10} + \frac{a_2}{10^2} + \frac{a_3}{10^3} + \dots$$

Considérons la suite des chiffres de rang impair $a_1, a_3, a_5, \dots$ Si elle n'est pas périodique, nous prendrons $\varphi(x) = 0$; si elle est périodique, et si la première période commence à a_{2n-1}, nous prendrons

$$\varphi(x) = \frac{a_{2n}}{10} + \frac{a_{2n+2}}{10^2} + \frac{a_{2n+4}}{10^3} + \frac{a_{2n+6}}{10^4} + \dots$$

Il est évident que la fonction $\varphi(x)$ ainsi définie prend toutes les valeurs de $(0, 1)$ dans un intervalle quelconque si petit qu'il soit, donc $\varphi(x)$ est discontinue en tout point; d'ailleurs $\varphi(x)$ ne prend pas de valeurs extérieures à $(0, 1)$, donc $\varphi(x)$ ne passe pas d'une valeur a à une autre b sans prendre toutes les valeurs de $(0, 1)$, et, *a fortiori*, toutes les valeurs comprises entre a et b.

Il faut aussi remarquer que, avec la définition critiquée par Darboux, la somme de deux fonctions continues n'est plus nécessairement une fonction continue. En effet, si

$$f_1(x) = \sin \frac{1}{x} \qquad \text{pour} \qquad x \neq 0 \qquad \text{et} \qquad f_1(0) = 1,$$

([1]) On me permettra de signaler qu'en 1903 on enseignait encore dans un lycée de Paris la définition critiquée dès 1875 par Darboux. Cela est d'autant plus étonnant que la propriété qui est énoncée dans la définition de Cauchy est celle qui intervient directement dans presque toutes les démonstrations, tandis que la propriété des fonctions continues et dérivées n'est guère employée que dans le théorème des substitutions et ses conséquences.

et si

$$f_2(x) = -\sin\frac{1}{x} \qquad \text{pour} \qquad x \neq 0 \qquad \text{et} \qquad f_2(0) = 1,$$

les deux fonctions f_1 et f_2 ne peuvent passer d'une valeur à une autre sans prendre toutes les valeurs intermédiaires et il n'en est pas de même de $f_1 + f_2$, puisque

$$f_1 + f_2 = 0 \qquad \text{pour} \qquad x \neq 0 \qquad \text{et} \qquad f_1(0) + f_2(0) = 2.$$

La somme de deux fonctions dérivées étant une fonction dérivée, il y a lieu, d'après la remarque précédente, d'énoncer comme une propriété nouvelle ce fait que la somme de deux fonctions dérivées ne peut passer d'une valeur à une autre sans passer par toutes les valeurs intermédiaires. On peut dire aussi que la différence de deux fonctions dérivées ne peut changer de signe sans s'annuler, ce qui, si l'on songe à la représentation géométrique, peut s'énoncer ainsi : *Deux fonctions dérivées ne peuvent se traverser sans se rencontrer.*

Voici un exemple de l'application de cette propriété. Soit $\psi(x)$ une fonction égale à la fonction $\varphi(x)$ (p. 97) quand $\varphi(x)$ n'est pas égale à x, et égale à 0 quand $\varphi(x) = x$. $\psi(x)$, comme $\varphi(x)$, ne peut passer d'une valeur à une autre sans passer par toutes les valeurs intermédiaires, le premier théorème ne permet donc pas d'affirmer que $\psi(x)$ n'est pas une fonction dérivée; mais, puisque $\psi(x)$ traverse la fonction continue x dans tout intervalle et ne la rencontre cependant que pour $x = 0$, la deuxième propriété montre que $\psi(x)$ n'est pas une dérivée.

Avant de rechercher si la fonction $\varphi(x)$ est une dérivée, je vais montrer comment un cas particulier important du théorème de Scheeffer se déduit immédiatement du théorème de Darboux.

Supposons que la dérivée d'une fonction $f(x)$ soit toujours bien déterminée en grandeur et signe (on ne suppose pas qu'elle soit finie), alors si elle n'est pas toujours égale à un nombre donné A, l'ensemble des valeurs de x pour lesquelles $f(x)$ est différent de A a la puissance du continu. En effet, ou bien $f'(x)$ est constante et la propriété est démontrée, ou bien $f'(x)$ prend deux valeurs B et C, et alors elle prend aussi toutes les valeurs comprises entre B et C qui sont toutes, sauf une peut-être, différentes de A. L'ensemble de ces valeurs de $f'(x)$ différentes de A ayant la puissance du continu, il en est de même de l'ensemble des valeurs de x correspondantes.

Ceci posé, si $f(x)$ a toujours une dérivée, et si cette dérivée est nulle, sauf peut-être pour un ensemble dénombrable de valeurs de x, on peut affirmer qu'elle est toujours nulle. C'est le théorème de Scheeffer, dans un cas particulier.

Revenons à la fonction $\varphi(x)$. Est-elle une dérivée? Les deux théorèmes précédents ne semblent pas fournir facilement une réponse à cette question. Une première méthode consiste dans l'application d'un théorème démontré précédemment; une fonction dérivée bornée a le même maximum que l'on néglige ou non les ensembles de mesure nulle ([1]). Il n'est pas difficile de démontrer que $\varphi(x)$ n'est différente de zéro que pour un ensemble de valeurs de x de mesure nulle (*voir* p. 118), $\varphi(x)$ n'est donc pas une fonction dérivée.

Ce résultat peut être obtenu d'une tout autre manière. *Une dérivée ne peut pas être discontinue en tout point*, et $\varphi(x)$ est discontinue en tout point.

Cette propriété des fonctions dérivées résulte d'un théorème dû à M. R. Baire. $f'(x)$ est la limite, pour $h = o$, de la fonction $r[f(x), x, x+h]$ continue en x quand h est constant; c'est donc une *fonction de première classe*, c'est-à-dire une fonction limite de fonctions continues. Or M. Baire a démontré que si l'on considère une fonction de classe un sur un ensemble parfait quelconque, il existe des points où elle est continue sur cet ensemble parfait; c'est ce qu'on exprime en disant qu'elle est *ponctuellement discontinue sur tout ensemble parfait* ([2]).

III. — L'intégrale déduite des fonctions primitives.

Dans beaucoup de cas nous savons, sans le secours de l'intégration, reconnaître si une fonction donnée est une dérivée et nous pouvons aussi espérer trouver sans intégration la fonction primi-

---

([1]) Je rappelle que ce théorème a été obtenu sans l'emploi de l'intégration.

([2]) Il serait plus exact de dire qu'une fonction de classe *un* est soit continue, soit tout au plus ponctuellement discontinue sur chaque ensemble parfait et qu'elle est effectivement ponctuellement discontinue sur certains ensembles parfaits. Nous démontrerons cette proposition et sa réciproque au Chapitre X.

tive d'une dérivée donnée. Précédemment, nous résolvions ces questions en nous servant de l'intégrale définie; on peut se demander si, inversement, nous ne pourrions pas définir l'intégrale à l'aide des fonctions primitives. C'est la méthode de Duhamel et Serret ([1]). Pour ces Auteurs *une fonction $f(x)$ a une intégrale dans (a, b) lorsqu'elle admet dans (a, b) une fonction primitive $\mathcal{F}(x)$. Cette intégrale* I_a^b *est, par définition,*

$$I_a^b f(x)\, dx = \mathcal{F}(b) - \mathcal{F}(a).$$

Cette définition n'est pas équivalente à la définition de Riemann. D'une part, il existe, nous le savons, des fonctions intégrables, au sens de Riemann, qui ne sont pas des fonctions dérivées; d'autre part, il existe, comme nous allons voir, des fonctions dérivées non intégrables au sens de Riemann.

Le premier exemple de telles fonctions est dû à M. Volterra (*Giornale de Battaglini*, 1881); voici comment on l'obtient :

Soit E un ensemble parfait non dense qui ne soit pas un groupe intégrable (p. 43). Soit (a, b) un intervalle contigu à E, considérons la fonction

$$\varphi(x, a) = (x - a)^2 \sin \frac{1}{x - a};$$

sa dérivée s'annule une infinité de fois entre a et b, soit $a + c$ la plus grande valeur de x non supérieure à $\dfrac{a + b}{2}$ qui annule φ'. Ceci posé, nous définissons une fonction $F(x)$ par les conditions suivantes : elle est nulle aux points de E; dans tout intervalle (a, b) contigu à E, elle est égale à $\varphi(x, a)$ de a à $a + c$; de $a + c$ à $b - c$, la fonction F est constante et égale à $\varphi(a + c, a)$; de $b - c$ à b, F est égale à $-\varphi(x, b)$.

Cette fonction $F(x)$ est évidemment continue. Elle a une dérivée; ceci est évident pour les points qui n'appartiennent pas à E; soit x_0 un point de E, le rapport $r[F(x), x_0, x_0 + h]$ est nul si $x_0 + h$ est point de E. Si $x_0 + h$ n'est pas point de E, il appar-

---

tient à un intervalle contigu à E, soit α celle des extrémités de cet intervalle qui est dans $(x_0, x_0 + h)$; on a évidemment

$$| r[F(x), x_0, x_0 + h] | = \left| \frac{F(x_0 + h)}{h} \right| \leqq \frac{(x_0 + h - \alpha)^2}{|h|} \leqq |h|,$$

donc $F(x)$ a une dérivée nulle en tous les points de E.

La dérivée F' de F est bornée, car la dérivée de $x^2 \sin \frac{1}{x}$, qui est nulle pour $x = 0$, et qui, pour x différent de zéro, est égale à

$$2 x \sin \frac{1}{x} - \cos \frac{1}{x},$$

est bornée. Cependant cette dérivée F' n'est pas intégrable, au sens de Riemann, car en tous les points de E le maximum de F' est $+1$ et son minimum est -1, puisqu'il en est ainsi au point $x = a$ pour la fonction $\varphi'(x, a)$; or E, par hypothèse, n'est pas un groupe intégrable.

Par une application convenable du principe de la condensation des singularités, on obtient une fonction dérivée qui n'est pas intégrable dans aucun intervalle si petit qu'il soit (¹).

La définition de Duhamel s'applique donc à des fonctions bornées auxquelles ne s'applique pas la définition de Riemann; de plus, la définition de Duhamel s'applique à des fonctions non bornées, car il existe des dérivées non bornées, mais toujours finies, la dérivée de $x^2 \sin \frac{1}{x^2}$, par exemple.

A la définition de Duhamel et Serret on peut appliquer la généralisation employée par Cauchy et Dirichlet. Je ne m'occuperai pas de cette généralisation ni, pour le moment du moins, de la suivante, qui contient comme cas particulier la définition dé Riemann et celle de Duhamel pour les fonctions bornées : *Une fonction bornée $f(x)$ est dite* sommable, *s'il existe une fonction à nombres dérivés bornés $F(x)$ telle que $F(x)$ admette $f(x)$ pour dérivée, sauf pour un ensemble de valeurs de x de mesure*

(¹) M. Köpke a construit des fonctions dérivables à dérivées bornées s'annulant dans tout intervalle. Ces dérivées ne sont évidemment pas intégrables.

nulle. L'intégrale dans (a, b) *est alors, par définition,* $F(b) - F(a)$ (¹).

Adoptons sans généralisation la définition de Duhamel et Serret. L'intégrale de Duhamel (intégrale D) jouit de certaines des propriétés de l'intégrale de Riemann.

On a

$$I_a^b + I_b^c + I_c^a = 0.$$

La somme de deux fonctions intégrables D est intégrable D et a pour intégrale la somme des intégrales; mais le produit de deux fonctions intégrables D n'est pas nécessairement intégrable D (²).

Une série uniformément convergente de fonctions intégrables D est une fonction intégrable D et l'intégration peut être effectuée terme à terme; c'est la proposition de la page 92. De celle de la page 93 on déduit que si des fonctions intégrables D, $f_n(x)$, tendent en croissant vers une fonction intégrable D, $f(x)$, l'intégrale de f_n tend vers celle de f, en croissant s'il s'agit d'un intervalle d'intégration positif.

La proposition analogue pour les intégrales de Riemann est vraie. Nous en calquerons la démonstration sur celle de la page 93.

Conservons les notations de cette page 93. f, u_1, u_2, ..., sont maintenant des fonctions intégrables positives. $\mathcal{F}$, U_1, U_2, ... sont celles de leurs intégrales indéfinies qui s'annulent pour l'origine a de l'intervalle considéré.

On a évidemment $f \geq s_n$, d'où $\mathcal{F} \geq S_n$, et puisque les S_n croissent la série des U est convergente. L'accroissement de $\mathcal{F}$, dans un intervalle positif quelconque, est au moins égal à celui de S_n, donc à celui de F; F est à nombres dérivés bornés. Pour montrer que $F = \mathcal{F}$, il suffit de montrer que ces deux fonctions ont même dérivée partout, sauf pour un ensemble de valeurs de x de mesure

---

(¹) *Comparez* avec la page 90, où, dès que que f est donnée, on sait en quels points on n'a pas nécessairement $F'(x) = f(x)$; ici, au contraire, on ne le sait pas.

Les différentes fonctions $F(x)$ correspondant à une même fonction $f(x)$ ne diffèrent que par une constante additive.

Nous retrouverons ces fonctions sommables bornées aux Chapitres suivants.

(²) Par exemple le produit $x\left(x^2 \sin \dfrac{1}{x}\right)'$ n'est pas intégrable D.

nulle. En tout point où f, u_1, u_2, ... sont toutes continues, $\mathcal{F}$, U_1, U_2, ... ont des dérivées et le raisonnement de la page 94 montre qu'en ces points F a même dérivée que $\mathcal{F}$. Mais les points où f n'est pas continue forment un ensemble de mesure nulle $E(f)$, les points de discontinuité de u_i forment l'ensemble de mesure nulle $E(u_i)$; la réunion de tous ces ensembles donne un ensemble de mesure nulle E. Et l'on a $F' = \mathcal{F}'$, sauf peut-être aux points de E.

De là se déduit le théorème :

Lorsque des fonctions intégrables f_n tendent en croissant vers une fonction intégrable f, l'intégrale de f_n tend vers celle de f [1].

Nous devons nous demander maintenant quels services peuvent rendre les intégrales au sens de Duhamel et Serret.

Ces intégrales ne peuvent rendre aucun service dans la recherche des fonctions primitives, puisqu'elles supposent cette recherche effectuée, mais les intégrales au sens de Riemann servent surtout à calculer les limites de somme.

Le raisonnement de la page 84 montre qu'une intégrale D est une limite de somme; on peut donc espérer se servir de ces intégrales pour le calcul des limites de somme. Nous avons vu (p. 66) que cela était effectivement possible, puisqu'il a été démontré que la longueur d'une courbe était l'intégrale D de $\sqrt{x'^2 + y'^2 + z'^2}$, toutes les fois que cette intégrale existe [2].

De nouvelles études sur l'intégrale sont cependant nécessaires, car nous n'avons pas encore résolu le problème de la recherche des fonctions primitives; d'ailleurs, pour le calcul de la longueur

---

[1] On peut remarquer que cette propriété reste vraie s'il s'agit des fonctions dites sommables, qui sont intégrables d'après la généralisation indiquée page 101.

[2] Je ne puis que signaler une autre application des intégrales D : lorsqu'une fonction dérivée bornée admet un développement trigonométrique, les coefficients de ce développement sont donnés par les formules connues d'Euler et Fourier, les intégrales qui figurent dans ces formules étant des intégrales D.

Il existe effectivement des fonctions dérivées bornées, non intégrables au sens de Riemann, qui admettent un développement trigonométrique. Pour la démonstration de ces propriétés, on pourra se reporter à un Mémoire *Sur les séries trigonométriques* que j'ai publié dans les *Annales de l'École Normale* (novembre 1903).

d'une courbe ayant des tangentes, l'une et l'autre intégration sont insuffisantes ([1]).

J'ajoute encore que si les deux intégrations que nous avons étudiées paraissent en général suffisantes, cela tient uniquement à ce que, presque toujours, on se restreint de parti pris à la considération des fonctions continues, et même souvent à la considération des fonctions analytiques.

([1]) Il est facile de voir que $\sqrt{1 + \left[\left(x^2 \sin \frac{1}{x}\right)'\right]^2}$ n'est pas une dérivée exacte. Partant de là, on démontrera sans peine que la quantité $\sqrt{1 + F'(x)^2}$, où F est la fonction à dérivée non intégrable de M. Volterra, n'est intégrable ni au sens de Riemann, ni au sens de Duhamel.

La courbe $y = F(x)$ ne peut donc être rectifiée ni par l'une, ni par l'autre des deux méthodes employées.

Pour l'application indiquée dans la Note précédente, les deux intégrations sont aussi insuffisantes, comme on le voit en considérant la somme d'une dérivée non intégrable représentable trigonométriquement, et d'une fonction non dérivée représentable trigonométriquement.

CHAPITRE VII.

L'INTÉGRALE DÉFINIE DES FONCTIONS SOMMABLES.

I. — Le problème d'intégration.

Les applications classiques de l'intégration des fonctions continues, les applications faites précédemment de l'intégration au sens de Riemann ou au sens de Duhamel et Serret, suffisent pour mettre en évidence le rôle de certaines propriétés simples, conséquences de toutes les définitions de l'intégrale déjà étudiées, et pour convaincre que ces propriétés doivent nécessairement appartenir à l'intégrale, si l'on veut qu'il y ait quelque analogie entre cette intégrale et l'intégrale des fonctions continues.

C'est pourquoi *nous nous proposons d'attacher à toute fonction bornée* ([1]) $f(x)$, *définie dans un intervalle fini* (a, b), *positif, négatif ou nul, un nombre fini*, $\int_a^b f(x)\,dx$, *que nous appelons l'intégrale de* $f(x)$ *dans* (a, b) *et qui satisfait aux conditions suivantes :*

1. *Quels que soient* a, b, h, *on a*

$$\int_a^b f(x)\,dx = \int_{a+h}^{b+h} f(x-h)\,dx;$$

2. *Quels que soient* a, b, c, *on a*

$$\int_a^b f(x)\,dx + \int_b^c f(x)\,dx + \int_c^a f(x)\,dx = 0;$$

3.

$$\int_a^b [f(x) + \varphi(x)]\,dx = \int_a^b f(x)\,dx + \int_a^b \varphi(x)\,dx;$$

([1]) Le mot *bornée* est nécessaire si l'on veut que l'intégrale soit toujours *finie*.

4. *Si l'on a $f \geqq 0$ et $b > a$, on a aussi*

$$\int_a^b f(x)\, dx \geqq 0;$$

5. *On a*

$$\int_0^1 1 \times dx = 1;$$

6. *Si, quand l'indice n croît, $f_n(x)$ tend en croissant vers $f(x)$, l'intégrale de $f_n(x)$ tend vers celle de $f(x)$.*

La signification, la nécessité et les conséquences des cinq premières conditions de ce *problème d'intégration* sont à peu près évidentes; nous ne nous y étendrons pas.

La condition 6 a une place à part. Elle n'a ni le même caractère de simplicité que les cinq premières, ni le même caractère de nécessité ([1]). De plus, tandis qu'il est facile de construire des nombres satisfaisant à quatre quelconques des cinq premières conditions, sans satisfaire à toutes les cinq, ce qui montre que ces cinq conditions sont indépendantes, on ne sait pas si les six conditions du problème d'intégration sont indépendantes ou non ([2]).

En énonçant les six conditions du problème d'intégration, nous définissons l'intégrale. Cette définition appartient à la classe de celles que l'on peut appeler *descriptives;* dans ces définitions, on énonce des propriétés caractéristiques de l'être que l'on veut définir. Dans les définitions *constructives*, on énonce quelles

---

([1]) Elle paraît si peu nécessaire qu'elle est généralement inconnue, même pour le cas où f et f_n sont intégrables au sens de Riemann ou mêmes continues. Il se pourrait d'ailleurs que certaines de ses conséquences aient, au contraire, un très grand caractère de nécessité. C'est pour préparer l'introduction de cette condition 6 que je me suis occupé aux pages 94 et 103 de l'intégration et de la recherche de la fonction primitive de la limite d'une suite croissante de fonctions.

([2]) La réponse à cette question importe peu pour les applications, mais elle présente un intérêt au point de vue des principes. S'il était démontré que cette sixième condition est indépendante des cinq autres, il y aurait lieu de chercher à la remplacer par une sixième plus simple et surtout de rechercher si, parmi les systèmes de nombres qui satisfont seulement aux cinq premières conditions, il n'y en a pas d'aussi utiles que celui qui va être étudié.

Peu de temps avant cette seconde édition, M. St. Banach a étudié la question qui avait été ainsi posée dans la première édition, et a conclu à l'indépendance des six conditions du problème d'intégration (*Fund. Math.*, t. IV).

opérations il faut faire pour obtenir l'être que l'on veut définir. Ce sont les définitions constructives qui sont le plus souvent employées en Analyse; cependant on se sert parfois de définitions descriptives (¹); la définition de l'intégrale, d'après Riemann, est constructive, la définition des fonctions primitives est descriptive.

Lorsque l'on a énoncé une définition constructive, il faut démontrer que les opérations indiquées dans cette définition sont possibles; une définition descriptive est aussi assujettie à certaines conditions : il faut que les conditions énoncées soient compatibles (²). Le procédé jusqu'ici toujours employé pour démontrer que des conditions sont compatibles est le suivant : on choisit dans une classe d'êtres antérieurement définis des êtres jouissant de toutes les propriétés énoncées. Cette classe d'êtres est généralement la classe des nombres entiers (³); on admet que la définition descriptive de ces nombres ne contient pas de contradiction.

Il faut aussi étudier la nature de l'indétermination des êtres que l'on vient de définir. Supposons, par exemple, que l'on ait démontré l'impossibilité de l'existence de deux classes différentes d'êtres

---

(¹) L'emploi de ces définitions descriptives est indispensable pour les premiers termes d'une science quand on veut construire cette science d'une façon purement logique et abstraite. *Voir* la Thèse de M. J. Drach (*Annales de l'École Normale*, 1898) et le Mémoire de M. Hilbert sur les fondements de la Géométrie (*Annales de l'École Normale*, 1900). La définition est dite alors axiomatique, parce qu'elle énumère les axiomes nécessaires. Elle se suffit ainsi à elle-même et forme un tout complet.

Au contraire, les définitions descriptives posées au cours du développement d'une théorie, la définition de l'intégrale par exemple, ne prétendent pas énumérer *tous* les axiomes sur lesquels elles s'appuient; elles ne forment pas un tout complet et ne sauraient être isolées de l'exposé du reste de la théorie.

(²) C'est-à-dire qu'aucune de leurs conséquences ne soit de la forme : A est non A. Il y a lieu aussi, comme je l'ai déjà dit, de rechercher si les conditions sont indépendantes.

(³) *Voir* le Mémoire déjà cité de M. Hilbert. C'est parce que l'on peut démontrer la compatibilité des conditions énoncées dans les définitions descriptives des premiers termes de la Géométrie à l'aide du système des nombres entiers qu'il est légitime de dire que la Géométrie peut être tout entière construite à partir de l'idée de nombre. Au point de vue de l'arithmétisation de la science, l'intérêt principal de la définition précise de l'intégrale, telle que l'a posée Cauchy, c'est qu'elle ramène les diverses notions de grandeur qui interviennent en géométrie (aire, volume, longueur des courbes, etc.) à celle de la longueur d'un segment, c'est-à-dire de différence de deux nombres. Cette définition de Cauchy parachève l'œuvre de Descartes qui, par l'emploi de coordonnées, ramenait toutes les géométries à celle de la droite.

satisfaisant aux conditions indiquées, et que, de plus, on ait démontré la compatibilité de ces conditions en choisissant une classe d'êtres y satisfaisant ; *cette classe d'êtres sera la seule définie*, de sorte que la définition constructive qui a servi à effectuer le choix est exactement équivalente à la définition descriptive donnée.

Nous allons rechercher une définition constructive équivalente à la définition descriptive de l'intégrale ([1]).

On démontrera d'abord sans peine en s'appuyant sur les conditions 3 et 4 que l'on a la *condition* S

$$(S) \qquad \int_a^b k f(x)\, dx = k \int_a^b f(x)\, dx,$$

lorsque k est une constante. Ceci posé, soit $f(x)$ une fonction quelconque, nous désignerons par $\mathrm{E}[\alpha < f(x) < \beta]$ l'ensemble des valeurs de x pour lesquelles on a $\alpha < f(x) < \beta$, par $\mathrm{E}[f(x) = \alpha]$ l'ensemble des valeurs de x pour lesquelles on a $f(x) = \alpha$; et nous emploierons d'autres notations analogues.

Soit (l, L) un intervalle positif contenant à son intérieur l'intervalle de variation de $f(x)$ ([2]) ; partageons cet intervalle en intervalles partiels à l'aide des nombres

$$l_0 = l < l_1 < l_2 < \ldots < l_n = \mathrm{L},$$

supposons que $l_{i+1} - l_i$ ne soit jamais supérieur à ε.

Désignons par $\psi_i (i = 0, 1, 2, \ldots, n)$ la fonction égale à 1 quand x appartient à $\mathrm{E}[f(x) = l_i]$, ou à $\mathrm{E}[l_i < f(x) < l_{i+1}]$, et nulle pour les autres points ; désignons par $\Psi_i (i = 0, 1, \ldots, n)$ la fonction égale à 1 quand x appartient à $\mathrm{E}[l_{i-1} < f(x) < l_i]$, ou à $\mathrm{E}[f(x) = l_i)$ et nulle pour les autres points. On a évidemment

$$\varphi(x) = \sum_{i=0}^{i=n} l_i\, \psi_i(x) \leqq f(x) \leqq \sum_{i=0}^{i=n} l_i\, \Psi_i(x) = \Phi(x).$$

([1]) En se plaçant au même point de vue, on peut dire que les travaux exposés dans cet Ouvrage ont pour but principal la recherche d'une définition constructive équivalente à la définition descriptive des fonctions primitives.

([2]) En d'autres termes, les limites inférieure et supérieure de $f(x)$ sont comprises entre l et L mais non égales à (l, L) ; avec les notations du texte, il n'y aurait ici rien à changer si l et L étaient égales aux limites de $f(x)$; mais, à d'autres moments, nous aurions à prendre quelques précautions pour les valeurs extrêmes des indices à faire figurer dans les sommations. Ici, on pourrait n'étendre la première sommation que de o à $n-1$ et le second de 1 à n.

Lorsque nous saurons intégrer les fonctions ψ qui ne prennent que les valeurs o et 1, nous en déduirons, grâce aux conditions 3 et S, les intégrales des $\varphi(x)$ et $\Phi(x)$, lesquelles comprennent l'intégrale de $f(x)$ (conditions 3, 4) (¹).

De plus, $\varphi(x)$ et $\Phi(x)$ diffèrent de $f(x)$ de ε au plus, donc tendent uniformément vers $f(x)$ quand ε tend vers zéro; il est facile d'en conclure que leurs intégrales tendent vers celle de $f(x)$.

En effet, si les limites inférieure et supérieure de $g(x)$ sont m et M, d'après 3 et 4, $\int_a^b g(x)dx$ est comprise entre

$$\int_a^b m\,dx = m\int_a^b dx \quad \text{et} \quad \int_a^b \mathrm{M}\,dx = \mathrm{M}\int_a^b dx;$$

faisons maintenant
$$g(x) = f(x) - \varphi(x),$$
on a
$$\varepsilon \geqq \mathrm{M} \geqq m \geqq 0,$$

donc l'intégrale de $g(x)$ est inférieure en module à $\varepsilon \int_a^b dx$, quantité qui tend vers zéro avec ε.

Pour savoir calculer l'intégrale d'une fonction quelconque, il suffit de savoir calculer les intégrales des fonctions ψ qui ne prennent que les valeurs o et 1.

Il faut remarquer que nous avons démontré incidemment la possibilité d'intégrer terme à terme les séries uniformément convergentes, si le problème d'intégration est possible.

La quantité $\int_a^b dx$ qui figure dans la démonstration précédente se calcule facilement; en se servant de 1, de 2 et de 5, on voit qu'elle est égale à $b - a$.

Si la fonction $f(x)$ est comprise entre l et L, son intégrale dans (a, b) est comprise entre $l(b - a)$ et $\mathrm{L}(b - a)$; c'est le théorème de la moyenne.

Si nous appliquons ce théorème après avoir décomposé (a, b) en intervalles partiels, nous trouvons que $\int_a^b f(x)dx$ est comprise entre les sommes qui servent à définir les intégrales par défaut et

---

(¹) On suppose ici, pour quelques instants, le problème d'intégration possible.

par excès ; *l'intégrale est donc comprise entre les intégrales par
défaut et par excès.* En particulier, si le problème d'intégration
est possible pour les fonctions intégrables au sens de Riemann, il
n'admet pas, pour ces fonctions, d'autre solution que l'intégrale de
Riemann.

II. — La mesure des ensembles.

Occupons-nous maintenant des fonctions ψ qui ne prennent que
les valeurs o et 1. Une telle fonction est entièrement définie par
l'ensemble $E[\psi(x) = 1]$ des valeurs où elle est différente de o ;
l'intégrale d'une telle fonction, dans un intervalle positif, est un
nombre positif ou nul qu'on peut considérer comme attaché à la
partie de l'ensemble $E[\psi(x) = 1]$ comprise dans l'intervalle d'intégration. Si l'on traduit en langage géométrique les conditions
du problème d'intégration des fonctions ψ, on a un nouveau problème, *le problème de la mesure des ensembles.*

Pour l'énoncer, je rappelle que deux ensembles de points sur
une droite sont dits *égaux* si, par le déplacement de l'un d'eux, on
peut les faire coïncider, qu'un ensemble E est dit *la somme des
ensembles e* si tout point de E appartient à l'un *au moins* des e ([1]).
Voici la question à résoudre :

*Nous nous proposons d'attacher à chaque ensemble E borné,
formé de points de ox, un nombre positif ou nul, m(E), que
nous appelons* la mesure de E *et qui satisfait aux conditions
suivantes :*

1′. *Deux ensembles égaux ont même mesure ;*
2′. *L'ensemble somme d'un nombre fini ou d'une infinité
dénombrable d'ensembles, sans point commun deux à deux,
a pour mesure la somme des mesures ;*
3′. *La mesure de l'ensemble de tous les points de* (o, 1) *est* 1.

La condition 3′ remplace la condition 5 ; la condition 2′ provient
de l'application des conditions 3 et 6 à la série

$$\psi = \psi_1 + \psi_2 + \ldots,$$

dans laquelle tous les termes et la somme sont des fonctions ψ ;

---

[1] Avec notre définition, les *e* peuvent donc avoir des points communs.

quant à la condition 1′ c'est la condition 1. Une explication est cependant nécessaire; il y a deux espèces d'ensembles égaux : ceux que l'on peut faire coïncider par un glissement de ox et ceux que l'on peut faire coïncider par une rotation de π autour d'un point de ox; c'est aux premiers seulement que s'applique la condition 1′. Je n'ai pas mis cette restriction dans l'énoncé parce que, dans les raisonnements suivants, on peut s'astreindre à ne pas employer d'autres déplacements que dès glissements et cependant on obtiendra toujours pour deux ensembles égaux de l'une ou l'autre manière des mesures égales (′).

Une conséquence simple des conditions 1′, 2′, 3′ est que tout intervalle positif (a, b) a pour mesure sa longueur $b - a$, que les extrémités fassent ou non partie de l'intervalle (²).

Si l'on se reporte au Chapitre III, on voit immédiatement que, si le problème de la mesure est possible, on a

$$e_i(\mathrm{E}) \leqq m(\mathrm{E}) \leqq e_e(\mathrm{E});$$

pour les ensembles mesurables J, le problème de la mesure est possible au plus d'une manière et la mesure est l'étendue au sens de Jordan.

Soit maintenant un ensemble quelconque E, nous pouvons enfermer ses points dans un nombre fini *ou une infinité dénombrable* d'intervalles non empiétants; la mesure de l'ensemble des points de ces intervalles est, d'après 2′, la somme des longueurs des intervalles; cette somme est une limite supérieure de la mesure de E. L'ensemble de ces sommes a une limite inférieure $m_e(\mathrm{E})$,

---

(¹) Toutes les conditions du problème d'intégration pour les fonctions ψ sont exprimées; mais on pourrait craindre que cela ne suffise pas pour que les intégrales des fonctions quelconques, qui sont déterminées dès que les intégrales des fonctions ψ le sont, satisfassent aussi à ces conditions. Ce qui suit montre que ces craintes ne sont pas justifiées.

On pourrait le démontrer dès à présent, sans se servir de la valeur de l'intégrale des fonctions ψ, et l'on pourrait aussi démontrer que, si l'on supprime les mots *ou d'une infinité dénombrable* dans 2′, on a un nouveau problème de la mesure qui correspond complètement au problème d'intégration posé avec les conditions 1, 2, 3, 4, 5 sans la condition 6.

(²) Ceci a été déjà exprimé par l'égalité $\displaystyle\int_a^b dx = b - a$.

la *mesure extérieure* de E, et l'on a évidemment

$$m(\mathrm{E}) \leqq m_e(\mathrm{E}) \leqq e_e(\mathrm{E}).$$

Soit $\mathrm{C_{AB}(E)}$ le complémentaire de E par rapport à AB, c'est-à-dire l'ensemble des points ne faisant pas partie de E et faisant partie d'un segment AB de ox contenant E. On doit avoir

$$m(\mathrm{E}) + m[\mathrm{C_{AB}(E)}] = m(\mathrm{AB}),$$

donc
$$m(\mathrm{E}) = m(\mathrm{AB}) - m[\mathrm{C_{AB}(E)}] \geqq m(\mathrm{AB}) - m_e[\mathrm{C_{AB}(E)}];$$

la limite inférieure ainsi trouvée pour $m(\mathrm{E})$, limite qui est nécessairement positive ou nulle, s'appelle la *mesure intérieure* de E, $m_i(\mathrm{E})$; elle est évidemment supérieure ou au moins égale à l'étendue intérieure de E.

Pour comparer les deux nombres m_e, m_i, nous nous servirons d'un théorème dû à M. Borel :

Si l'on a une famille d'intervalles Δ tels que tout point d'un intervalle (a, b), y compris a et b, soit intérieur ([1]) *à l'un au moins des Δ, il existe une famille formée d'un nombre fini des intervalles Δ et qui jouit de la même propriété* [*tout point de (a, b) est intérieur à l'un d'eux*].

Soit (α, β) l'un des intervalles Δ contenant a, la propriété à démontrer est évidente pour l'intervalle (a, x), si x est compris entre α et β; je veux dire que cet intervalle peut être couvert à l'aide d'un nombre fini d'intervalles Δ, ce que j'exprime en disant que le point x est atteint. Il faut démontrer que b est atteint. Si x est atteint, tous les points de (a, x) le sont; si x n'est pas atteint, aucun des points de (x, b) ne l'est. Il y a donc, si b n'est pas atteint, un premier point non atteint, ou un dernier point atteint; soit x_0 ce point. Il est intérieur à un intervalle Δ, (α_1, β_1). Soient x_1 un point de (α_1, x_0), x_2 un point de (x_0, β_1); x_1 est atteint par hypothèse, les intervalles Δ en nombre fini qui servent à l'atteindre, plus l'intervalle (α_1, β_1), permettent d'atteindre $x_2 > x_0$; x_0 n'est donc ni le dernier point atteint, ni le premier non atteint; donc b est atteint ([2]).

Du théorème de M. Borel il résulte que *si l'on a couvert tout un intervalle (a, b) à l'aide d'une infinité dénombrable d'intervalles Δ, la somme des longueurs de ces intervalles est au moins égale à la longueur de l'intervalle (a, b)* (¹). En effet, on peut aussi couvrir (a, b) à l'aide d'un nombre fini des intervalles Δ et le théorème, étant évidemment vrai quand on ne considère que ces intervalles en nombre fini, l'est *a fortiori* quand on considère tous les intervalles Δ.

Reprenons maintenant l'ensemble E et son complémentaire $C_{AB}(E)$. Enfermons le premier dans une infinité dénombrable d'intervalles α, le second dans les intervalles β, on a

$$m(\alpha) + m(\beta) \geqq m(AB),$$

puisque AB est couvert par les intervalles α et β. De là, on déduit

$$m_e(E) + m_e[C_{AB}(E)] \geqq m(AB),$$
$$m_e(E) \geqq m(AB) - m_e[C_{AB}(E)].$$
$$m_e(E) \geqq m_i(E).$$

---

fonctions, deux démonstrations de ce théorème. Ces démonstrations supposent essentiellement que l'ensemble des intervalles Δ est dénombrable; cela suffit dans quelques applications; il y a cependant intérêt à démontrer le théorème du texte. Par exemple, pour les applications que j'ai faites, dans ma Thèse, du théorème de M. Borel, il était nécessaire qu'il soit démontré pour un ensemble d'intervalles Δ ayant la puissance du continu.

On a déduit du théorème, tel qu'il est énoncé dans le texte, une jolie démonstration de l'uniformité de la continuité.

Soit $f(x)$ une fonction continue en tous les points de (a, b), y compris a et b; chaque point de (a, b) est, par définition, intérieur à un intervalle Δ dans lequel l'oscillation de $f(x)$ est inférieure à ε. A l'aide d'un nombre fini d'entre eux, on peut couvrir (a, b); soit l la longueur du plus petit intervalle Δ employé, dans tout intervalle de longueur l l'oscillation de f est au plus 2ε, car un tel intervalle empiète sur deux intervalles Δ au plus; la continuité est uniforme.

Cette application du théorème complété fait bien comprendre, il me semble, tout l'usage qu'on en peut faire dans la théorie des fonctions. Depuis l'époque où paraissait la première édition de ce livre le théorème de M. Borel a été très étudié; il a donné lieu à des attributions de priorité qui ne m'ont paru en rien justifiées comme j'ai eu l'occasion de le dire au cours d'une analyse de l'Ouvrage de M. et Mme Young, cité p. 37 (*Bull. des Sc. math.*, 1907). Pour les rapports entre la démonstration du texte et la première démonstration de M. Borel, *voir* la Note finale.

(¹) Si, comme je le suppose dans la démonstration, on admet que tout point de (a, b) est *intérieur* à l'un des Δ, on peut remplacer *au moins égale* par *supérieure*.

La mesure intérieure n'est jamais supérieure à la mesure extérieure.

Les ensembles dont les deux mesures extérieure et intérieure sont égales sont dits *mesurables* et leur mesure est la valeur commune des m_e et m_i (¹). Il reste à rechercher si cette mesure satisfait bien aux conditions 1′, 2′, 3′. Cela est évident pour 1′ et 3′, reste à étudier la condition 2′ (²). Au cours de notre vérification nous utiliserons ce fait évident que la partie (E, I) d'un ensemble E, qui est contenue dans un intervalle I, est certainement mesurable toutes les fois que E est mesurable.

Soient E_1, E_2, ... des ensembles mesurables, en nombre fini ou dénombrable, n'ayant deux à deux aucun point commun, et soit E l'ensemble somme.

(¹) C'est seulement pour ces ensembles que nous étudierons le problème de la mesure. Je ne sais pas si l'on peut définir, ni même s'il existe d'autres ensembles que les ensembles mesurables; s'il en existe, ce qui est dit dans le texte ne suffit pas pour affirmer ni que le problème de la mesure est possible, ni qu'il est impossible pour ces ensembles. Au sujet de la possibilité et de la détermination du problème de la mesure pour tous les ensembles, *voir* le travail de M. Banach, cité page 106. Quant à la question de l'existence d'ensembles non mesurables, elle n'a guère fait de progrès depuis la première édition de ce livre. Toutefois cette existence est certaine pour ceux qui admettent un certain mode de raisonnement basé sur ce que l'on a appelé l'*axiome de Zermelo*. Par ce raisonnement, on arrive en effet à cette conclusion : il *existe* des ensembles non mesurables; mais cette affirmation ne devrait pas être considérée comme contredite si l'on arrivait à montrer que jamais aucun homme ne pourra *nommer* un ensemble non mesurable !

Sur ces questions, on pourra consulter la seconde édition des *Leçons sur la théorie des fonctions* de M. Émile Borel.

(²) La définition géométrique de la mesure permet non seulement de comparer deux ensembles égaux, mais aussi deux ensembles semblables. Le rapport des mesures de deux ensembles semblables de rapport k est $|k|$. C'est une condition qu'on aurait pu s'imposer *a priori*; il lui correspond pour le problème d'intégration la condition S_1

$$(S_1) \qquad \int_a^b f(x)\, dx = k \int_{\frac{a}{k}}^{\frac{b}{k}} f(kx)\, dx.$$

Les conditions S (p. 108) et S_1 constituent ce qu'on peut appeler *la condition de similitude,* elles font connaître ce que devient une intégrale par les transformations

$$x_1 = kx, \qquad f_1(x) = kf(x).$$

Peut-être pourrait-on remplacer la condition 6 par des conditions de cette nature.

De la définition des ensembles mesurables, il résulte qu'on peut enfermer E_i dans une infinité dénombrable d'intervalles α_i et $C_{AB}(E_i)$ dans des intervalles β_i de manière que la mesure des parties communes aux α_i et β_i soit égale à ε_i; les ε_i étant des nombres positifs choisis de manière que la série $\Sigma \varepsilon_i$ soit convergente et de somme ε.

Soient α'_2, β'_2 les parties des α_2 et β_2 qui sont contenues dans les intervalles β_1; soient α'_3, β'_3 les parties des α_3, β_3 qui sont contenues dans les β'_2 et ainsi de suite. E_i est enfermé dans α'_i. E est donc enfermé dans $\alpha_1 + \alpha'_2 + \ldots$, sa mesure extérieure est donc au plus égale à la somme $m(\alpha_1) + m(\alpha'_2) + m(\alpha'_3) + \ldots = s$; évaluons cette somme. On a évidemment

$$m(\alpha_1) + m(\beta_1) = m(AB) + \varepsilon_1,$$
$$m(\alpha'_2) + m(\beta'_2) \leqq m(\beta_1) + \varepsilon_2,$$
$$m(\alpha'_i) + m(\beta'_i) \leqq m(\beta'_{i-1}) + \varepsilon_i \qquad (i > 2),$$

d'où, par addition,

$$m(\alpha_1) + m(\alpha'_2) + m(\alpha'_3) + \ldots + m(\alpha'_i) \leqq m(AB) + \varepsilon_1 + \varepsilon_2 + \ldots + \varepsilon_i,$$

et ceci suffit pour montrer que la série s est convergente; d'ailleurs on a

$$m(E_i) \leqq m(\alpha'_i) \leqq m(\alpha_i) \leqq m(E_i) + \varepsilon_i,$$

donc s est comprise entre $\Sigma m(E_i)$ et $\Sigma m(E_i) + \varepsilon$. Cela donne

$$m_e(E) \leqq \Sigma\, m(E_i).$$

Le complémentaire de E, $C_{AB}(E)$, peut être enfermé dans β'_i; or β'_i a, en commun avec $\alpha_1 + \alpha'_2 + \alpha'_3 + \ldots$, les intervalles $\alpha'_{i+1} + \alpha'_{i+2} + \ldots$, plus une partie des intervalles communs à α_1, β_1, une partie de ceux communs à $\alpha_2, \beta_2, \ldots$, une partie de ceux communs à α_i; β_i, β'_i a donc une mesure au plus égale à

$$[m(AB) - s] + \varepsilon_1 + \varepsilon_2 + \ldots + \varepsilon_i + m(\alpha'_{i+1}) + m(\alpha'_{i+2}) + \ldots,$$

et, par suite,

$$m_e[C_{AB}(E)] \leqq m(AB) - \Sigma\, m(E_i),$$

c'est-à-dire

$$m(AB) - m_e[C_{AB}(E)] \geqq \Sigma\, m(E_i),$$

ou

$$m_i(E) \geqq \Sigma\, m(E_i).$$

Les limites inférieure et supérieure trouvées respectivement pour $m_e(\mathrm{E})$ et $m_i(\mathrm{E})$ montrent que ces deux quantités sont égales, l'ensemble E est donc mesurable et de mesure $\Sigma m(\mathrm{E}_i)$, la condition $2'$ est bien vérifiée.

L'ensemble des ensembles mesurables contient l'ensemble des ensembles mesurables J, mais il est beaucoup plus vaste, comme on va le voir. On peut, en effet, sans sortir de l'ensemble des ensembles mesurables, effectuer sur des ensembles mesurables les deux opérations suivantes :

I. Faire la somme d'une infinité dénombrable d'ensembles;

II. Prendre la partie commune à tous les ensembles d'une famille contenant un nombre fini ou une infinité dénombrable d'ensembles.

Pour le démontrer, remarquons d'abord que la seconde opération ne diffère pas essentiellement de la première, car si E est la partie commune à E_1, E_2, ..., $C(\mathrm{E})$ est la somme de $C(\mathrm{E}_1)$, $C(\mathrm{E}_2)$, ... Il suffit donc de s'occuper de la première; soit

$$\mathrm{E} = \mathrm{E}_1 + \mathrm{E}_2 + \mathrm{E}_3 + \dots.$$

Si E'_i est l'ensemble des points de E_i ne faisant pas partie de $\mathrm{E}_1 + \mathrm{E}_2 + \dots + \mathrm{E}_{i-1}$, on a

$$\mathrm{E} = \mathrm{E}_1 + \mathrm{E}'_2 + \mathrm{E}'_3 + \dots,$$

les termes de la somme étant sans point commun deux à deux. Or, il est facile de voir que E'_2 est mesurable; en effet, enfermons E_1 dans les intervalles α_1, $C(\mathrm{E}_1)$ dans les intervalles β_1, E_2 dans α_2, $C(\mathrm{E}_2)$ dans β_2 et soient ε_1 et ε_2 les longueurs des parties communes aux α_1 et β_1 d'une part, aux α_2 et β_2 d'autre part. Si α'_2 et β'_2 sont les parties des α_2 et β_2 communes aux β_1, E'_2 peut être enfermé dans α'_2 et $C(\mathrm{E}'_2)$ dans $\alpha_1 + \beta'_2$ et les parties communes à ces deux systèmes d'intervalles ont une mesure au plus égale à $\varepsilon_1 + \varepsilon_2$, donc E'_2 est mesurable. De là résulte que

$$\mathrm{E}_1 + \mathrm{E}_2 = \mathrm{E}_1 + \mathrm{E}'_2$$

est mesurable, donc que E'_3, partie de E_3 n'appartenant pas à l'ensemble mesurable $\mathrm{E}_1 + \mathrm{E}_2$, est mesurable et ainsi de suite. Tous les E'_i sont mesurables, E l'est ([1]).

([1]) Si E_1 contient E_2, on peut parler de leur différence $\mathrm{E}_1 - \mathrm{E}_2$. Cette diffé-

Un intervalle étant un ensemble mesurable, en appliquant les opérations I et II un nombre fini ou une infinité dénombrable de fois à partir d'intervalles, nous obtenons des ensembles mesurables; ce sont ceux-là que M. Borel avait nommés *ensembles mesurables*, appelons-les *ensembles mesurables* B. Ce sont les plus importants des ensembles mesurables; tandis que, pour un ensemble quelconque, nous pouvons seulement affirmer l'existence des deux nombres m_e, m_i, sans pouvoir dire quelle suite d'opérations il faut effectuer pour les calculer, il est facile d'avoir la mesure d'un ensemble mesurable B en suivant pas à pas la construction de cet ensemble. On se servira de la propriété $2'$ toutes les fois qu'on utilisera l'opération I; quand on se servira de l'opération II, on emploiera un théorème dont la démonstration est immédiate :

La mesure de la partie commune à des ensembles E_1, E_2, ... *est la limite de* $m(E_i)$ *si chaque ensemble* E_i *contient tous ceux d'indice plus grand* ([1]).

Les ensembles fermés sont mesurables B parce qu'ils sont les complémentaires d'ensembles formés des points intérieurs à un

---

rence est mesurable si E_1 et E_2 le sont, car elle est la partie *commune à* E_1 et $C(E_2)$.

([1]) M. Borel avait indiqué (note 1, p. 48 des *Leçons sur la théorie des fonctions*) les principes qui nous ont guidés dans la théorie de la mesure. Lorsque l'on cherche à construire des ensembles auxquels l'application de ces principes permet d'attacher une mesure, on est conduit de suite à la classe des ensembles mesurables B. Cette classe a, jusqu'ici, suffi pratiquement; le principal avantage qu'il y a à raisonner sur les ensembles mesurables et non sur les seuls ensembles mesurables B, ce n'est pas qu'on envisage ainsi une classe plus vaste d'ensembles, mais c'est qu'on part de la propriété capitale des ensembles auxquels on peut attacher une mesure et non d'un procédé de construction en perpétuel devenir. Aussi on a pu, comme on l'a vu plus haut, démontrer très simplement la compatibilité des conditions du problème de la mesure pour tous les ensembles mesurables, alors que cette démonstration n'avait pas été obtenue quand on s'était borné à la considération des ensembles mesurables B.

Parmi les ensembles mesurables B, il semble que M. Borel n'ait tout d'abord considéré que ceux obtenus en effectuant seulement un nombre fini de fois les opérations I et II; à la suite des rapprochements que j'ai faits entre les ensembles mesurables B et les fonctions considérées par M. Baire, l'usage s'est répandu d'adopter la définition du texte. Sur ces questions et sur l'existence d'ensembles non mesurables B, *voir* un Mémoire que j'ai publié dans le *Journal de Mathématiques*, en 1905, et le livre de M. de la Vallée Poussin, cité page 92. Pour les recherches les plus récentes, *voir* la collection des *Fundamenta* et un Mémoire de MM. Lusin et Sierpinski (*Journ. de Math.*, 1923).

nombre fini ou à une infinité dénombrable d'intervalles. Soit E un tel ensemble, la mesure de son complémentaire est évidemment l'étendue intérieure de ce complémentaire, donc la mesure d'un ensemble fermé est son étendue extérieure. De là découle la propriété qui nous a servi : *un ensemble fermé de mesure nulle est un groupe intégrable* (p. 29).

Comme application de ces considérations théoriques, calculons la mesure de l'ensemble E des points de $(0,1)$ tels que la suite de leurs chiffres décimaux de rang impair soit périodique (p. 99). Soit

$$x = \frac{a_1}{10} + \frac{a_2}{10^2} + \frac{a_3}{10^3} + \dots$$

un tel nombre, écrivons-le

$$x = y + \frac{a_2}{10^2} + \frac{a_4}{10^4} + \frac{a_6}{10^6} + \dots = y + z;$$

y est rationnel, l'ensemble des nombres y est dénombrable. A chaque nombre rationnel y correspond un ensemble de nombres x ayant même mesure que l'ensemble des nombres z dont les chiffres de rang impair sont nuls. Pour démontrer que E est mesurable et de mesure nulle, il suffit donc de démontrer que l'ensemble des nombres z jouit de cette propriété. Or cet ensemble s'obtient en enlevant de $(0,1)$ l'intervalle $\left(\frac{1}{10}, 1\right)$, puis de $\left(0, \frac{1}{10}\right)$ les intervalles $\left(\frac{p}{10^2} + \frac{1}{10^3}, \frac{p+1}{10^2}\right)$, où p est un entier inférieur à 10, puis de chaque intervalle restant $\left(\frac{p}{10^2}, \frac{p}{10^2} + \frac{1}{10^3}\right)$ les intervalles $\left(\frac{p}{10^2} + \frac{q}{10^5} + \frac{1}{10^5}, \frac{p}{10^2} + \frac{q+1}{10^4}\right)$, et ainsi de suite. A chaque opération nous enlevons les $\frac{9}{10}$ des intervalles qui restent. L'ensemble des z est donc mesurable B et de mesure nulle.

III. — Les fonctions mesurables.

Pour que les considérations précédentes nous permettent d'attacher une intégrale à une fonction $f(x)$, il faut que, si petit que soit ε, nous puissions trouver les nombres l_i (p. 108) tels que les fonctions ψ_i correspondantes soient, ainsi que les fonctions Ψ_i, associées à des ensembles mesurables. Supposons que les ensembles correspondant aux ψ_i soient mesurables, et soient α et β deux nombres quelconques. A un nombre ε correspond un certain système de nombres l_i; soient l_p le plus petit de ceux qui sont compris entre α et β, et l_{p+q} le plus grand. L'ensemble

$$\mathrm{E}(\psi_p = 1) + \mathrm{E}(\psi_{p+1} = 1) + \ldots + \mathrm{E}(\psi_{p+q} = 1) = \mathrm{E}(\varepsilon) \;,$$

est mesurable; or quand on donne à ε une suite de valeurs décroissantes tendant vers zéro ε_1, ε_2, ., ., on a

$$\mathrm{E}[\alpha < f(x) < \beta] = \mathrm{E}(\varepsilon_1) + \mathrm{E}(\varepsilon_2) + \ldots,$$

donc $\mathrm{E}[\alpha < f(x) < \beta]$ est mesurable.

Nous dirons qu'une fonction bornée ou non est mesurable si, quels que soient α et β, l'ensemble $\mathrm{E}[\alpha < f(x) < \beta]$ *est mesurable.* Lorsqu'il en est ainsi, l'ensemble $\mathrm{E}[f(x) = \alpha]$ est aussi mesurable, car il est la partie commune aux ensembles $\mathrm{E}[\alpha - h < f(x) < \alpha + h]$ quand h tend vers zéro. On verrait de même que, pour qu'une fonction soit mesurable, il faut et il suffit que l'ensemble $\mathrm{E}[\alpha < f(x)]$ soit mesurable, quel que soit α; ou encore qu'il faut et qu'il suffit que les ensembles $\mathrm{E}[\alpha \leqq f(x)]$ soient mesurables. On verrait aussi que $f(x)$ est mesurable si, et seulement si, pour chaque valeur de α, il existe un ensemble, que nous noterons $\mathrm{E}[\alpha \leqq f(x), \alpha < f(x)]$, contenu dans $\mathrm{E}[\alpha \leqq f(x)]$ et contenant $\mathrm{E}[\alpha < f(x)]$ qui soit mesurable.

La somme de deux fonctions mesurables est une fonction mesurable. Soient les deux fonctions mesurables f_1 et f_2; à tout nombre ε faisons correspondre une division de leur intervalle de variation, fini ou non, à l'aide de nombres l_i, tels que $l_{i+1} - l_i$ soit au plus égale à ε, et considérons les ensembles E_{ij} de valeurs de x, tels que l'on ait à la fois

$$l_i < f_1(x), \qquad l_j < f_2(x) \qquad (l_i + l_j > \alpha);$$

E_{ij} est mesurable comme partie commune à $\mathrm{E}[l_i < f_1(x)]$ et à $\mathrm{E}[l_j < f_2(x)]$.

La somme $\mathrm{E}(\varepsilon)$ des ensembles E_{ij} est mesurable, puisque chacun d'eux l'est; et si l'on donne à ε des valeurs ε_i tendant vers zéro, on a

$$\mathrm{E}[\alpha < f_1 + f_2] = \mathrm{E}(\varepsilon_1) + \mathrm{E}(\varepsilon_2) + \ldots,$$

donc $f_1 + f_2$ est une fonction mesurable.

On démontrerait de même que l'on peut effectuer, sur des fonctions mesurables, toutes les opérations dont il a été parlé au sujet des fonctions intégrables (p. 3o) sans cesser d'obtenir des fonctions mesurables. Mais il y a plus : *la limite d'une suite convergente de fonctions mesurables est une fonction mesurable;* si f_n tend vers f, on obtient en effet un ensemble $E[\alpha \leqq f(x), \alpha < f(x)]$, en faisant la somme des ensembles E_n; E_n étant la partie commune aux ensembles $E[f_n(x) < \alpha]$, $E[f_{n+1}(x) < \alpha]$, ..., et tous ces ensembles sont mesurables si les fonctions f_n sont mesurables.

Appliquons ces résultats; les deux fonctions $f = \text{const.}$, $f = x$ sont évidemment mesurables, donc tout polynome est mesurable. Toute fonction limite de polynomes est aussi mesurable : donc, d'après un théorème de Weierstrass, toute fonction continue est mesurable. Les fonctions discontinues limites de fonctions continues, que M. Baire appelle *fonctions de première classe*, sont mesurables. Les fonctions qui ne sont pas de première classe et qui sont limites de fonctions de première classe (M. Baire les appelle *fonctions de seconde classe*) sont des fonctions mesurables.

Remarquons encore que les fonctions ainsi formées de proche en proche sont mesurables B, c'est-à-dire que les ensembles qui leur correspondent sont mesurables B; ce sont ces fonctions que *nous rencontrerons uniquement.*

On peut souvent démontrer qu'une fonction est mesurable en se servant de la propriété suivante : si, en faisant abstraction d'un ensemble de valeurs de x de mesure nulle, la fonction $f(x)$ est continue, elle est mesurable. Car les points limites de l'ensemble $E[\alpha \leqq f(x)]$ qui ne font pas partie de cet ensemble font nécessairement partie de l'ensemble de mesure nulle négligé, donc ils forment un ensemble de mesure nulle. L'ensemble $E[\alpha \leqq f(x)]$, étant fermé à un ensemble de mesure nulle près, est mesurable. On voit ainsi, en particulier, que toute fonction intégrable au sens de Riemann est mesurable; on voit aussi que la fonction $\chi(x)$ de Dirichlet, qui est non intégrable, est mesurable.

IV. — Définition constructive de l'intégrale.

Définissons maintenant l'intégrale d'une fonction mesurable bornée en supposant l'intervalle d'intégration (a, b) positif. Nous savons que, s'il s'agit d'une fonction ψ, cette intégrale est

$$m[\mathrm{E}(\psi = 1)],$$

et que, s'il s'agit d'une fonction $f(x)$ quelconque, l'intégrale doit être la limite commune des intégrales de φ et Φ (p. 108) quand le maximum de $l_{i+1} - l_i$ tend vers zéro. D'après les conditions du problème d'intégration, ces intégrales sont

$$\sigma = \sum_{i=0}^{i=n-1} l_i \big(m\,\big|\,\mathrm{E}[f(x) = l_i]\,\big| + m\,\big|\,\mathrm{E}[l_i < f(x) < l_{i+1}]\,\big| \big),$$

$$\Sigma = \sum_{i=1}^{i=n} l_i \big(m\,\big|\,\mathrm{E}[l_{i-1} < f(x) < l_i]\,\big| + m\,\big|\,\mathrm{E}[f(x) = l_i]\,\big| \big).$$

Nous savons déjà que ces deux nombres diffèrent de moins de $\varepsilon(b - a)$ parce que $\Phi - \varphi$ est inférieure à ε. Si nous faisons tendre ε vers zéro, en intercalant entre les l_i de nouveaux nombres, alors σ croît, Σ décroît, $\Sigma - \sigma$ tend vers zéro; donc σ et Σ ont une même limite.

Soient σ_1, Σ_1; σ_2, Σ_2; ... les sommes obtenues par ce procédé; soient σ'_1, Σ'_1; σ'_2, Σ'_2; ... les sommes obtenues en faisant tendre ε vers zéro d'une autre manière [1]; soient σ''_1, Σ''_1 les sommes obtenues en réunissant les nombres l_i donnant σ_1, Σ_1 et σ'_1, Σ'_1; soient σ''_2, Σ''_2 celles obtenues en réunissant les l_i donnant σ_2, Σ_2, σ'_1, Σ'_1; σ'_2, Σ'_2: et ainsi de suite. On a évidemment

$$\sigma_i \leqq \sigma''_i \leqq \Sigma''_i \leqq \Sigma_i,$$
$$\sigma'_i \leqq \sigma''_i \leqq \Sigma''_i \leqq \Sigma'_i;$$

la seconde de ces inégalités montre que σ'_i et Σ'_i ont la même limite que σ''_i et Σ''_i, car nous savons que σ'_i et Σ'_i ont une limite et que $\Sigma'_i - \sigma'_i$ tend vers zéro. La première montre que cette limite est aussi celle de σ_i et Σ_i.

La valeur de la limite, c'est-à-dire de l'intégrale, est donc indépendante de la manière dont le maximum de $l_{i+1} - l_i$ tend vers zéro.

---

[1] Les l_i qui donnent σ'_p et Σ'_p ne contiennent pas nécessairement ceux qui ont donné σ'_{p-1} et Σ'_{p-1}, tandis que les l_i donnant σ_p et Σ_p contiennent les l_i relatifs à σ_{p-1} et Σ_{p-1}.

Nous complétons cette définition en posant

$$\int_a^b f(x)\,dx = -\int_b^a f(x)\,dx.$$

Il reste à voir si l'intégrale satisfait bien aux conditions du problème d'intégration (^{1}).

Débarrassons-nous tout d'abord des conditions 1, 2, 4, 5. Il n'y a rien à dire pour cette dernière. La condition 4 résulte de ce que σ, par exemple, est positif quand f est positive ou nulle.

La condition 1 résulte, pour le cas d'un intervalle positif, de ce que les sommes σ formées pour les deux intégrales $\int_a^b f(x)\,dx$, $\int_{a+h}^{b-h} f(x-h)\,dx$, à l'aide des mêmes nombres l_i, sont identiques. Et de là on passe au cas d'un intervalle négatif.

Pour vérifier la condition 2 il suffit évidemment d'examiner le cas $a < c < b$; alors si l'on se sert des mêmes l_i pour calculer les valeurs approchées σ_a^c, σ_c^b, σ_a^b des intégrales

$$\int_a^c f\,dx, \quad \int_c^b f\,dx, \quad \int_a^b f\,dx,$$

on a évidemment

$$\sigma_a^b = \sigma_a^c + \sigma_c^b;$$

car on a des égalités analogues entre les mesures des ensembles correspondants qui interviennent dans ces trois sommes σ.

Reste donc les conditions 3 et 6 qu'il suffira de vérifier pour un intervalle (a, b) positif et, pour cela, démontrons d'abord que, dans un tel intervalle, on a

$$\int_a^b f\,dx \leqq \int_a^b g\,dx \leqq \int_a^b f\,dx + \eta(b-a),$$

lorsque l'on a

$$f \leqq g \leqq f + \eta.$$

Servons-nous des mêmes nombres convenablement choisis, l, L, l_i pour calculer des valeurs approchées $\sigma(f)$ et $\sigma(g)$ des deux

---

intégrales. Désignons par F_i et G_i les deux ensembles

$$E[\, l_i \leqq f(x) < l_{i+1}\,], \quad E[\, l_i \leqq g(u) < l_{i+1}\,],$$

on a

$$\sigma(f) = \sum_{i=0}^{i=n-1} l_i\, m(F_i) = l_{n-1}\, m(F_0 + F_1 + \ldots + F_{n-1})$$
$$- \sum_{i=0}^{i=n-2} (l_{i+1} - l_i)\, m(F_0 + F_1 + \ldots + F_i),$$

$$\sigma(g) = \sum_{i=0}^{i=n-1} l_i\, m(G_i) = l_{n-1}\, m(G_0 + G_1 + \ldots + G_{n-1})$$
$$- \sum_{i=0}^{i=n-2} (l_{i+1} - l_i)\, m(G_0 + G_1 + \ldots + G_i).$$

Or, à cause de $f \leqq g$, $F_0 + F_1 + \ldots + F_i$ contient

$$G_0 + G_1 + \ldots + G_i$$

et, pour $i = n - 1$, ces deux ensembles sont identiques. Donc les premiers termes de $\sigma(f)$ et $\sigma(g)$ sont égaux et les autres termes sont plus petits, en valeur absolue, dans $\sigma(g)$ que dans $\sigma(f)$, ce qui prouve la première inégalité

$$\int_a^b f\, dx \leqq \int_a^b g\, dx.$$

Puisque l'on a

$$g \leqq f + \eta,$$

on a donc

$$\int_a^b g\, dx \leqq \int_a^b (f + \eta)\, dx;$$

pour calculer cette dernière intégrale de façon approchée servons-nous des nombres $l + \eta$, $L + \eta$, $l_i + \eta$; il est clair que l'on trouve

$$\sigma(f + \eta) = \sum_{i=0}^{i=n-1} (l_i + \eta)\, m(F_i)$$
$$= \sum_{i=0}^{n-1} l_i\, m(F_i) + \eta \sum_{i=0}^{i=n-1} m(F_i) = \sigma(f) + (b - a)\eta.$$

d'où

$$\int_a^b g\, dx \leqq \int_a^b (f + \eta)\, dx = \int_a^b f\, dx + \eta(b - a).$$

On peut encore dire que si deux fonctions diffèrent de moins de ζ leurs intégrales diffèrent de moins de $\zeta(b - a)$; car, dire que f et g diffèrent de moins de ζ, c'est dire que g est comprise entre $f - \zeta$ et $f + \zeta$; donc que $\int_a^b g\,dx$ est comprise entre

$$\int_a^b f\,dx - \zeta(b - a) \quad \text{et} \quad \int_a^b f\,dx + \zeta(b - a).$$

Ceci posé, soient f et φ deux fonctions mesurables et bornées dans l'intervalle positif (a, b); nous avons appris (p. 108) à leur associer des fonctions f_1 et φ_1 ne prenant qu'un nombre fini de valeurs et différant respectivement de f et de φ de moins de ε.

$f_1 + \varphi_1$ diffère alors de $f + \varphi$ de moins de 2ε. On a donc

$$\left| \int_a^b f\,dx - \int_a^b f_1\,dx \right| < \varepsilon(b - a), \quad \left| \int_a^b \varphi\,dx - \int_a^b \varphi_1\,dx \right| < \varepsilon(b - a),$$

$$\left| \int_a^b (f + \varphi)\,dx - \int_a^b (f_1 + \varphi_1)\,dx \right| < 2\varepsilon(b - a).$$

L'égalité à démontrer,

$$\int_a^b (f + \varphi)\,dx = \int_a^b f\,dx + \int_a^b \varphi\,dx,$$

résultera donc de celle-ci :

$$\int_a^b (f_1 + \varphi_1)\,dx = \int_a^b f_1\,dx + \int_a^b \varphi_1\,dx.$$

Or, supposons que f_1 ne prenne que les valeurs a_1, a_2, ... et respectivement aux points des ensembles E_1, E_2, ...; que φ_1 ne prenne que les valeurs b_1, b_2, ... et aux points de e_1, e_2, ... Et soit E_{ij} l'ensemble des points communs à E_i et à e_j, on a

$$\begin{aligned}
\int_a^b (f_1 + \varphi_1)\,dx &= \sum_{i,j} (a_i + b_j)\,m(E_{ij}) \\
&= \sum_i a_i \left[\sum_j m(E_{ij}) \right] + \sum_j b_j \left[\sum_i m(E_{ij}) \right] \\
&= \sum_i a_i\,m(E_i) + \sum_j b_j\,m(e_j) \\
&= \int_a^b f_1\,dx + \int_a^b \varphi_1\,dx.
\end{aligned}$$

La condition 3 est donc bien remplie.

La condition 6 est aussi remplie, car on a la propriété suivante :

Si les fonctions mesurables $f_n(x)$, bornées dans leur ensemble, c'est-à-dire quels que soient n et x, ont une limite $f(x)$, l'intégrale de $f_n(x)$ tend vers celle de $f(x)$.

En effet, nous savons que $f(x)$ est intégrable; évaluons

$$\int_a^b [f(x) - f_n(x)]\,dx.$$

Si l'on a toujours $|f_n(x)| < M$ et si $f - f_n$ est inférieure à ε dans E_n, $f - f_n$, étant inférieure à la fonction égale à ε dans E_n et à M dans $C(E_n)$, a une intégrale au plus égale en module à

$$\varepsilon\, m(E_n) + M\, m[C(E_n)].$$

Mais ε est quelconque, et $m[C(E_n)]$ tend vers zéro avec $\frac{1}{n}$ parce qu'il n'y a aucun point commun à tous les E_n, donc

$$\int_a^b (f - f_n)\,dx .$$

tend vers zéro. La propriété est démontrée ([1]).

Une autre forme de ce théorème est la suivante :

Si tous les restes d'une série de fonctions mesurables et bornées sont en module inférieurs à un nombre fixe M, la série est intégrable terme à terme.

Les définitions et les résultats précédents peuvent être étendus à certaines fonctions non bornées. Soit $f(x)$ une fonction mesurable non bornée. Choisissons des nombres ..., l_{-2}, l_{-1}, l_0, l_1, l_2, ..., en nombre infini, échelonnés de $-\infty$ à $+\infty$ et tels que $l_{i+1} - l_i$ soit toujours inférieur à ε. Nous pouvons former les deux

---

([1]) M. Osgood, dans un Mémoire de l'*American Journal* 1897 : *On the nonuniform convergence*, a démontré le cas particulier de ce théorème dans lequel f et les f_n sont continues. La méthode de M. Osgood est tout à fait différente de celle du texte.

séries, infinies dans les deux sens,

$$\sigma = \sum_{-\infty}^{+\infty} l_i\, m\left\{\, \mathrm{E}[\,l_i \leqq f(x) < l_{i+1}\,]\,\right\},$$

$$\Sigma = \sum_{-\infty}^{+\infty} l_i\, m\left\{\, \mathrm{E}[\,l_{i-1} < f(x) \leqq l_i\,]\,\right\}.$$

En reprenant les raisonnements précédents, on voit immédiatement que, si l'une d'elles est convergente, et par suite absolument convergente car tous les termes d'indice assez petit sont négatifs ou nuls et tous ceux d'indice assez grand sont positifs ou nuls, l'autre l'est aussi et que, dans ces conditions, σ et Σ tendent vers une limite bien déterminée quand le maximum de $l_{i+1} - l_i$ tend vers zéro d'un manière quelconque. Cette limite est, par définition, l'intégrale de $f(x)$ dans l'intervalle positif d'intégration; on passe de là à un intervalle négatif comme précédemment.

Nous appellerons *fonctions sommables* les fonctions auxquelles s'applique la définition constructive de l'intégrale ainsi complétée ([1]). Toute fonction mesurable bornée est sommable ([2]).

Si f est une fonction sommable, $|f|$ est aussi sommable et, si l'intervalle d'intégration (a, b) est positif, on a

$$\left| \int_a^b f\, dx \right| \leqq \int_a^b |f|\, dx,$$

car les valeurs approchées des deux membres sont $|\sigma|$ et la somme des valeurs absolues des termes de σ. Si f est sommable et si $f_{\mathrm{M,N}}$ désigne la fonction égale à f quand f est comprise entre $-\mathrm{M}$ et $+\mathrm{N}$ et nulle lorsque cela n'a pas lieu, on a, pour M et N tendant

---

([1]) Je m'écarte ici du langage adopté dans ma Thèse où j'appelais *fonctions sommables* celles que j'appelle maintenant *mesurables*. Avec les conventions du texte, maintenant adoptées par tous, le mot *sommable* joue dans la théorie de l'intégrale le même rôle que le mot *intégrable* dans l'intégration riemannienne.

Lorsqu'une fonction est mesurable sans être sommable, elle n'a pas d'intégrale; pourtant, lorsqu'il s'agira d'une fonction toujours positive ou bornée inférieurement (ou toujours négative ou bornée supérieurement) il nous arrivera de dire qu'elle a une intégrale infinie, pour des raisons qui se comprennent de suite.

([2]) Les fonctions sommables bornées, considérées ici, sont les mêmes que celles dont il a été question à la fin du Chapitre précédent, ceci apparaîtra au Chapitre IX.

vers $+\infty$,

$$\int_a^b f\,dx = \lim \int_a^b f_{M,N}\,dx,$$

car les valeurs approchées des deux membres sont σ et la limite de la contribution dans σ des termes à indices compris entre $-m$ et n, quand m et n augmentent indéfiniment ([1]). On aurait la même égalité si l'on avait assujetti $f_{M,N}$ à être respectivement égale à $-M$ et $+N$, au lieu d'être nulle, quand f est respectivement inférieure à $-M$ ou supérieure à $+N$.

On ne connaît aucune fonction bornée non sommable, il est facile au contraire de citer des fonctions non bornées non sommables. La fonction nulle pour $x = 0$ et égale à

$$\left(x^2 \sin \frac{1}{x^2} \right)' = 2\,x \sin \frac{1}{x^2} - \frac{2}{x} \cos \frac{1}{x^2}$$

en est un exemple; cependant cette fonction peut être intégrée par les méthodes de Cauchy et de Dirichlet développées au Chapitre I. On pourra, dans certains cas, appliquer ces méthodes aux fonctions non sommables pour définir leur intégrale; nous reviendrons sur cette généralisation, bornons-nous pour l'instant aux fonctions sommables.

Mais nous allons faire subir à cette notion une nouvelle extension : supposons qu'une fonction $f(x)$ ne soit donnée, ou ne soit considérée qu'aux points d'un ensemble E; nous pourrons encore former des ensembles $E[l_i \leqq f(x) < l_{i+1}]$ quels que soient l_i et l_{i+1}, mais maintenant ces ensembles seront tous contenus dans E. Si ces ensembles sont mesurables, quels que soient l_i et l_{i+1}, nous dirons que f est mesurable dans E. Remarquons que ceci entraîne que E lui-même soit mesurable car E est la somme des différents $E[l_i \leqq f(x) < l_{i+1}]$ relatifs à un choix des nombres l_i.

Si f est mesurable dans E, on peut donc former σ et Σ. Si l'une de ces sommes est convergente, auquel cas les deux le sont, f est dite sommable dans E, et l'*intégrale de f étendue à E*, $\displaystyle\int_E f\,dx$,

---

([1]) La réciproque est exacte, c'est-à-dire que si $\displaystyle\int_a^b f_{M,N}\,dx$ tend vers une limite déterminée *quand on fait tendre* M *et* N *vers* $+\infty$ *indépendamment et de façon arbitraire*, $f(x)$ est sommable et son intégrale est la limite considérée.

est la limite commune vers laquelle tendent σ et Σ, quand on fait varier le choix des l_i de façon que le maximum de $l_{i+1} - l_i$ tende vers zéro.

En somme rien n'est changé à la définition et nous aurions pu nous borner à dire que

$$\int_E f\, dx = \int_a^b (f)\, dx;$$

(a, b) étant un intervalle positif contenant E et (f) étant une fonction égale à f aux points de E et nulle aux autres points. Cette seconde définition va nous permettre de conclure très facilement des propriétés des intégrales dans des intervalles aux propriétés des intégrales dans des ensembles.

Nous nous sommes écartés du problème d'intégration tel que nous l'avions posé au début du Chapitre; comment faut-il le modifier pour qu'il fournisse une définition descriptive des intégrales de fonctions sommables dans des ensembles mesurables? Pour répondre à cette question remarquons tout d'abord que l'on a toujours une proposition analogue à celle du n° 6 du problème d'intégration; d'une façon plus précise : *si, quand l'indice n croît, la fonction $f_n(x)$, sommable dans un ensemble mesurable E, tend en croissant vers la fonction $f(x)$, sommable dans E, l'intégrale de $f_n(x)$ dans E tend en croissant vers celle de $f(x)$.*

En effet, nous pouvons supposer les f_n non négatives sans quoi nous raisonnerions sur les fonctions $f_n - f_1$. Les f_n étant positives ou nulles, il en est de même de f. Posons

$$f = g + h, \qquad f_n = g_n + h_n,$$

g étant égale à f quand f est inférieure à un nombre positif arbitrairement choisi N, et égale à N dans le cas contraire; g_n étant égale à f_n quand g est égale à f, et égale à N dans le cas contraire. g est la limite des g_n, h_n est non supérieur à h.

On a

$$\int f\, dx = \int g\, dx + \int h\, dx, \qquad \int f_n\, dx = \int g_n\, dx + \int h_n\, dx;$$

à la vérité ceci n'est tout à fait clair que s'il s'agit d'intégrales étendues à un intervalle, mais, par le passage de f à (f), nous pouvons toujours supposer qu'il en est ainsi.

Nous avons dit, il y a un instant, que si l'on fait augmenter N indéfiniment $\int g\,dx$ tend vers $\int f\,dx$, donc $\int h\,dx$ tend vers zéro. Prenons N assez grand pour que $\int h\,dx$ soit inférieur à ε; il en sera de même de $\int h_n\,dx$, *a fortiori*. Or, d'après la condition 6 pour les fonctions mesurables bornées g et g_n, $\int g_n\,dx$ tend vers $\int g\,dx$. Donc, on a

$$\lim \int f_n\,dx = \lim \int g_n\,dx + \int h_n\,dx$$
$$\leqq \lim \int g_n\,dx + \varepsilon = \int g\,dx + \varepsilon \leqq \int f\,dx + \varepsilon,$$

et la proposition en résulte de suite.

Ce cas d'intégration terme à terme des suites peut, comme précédemment, être transformé en cas d'intégration terme à terme des séries : *une série convergente de fonctions non négatives, dont tous les termes et la somme sont sommables dans un ensemble* E, *est intégrable terme à terme dans* E [1].

Appliquons ceci au cas particulier suivant : Soit une fonction f sommable dans un ensemble mesurable E; partageons E en un nombre fini ou en une infinité dénombrable d'ensembles mesurables E_i sans point commun deux à deux et soit f_i la fonction égale à f dans E_i et nulle en dehors de E_i. La proposition précédente sur l'intégration des séries peut être appliquée à

$$f = f_1 + f_2 + \ldots,$$

en supposant f toujours positive ou nulle, or

$$\int_E f_i\,dx = \int_{E_i} f\,dx,$$

donc

$$\int_E f\,dx = \int_{E_1} f\,dx + \int_{E_2} f\,dx + \ldots.$$

---

[1] C'est le cas d'intégration dit des *suites ou séries monotones*. Une série est dite monotone si la suite des sommes s_n de cette série est monotone, c'est-à-dire jamais décroissante ou jamais croissante.

Si f est parfois négative, on arrivera au même résultat en appliquant la formule ci-dessus à $|f| + f$, puis à $|f| - f$ et en ajoutant.

En rapprochant ce résultat des précédents, on peut dire : *l'intégrale $\int_E f(x)\,dx$, étendue à un ensemble mesurable E, d'une fonction $f(x)$ sommable dans E, est un nombre vérifiant les propriétés suivantes :*

1° *Si E_h est l'ensemble des valeurs de x telles que $x - h$ appartienne à E, on a*

$$\int_E f(x)\,dx = \int_{E_h} f(x - h)\,dx;$$

2° *Si E est la somme des ensembles mesurables E_1, E_2, ...; en nombre fini ou en infinité dénombrable et sans point commun deux à deux, on a*

$$\int_E f(x)\,dx = \int_{E_1} f(x)\,dx + \int_{E_2} f(x)\,dx + \ldots;$$

3° $$\int_E [f(x) + \varphi(x)]\,dx = \int_E f(x)\,dx + \int_E \varphi(x)\,dx,$$

$\varphi(x)$ *étant supposée, comme $f(x)$, sommable dans E;*

4° *Si l'on a $f \geqq 0$, on a*

$$\int_E f(x)\,dx \geqq 0;$$

5° $$\int_0^1 1 \times dx = 1,$$

Le lecteur vérifiera facilement que ces propriétés sont caractéristiques de l'intégrale, nous avons donc ici une définition descriptive de l'intégrale d'une fonction sommable dans un ensemble mesurable. Le nouvel énoncé du problème d'intégration ne contient plus que cinq conditions, mais cela ne révèle aucune différence essentielle entre le nouveau problème et l'ancien.

En réalité, on aurait pu réunir les anciennes conditions 3 et 6 en un seul énoncé relatif à un cas d'intégration des sommes ou séries; remarquons d'ailleurs que nous avons déjà effectué (p. 110), à l'occasion de la mesure des ensembles, la transformation de la condition 6, relative à une série de fonctions, en notre nouvelle condition 2, relative à une série d'ensembles.

C'est surtout pour le calcul effectif des intégrales de fonctions données par des développements en série qu'il importe de connaître des cas d'intégration terme à terme. M. Vitali a écrit sur ce sujet un très important Mémoire que je ne puis ici que signaler ([1]); je me borne à donner un cas d'intégration un peu plus étendu que les précédents :

Une série convergente de fonctions f_n sommables est intégrable terme à terme lorsque tous ses restes $r_n(x)$ sont, en module, inférieurs à une fonction sommable déterminée $\varphi(x)$

$$|r_n(x)| \leqq \varphi(x).$$

Soit $f(x)$ la somme de la série. L'inégalité évidente

$$|f(x)| = |f_1(x) + r_1(x)| \leqq |f_1(x)| + \varphi(x)$$

montre que $f(x)$ est sommable. Ceci étant, partageons l'intervalle ou l'ensemble E dans lequel on intègre en trois ensembles mesurables sans points communs deux à deux : le premier A de ces ensembles est formé des points en lesquels $\varphi(x)$ surpasse un nombre N, le second B_p est formé des points n'appartenant pas à A et en lesquels le reste r_p est en module inférieur à ε, les points restant forment C_p. On a

$$\int_E f(x)\,dx = \int_E f_p(x)\,dx + \int_A r_p\,dx + \int_{B_p} r_p\,dx + \int_{C_p} r_p\,dx;$$

$$\left| \int_A r_p\,dx \right| \leqq \int_A |r_p|\,dx \leqq \int_A \varphi\,dx,$$

supposons choisi N de façon que $\int_A \varphi\,dx$ soit inférieur à ε :

$$\left| \int_{B_p} r_p\,dx \right| \leqq \int_{B_p} |r_p|\,dx \leqq \int_{B_p} \varepsilon\,dx = \varepsilon\, m(B_p) \leqq \varepsilon\, m(E);$$

$$\left| \int_{C_p} r_p\,dx \right| \leqq \int_{C_p} |r_p|\,dx \leqq \int_{C_p} N\,dx = N\, m(C_p).$$

Or, quand p augmente indéfiniment, $m(C_p)$ tend vers zéro, car l'ensemble C_p est contenu dans tous ceux d'indice moindre et il n'y a pas de points communs à tous les C_p puisqu'en un tel point

---

([1]) *Rendiconti del Circolo Matematico di Palermo*, t. **23**, 1907.

la série divergerait. Donc, pour p assez grand, on a

$$\left| \int_E f(x)\,dx - \int_E f_p(x)\,dx \right| < \varepsilon + \varepsilon\, m(\mathrm{E}) + \varepsilon_1.$$

Le théorème est donc démontré.

Remarquons que, dans l'énoncé de ce théorème, nous n'avons pas eu à supposer que la limite $f(x)$ était sommable alors que nous avions eu à formuler cette hypothèse dans l'énoncé de la page 128. On peut, avec M. B. Levi ([1]), transformer ce dernier énoncé de façon à n'avoir plus rien à supposer sur la limite $f(x)$. Pour donner à la proposition toute sa portée, définissons ce qu'on entend par une fonction mesurable non toujours finie. C'est une fonction qui prend, en tout point de l'intervalle ou de l'ensemble E considéré, une valeur déterminée en grandeur et *en signe*, mais non toujours finie. Pour une telle fonction f, il y a donc en général un ensemble $\mathrm{E}(f = +\infty)$ et un ensemble $\mathrm{E}(f = -\infty)$. En disant que f est mesurable on exprime que ces deux ensembles sont mesurables et que f est mesurable dans l'ensemble des points où elle est finie. On peut encore dire si l'on veut que l'ensemble $\mathrm{E}[\alpha \leq f(x) < \beta]$, ou l'ensemble $\mathrm{E}[\alpha < f(x)]$, ou l'ensemble $\mathrm{E}[f(x) \leq \beta]$, est mesurable quels que soient les nombre finis ou infinis α et β.

L'énoncé annoncé est relatif aux suites croissantes de fonctions mesurables, une telle suite a une limite nécessairement mesurable mais qui n'est pas nécessairement partout finie.

Soit $f(x)$ la limite d'une suite croissante de fonctions $f_n(x)$ finies et sommables.

Si la suite des intégrales des fonctions $f_n(x)$ converge, f n'est infinie qu'aux points d'un ensemble de mesure nulle, f est sommable dans l'ensemble des points où elle est finie et l'intégrale de f est la limite des intégrales des f_n.

Si la suite des intégrales des f_n tend vers l'infini, f est infinie aux points d'un ensemble de mesure non nulle, ou est non sommable dans l'ensemble des points où elle est finie.

f ne prend nulle part la valeur $-\infty$; au reste nous pouvons

---

([1]) *Reale Ist. Lombardo; Rendiconti*, t. 39, 1906.

raisonner uniquement sur l'ensemble des points où f_1, et *a fortiori f*, est positive. Si $E(f = +\infty)$ est de mesure non nulle λ, f_p sera supérieur à un nombre N aux points d'un ensemble de mesure $\frac{\lambda}{2}$ au moins dès que p sera assez grand, l'intégrale de f_p sera supérieure à $\frac{\lambda}{2} N$; et comme N est quelconque, la suite des $\int \int f_p dx$ ne peut converger.

Supposons donc $E(f = +\infty)$ de mesure nulle, et enlevons cet ensemble de l'ensemble d'intégration, ce qui ne modifie pas les intégrales des f_n. Nous voici ramenés aux suites croissantes de fonctions toujours finies ayant une limite toujours finie; donc, si f est sommable, la série des intégrales de f_n converge vers l'intégrale de f (p. 128); si f est non sommable, c'est que l'intégrale de la fonction g, égale à f quand f est inférieure à N et nulle ailleurs, augmente indéfiniment quand N croît indéfiniment; et comme la limite de $\int \int f_n dx$ surpasse $\int g \, dx$, la suite des intégrales $\int \int f_n dx$ est divergente. Ce qui justifie l'énoncé.

V. — Autres formes de la définition de l'intégrale.

Nous venons de définir l'intégrale et par ses propriétés et par une construction et nous avons obtenu des procédés de calcul des intégrales des fonctions données par des développements en série. Arrivés à ce point il ne sera pas inutile de regarder en arrière et de résumer ce que nous avons fait.

Pour la construction de l'intégrale d'une fonction mesurable bornée définie dans un intervalle, nous avons déduit des conditions de notre problème primitif d'intégration :

a. La valeur de l'intégrale pour les fonctions φ ne prenant que deux valeurs, zéro et une constante;

b. Le cas d'intégration terme à terme des séries monotones ou qui deviennent monotones quand on supprime les premiers termes;

c. Nous avons prouvé que toute fonction mesurable est la somme d'une série de fonctions φ intégrable terme à terme d'après *b.*

Il est clair que cette construction de l'intégrale pourra être modifiée de bien des manières; il suffira : *a.* de partir de la connaissance de l'intégrale d'une classe assez vaste de fonctions particulières; *b.* et d'utiliser un caractère d'intégration terme à terme des séries, que l'on posera *a priori*, et assez général pour qu'on puisse affirmer : *c.* que toute fonction mesurable est la somme d'une série de la nature considérée de fonctions appartenant à la classe envisagée. J'examinerai seulement (¹) et très rapidement une définition de M. W.-H. Young.

a. Il part de l'intégrale des fonctions continues.

b. Il admet que toute suite monotone est intégrable terme à terme.

Il a alors l'intégrale des fonctions f_l et f_u limites respectivement des suites croissantes et décroissantes de fonctions continues.

Puis les intégrales des fonctions f_{lu} et f_{ul} limite respectivement de suites croissantes de fonctions f_u et décroissantes de fonctions f_l;

Puis les intégrales des fonctions f_{lul}, f_{ulu}, etc.

Il faut naturellement démontrer que cette façon de procéder ne conduit pas à des contradictions, aussi M. Young prouve que l'intégration des suites monotones qu'il considère donne bien une suite d'intégrales convergentes et qu'à des suites monotones convergeant vers la même limite correspondent des suites d'intégrales de même limite.

c. Il faut aussi délimiter la famille des fonctions ainsi intégrées. En s'en tenant aux définitions précédentes (²), ces fonctions ne seraient pas toutes les fonctions mesurables, mais ce seraient toutes les fonctions mesurables B, c'est-à-dire toutes les fonctions mesu-

---

(¹) On peut à cette occasion citer aussi des remarques ou des travaux de MM. Fubini, F. Riesz, Weyl, Egoroff, Lusin, Borel. *Voir*, par exemple, le travail que j'ai publié aux *Annales sc. de l'École Normale* en 1918.

(²) M. Young, par une extension nouvelle atteint d'ailleurs toutes les fonctions mesurables. *Voir*, par exemple, *Proc. of the Lond. Math. Soc.*, 1910.

Les lettres *l* et *u* qui figurent dans les notations de M. Young sont les initiales de *lower* et *upper;* les fonctions f_l et f_u sont les fonctions semi-continues inférieurement et supérieurement de M. Baire (p. 19).

On peut aussi utiliser ce mode de définition pour les fonctions non bornées et pour les fonctions définies dans des ensembles.

Enfin on peut aussi, soit avec cette définition soit avec les autres, s'occuper du cas où l'intervalle ou ensemble de définition de la fonction n'est pas tout entier à distance finie, mais s'étend indéfiniment.

rables pratiquement utiles à considérer. Et, de plus, la méthode même de M. Young fournit chemin faisant une classification de ces fonctions mesurables B qui est en rapport avec la classification de M. Baire (p. 120) et qui est fort intéressante.

Si nous étions partis : *a.* de l'intégrale des fonctions continues et *b.* du cas d'intégration des suites uniformément bornées (p. 125), c'est la classification de M. Baire qui se serait présentée à nous.

M. W.-H. Young a aussi fait connaître ([1]) la propriété suivante qui peut être prise pour définition de l'intégrale :

Une fonction mesurable bornée $f(x)$ étant donnée dans un intervalle fini et positif (a, b), divisons (a, b) en un nombre fini ou en une infinité dénombrable d'ensembles E_1, E_2, ... mesurables et sans points communs deux à deux. Soit δ_i la mesure de E_i, soient l_i et L_i les limites inférieure et supérieure de $f(x)$ dans E_i, formons les sommes ou séries

$$\underline{S} = l_i \delta_i, \qquad \overline{S} = \Sigma L_i \delta_i;$$

et, faisant varier le choix des E_i, déterminons la borne supérieure m des $\underline{S}$ et la borne inférieure M des $\overline{S}$. Ces deux bornes sont égales entre elles et à $\int_a^b f(x)\,dx$.

En effet, calculons la contribution des points de

$$e_n = E[n\varepsilon \leqq f < (n+1)\varepsilon]$$

dans $\underline{S}$ et $\overline{S}$. Les points de e_n sont répartis dans certains des E_i; ils forment l'ensemble $e_n^{i_1}$ contenu dans E_{i_1}, l'ensemble $e_n^{i_2}$ contenu dans E_{i_2}, etc. Pour toutes les valeurs de i_1, i_2, ... de i le nombre l_i est au plus égal à $(n+1)\varepsilon$, donc la contribution de $e_n^{i_k}$ est au plus $(n+1)\varepsilon \times \text{mes}(e_n^{i_k})$ et celle de e_n est au plus $(n+1)\varepsilon \times \text{mes}(e_n)$. Donc, on a

$$\underline{S} \leqq \Sigma(n+1)\varepsilon \times \text{mes}(e_n),$$

et en faisant tendre ε vers zéro,

$$\underline{S} \leqq \int_a^b f(x)\,dx.$$

([1]) *Proc. Lond. Math. Soc.*, 1905, et *Ph. Trans. London*, 1905.

Mais de même, on trouvera

$$\overline{\overline{S}} \geqq \int_a^b f(x)\,dx.$$

D'où il résulte

$$M \geqq \int_a^b f(x)\,dx \geqq m.$$

Mais il suffit de prendre les E_n identiques aux e_n pour que la différence $\overline{S} - \underline{S}$ soit au plus égale à $\varepsilon(b-a)$. Donc $M = m$.

L'analogie de la définition de M. W.-H. Young et de celle de Riemann (exposée p. 24) est évidente. Remarquons que notre définition constructive de l'intégrale est aussi très analogue à celle de Riemann; seulement, alors que Riemann divisait en petits intervalles partiels l'intervalle de variation de x, c'est l'intervalle de variation de $f(x)$ que nous avons subdivisé.

Cette façon d'opérer s'imposait et ses avantages sont évidents. Lorsque l'on forme la somme $S = \Sigma f(\xi_i)(x_{i+1} - x_i)$ pour une fonction continue $f(x)$, on groupe des valeurs de x fournissant des valeurs peu différentes de $f(x)$ et c'est parce que ces valeurs sont peu différentes qu'on peut les remplacer dans S par l'une d'elles $f(\xi_i)$. Mais, si $f(x)$ est discontinue, il n'y a plus aucune raison que des choix d'intervalles (x_i, x_{i+1}) de plus en plus petits conduisent à grouper des valeurs de $f(x)$ de moins en moins différentes. Et c'est pourquoi le procédé de Riemann ne réussit que rarement et en quelque sorte par hasard. Puisque nous voulons grouper des valeurs peu différentes de $f(x)$, il est bien clair que nous devons, comme nous l'avons fait dans ce Chapitre, subdiviser l'intervalle de variation de $f(x)$ et non l'intervalle de variation de x.

On peut encore dire, en adoptant un langage en usage au xviiᵉ siècle : celui des indivisibles, que nous avons à faire la somme des divers indivisibles attachés à la fonction donnée $f(x)$, c'est-à-dire des ordonnées positives ou négatives des points $[x, y = f(x)]$. Pour cela, nous avons fait comme en Algèbre quand on effectue la réduction des termes semblables, comme en Arithmétique quand, pour additionner des nombres, on fait la somme des chiffres unités, puis des chiffres dizaines, etc., nous avons réuni les indivisibles de même grandeur ou à peu près de la même grandeur.

Nous allons maintenant effectuer la sommation de ces indivisibles en groupant tous ceux qui sont positifs et tous ceux qui sont négatifs et nous aurons ainsi une définition analogue à celle du Chapitre III. Pour cela, nous supposerons résolu le problème de la mesure des ensembles formés de points dans un plan, problème que l'on pose comme pour le cas de la droite, la condition $3'$ devenant : *la mesure de l'ensemble des points dont les coordonnées vérifient les inégalités*

$$o \leq x \leq 1, \qquad o \leq y \leq 1,$$

est 1.

On démontrera facilement que la mesure d'un carré est son aire, au sens élémentaire du mot. De là on déduira que la mesure d'un ensemble quelconque est comprise entre sa mesure extérieure et sa mesure intérieure, mesures qu'on définira comme dans le cas de la droite, les carrés remplaçant les intervalles.

Pour démontrer que la mesure intérieure ne surpasse jamais la mesure extérieure, il faudra démontrer qu'un carré C ne peut être couvert à l'aide d'un nombre fini de carrés c_i que si la somme des aires des c_i est au moins égale à l'aire de C, ce que l'on peut faire élémentairement ([1]); puis il faudra démontrer le théorème de M. Borel lorsqu'on remplace dans son énoncé le mot *intervalle* par le mot *carré* ou le mot *domaine*.

La démonstration peut se faire comme pour le cas de la droite, mais je veux, à cette occasion, indiquer comment on peut employer la courbe de M. Peano et les autres courbes analogues (p. 44). Soit le domaine D tel que tout point intérieur à D ou frontière de D soit intérieur à l'un des domaines Δ. Nous pouvons définir, à l'aide d'un paramètre t variant de o à 1, une courbe C qui remplit le domaine D et qui ne passe par aucun point extérieur ([2]). Chaque

---

([1]) Pour cette question et pour tout ce qui concerne la mesure des polygones, on consultera avec intérêt la Note D de la *Géométrie élémentaire* de M. Hadamard.

([2]) On pourra pour cela établir une correspondance biunivoque et continue entre les points d'un carré et ceux du domaine D, puis prendre pour courbe C celle qui correspond à la courbe de Peano remplissant le carré. L'existence de cette correspondance est claire lorsque la courbe limitant le domaine D est simple, lorsque c'est un polygone par exemple; mais le cas général exige des raisonnements délicats. On pourra se reporter, par exemple, à la Thèse de M. Antoine (*Journal de Math.*, 1921).

Si l'on envisageait d'autres domaines que ceux qui sont limités par une courbe de Jordan, la correspondance pourrait ne plus exister. Pour ces domaines d'ail-

domaine Δ découpe sur C des arcs correspondant à certains intervalles de variation pour t, soient δ ces intervalles. Un domaine Δ peut d'ailleurs avoir des points de sa frontière communs avec C, ces points ne formant pas d'intervalles; nous négligeons ces points et nous ne nous occupons que des intervalles. $(o, 1)$ est évidemment couvert avec les δ, donc avec un nombre fini d'entre eux, d'après le théorème de M. Borel pour le cas de la droite, et, par suite, D est couvert avec les Δ en nombre fini qui correspondent à ces δ.

Cette propriété démontrée, la suite des raisonnements et des définitions se poursuit comme dans le cas de la droite, les intervalles étant toujours remplacés par des carrés. Comme dans le cas de la droite on définit les ensembles mesurables, les ensembles mesurables B, et l'on démontre à leur sujet les mêmes propriétés.

Il ne faut pas confondre la mesure des ensembles de points dans le plan avec celle des ensembles de points d'une droite; nous les distinguerons lorsqu'il y aura doute en les qualifiant *mesure superficielle* m_s *et mesure linéaire* m_l ([1]).

Arrivons à la définition de l'intégrale.

À toute fonction $f(x)$ attachons les deux ensembles superficiels

$$E[f(x) > o,\ f(x) \geq y \geq o] = E_1[f].$$
$$E[f(x) < o,\ o \geq y \geq f(x)] = E_2[f(x)];$$

par analogie avec ce qui a été fait précédemment (Chap. III, p. 46), il est naturel d'appeler *intégrale de la fonction* f la quantité

$$I = m_s[E_1(f)] - m_s[E_2(f)].$$

Étudions dans quels cas cette définition s'applique; nous allons démontrer que c'est lorsque la fonction f est mesurable et seulement dans ce cas. Pour cela, il suffira évidemment de le démontrer pour la fonction $\varphi(x)$ égale à $f(x)$ quand $f(x)$ n'est pas négative,

---

leurs il n'existe pas toujours de courbe, analogue à celle de M. Peano, qui les remplisse exactement. Une petite modification du raisonnement du texte serait nécessaire dans ce cas; mais il est inutile de l'envisager ici.

([1]) Ces définitions permettent de définir les fonctions mesurables de deux variables et les intégrales doubles relatives à ces fonctions. Je ne m'occuperai ni de ces questions ni de quelques autres qu'on peut y rattacher, comme l'intégration par parties et l'intégration sous le signe somme.

et nulle quand $f(x)$ est négative; c'est de cette fonction $\varphi(x)$ que nous allons nous occuper.

Quand on fait décroître α, l'ensemble linéaire $E(\varphi \geq \alpha)$ ne perd aucun point, de là on déduit que les mesures linéaires inférieure et supérieure $m_{l,i}[E(\varphi \geq \alpha)]$ et $m_{l,e}[E(\varphi \geq \alpha)]$ sont des fonctions non croissantes. De plus, $E(\varphi \geq \alpha)$ est l'ensemble des points qui appartiennent à tous les $E(\varphi \geq \alpha - h)$; de là on déduit que $m_{l,i}[E(\varphi \geq \alpha)]$ et $m_{l,e}[E(\varphi \geq \alpha)[$ sont des fonctions de α continues à gauche. Ceci posé, supposons que l'on ait

$$m_{l,e}[E(\varphi \geq \alpha)] > m_{l,i}[E(\varphi \geq \alpha)] + \epsilon,$$

alors il en sera encore de même dans tout un certain intervalle $(\alpha - h, \alpha)$. Considérons la partie E de $E_1(\varphi)$ comprise entre $y = \alpha - h$ et $y = \alpha$. Enfermons les points de E dans des carrés A, les points de $C(E)$ dans des carrés B; on peut supposer les A et B de côtés parallèles à ox et oy. Ils ont en commun des rectangles C dont la somme des aires est au moins $m_{s,e}(E) - m_{s,i}(E)$ et en diffère aussi peu que l'on veut. La section des carrés A par la droite $y = K$ est composée d'intervalles a qui enferment $E[\varphi(x) \geq K]$, celle des carrés B est composée d'intervalles b qui enferment $C\{E[\varphi(x) \geq K]\}$, celle des retangles C est formée des parties c communes aux a et b; on a donc

$$m_l(c) \geq m_{l,e}\{E[\varphi(x) \geq K]\} - m_{l,i}\{E[\varphi(x) \geq K]\};$$

$m_l(c)$ est donc supérieure à ϵ quand K varie de $\alpha - h$ à α, et $m_{s,e}(E) - m_{s,i}(E)$ est au moins égale à ϵh. E et par suite $E_1(\varphi)$ n'est donc mesurable que si φ est mesurable.

Supposons que φ bornée soit mesurable et partageons l'intervalle de variation de φ à l'aide de nombres l_i. Soit E la partie de $E_1(\varphi)$ comprise entre $y = l_{i-1}$ et $y = l_i$, nous allons évaluer sa mesure. Enfermons dans des intervalles a les points de $E(\varphi \geq l_i)$ et ceux de $C[E(\varphi \geq l_i)]$ dans des intervalles b, soient c les intervalles faisant partie des a et des b. Considérons l'ensemble $\mathcal{A}$ des points dont les abscisses sont points de a et dont les ordonnées sont comprises entre l_{i-1} et l_i; soit $\mathcal{C}$ l'ensemble analogue relatif à c. L'ensemble $\mathcal{A} - \mathcal{C}$ étant contenu dans E, on a

$$m_{s,i}(E) \geq m_s(\mathcal{A}) - m_s(\mathcal{C}) = (l_i - l_{i-1})[m_l(a) - m_l(c)],$$

de là on déduit

$$m_{s,i}(\mathrm{E}) \geqq (l_i - l_{i-1}) \, m_l[\mathrm{E}(\varphi \geqq l_i)].$$

En faisant la somme de toutes les inégalités analogues, on a

$$m_{s,i}[\mathrm{E}_1(\varphi)] \geqq \Sigma \, l_i \, m_l[\mathrm{E}(l_i \leqq \varphi < l_{i+1})] = \sigma.$$

En raisonnant d'une façon analogue, on voit que

$$m_{s,e}[\mathrm{E}_1(\varphi)] \leqq \Sigma \, l_i \, m_l[\mathrm{E}(l_{i-1} < \varphi \leqq l_i)] = \Sigma.$$

Nous avons démontré que les deux quantités σ et Σ tendent vers une même limite quand le maximum de $l_{i+1} - l_i$ tend vers zéro, donc $\mathrm{E}_1(\varphi)$ est mesurable. Les valeurs approchées σ et Σ trouvées pour la mesure de $\mathrm{E}_1(\varphi)$ nous conduisent à la définition de l'intégrale déjà donnée. Il y a donc identité entre la définition géométrique actuelle et la définition constructive précédemment étudiée (¹).

(¹) Nous pouvons dire que le raisonnement du texte fournit une expression de la mesure superficielle à partir de mesures linéaires. Convenablement généralisées, ces considérations donnent la formule qui permet de remplacer le calcul d'une intégrale multiple par des calculs successifs d'intégrales simples.

CHAPITRE VIII.

L'INTÉGRALE INDÉFINIE DES FONCTIONS SOMMABLES.

I. — Les trois intégrales indéfinies. Les fonctions additives d'ensemble.

Nous appellerons *intégrale indéfinie* de $f(x)$ l'une quelconque des fonctions

$$F(x) = \int_{\alpha}^{x} f(x)\,dx + C,$$

C étant une constante; l'intégrale définie de $f(x)$ dans (a, b) est l'accroissement $F(b) - F(a)$ de l'intégrale indéfinie dans l'intervalle (a, b).

Les intégrales indéfinies sont des fonctions continues. Si $f(x)$ est une fonction bornée, cela est évident en vertu du théorème des accroissements finis. Supposons ensuite $f(x)$ sommable mais non bornée, alors on peut trouver N assez grand pour que les intégrales de $f(x)$ dans les deux ensembles $E(f > N)$, $E(f < -N)$ soient toutes deux inférieures en module à ε. Posons $f = f_1 + f_2$, f_1 étant nulle pour les deux ensembles $E(f > N)$, $E(f < -N)$ et f_2 étant nulle pour $E(-N \leq f \leq N)$. Alors l'intégrale indéfinie de f_1 est une fonction continue; l'intégrale de f_2 dans tout intervalle étant 2ε, au plus, autour d'un point quelconque x_0, on peut donc trouver un intervalle dans lequel l'accroissement de $F(x)$ soit au plus 3ε, ce qui prouve que $F(x)$ est continue.

Si $f(x)$ est sommable, $|f(x)|$ l'est aussi et, dans tout intervalle, l'intégrale indéfinie de $f(x)$ subit un accroissement en module au plus égal à celui de l'intégrale indéfinie de $|f(x)|$; puisque cette dernière intégrale existe et est croissante, donc à variation bornée, *l'intégrale indéfinie de $f(x)$ est à variation bornée et sa variation totale dans (a, b) est au plus* $\left| \int_a^b |f(x)|\,dx \right|$.

Les propositions trouvées au Chapitre V (p. 73) relativement à la limitation des nombres dérivés de $F(x)$ à l'aide des maxima et des minima de $f(x)$ sont encore exactes; elles se démontrent de même ([1]). Ceci conduit tout naturellement à étudier la dérivation des intégrales indéfinies et la recherche des fonctions primitives; mais, tout d'abord, nous allons donner aux mots intégrale indéfinie une signification nouvelle.

D'où vient la dénomination *intégrale indéfinie?* Il est clair que dans les expressions intégrale définie et intégrale indéfinie, *indéfinie* n'a pas le sens de *infinie* mais de *non définie*, que *définie* a le sens de *déterminée*. Ces deux expressions devraient donc s'appliquer à la même quantité $\int_\alpha^\beta f(x)\,dx$; cette intégrale serait dite *définie* lorsque l'intervalle d'intégration (α, β) serait lui-même *défini*, c'est-à-dire déterminé, donné et elle serait dite *indéfinie* lorsque (α, β) serait *indéfini*, c'est-à-dire non défini, non déterminé, inconnu, variable. En revenant à ce sens primitif des dénominations, nous dirons donc que l'intégrale indéfinie de $f(x)$ est la fonction $\Phi(\alpha, \beta)$

$$\Phi(\alpha, \beta) = \int_\alpha^\beta f(x)\,dx = F(\beta) - F(\alpha);$$

ce sera une fonction de deux variables ou mieux une fonction de l'intervalle d'intégration (α, β); le mot fonction signifiant ici correspondance, comme à la page 17. Mais il s'agit maintenant de faire correspondre à tout intervalle (α, β) un nombre; (α, β) est la variable ou argument de notre fonction, le nombre est la valeur de la fonction. L'intégrale indéfinie est une fonction d'intervalle; toute valeur prise par cette fonction est une intégrale définie.

La relation qui lie $\Phi(\alpha, \beta)$ à $F(x)$ permet de traduire toute propriété de $F(x)$ en propriété de $\Phi(\alpha, \beta)$ et inversement, et c'est

---

[1] Seulement on peut maintenant se servir des maxima et minima obtenus en négligeant les ensembles de mesure nulle, car si l'on modifie la valeur d'une fonction aux points d'un tel ensemble. on ne modifie pas l'intégrale de cette fonction.

pourquoi on se borne ordinairement à la considération de $F(x)$, que nous appellerons, lorsqu'un doute sera possible, l'intégrale indéfinie fonction d'une seule variable. En somme ce sont des propriétés de $\Phi(\alpha, \beta)$ qu'on étudie ordinairement par l'intermédiaire de $F(x)$; notre nouveau langage sera plus directement adapté à notre but. Seulement, comme nous avons considéré aussi l'intégrale de $f(x)$ étendue à un ensemble mesurable E, nous devons considérer l'intégrale indéfinie de $f(x)$ comme la fonction d'ensemble

$$\Psi(E) = \int_E f(x)\,dx\,;$$

il est sous-entendu que l'argument E de cette fonction doit être mesurable et formé à l'aide de points de l'intervalle ou ensemble pour les points duquel $f(x)$ est connue. Pour fixer les idées, nous supposerons toujours, sauf avis contraire, que $f(x)$ est définie dans un intervalle que nous appellerons (a, b); ce qui n'entraîne en réalité aucune restriction (p. 127).

Nous considérerons donc finalement : a. l'intégrale indéfinie fonction d'ensemble, $\Psi(E)$; b. l'intégrale indéfinie fonction d'intervalle, $\Phi(\alpha, \beta) = \Phi(\delta)$, δ désignant l'intervalle (α, β); c. l'intégrale indéfinie fonction d'une variable, $F(x)$. Dans ce Chapitre nous allons examiner si la connaissance de l'une de ces fonctions entraîne la connaissance des deux autres et comment les propriétés de ces fonctions se correspondent.

Nous nous attacherons à deux propriétés de $\Psi(E)$: l'additivité complète et l'absolue continuité; nous verrons par la suite que ces propriétés caractérisent les fonctions d'ensemble qui sont des intégrales indéfinies et par suite résument et entraînent toutes les autres propriétés.

Une fonction d'ensemble mesurable $\Psi(E)$ *est dite additive, si* E_1, E_2, ... *étant des ensembles sans point commun deux à deux, on a*

$$\Psi(E_1 + E_2 + \ldots) = \Psi(E_1) + \Psi(E_2) + \ldots$$

On peut distinguer, avec M. de la Vallée Poussin [1], le cas de

---

[1] Sur les fonctions d'ensemble, *voir* le Livre de M. DE LA VALLÉE POUSSIN, *Intégrales de Lebesgue, fonctions d'ensemble, classes de Baire.*.

l'additivité *restreinte*, dans lequel l'égalité précédente n'est assurée que si les E_i sont en nombre fini, et le cas de l'additivité *complète*, où l'égalité a lieu même s'il y a une infinité dénombrable de E_i. L'additivité complète sera seule importante pour nous ([1]). *Une intégrale indéfinie est complètement additive;* c'est la propriété 2° de la page 130.

L'additivité complète entraîne, à elle seule, bien des propriétés. Remarquons d'abord qu'*une fonction additive d'ensemble qui est non bornée a des points en lesquels elle n'est pas bornée;* il faut entendre par là qu'il existe un point x tel que, si petit que soit un intervalle I contenant x à son intérieur et si grand que soit un un nombre N, il est possible de trouver un ensemble E formé de points de I et pour lequel la fonction $\Psi(E)$ considérée surpasse N en valeur absolue.

Si, en effet, à tout point de (a, b) on pouvait attacher un intervalle I et un nombre N pour lequel cela soit impossible, on pourrait couvrir (a, b) à l'aide d'un nombre fini p de ces intervalles I et les nombres N correspondants auraient une borne supérieure $\mathfrak{N}$. E étant un ensemble de points de (a, b) nous pourrions le considérer comme la somme d'ensembles E_1, E_2, ..., E_p situés dans les p intervalles considérés et l'on aurait

$$\begin{aligned}
|\Psi(E)| &= |\Psi(E_1 + E_2 + \ldots + E_p)| \\
&= |\Psi(E_1) + \Psi(E_2) + \ldots + \Psi(E_p)| \\
&\leq |\Psi(E_1)| + |\Psi(E_2)| + \ldots + |\Psi(E_p)| \leq p\,\mathfrak{N};
\end{aligned}$$

$\Psi(E)$ serait donc finie.

Soit x_0 un point en lequel $\Psi(E)$ est non bornée et considérons

---

les deux intervalles $(x_0 - h, x_0)$, $(x_0, x_0 + h)$; il est clair que $\Psi(E)$ est non bornée dans l'un des deux. Ceci étant, pour démontrer que *toute fonction finie complètement additive est bornée*, il nous suffira donc de considérer le cas où l'extrémité b de l'intervalle considéré (a, b) (¹) est un point où une fonction $\Psi(E)$ est non bornée et de montrer que $\Psi(E)$ ne peut être à la fois finie et complètement additive. Soient $a, a_1, a_2, \ldots$ une suite de valeurs croissantes tendant vers b. Désignons par $\delta_1, \delta_2, \delta_3, \ldots$ les ensembles de points définis respectivement par

$$a \leqq x < a_1, \qquad a_1 \leqq x < a_2, \qquad a_2 \leqq x < a_3, \qquad \ldots$$

Soient $N_1, N_2, \ldots$ les bornes supérieures de $|\Psi(E)|$ respectivement pour les ensembles formés de points de $\delta_1, \delta_2, \ldots$.

Si E est un ensemble formé de points de (a_k, b) et si E_i est la partie commune à E et à δ_i on a, Ψ étant supposée complètement additive,

$$|\Psi(E)| = |\Psi[\Sigma(E_i)]| \leqq \Sigma|\Psi(E_i)| \leqq \sum_{k}^{\infty} N_i;$$

puisque $\Psi(E)$ n'est pas bornée au point b, la série du dernier membre est divergente quel que soit k. Elle peut d'ailleurs contenir des termes infinis.

Soit enfin e_i un ensemble formé de points de δ_i et pour lequel $|\Psi(e_i)|$ surpasse le plus petit M_i des deux nombres $N_i - \dfrac{1}{i}$ et i; la série ΣM_i est divergente. Si l'on partage les e_i en ceux qui donnent à $\Psi(e_i)$ des valeurs positives ou nulles, et ceux pour lesquels $\Psi(e_i)$ a des valeurs négatives, si i' et i'' désignent respectivement les indices des premiers et des seconds, l'une au moins des séries $\Sigma M_{i'}$, $\Sigma M_{i''}$ est divergente. Supposons que la première soit divergente. Alors on a

$$\Psi(\Sigma e_{i'}) = \Sigma \Psi(e_{i'}) > \Sigma M_{i'} = +\infty,$$

(¹) S'il s'agissait d'une fonction $\Psi(E)$ définie seulement pour les ensembles mesurables formés des points d'un ensemble mesurable donné $\mathcal{C}$, on étendrait la définition de $\Psi(E)$ à tous les ensembles mesurables formés de points d'un intervalle (a, b) contenant $\mathcal{C}$ en convenant que, par définition, pour un tel ensemble E dont la partie commune avec $\mathcal{C}$ est e, on a $\Psi(E) = \Psi(e)$; et que, si e n'existe pas, $\Psi(E) = 0$. On pourra donc toujours supposer qu'il s'agit d'une fonction définie pour tous les ensembles mesurables d'un intervalle (a, b).

la fonction Ψ ne peut donc être finie et complètement additive. Comme nous ne parlons que de fonctions finies d'ensemble, sauf avis exprès du contraire, nous pouvons dire simplement : *toute fonction complètement additive est bornée.*

Une fonction complètement additive ([1]) *est à variation bornée;* on entend par là qu'elle est la différence de deux fonctions complètement additives et ne prenant que des valeurs positives ou nulles. Pour le démontrer quelques définitions sont nécessaires.

Considérons les valeurs prises par une fonction complètement additive Ψ pour les ensembles e formés avec les points d'un ensemble E, ces valeurs sont comprises entre M et $-$ M, M étant la borne supérieure de $|\Psi|$ dans tout (a, b). Soit $-$ N(E) $\leqq$ o $\leqq$ $+$ P(E) le plus petit intervalle contenant ces valeurs de Ψ et zéro. Ces deux fonctions N(E) et P(E) sont complètement additives; vérifions-le pour P(E). Soient E_1, E_2, ... sans points communs deux à deux, soient e_1, e_2, ... formés respectivement de points de E_1, E_2, ..., on a

$$\Psi(e_1 + e_2 + \ldots) = \Psi(e_1) + \Psi(e_2) + \ldots \leqq P(E_1) + P(E_2) + \ldots,$$

d'où

$$P(E_1 + E_2 + \ldots) \leqq P(E_1) + P(E_2) + \ldots;$$

mais on peut choisir e_i de façon que $\Psi(e_i)$ surpasse $P(E_i) - \dfrac{\varepsilon}{2^i}$ si $P(E_i)$ est supérieure à o [si $P(E_i) = $ o, on laisse de côté cette valeur de i], et alors on a

$$\Psi(e_1 + e_2 + \ldots) = \Psi(e_1) + \Psi(e_2) + \ldots > P(E_1) + P(E_2) + \ldots - \varepsilon,$$

ou

$$P(E_1 + E_2 + \ldots) > P(E_1) + P(E_2) + \ldots - \varepsilon.$$

L'additivité complète de P résulte de la comparaison de ces deux inégalités.

La fonction P(E) est dite la *variation totale positive de* Ψ *dans* E, N(E) est sa *variation totale négative*,

$$V(E) = P(E) + E(N)$$

([1]) Je n'explicite plus qu'il s'agit d'une fonction prenant une valeur déterminée et finie pour chaque ensemble mesurable formé avec les points d'un intervalle (a, b) ou d'un ensemble mesurable $\mathcal{E}$, cas que l'on ramène au précédent.

est sa *variation totale*. Cette variation totale est aussi une fonction complètement additive, car il clair que la somme ou la différence de deux fonctions complètement additives est complètement additive. $V(E)$ est la borne supérieure de $\Sigma\,|\,\Psi(E_i)\,|$ pour les divisions de E en ensembles partiels E_i.

Nous prouverons que $\Psi(E)$ *est à variation bornée en montrant que l'on a*

$$\Psi(E) = P(E) - N(E).$$

Avec des points de E on peut former un ensemble e_1 pour lequel $\Psi(e_1)$ surpasse $\dfrac{1}{2}\,P(E)$. Avec des points de e_1 on peut former un ensemble e_2 pour lequel $\Psi(e_2)$ soit au plus égal à $-\dfrac{1}{2}\,N(e_1)$. On a

$$\Psi(e_1 - e_2) \geqq \Psi(e_1), \qquad N(e_1 - e_2) < \dfrac{1}{2}\,N(e_1).$$

Avec des points de $e_1 - e_2$ formons un ensemble e_3 pour lequel $\Psi(e_3)$ soit au plus égal à $-\dfrac{1}{2}\,N(e_1 - e_2)$, on a

$$\Psi(e_1 - e_2 - e_3) \geqq \Psi(e_1 - e_2), \qquad N(e_1 - e_2 - e_3) < \dfrac{1}{2^2}\,N(e_1).$$

En continuant ainsi, on arrive à un ensemble $e_1 - e_2 - e_3 - \ldots$, ou E_1, pour lequel on a

$$N(E_1) = 0, \qquad P(E_1) = \Psi(E_1) \geqq \dfrac{1}{2}\,P(E), \qquad P(E - E_1) \leqq \dfrac{1}{2}\,P(E).$$

Avec des points de $E - E_1$ on peut de même former un ensemble E_2 tel que

$$N(E_2) = 0, \qquad P(E_2) = \Psi(E_2) \geqq \dfrac{1}{2}\,P(E - E_1).$$

$$P(E - E_1 - E_2) \leqq \dfrac{1}{2^2}\,P(E).$$

Puis, avec des points de $E - E_1 - E_2$, on formera E_3, tel que

$$N(E_3) = 0, \qquad P(E_3) = \Psi(E_3) \geqq \dfrac{1}{2}\,P(E - E_1 - E_2).$$

$$P(E - E_1 - E_2 - E_3) \leqq \dfrac{1}{2^3}\,P(E),$$

et ainsi de suite.

Il est clair que, pour $E_1 + E_2 + \ldots = E^p$, on a

$$N(E^p) = N(E_1) + N(E_2) + \ldots = 0,$$

$$P(E - E^p) \leqq P(E - E_1 - E_2 - \ldots - E_k) \leqq \dfrac{1}{2^k}\,P(E).$$

donc
$$\mathrm{P}(\mathrm{E} - \mathrm{E}^p) = 0$$

et, puisque
$$\mathrm{P}(\mathrm{E}) = \mathrm{P}(\mathrm{E} - \mathrm{E}^p) + \mathrm{P}(\mathrm{E}^p),$$

on a
$$\mathrm{P}(\mathrm{E}^p) = \mathrm{P}(\mathrm{E});$$

de plus
$$\Psi(\mathrm{E}^p) = \mathrm{P}(\mathrm{E}^p),$$

D'une façon analogue, on formera E^n tel que l'on ait

$$\mathrm{P}(\mathrm{E}^n) = 0, \qquad \mathrm{N}(\mathrm{E}^n) = \mathrm{N}(\mathrm{E}); \qquad \Psi(\mathrm{E}^n) = -\mathrm{N}(\mathrm{E}^n).$$

Soit e l'ensemble des points communs à E^p et à E^n, des deux relations

$$\mathrm{P}(e) \leqq \mathrm{P}(\mathrm{E}^n). \qquad \mathrm{N}(e) \leqq \mathrm{N}(\mathrm{E}^p),$$

il résulte que les deux nombres non négatifs $\mathrm{P}(e)$ et $\mathrm{N}(e)$ sont nuls; *a fortiori* $\Psi(e)$ est nulle. Si donc on retranche e de E^n on ne modifie ni $\mathrm{P}(\mathrm{E}^n)$, ni $\mathrm{N}(\mathrm{E}^n)$, ni $\Psi(\mathrm{E}^n)$.

Nous pouvons donc supposer que les deux ensembles E^p et E^n sont sans point commun. De même on verrait que P, N, et Ψ sont nulles pour l'ensemble des points de E n'appartenant ni à E^p ni à E^n, de sorte que cet ensemble peut être ajouté à E^p ou à E^n sans que nos relations soient changées. Finalement on voit que l'on peut supposer E divisé en deux ensembles E^p et E^n sans point commun et tels que l'on ait

$$\Psi(\mathrm{E}^p) = \mathrm{P}(\mathrm{E}^p), \qquad \mathrm{N}(\mathrm{E}^p) = 0,$$
$$\Psi(\mathrm{E}^n) = -\mathrm{N}(\mathrm{E}^n), \qquad \mathrm{P}(\mathrm{E}^n) = 0.$$

Mais
$$\mathrm{E} = \mathrm{E}^p + \mathrm{E}^n,$$

donc on a
$$\Psi(\mathrm{E}) = \Psi(\mathrm{E}^p) + \Psi(\mathrm{E}^n) = \mathrm{P}(\mathrm{E}) - \mathrm{N}(\mathrm{E}).$$

Il est prouvé que $\Psi(\mathrm{E})$ est à variation bornée.

Si à $\mathrm{P}(\mathrm{E})$ et $\mathrm{N}(\mathrm{E})$ on ajoute une même fonction complètement additive et non négative $\lambda(\mathrm{E})$ on obtient

$$\mathrm{P}_1(\mathrm{E}) = \lambda(\mathrm{E}) + \mathrm{P}(\mathrm{E}); \qquad \mathrm{N}_1(\mathrm{E}) = \lambda(\mathrm{E}) + \mathrm{N}(\mathrm{E});$$
$$\Psi(\mathrm{E}) = \mathrm{P}_1(\mathrm{E}) - \mathrm{N}_1(\mathrm{E}).$$

On peut donc mettre une fonction à variation bornée sous la forme d'une différence de deux fonctions non négatives d'une infinité de manières; le procédé que nous venons d'indiquer est d'ailleurs le plus général, c'est-à-dire que si l'on a

$$\Psi(E) = P_1(E) - N_1(E),$$

$P_1(E)$ et $N_1(E)$ étant deux fonctions complètement additives et non négatives, on a

$$P_1(E) - P(E) = N_1(E) - N(E) = \lambda(E),$$

$\lambda(E)$ étant complètement additive et non négative. En effet, soit $\lambda(E)$ la fonction définie par cette double égalité; elle est absolument continue, montrons qu'elle est non négative. Soit E^p l'ensemble que nous avons attaché à E; on a, puisque E^p est contenu dans E,

$$P_1(E) \geqq P_1(E^p) = P(E^p) + \lambda(E^p), \qquad N_1(E^p) = N(E^p) + \lambda(E^p).$$

Mais, puisque $N(E^p)$ est nul et que $N_1(E^p)$ ne doit pas être négatif, $\lambda(E^p) \geqq o$; d'où

$$P_1(E) \geqq P(E^p) = P(E).$$

Donc

$$\lambda(E) = P_1(E) - P(E)$$

n'est pas négatif.

En d'autres termes, *les variations* $P(E)$ *et* $N(E)$ *de* $\Psi(E)$ *sont, parmi toutes les fonctions complètement additives* $P_1(E)$ *et* $N_1(E)$ *qui ne sont pas négatives et vérifient l'identité*

$$\Psi(E) = P_1(E) - N_1(E),$$

celles qui sont les plus petites. Cette propriété correspond exactement à celle de la page 52 pour les fonctions à variation bornée d'une variable; mais, de plus, nous avons vu incidemment que $P(E)$ *et* $-N(E)$ *sont les deux limites, supérieure et inférieure, de* $\Psi(e)$ *pour* e *variant dans* E *et que ces limites sont effectivement atteintes* respectivement pour $e = E^p$ et pour $e = E^n$, propriétés qui n'ont pas leurs analogues pour les fonctions d'une variable ([1]). Pour que la propriété précédente soit entièrement

---

([1]) *Ces propriétés correspondent cependant à des propriétés de certaines fonctions d'une variable puisque, dans un moment, nous définirons* $\Psi(E)$ *par une fonction* $F(x)$ *d'une variable; mais ce sont des propriétés que l'on n'aurait guère songé à envisager si l'on n'avait pas parlé de fonction d'ensemble. C'est à cause de telles propriétés qu'il y a intérêt à considérer les fonctions d'ensemble.*

prouvée, il faut toutefois montrer que $\Psi(E)$ a nécessairement la valeur zéro dans certains ensembles, car si, par exemple, $\Psi(E)$ était constamment positive, $-N(E)$ serait constamment nulle et ne serait pas la limite inférieure de $\Psi(E)$, E^n n'existerait pas. Or ceci est impossible ([1]), car *les ensembles* E *réduits à un point qui donnent à* $\Psi(E)$ *une valeur non nulle forment au plus une infinité dénombrable.*

En effet, il ne saurait y avoir une infinité de points constituant chacun un ensemble E en lequel $\Psi(E)$ surpasse le nombre positif K; car pour l'ensemble formé par une infinité dénombrable de ces points $\Psi(E)$ serait infinie. En faisant ensuite parcourir à K une suite de nombres positifs tendant vers zéro on voit que les points pour lesquels $\Psi(E)$ a une valeur positive forment un ensemble dénombrable. La même conclusion s'applique aux points pour lesquels $\Psi(E)$ est négative.

Chaque point constituant à lui seul un ensemble en lequel Ψ n'est pas nulle est dit un *point de discontinuité de* E. Formons la fonction $\psi(E)$ égale à la somme des valeurs prises par Ψ en ceux de ses points de discontinuité qui appartiennent à E. Il est clair que $\psi(E)$ est complètement additive, qu'elle a pour variations positive et négative les fonctions $\pi(E)$, $\nu(E)$ formées de façon analogue avec $P(E)$ et $N(E)$ et qu'elle a pour variation totale la somme $\pi(E) + \nu(E)$ qui est la fonction qui se déduirait de la même manière de $V(E) = P(E) + N(E)$. $\psi(E)$ est dite la *fonction des sauts* de $\Psi(E)$.

La fonction $\Psi(E) - \psi(E)$ n'a plus de points de discontinuité, non plus que $P(E) - \pi(E)$, $N(E) - \nu(E)$, $V(E) - \pi(E) - \nu(E)$. Montrons que, pour de telles fonctions, tout point x est *point de continuité*, c'est-à-dire peut être enfermé dans un intervalle I tel que les fonctions soient inférieures en module à ε pour tout ensemble formé de points de I ([2]). Il suffit de raisonner sur la plus grande, en module, des fonctions considérées, c'est-à-dire sur

$$V_0(E) = V(E) - \pi(E) - \nu(E).$$

Choisissons dans l'intervalle $\delta = (a, b)$ des valeurs a_i croissantes vers x_0 et des valeurs b_i décroissantes vers x_0; soient α_i et β_i les ensembles définis respectivement par

$$a_{i-1} \leqq x < a_i, \qquad b_i < x \leqq b_{i-1}.$$

On a

$$\delta = x_0 + \Sigma \alpha_i + \Sigma \beta_i,$$

les ensembles du second membre étant sans point commun deux à deux, et $V_0(x_0)$ étant nul, on a

$$V_0(\delta) = \Sigma V_0(\alpha_i) + \Sigma V_0(\beta_i).$$

Les sommes du second membre étant convergentes, si l'on prend k assez grand on aura, pour $\delta_k = (\alpha_k, \beta_k)$,

$$V_0(\delta_k) = \sum_{k+1}^{\infty} V_0(\alpha_i) + \sum_{k+1}^{\infty} V_0(\beta_i) < \varepsilon;$$

δ_k sera alors l'intervalle I que nous cherchons.

Ainsi *une fonction complètement additive, définie dans un intervalle (a, b), y est continue en tout point si, et seulement si, elle prend une valeur nulle pour tout ensemble formé d'un seul point* ([1]). Une intégrale indéfinie est donc continue.

Examinons maintenant quelles sont les propriétés de $\Phi(\delta)$ et $F(x)$ qui correspondent à celles de $\Psi(E)$ que nous venons d'envisager.

Une fonction $\Psi(E)$ étant donnée, une fonction d'intervalle est par cela même donnée $\Phi(\delta) = \Psi(\delta)$; cette fonction est définie pour tout intervalle positif ou nul, c'est-à-dire réduit à un point. Elle n'a pas en général la même valeur pour un intervalle ouvert

$$\alpha < x < \beta,$$

et pour l'intervalle fermé correspondant

$$\alpha \leqq x \leqq \beta;$$

ni pour les intervalles à demi fermés

$$\alpha < x \leqq \beta, \qquad \alpha \leqq x < \beta.$$

([1]) Si une telle fonction prend les valeurs A et B, elle prend aussi toute valeur comprise entre A et B.

Il n'y a pourtant pas à faire cette distinction si $\Psi(E)$ est continue en tout point, auquel cas $\Phi(\delta)$ est nulle pour tout intervalle nul.

A toute propriété d'additivité de Ψ correspond une additivité de Φ qui s'énonce : *si un intervalle δ est la somme des intervalles δ_1, δ_2, ..., sans point commun deux à deux, on a*

$$\Phi(\delta) = \Phi(\delta_1) + \Phi(\delta_2) + \ldots.$$

Si Ψ a l'additivité restreinte, Φ a l'additivité restreinte, c'est-à-dire que les δ_i doivent être en nombre fini. Les δ_i peuvent être en infinité dénombrable si Ψ a l'additivité complète, Φ est dite alors complètement additive.

Quant à la phrase sans point commun deux à deux, elle doit être prise au sens strict si Ψ a des points de discontinuité ; les intervalles constituants peuvent être seulement sans point intérieur commun si Ψ est continue ; pour le cas d'une intégrale indéfinie, par exemple.

Ψ étant supposée complètement additive est à variation bornée ; *Φ est alors à variation bornée, c'est-à-dire que pour des intervalles δ_1, δ_2, ... sans point commun deux à deux* (même remarque que plus haut), *la somme $\Sigma\,|\,\Phi(\delta_i)\,|$ reste bornée ;* sa borne supérieure si les δ_i sont pris dans δ est, en effet, au plus la valeur $V(\delta)$ que prend la fonction $V(E)$ pour $E = \delta$. $\Phi(\delta)$ se présente comme la différence des deux fonctions non négatives d'intervalle $P(\delta)$ et $N(\delta)$, déduites de $P(E)$ et $N(E)$.

Les points de discontinuité et de continuité se définissent comme précédemment ; bref, les définitions antérieures s'appliquent. Seulement on ne considère plus que des ensembles réduits à un intervalle fermé ou ouvert, positif ou nul, et, par suite, une propriété qui fait appel à des ensembles qu'on ne saurait réduire à des intervalles n'a pas de transformée ; celle-ci par exemple : toute fonctions $\Psi(E)$ à variation bornée atteint sa limite supérieure.

Passons maintenant d'une fonction d'intervalle complètement additive à une fonction de x. Nous désignerons par $\Phi[a \leq x \leq b]$ et par des notations analogues les valeurs que prend la fonction Φ pour les intervalles définis par les inégalités écrites entre crochets. On peut passer de $\Phi(\delta)$ à $F(x)$ par l'une ou l'autre des formules

$$F(X) = \Phi[a \leq x \leq X] + C = C + \Phi[a \leq x \leq b] - \Phi[X < x \leq b],$$
$$F(X) = \Phi[a \leq x < X] + C = C + \Phi[a \leq x \leq b] - \Phi[X \leq x \leq b],$$

dans lesquelles C désigne une constante. Ces deux formules sont équivalentes pour tous les points X qui sont points de continuité pour Φ; pour les points de discontinuité elles donnent des valeurs différentes pour $F(x)$. *La définition de* $F(X)$ *comporte donc un certain arbitraire.* Nous allons adopter la première formule; le second choix donnerait des résultats qui se déduiraient de suite de ceux que nous obtiendrons.

On a

$$F(\beta) - F(\alpha) = \Phi[a \leqq x \leqq \beta] - \Phi[a \leqq x \leqq \alpha] \cdots \Phi[\alpha < x \leqq \beta],$$

α étant supposé inférieur à β.

Si donc on prend arbitrairement x_1, x_2, ... tels que

$$a < x_1 < x_2 < \ldots < x_p < b,$$

on aura

$$|F(x_1) - F(a)| \cdots |F(x_2) - F(x_1)| \cdots + |F(b) - F(x_p)|$$
$$= |\Phi[a < x \leqq x_1]| + |\Phi[x_1 < x \leqq x_2]| + \ldots + |\Phi[x_p < x \leqq b]|.$$

Et comme le second membre est au plus égal à $V[a < x \leqq b]$, *la fonction* $F(x)$ *est à variation bornée.*

Dans la formule de définition de F, faisons tendre X vers X_0 en décroissant, c'est-à-dire donnons à X une suite de valeurs X', X", ... décroissant vers X_0; on a

$$F(X') = F(X_0) + [F(X') - F(X")] + [F(X") - F(X''')] + \ldots$$
$$= F(X_0) + \Phi[X" < x \leqq X'] + \Phi[X''' < X \leqq X"] + \ldots,$$
$$F(X") = F(X_0) + o + [F(X") - F(X''')] + \ldots$$
$$= F(X_0) + o + \Phi[X''' < x \leqq X"] + \ldots,$$

et ainsi de suite, d'où

$$F(X_0 + o) = F(X_0):$$

la fonction $F(x)$ *est donc continue à droite.*

Faisant de même tendre X en croissant, on a

$$F(X_0 - o) = \lim_{\substack{X < X_0 \\ X \to X_0}} \{C + \Phi(a \leqq x \leqq X)\} = \Phi[a \leqq x < X_0] + C$$
$$= F(X_0) - \Phi(X_0),$$

la fonction $F(x)$ *est discontinue à gauche aux points où* Φ *est discontinue et en ces points seulement.*

Nous retrouvons ainsi, en particulier, ce résultat : *une intégrale indéfinie* F(x) *est une fonction continue à variation bornée.*

Des égalités

$$\Phi(X_0) = F(X_0) - F(X_0 - o),$$
$$\Phi[X_0 \leq x \leq Y_0] = F(Y_0) - F(X_0 - o),$$

qui résultent de ce qui précéde, il découle que la fonction Φ n'est définie par la fonction F que pour les intervalles, nuls ou non nuls, n'ayant pas pour origine a lorsque F n'est connue que dans (a, b). Pour que F puisse définir Φ dans tout $a \leq x \leq b$, convenons que la formule

$$F(X) = \Phi[a \leq x \leq X] + C$$

ne sera utilisée que pour $a < X \leq b$ et que l'on posera $F(a) = C$.

Alors F(X) pourra être discontinue à droite en a et l'on aura des formules différentes pour relier Φ à F suivant qu'il s'agira ou non des intervalles d'origine a.

Nous arrivons ainsi à associer à la fonction d'intervalle Φ une fonction bien déterminée de points F(X) dont la connaissance entraînerait celle de Φ.

Mais il est bien évident qu'un autre choix parmi les conventions possibles nous aurait conduit à une fonction F(X) continue à gauche, sauf peut-être en b, et avec laquelle on aurait eu

$$\Phi(X_0) = F(X_0 + o) - F(X_0),$$
$$\Phi[X_0 \leq x \leq Y_0] = F(Y_0 + o) - F(X_0),$$

sauf pour $Y_0 = b$, auquel cas les formules seraient différentes.

Ce n'est donc que très artificiellement que nous avons attaché à Φ une fonction F *déterminée;* si l'on remarque qu'avec les deux conventions précédentes on a

$$\Phi(X_0) = F(X_0 + o) - F(X_0 - o),$$
$$\Phi[X_0 \leq x \leq Y_0] = F(Y_0 + o) - F(X_0 - o),$$

en posant $F(a - o) = F(a)$, $F(b + o) = F(b)$, on sera conduit à considérer qu'à Φ est attachée n'importe laquelle des fonctions F(X) à variation bornée vérifiant les relations précédentes. Deux fonctions F(X) satisfaisant à ces conditions ne différeront, à une constante additive près, qu'en certains de leurs points de discontinuité; inversement, si $F(X)$ répond à la question, toute fonction à variation bornée, égale à $F(X)$ en tous les points où elles sont toutes deux continues à la fois, y répond aussi. *Nous retrouverons souvent cette indétermination de $F(X)$ à laquelle il faut tout de suite penser dès qu'on arrive à des conclusions qui semblent contradictoires.*

Examinons le passage inverse d'une fonction à variation bornée $F(X)$ à une fonction d'intervalles définie par les formules

$$\Phi(X_0 \leq x \leq Y_0) = F(Y_0 + o) - F(X_0 - o),$$
$$\Phi[X_0] = F(X_0 + o) - F(X_0 - o)$$

et celles qui en résultent pour les ensembles ouverts ou à demi ouverts quand on veut que Φ soit additive. Nous voulons prouver que la fonction Φ ainsi obtenue est complètement additive.

Considérons un intervalle $\Delta = (l \leq x \leq m)$ et divisons-le par un ensemble réductible de points en la famille des intervalles ouverts

$$\delta_i = (l_i < x < m_i)$$

contigus à E et les points de E, parmi lesquelles se trouvent l et m, x_1, x_2, ... On aura ainsi la division la plus générale d'un intervalle en parties sans points communs, à ceci près qu'on pourrait réunir δ_i et une ou deux de ses extrémités pour constituer un intervalle demi-fermé ou fermé. La formule à démontrer est donc

$$\Phi(\Delta) = \Sigma \Phi(\delta_i) + \Sigma \Phi(x_l),$$

c'est-à-dire

$$F(m + o) - F(l - o)$$
$$= \Sigma[F(m_i - o) - F(l_i - o)] + \Sigma[F(x_i + o) - F(x_i - o)].$$

Or cette formule résulte (p. 62) de ce que F est à variation bornée.

Si l'on prend convenablement l'ensemble E, la somme

$$\Sigma |\Phi(\delta_i)| + \Sigma |\Phi(x_i)|$$

donnera une valeur aussi approchée que l'on veut de la variation totale de Φ dans Δ. Or cette somme s'écrit

$$\Sigma |F(m_i + o) - F(l_i - o)| + \Sigma |F(x_i + o) - F(x_i - o)|,$$

quantité qui s'approche autant qu'on le veut de la variation totale de la fonction $F_1(x)$, $F_1(x)$ étant la fonction déduite de F en modifiant celle-ci en ses points de discontinuité, sauf a et b si ceux-ci sont des points de discontinuité, de façon à obtenir une fonction continue à droite, sauf peut-être en a.

Donc on a, entre la variation totale $V(\delta)$ de $\Phi(\delta)$ et la variation totale $v(X)$ de $F_1(X)$ dans $a \leq x \leq X$,

$$V[a \leq x \leq X] = v(X).$$

Entre les variations totales positive et négative de $\Phi(\delta)$, soient $P(\delta)$ et $N(\delta)$, et les variations totales positive et négative de $F_1(X)$, soient $p(x)$ et $n(x)$, on a

$$\Phi(\delta) = P(\delta) - N(\delta), \qquad V(\delta) = P(\delta) + N(\delta),$$
$$F_1(X) - F(a) = p(X) - n(X), \qquad v(X) = p(x) + n(x),$$

d'où

$$P[a \leq x \leq X] = p(X), \qquad N[a \leq x \leq X] = n(X),$$

relations qui achèvent de fixer les relations entre $F(X)$ et $\Phi(\delta)$.

On verrait facilement que les fonctions des sauts de $\Phi(\delta)$, $P(\delta)$, $N(\delta)$, $V(\delta)$, fonctions qui se définissent comme celles de $\Psi(E)$. $P(E)$, $N(E)$, $V(E)$, sont les fonctions d'intervalles qui se déduisent des fonctions des sauts de $F(X)$ ou $F_1(X)$, de $p(x)$, de $n(x)$, de $v(x)$.

II. — Les fonctions absolument continues.

Ayant ainsi étudié le passage de $F(x)$ à une fonction d'intervalle $\Phi(\delta)$, demandons-nous si nous pouvons déduire de $\Phi(\delta)$, complètement additive, une fonction d'ensemble $\Psi(E)$ complètement additive.

Il est clair que $\Psi(E)$ est définie pour tous les intervalles fermés ou ouverts; de l'additivité absolue on déduit la valeur de $\Psi(E)$ pour tous les ensembles mesurables B, puisque ces ensembles peuvent être obtenus par des sommes ou des différences à partir des intervalles (¹). Mais pour atteindre tous les ensembles mesu-

---

(¹) Seulement tout ensemble mesurable B peut être obtenu de plusieurs manières par des additions et des soustractions, la définition de $\Psi(E)$ ne serait donc complète pour les ensembles mesurables B que si nous prouvions qu'elle est exempte de contradiction et cela sans utiliser la condition d'absolue continuité qui va être introduite.

rables, il nous faudra nous appuyer sur la seconde propriété de l'intégrale indéfinie que nous avons nommée l'absolue continuité.

Une fonction $\Psi(E)$ *est dite absolument continue si, à tout* ε *positif, on peut faire correspondre un nombre* η *tel que la condition*

$$m(E) \leqq \eta, \qquad \text{entraine} \qquad |\Psi(E)| \leqq \varepsilon.$$

En réalité cette propriété n'a été utilisée que pour des fonctions additives et c'est seulement pour de telles fonctions qu'elle mérite d'être considérée comme définissant un mode de continuité. Soient, en effet, Ψ une fonction additive et E_1 et E_2 deux ensembles. Posons

$$E_1 = E + e_1, \qquad E_2 = E + e_2,$$

E étant la partie commune à E_1 et E_2; E et e_1 d'une part, E et e_2 d'autre part étant sans point commun.

Convenons de dire que les deux ensembles E_1 et E_2 sont distants de η ([1]) si l'on a

$$m(e_1) \leqq \eta, \qquad m(e_2) \leqq \eta.$$

On a

$$|\Psi(E_1) - \Psi(E_2)| = |[\Psi(E) + \Psi(e_1)] - [\Psi(E) + \Psi(e_2)]|$$
$$= |\Psi(e_1) - \Psi(e_2)| \leqq |\Psi(e_1)| + |\Psi(e_2)| \leqq 2\varepsilon;$$

ainsi, à deux ensembles E_1 et E_2, peu distants, correspondent des valeurs de la fonction peu différentes; il s'agit bien d'une sorte de continuité, et même d'une continuité uniforme ([2]).

Ce mode de continuité a tout d'abord été remarqué pour les intégrales indéfinies; on a, en effet, la proposition que voici : *L'intégrale d'une fonction sommable* $f(x)$, *étendue à un ensemble variable* E, *tend vers zéro avec la mesure de* E. En effet, nous savons qu'on peut choisir N de façon que les intégrales $\int_a^b \varphi\, dx$, $\int_a^b \varphi_{N,N}\, dx$ diffèrent de moins de $\frac{\varepsilon}{2}$, φ étant la

---

valeur absolue de f et $\varphi_{N,N}$ étant la fonction qui se déduit de φ comme il a été indiqué (p. 127). Soit alors E un ensemble de mesure au plus égale à $\frac{\varepsilon}{2N}$; divisons E en l'ensemble e_1 de ceux de ses points où $\varphi_{N,N}$ est nul et l'ensemble e_2 de ceux de ses points où φ_{NN} est positif.

On a

$$\left| \int_E f(x)\,dx \right| = \left| \int_{e_1} f(x)\,dx + \int_{e_2} f(x)\,dx \right|$$
$$\leqq \int_{e_1} \varphi\,dx + \left| \int_{e_2} f(x)\,dx \right| \leqq \frac{\varepsilon}{2} + N\,m(e_2) \leqq \frac{\varepsilon}{2} + N\,\frac{\varepsilon}{2N} = \varepsilon.$$

Une intégrale indéfinie $\Psi(E)$ est donc une fonction absolument continue.

D'une fonction complètement additive et absolument continue $\Psi(E)$ nous déduirons une fonction d'intervalle $\Psi(\delta)$ complètement additive et absolument continue; cette dernière dénomination exprimant que, *quels que soient les intervalles δ_1, δ_2, ..., sans point commun deux à deux, la somme $\Sigma\Phi(\delta_i)$ tend vers zéro avec $\Sigma m(\delta_i)$.* On pourrait dire aussi que la somme $\Sigma|\Phi(\delta_i)|$ tend vers zéro, car dans $\Sigma\Phi(\delta_i)$ nous pourrions ne conserver que les termes positifs, fournissant Σ', ou que les termes négatifs, fournissant $-\Sigma''$, et comme Σ' et Σ'' doivent tendre vers zéro, $\Sigma|\Phi(\delta_i)| = \Sigma' + \Sigma''$ doit aussi tendre vers zéro. Par intervalles, sans point commun, on peut maintenant entendre intervalles sans point intérieur commun, car l'absolue continuité de $\Psi(E)$ ou de $\Phi(\delta)$ entraîne évidemment que ces fonctions soient nulles pour tout intervalle réduit à un seul point, c'est-à-dire soient continues en tout point.

Si l'on passe ensuite d'une fonction $\Phi(\delta)$ ayant les deux propriétés considérées à une fonction $F(X)$, $F(X)$ est à variation bornée et absolument continue, c'est-à-dire que, *pour tout système d'intervalles (α_i, β_i), sans point intérieur commun deux à deux, la somme $\Sigma[F(\beta_i) - F(\alpha_i)]$ tend vers zéro avec la somme des mesures des (α_i, β_i).* Ici encore, on peut à volonté mettre ou non un signe $|\ \ |$ sous le signe Σ; remarquons aussi que l'absolue continuité de $F(X)$ entraîne pour $F(x)$ la continuité au sens ordinaire et que $F(x)$ soit à variation bornée.

Si, réciproquement, on part d'une fonction $F(X)$ à variation bornée et absolument continue, on en déduira une fonction $\Phi(\delta)$ ayant les deux propriétés indiquées. Cherchons maintenant une fonction d'ensemble $\Psi(E)$ ayant aussi ces deux propriétés et se réduisant à $\Phi(\delta)$ sur les intervalles. Il est clair que s'il s'agit de calculer $\Psi(E)$ pour un ensemble E nous pourrions procéder ainsi : on détermine un ensemble A_i d'intervalles distant de E de moins d'un nombre positif η_i; ce qui est facile, par exemple, en enfermant E dans des intervalles. Pour A_i on connaît $\Psi(A_i)$ comme égale à la somme des valeurs de Φ pour les divers intervalles constituant A_i. Puis on fait tendre η_i vers zéro et $\Phi(A_i)$ tend vers la valeur cherchée $\Psi(E)$.

Cette valeur $\Psi(E)$ existera donc si, quand on remplace A_i par un autre ensemble d'intervalles, B_i, distant aussi de E de moins de η_i, $|\Psi(A_i) - \Psi(B_i)|$ tend vers zéro avec η_i. Or, il en est bien ainsi, puisque A_i et B_i sont évidemment distants de $2\eta_i$ au plus ([1]). Finalement $\Psi(E)$ se calcule à l'aide de sommes d'accroissements $F(\beta) - F(\alpha)$, pour cette raison nous dirons aussi que $\Psi(E)$ est *l'accroissement de* $F(X)$ *dans l'ensemble* E.

Ainsi les trois familles de fonctions : fonction d'ensemble absolument continue et complètement additive, fonction d'intervalles ayant les deux mêmes propriétés, fonction d'une variable absolument continue et à variation bornée, se correspondent entièrement.

En particulier, nous voyons que *l'intégrale indéfinie, fonction d'une variable, d'une fonction* $f(x)$ *détermine entièrement l'intégrale indéfinie, fonction d'ensemble de* $f(x)$. Et nous avons appris à calculer $\int_E f(x)\,dx$, à partir des intégrales de $f(x)$

([1]) Ce mode d'extension à tous les ensembles mesurables d'une fonction définie seulement dans la famille des ensembles d'intervalles est à rapprocher de la proposition que M. Baire appelle principe d'extension (*voir* BAIRE : *Leçons sur les théories générales de l'Analyse*), dont l'application la plus connue est la définition de l'exponentielle et qu'on peut énoncer ainsi : *Si une fonction* $f(x)$ *est définie pour toutes les valeurs rationnelles de* x *et si elle est uniformément continue dans l'ensemble de ces valeurs, on peut la prolonger, et d'une seule manière, à toute valeur de* x *de façon qu'elle reste continue.*

On pourrait réunir cette propriété et celle qui vient de nous servir dans un énoncé unique; on imiterait pour cela les considérations développées par M. M. Fréchet dans sa Thèse (*Rendiconti del Circolo Matematico di Palermo*, 1906).

dans les divers intervalles, par un procédé analogue à celui qui permet de calculer $m(E)$ à partir de la mesure des intervalles.

La propriété précédente entraîne cette conséquence très importante : *deux fonctions $f_1(x)$ et $f_2(x)$, qui ont même intégrale dans tout intervalle, sont égales, sauf tout au plus aux points d'un ensemble de mesure nulle.* En effet, deux telles fonctions ont, par hypothèse, même intégrale indéfinie $F(X)$, donc même intégrale indéfinie $\Psi(E)$; or, comme $E[(f_1 - f_2) \neq o]$ est la limite, pour $\varepsilon > o$ et tendant vers zéro, de $E[f_1 - f_2) > \varepsilon] + E[(f_2 - f_1) > \varepsilon]$, pour ε assez petit l'un des deux ensembles qui viennent d'être nommés serait de mesure non nulle si f_1 et f_2 différaient en un ensemble de points de mesure positive ([1]). Et il est clair que, dans cet ensemble e de mesure non nulle, l'intégrale de la fonction $f_1 - f_2$, constamment supérieure à ε, ou constamment inférieure à ε, ne serait pas nulle. En d'autres termes, $\displaystyle\int_e f_1\,dx$ et $\displaystyle\int_e f_2\,dx$ différeraient, ce qui est contraire à l'hypothèse.

Ainsi une fonction $f(x)$ est déterminée, sauf aux points d'un ensemble de mesure nulle, par la connaissance de l'une quelconque de ses intégrales indéfinies.

L'indétermination qu'on rencontre dans cet énoncé est bien effective; car, si l'on modifie arbitrairement $f(x)$ aux points d'un ensemble de mesure nulle arbitrairement choisi, on ne modifie pas ses intégrales indéfinies. *Nous aurons plus loin à rechercher comment on peut calculer $f(x)$ quand on en connaît une intégrale indéfinie;* mais pour donner aux résultats qu'on obtiendra toute la portée possible, il sera commode de poursuivre quelque peu l'étude des fonctions d'ensemble.

III. — Les singularités des fonctions non absolument continues.

Des deux propriétés indiquées pour l'intégrale indéfinie fonction d'une variable : être à variation bornée et être absolument continue. La première est contenue dans la seconde; en effet, pour une fonction $F(X)$ à variation non bornée, il est possible de

---

([1]) f_1 et f_2, étant sommables, sont mesurables, et l'ensemble des points où f_1 et f_2 diffèrent est bien mesurable.

choisir (p. 57) un système dénombrable d'intervalles non empiétants et tels que la série $\Sigma[F(\beta_i) - F(\alpha_i)]$ correspondante soit divergente ; or une telle série, d'après la définition même de l'absolue continuité (p. 158), est toujours convergente pour une fonction absolument continue.

Au contraire, il existe des fonctions continues et à variation bornée qui ne sont pas absolument continues ; la fonction $\xi(x)$ de la page 56 en est un exemple. En effet, $\xi(x)$ a une variation totale égale à 1 dans tout système d'intervalles enfermant Z et cela bien que Z soit de mesure nulle.

Lorsque l'on considère une fonction $F(X)$ à variation bornée, pour estimer dans quelle mesure elle s'écarte de l'absolue continuité, il suffit de prendre des ensembles d'intervalles de mesures au plus égales à η et de former pour eux les sommes $+\Sigma'$ et $-\Sigma''$ des différences $F(\beta_i) - F(\alpha_i)$ positives et des différences négatives. En choisissant les (α_i, β_i) de toutes les manières, Σ' et Σ'' ont deux limites supérieures $M'(\eta)$, $M''(\eta)$ qui, quand on fait tendre η vers zéro en décroissant, tendent en décroissant vers deux limites p_0 et n_0. Il est clair qu'on peut dire que $F(X)$ s'écarte de l'absolue continuité : dans le sens des variations positives de p_0, dans le sens des variations négatives de n_0, au point de vue de la variation totale de $p_0 + n_0$.

Ces nombres n_0 et p_0 auraient pu être définis en appliquant le procédé précédent non plus à $F(X)$ mais respectivement à sa variation positive $P(X)$ et à sa variation négative $N(X)$; c'est-à-dire qu'on aurait remplacé $+\Sigma'$, par exemple, par la somme des variations positives de $F(X)$ dans tous les intervalles (α_i, β_i). En effet, en opérant ainsi nous avons $\Sigma[P(\beta_i) - P(\alpha_i)]$; mais, dans (α_i, β_i), on peut trouver des intervalles non empiétants $(\alpha_{ij}, \beta_{ij})$ tels que toutes les différences $F(\beta_{ij}) - F(\alpha_{ij})$ soient positives et que leur somme, pour j seul variable, diffère aussi peu que l'on veut de $P(\beta_i) - P(\alpha_i)$; on a donc, en choisissant bien les $(\alpha_{i,j}, \beta_{i,j})$,

$$\Sigma[P(\beta_i) - P(\alpha_i)] - \varepsilon < \Sigma[F(\beta_{i,j}) - F(\alpha_{i,j})] \leqq \Sigma[P(\beta_i) - P(\alpha_i)]$$

et, comme la mesure de l'ensemble des $(\alpha_{i,j}, \beta_{i,j})$ est au plus celle des (α_i, β_i), les deux procédés de définition de p_0 sont bien équivalents. Ajoutons qu'on peut évidemment exiger que chaque système d'intervalles employé n'en contienne qu'un nombre fini.

A chaque mode de définition de p_0, de n_0, donc de $v_0 = p_0 + n_0$, correspond évidemment une formulation différente de la condition d'absolue continuité.

Désignons par $P_s(X)$, $N_s(X)$, $V_s(X)$ les nombres p_0, n_0, v_0 relatifs à l'intervalle (a, X), il est évident que dans l'intervalle positif (α, X) les nombres p_0, n_0, v_0 sont $P_s(X) - P_s(\alpha)$, $N_s(X) - N_s(\alpha)$, $V_s(X) - V_s(\alpha)$; Il est clair aussi que ces trois nombres sont positifs ou nuls et au plus égaux respectivement à $P(X) - P(\alpha)$, $N(X) - N(\alpha)$, $V(X) - V(\alpha)$. En d'autres termes, les six fonctions $P_s(X)$, $N_s(X)$, $V_s(X)$; $P(X) - P_s(X)$, $N(X) - N_s(X)$, $V(X) - V_s(X)$ sont non négatives et non décroissantes. Ces fonctions ne sont actuellement définies que dans $a < X \leqq b$; nous les prendrons égales à zéro au point a et nous poserons

$$F_s(X) = P_s(X) - N_s(X).$$

Les fonctions F_s, P_s, N_s, V_s sont dites les *fonctions des singularités* de F, P, N, V; voici leur propriété caractéristique : *si $F_s(X)$ est la fonction des singularités d'une fonction à variation bornée $F(X)$, la différence $F(X) - F_s(X)$ est absolument continue et $F_s(X)$ est, de toutes les fonctions $G_s(X)$ telles que la différence $F(X) - G_s(X)$ soit absolument continue, celle qui a la plus petite variation totale, et qui s'annule pour $x = a$.*

Il est évident, d'après la définition même de P_s et de N_s qu'il ne saurait y avoir une fonction corrective $G_s(X)$ ayant des variations dans (a, X) inférieures à $P_s(X)$, $N_s(X)$, $V_s(X)$ et que la seule fonction pour laquelle ces valeurs minima soient atteintes est

$$F_s(X) + \text{const.}$$

Mais il reste à prouver que $F_s(x)$ est une fonction corrective. Or on a

$$F(X) - F_s(X) = [P(X) - P_s(X)] - [N(X) - N_s(X)];$$

comme les deux crochets du second membre sont positifs ou nuls, il faut donc prouver que le nombre p_0 relatif au premier crochet et le nombre n_0 relatif au second sont nuls.

Si le nombre p_0 relatif à $P(X) - P_s(X)$ était égal à $\lambda > 0$, c'est qu'on pourrait trouver dans (a, b) des points en nombre fini,

$$x_0 = a < x_1 < x_2 < \ldots < x_k = b,$$

tels que la mesure de l'ensemble des intervalles de rang pair (x_{2i-1}, x_{2i}) soit inférieure à η et tels cependant que la somme

$$\Sigma \left| [\,\mathrm{P}(x_{2i}) - \mathrm{P}_s(x_{2i})] - [\,\mathrm{P}(x_{2i-1}) - \mathrm{P}_s(x_{2i-1})] \right|$$

surpasse λ. Ce qui s'écrit encore

$$\Sigma[\,\mathrm{P}(x_{2i}) - \mathrm{P}(x_{2i-1})] \geqq \Sigma[\,\mathrm{P}_s(x_{2i}) - \mathrm{P}_s(x_{2i-1})] + \lambda.$$

D'autre part, on peut trouver dans chaque intervalle de rang impair (x_{2i}, x_{2i+1}) des intervalles (α, β) dont la mesure totale soit aussi faible qu'on le veut et qui fournissent une somme

$$\Sigma[\,\mathrm{P}(\beta) - \mathrm{P}(\alpha)]$$

au moins égale à $\mathrm{P}_s(x_{2i+1}) - \mathrm{P}_s(x_{2i})$, d'après la définition même de P_s. De sorte que l'on peut supposer que l'ensemble des (α, β) relatifs à toutes les valeurs de i ait une mesure inférieure à η et que cependant on ait

$$\Sigma[\,\mathrm{P}(\beta) - \mathrm{P}(\alpha)] \geqq \Sigma[\,\mathrm{P}_s(x_{2i+1}) - \mathrm{P}_s(x_{2i})].$$

D'où, par addition,

$$\Sigma[\,\mathrm{P}(x_{2i}) - \mathrm{P}(x_{2i-1})] + \Sigma[\,\mathrm{P}(\beta) - \mathrm{P}(\alpha)] \geq \lambda + \Sigma[\,\mathrm{P}_s(x_j) - \mathrm{P}_s(x_{j-1})]$$
$$= \lambda + \mathrm{P}_s(b);$$

et ceci est impossible, d'après la définition de P_s, puisque l'ensemble des (x_{2i-1}, x_{2i}) et des (α, β) est de mesure 2η aussi petite que l'on veut.

La proposition est donc démontrée.

Posons $\mathrm{F} = \mathrm{F}_s + \mathrm{AC}$, AC représente donc une fonction absolument continue : *le noyau de* F. Les fonctions F et F_s ont les mêmes sauts en tout point, donc la même *fonction des sauts* S (fonction φ de la page 60). Si l'on pose

$$\mathrm{F} = \mathrm{S} + \mathrm{C} = \mathrm{F}_s + \mathrm{AC} = \mathrm{S} + \mathrm{C}_s + \mathrm{AC},$$

C est la partie continue de F (fonction ψ de la page 61) et C_s est à la fois la partie continue de F_s et la fonction des singularités de la partie continue C de F ([1]).

([1]) Le lecteur pourra démontrer que la fonction des sauts est, parmi toutes les fonctions correctives F_e telles que $\mathrm{F} - \mathrm{F}_e$ soit continue, celle qui a la plus petite variation totale. S et F_s sont donc susceptibles de définitions analogues.

Je laisse aussi de côté quantité de propositions à démonstrations faciles, comme

Considérons une suite I_1, I_2, ... d'ensembles d'intervalles dont les mesures tendent vers zéro et fournissant des sommes $\Sigma_1 \Delta V$, $\Sigma_2 \Delta V$, ... tendant vers la plus grande limite possible $v_0 = V_s(b)$. Les sommes analogues relatives à AC tendent vers zéro, à cause de l'absolue continuité de AC, donc les sommes $\Sigma_1 \Delta V_s$, $\Sigma_2 \Delta V_s$, ... tendent aussi vers v_0.

En supprimant au besoin certains des I primitifs nous pouvons supposer que la série des mesures des I_s est convergente; alors si nous désignons par I^p l'ensemble d'intervalles $\sum_{p}^{\infty} I_k$, les I^p forment une suite possédant toutes les propriétés signalées de la suite des I_p et, de plus, I^p contient I^{p+1}. Soit E_s l'ensemble des points communs à tous les I^p; il est de mesure nulle et *pour tout système d'intervalles ouverts* ([1]) *enfermant E_s la somme* $\Sigma \Delta V_s = v_0$.

En effet, soit J un tel système d'intervalles, pour p assez grand I^p est contenu dans J sans quoi, comme l'ensemble K^p obtenu en retirant de I^p les parties contenues dans J contient K^{p+1}, il existerait des points communs à tous les K^p, donc à tous les I^p, et ne faisant pas partie de J, ce qui est impossible. Donc il fournit une somme $\Sigma \Delta V_s$ au moins égale à celle que fournit I^p pour p très grand, donc au moins égale à v_0, donc exactement égale à v_0 puisque aucune somme $\Sigma \Delta V_s$ ne saurait surpasser $v_0 = V_s(b)$.

Lorsqu'un ensemble est de mesure nulle et que tout système d'intervalles ouverts l'enfermant donne une somme $\Sigma \Delta V_s$ égale à v_0, c'est-à-dire donne une somme $\Sigma \Delta V$ au moins égale à v_0, cet ensemble est dit *l'ensemble des singularités de* F parce que, en un certain sens, toute la variation de F_s est concentrée aux points de cet ensemble.

L'ensemble E_s que nous venons de construire est donc l'ensemble des singularités de F, ou si l'on veut un ensemble des singularités car il est clair que l'ensemble des singularités est très indéterminé.

---

celle-ci : les fonctions des singularités et des sauts d'une somme sont les sommes des fonctions des singularités et des sauts des fonctions additionnées.

([1]) C'est-à-dire que les points de E_s sont intérieurs, au sens strict, aux intervalles considérés; pour la construction de E_s les intervalles formant les I^p étaient au contraire pris fermés; c'est-à-dire que l'on considérait comme faisant partie de I^p les extrémités des intervalles constituant I^p.

Par exemple, en ajoutant à E_s un ensemble quelconque de mesure nulle on a encore un ensemble des singularités.

Tout ensemble des singularités contient nécessairement les points de discontinuité de F; *mais ce sont les seuls points qu'il contient nécessairement.* Soit, en effet, x_0 un point de continuité de F et supposons qu'il appartienne à E_s; considérons un ensemble L d'intervalles ouverts enfermant $E_s - x_0$. Cet ensemble L enferme les parties E_s^1 et E_s^2 de E_s situées dans $(a, x_0 - \varepsilon)$ et $(x_0 + \varepsilon, b)$, qui sont évidemment les ensembles des singularités de F dans ces intervalles. L fournit donc une somme $\Sigma \Delta V_s$ au moins égale à $V_s(x_0 - \varepsilon) + [V_s(b) - V_s(x_0 + \varepsilon)$. Or, par hypothèse, $V_s(x_0 + \varepsilon) - V_s(x_0 - \varepsilon)$ tend vers zéro avec ε, donc L fournit une somme $\Sigma \Delta V_s$ égale à $V_s(b)$.

De même, de l'ensemble des singularités on peut retrancher une infinité dénombrable arbitraire de points de continuité de F, sans que l'ensemble cesse d'être ensemble des singularités.

Considérons la fonction

$$F(x) = \xi(x) + \frac{1}{2^2} \xi(2x) + \frac{1}{2^4} \xi(2^2 x) + \frac{1}{2^6} \xi(2^3 x) + \dots,$$

$\xi(x)$ étant la fonction de la page 56 mais supposée prolongée en dehors de $(0, 1)$ de façon qu'elle ait la période 2 et qu'elle soit paire. $F(x)$ est continue et à variation bornée dans tout intervalle, elle n'est absolument continue dans aucun intervalle, de sorte que l'ensemble des singularités de $F(x)$ est partout dense et que pourtant il ne contient obligatoirement aucun point particulier; tout point est qualifié au même titre pour entrer dans cet ensemble de mesure nulle ([1]).

Soit E_s l'ensemble des singularités de $F(X)$; alors pour toute suite d'ensembles d'intervalles ouverts enfermant E_s et de mesures tendant vers zéro, on a

$$\lim[\Sigma \Delta P + \Sigma \Delta N] = \lim \Sigma \Delta V = V_s(b) = P_s(b) + N_s(b);$$

or $\lim \Sigma \Delta P$ et $\lim \Sigma \Delta N$ ne peuvent surpasser respectivement

$$P_s(b) = p_0, \qquad N_s(b) = n_0,$$

([1]) Ce fait est paradoxal; on s'en étonnera moins en se disant que, pour calculer $\int f(x) dx$, il faut bien garder des points de l'intervalle ou de l'ensemble auquel est étendue l'intégrale et que, pourtant, on peut enlever de l'ensemble n'importe quel point.

donc on a exactement

$$\lim \Sigma \Delta P = p_0, \qquad \lim \Sigma \Delta N = n_0;$$

E_s *est aussi l'ensemble des singularités de* $P(X)$ *et de* $N(X)$.

Inversement, de quelque manière qu'on ait déterminé les ensembles des singularités de $P(x)$ et de $N(x)$, leur réunion donne l'ensemble des singularités de $F(X)$; car il est évident que la somme des ensembles des singularités des termes d'une somme est l'ensemble des singularités de la somme. E_s étant l'ensemble des singularités de $F(x)$, pour toute suite d'intervalles ouverts enfermant E_s et de mesure tendant vers zéro, la somme

$$\Sigma \Delta F = \Sigma(\Delta P - \Delta N) = \Sigma \Delta P - \Sigma \Delta N$$

tend vers

$$p_0 - n_0 = P_s(b) - N_s(b) = F_s(b).$$

En d'autres termes, le procédé qui a permis d'attacher à chaque ensemble E mesurable un accroissement $\mathcal{Q}_F(E)$ lorsque F était absolument continue — procédé consistant à enfermer E dans une suite d'ensemble d'intervalles *ouverts* (¹) dont les mesures tendent vers celles de E et à prendre la limite des sommes $\Sigma \Delta F$ fournies par cette suite d'ensembles d'intervalles — s'applique à une fonction F à variation bornée quelconque lorsque l'on prend pour E son ensemble des singularités. Mais l'ensemble des singularités est le seul ensemble pour lequel ce procédé s'applique encore, du moins s'il s'agit d'une fonction continue.

D'une façon plus précise, on pourra démontrer que si l'on appelle $F_1(x)$ une fonction égale à $F(x)$, sauf aux points où l'on a

$$F(x - o) = F(x + o) \neq F(x)$$

pour lesquels

$$F_1(x) = F(x - o),$$

— c'est-à-dire si l'on appelle $F_1(x)$ la fonction qui fournit la même fonction d'intervalle que $F(x)$, mais qui est débarassée des singularités inutiles de $F(x)$ — le procédé de définition précédemment utilisé pour l'accroissement dans un ensemble d'une fonction absolument continue peut encore être employé pour $F(x)$

(¹) Lorsqu'il s'agit d'une fonction continue il importe peu que les intervalles soient ouverts ou fermés.

mais seulement pour les ensembles qui sont ensembles de singularités pour $F_1(x)$.

Par un procédé tout différent *nous allons definir l'accroissement de* $F(x)$ *dans une classe étendue d'ensembles.* Pour cela, décomposons F en S + C. A la fonction des sauts S nous attachons dans E un accroissement égal à

$$\sum_E [F(x+o) - F(x-o)],$$

la sommation étant étendue à ceux des points de discontinuité de F qui appartiennent à E.

Soit $\mathcal{V}(x)$ la variation totale de C de a à x, le changement de variable

$$\theta = x + \mathcal{V}(x)$$

transforme $C(x)$ en une fonction de θ, soit $\mathcal{C}(\theta)$ (¹). $\mathcal{C}$ ayant dans tout intervalle (θ_1, θ_2) une variation totale $\mathcal{V}(x_2) - \mathcal{V}(x_1)$, inférieure à $\theta_2 - \theta_1$, a, par rapport à θ, des nombres dérivés inférieurs en valeur absolue à 1. $\mathcal{C}(\theta)$, étant absolument continue, a un accroissement déterminé dans chaque ensemble mesurable $\mathcal{E}_\theta$; mais à $\mathcal{E}_\theta$ correspond un ensemble E_x. Nous convenons de poser pour définition de l'accroissement dans E_x

$$\mathcal{A}_C(E_x) = \mathcal{A}_{\mathcal{C}}(\mathcal{E}_\theta).$$

Les ensembles E_x que nous atteignons ainsi sont tous mesurables; car si l'on enferme $\mathcal{E}_\theta$ et son complémentaire $\mathcal{F}_\theta$ dans deux familles d'intervalles ayant des parties communes de mesure totale ε, par le changement de variable de θ à x on en déduit deux familles d'intervalles enfermant E_x et son complémentaire F_x et dont les parties communes ont au plus ε par mesure; à un intervalle (x_1, x_2) correspond, en effet, un intervalle (θ_1, θ_2) de longueur égale ou supérieure.

(¹) J'avais utilisé ce fait pour l'étude de l'intégrale de Stieltjès; c'est M. de la Vallée Poussin qui, dans sa conférence du congrès de Strasbourg, en a indiqué l'utilisation actuelle. Antérieurement, M. de la Vallée Poussin avait montré comment on pouvait obtenir la fonction d'ensemble attachée à une fonction $F(x)$ non absolument continue grâce à un procédé qui généralise exactement celui qui nous a conduit à la mesure des ensembles. *Voir* son livre déjà cité et, plus loin, le Chapitre XI.

Mais on ne peut pas affirmer que l'accroissement soit défini pour tous les ensembles E_x mesurables. En tout cas il est défini pour tous les E_x réduits à un intervalle ou à un point car pour eux les $\mathscr{E}_\theta$ sont des intervalles ou des points ; le changement de variable transformant les additions et les soustractions d'ensembles en additions et soustractions ; il s'ensuit qu'aux ensembles E_x mesurables B correspondent des $\mathscr{E}_\theta$ mesurables B et par suite l'accroissement de F est défini en particulier dans tout ensemble E_x mesurable B.

Pour énoncer le résultat, remarquons que $V(x)$ désignant toujours la variation totale de $F(x)$ de a à x, nous aurions pu raisonner directement sur $F(x)$ en posant

$$t = x + V(x),$$

quand x est point de continuité de F, et, quand x est point de discontinuité, en lui faisant comprendre toutes les valeurs de t depuis

$$t_1 = x + V(x - o) \qquad \text{jusqu'à} \qquad t_2 = x + V(x + o).$$

La fonction $\mathscr{F}(t)$ sera telle que

$$\mathscr{F}[x + V(x)] = F(x)$$

si x est point de continuité et, si x est point de discontinuité on aura

$$\mathscr{F}(t_1) = \mathscr{F}[x + V(x - o)] = F(x - o),$$
$$\mathscr{F}(t_2) = \mathscr{F}[x + V(x + o)] = F(x + o),$$

$\mathscr{F}(t)$ étant linéaire entre t_1 et t_2.

Alors il suffira de poser

$$\alpha_{F(x)}(E_x) = \alpha_{\mathscr{F}(t)}(\mathscr{E}_t)$$

pour définir l'accroissement de $F(x)$ par un procédé analogue au précédent et fournissant le même résultat, comme on le constatera de suite. Donc : *on peut attacher à chaque fonction $F(x)$ à variation bornée une fonction complètement additive d'ensemble que l'on appelle l'accroissement de $F(x)$ et qui est définie dans une famille d'ensembles mesurables, variable avec F.*

mais qui comprend toujours tous les ensembles mesurables B ; *c'est la famille des ensembles qui, par le changement de variable* $t = x + V(x)$ *convenablement interprété, fournit des ensembles mesurables en* t.

On a vu, par le procédé même qui nous a permis de construire E_s, que l'on pouvait toujours faire en sorte que l'ensemble des singularités de F soit mesurable B. Alors, pour cet ensemble, on a deux définitions différentes de l'accroissement de F, il faut vérifier qu'elles sont en accord.

Or soit E_x un ensemble mesurable B, il lui correspond un ensemble $\mathscr{E}_t$; enfermons $\mathscr{E}_t$ dans des intervalles ouverts $\mathscr{J}_t$ ([1]) et dont on fera tendre la mesure vers celle de $\mathscr{E}_t$. Si l'on a eu soin de choisir les $\mathscr{J}_t$ de façon qu'ils n'aient aucune extrémité à l'intérieur des intervalles (t_1, t_2) correspondant aux points singuliers de F, ce qui est possible, $\mathscr{J}_t$ correspond à un ensemble d'intervalles ouverts I_x ([2]) enfermant E_x et de mesure tendant dans celle de E_x ; la somme $\Sigma_{I_x} \Delta F$ tend alors vers $\mathcal{A}_F(E_x)$ car elle est égale à $\Sigma_{\mathscr{J}_t} \Delta \mathscr{F}$ qui tend vers $\mathcal{A}_{\mathscr{F}}(\mathscr{E}_t)$.

Si donc E_x est l'ensemble des singularités de F, la seule chose nouvelle qui se présente c'est que nous ne sommes plus obligés d'utiliser l'ensemble particulier I_x déduit des $\mathscr{J}_t$ pour calculer $\mathcal{A}_{F(x)}(E_x)$; on peut employer tout autre ensemble i_x d'intervalles ouverts enfermant E_x et de mesure variable et tendant vers zéro.

Quand on se restreint ([3]) à la considération des ensembles E_x auxquels correspondent des ensembles $\mathscr{E}_t$ mesurables, on peut dire que les ensembles des singularités sont ceux pour lesquels on a à la fois

$$m(E_x) = 0, \qquad \mathcal{A}_{V(x)}(E_x) = V_s(b).$$

Déduisons de là que si E^1 *et* E^2 *sont pour* F *deux ensembles des singularités, de cette catégorie, mesurables* B *par exemple, l'ensemble* E^{12} *des points communs à* E^1 *et à* E^2 *est aussi ensemble des singularités de* F.

([1]) Les intervalles de $\mathscr{J}_t$ qui auraient une extrémité en a ou en V seraient cependant pris fermés.

([2]) Dans I_x il pourrait y avoir pourtant un intervalle fermé en a ou en b.

([3]) Je ne sais pas si cette restriction est effective, c'est-à-dire s'il y a des ensembles E_x auxquels correspondent des $\mathscr{E}_t$ non mesurables.

On a en effet

$$\mathcal{A}_{V(x)}(E^1) = V_s(b); \qquad \mathcal{A}_{V(x)}(E^1 + E^2) = V_s(b);$$
$$\mathcal{A}_{V(x)}(E^1 + E^2) = \mathcal{A}_{V(x)}(E^1) + \mathcal{A}_{V(x)}(E^2 - E^{12}).$$

D'où

$$\mathcal{A}_{V(x)}(E^2 - E^{12}) = 0,$$
$$\mathcal{A}_{V(x)}(E^{12}) = \mathcal{A}_{V(x)}(E^2) - \mathcal{A}_{V(x)}(E^2 - E^{12}) = \mathcal{A}_{V(x)}(E^2) = V_s(b);$$

le théorème est démontré.

Étudions la fonction d'ensemble $\mathcal{A}_{F(x)}(E)$ qui vient d'être définie; pour cela remarquons que si, au début de cette théorie des fonctions d'ensemble, nous avons été naturellement conduits à nous occuper des fonctions définies sur *tous* les ensembles mesurables, cette condition n'était nullement essentielle à nos raisonnements; les conclusions de ces raisonnements subsistent pour les fonctions d'ensembles définies seulement, ou connues seulement, pour les ensembles mesurables B. Il nous sera commode de parler des fonctions connues pour tous les ensembles mesurables B, parce que les ensembles E^p, E^n de la page 148, que l'ensemble E_s de la page 164, sont mesurables B.

La fonction $\mathcal{A}_{F(x)}(E)$, ou simplement $\mathcal{A}(E)$, est définie pour tous les ensembles mesurables B et complètement additive dans la famille de ces ensembles. Elle est donc à variation bornée et a des variations $\mathcal{P}(E)$, $\mathcal{N}(E)$, $\mathcal{V}(E)$ qui sont aussi complètement additives; comment pourait-on calculer ces fonctions connaissant F?

On n'a pas toujours

$$\mathcal{V}(E) = \mathcal{A}_{V(x)}(E);$$

l'exemple de F partout nulle dans $(0, 1)$ sauf pour $x = \frac{1}{2}$ le montre de suite. $\mathcal{A}(E)$ est alors identique à zéro, donc aussi $\mathcal{V}(E)$ et pour E réduit au point $x = \frac{1}{2}$, on a

$$\mathcal{A}_{V(x)}(E) = 2\left| F\left(\frac{1}{2}\right) \right|.$$

Pour écarter de telles singularités, modifions $F(x)$ en ses points de discontinuité intérieurs à (a, b) de façon que la nouvelle fonction $F_1(x)$ n'ait en aucun point deux sauts de signes contraires.

Pour fixer les idées, prenons $F_1(x)$ continue à droite à l'intérieur de (a, b). Soient $V_1(x)$, $P_1(x)$, $N_1(X)$ les trois variations totales de $F_1(x)$; on *va prouver que l'on a*

$$\mathcal{V}(E) = \mathcal{A}_{V_1(x)}(E); \qquad \mathcal{P}(E) = \mathcal{A}_{P_1(x)}(E); \qquad \mathcal{N}(E) = \mathcal{A}_{N_1(x)}(E);$$

$\mathcal{P}(a \leqq x \leqq b)$ est la limite supérieure des valeurs de $\mathcal{A}(E)$; mais chaque valeur de $\mathcal{A}(E)$ peut se calculer à l'aide d'un système I_x d'intervalles, donc $\mathcal{P}(a \leqq x \leqq b)$ est la limite supérieure des nombres $\mathcal{A}(I_x)$ pour les systèmes I_x d'intervalles ouverts, sauf peut-être en a et b. D'autre part $P_1(b)$ est la limite supérieure des nombres $\mathcal{A}(J_x)$ pour les systèmes J_x d'intervalles fermés. Comme en barrant d'un système J_x d'intervalles tous ceux qui donnent des ΔF_1 négatifs nous augmentons $\mathcal{A}(J_x)$, et qu'on peut réunir deux intervalles donnant des ΔF_1 non négatifs et ayant une extrémité commune, on peut supposer les intervalles J_x sans extrémités communes. Soit (l, m) l'un de ces intervalles, $F_1(x)$ étant continue à droite, l'intervalle $l \leqq x \leqq m$ donne le même accroissement que $l < x \leqq m$ et presque le même que $l < x < m + h$, pour h très petit.

Donc $\mathcal{A}(J_x)$, pour J_x formé d'intervalles fermés, diffère aussi peu que l'on veut de $\mathcal{A}(I_x)$ pour I_x convenablement formé d'intervalles ouverts, sauf peut-être en a et b. Et l'on a

$$\mathcal{P}(a \leqq x \leqq b) = \mathcal{A}_{P_1(x)}(a \leqq x \leqq b).$$

Mais on aurait eu de même

$$\mathcal{P}(a \leqq x \leqq X) = \mathcal{A}_{P_1(x)}(a \leqq x \leqq X),$$

d'où il résulterait que, dans tout intervalle I ouvert, fermé ou à demi fermé, on a

$$\mathcal{P}(I) = \mathcal{A}_{P_1(x)}(I);$$

puis on déduirait l'égalité $\mathcal{P}(E) = \mathcal{A}_{\varphi_1(x)}(E)$ pour tous les ensembles mesurables B.

Les égalités analogues relatives à $\mathcal{N}$ et $\mathcal{V}$ en résultent.

Soient F_{1s}, V_{1s}, P_{1s}, N_{1s} les fonctions des singularités de F_1, V_1, P_1, N_1; V_{1s}, P_{1s}, N_{1s} sont les trois variations de F_{1s}. A ces fonctions, qui sont continues à droite à l'intérieur de (a, b), correspondent des accroissements $\mathcal{A}_s(E)$, $\mathcal{V}_s(E)$, $\mathcal{P}_s(E)$, $\mathcal{N}_s(E)$ liés entre eux comme $\mathcal{A}$, $\mathcal{V}$, $\mathcal{P}$, $\mathcal{N}$. Ces fonctions $\mathcal{A}_s$, $\mathcal{V}_s$, $\mathcal{P}_s$, $\mathcal{N}_s$

sont dites les fonctions des singularités de $\mathcal{A}$, $\mathcal{V}$, $\mathcal{P}$, $\mathcal{N}$. Comme $F_{1s}(x)$ est la fonction de plus petite variation totale telle que $F_1(x) - F_{1s}(x)$ soit absolument continue, *la fonction des singularités d'une fonction $\mathcal{A}(E)$, complètement additive d'ensembles mesurables B, est, parmi toutes les fonctions correctives $\mathcal{A}_s(E)$ rendant $\mathcal{A}(E) - \mathcal{A}_s(E)$ absolument continues, celle qui a la · plus petite variation totale.*

L'ensemble des singularités de F_1, pris mesurable B, est dit l'ensemble des singularités de $\mathcal{A}(E)$. Ainsi, *par ensemble des singularités d'une fonction $\mathcal{A}(E)$ additive d'ensemble mesurable B, nous entendons tout ensemble E, mesurable B, qui est de mesure nulle et pour lequel la fonction $\mathcal{V}(E)$, variation totale de $\mathcal{A}(E)$, atteint la plus grande des valeurs qu'elle peut atteindre sur des ensembles de mesure nulle.*

L'ensemble des singularités de $\mathcal{P}(E)$ est par conséquent un ensemble $E_{s,\mathcal{P}}$ en lequel

$$\mathcal{P}\big[E_{s,\mathcal{P}}\big] = P_{1s}(b) = \mathcal{P}_s\big[E_{s,\mathcal{P}}\big];$$

pour tout ensemble E, n'ayant aucun point commun avec $E_{s,\mathcal{P}}$, $\mathcal{P}_s(E)$ sera par suite nul, puisque $\mathcal{P}_s$ ne peut être ni négatif ni supérieur à $P_{1,s}(b)$. L'ensemble $E_{s,\mathcal{P}}$ est l'ensemble en lequel $\mathcal{F}_s(E)$, ou $\mathcal{P}_s(E)$, atteint sa limite supérieure. L'ensemble $\mathcal{E}_{s,\mathcal{N}}$ des singularités de $\mathcal{N}(E)$ est celui en lequel $\mathcal{F}_s(E)$, ou $-\mathcal{N}(E)$, atteint sa limite inférieure. L'ensemble $\mathcal{E}_{s,\mathcal{P}} + \mathcal{E}_{s,\mathcal{N}}$ est l'ensemble des singularités de $\mathcal{A}(E)$.

L'ensemble des singularités d'une fonction $\mathcal{A}$ complètement additive d'ensemble mesurable B se décompose en deux ensembles sans points communs qui sont respectivement les ensembles des singularités de la variation positive de $\mathcal{A}$ et de sa variation négative; nous avons vu, en effet (p. 148), que les ensembles E^p et E^n, en lesquels une fonction [ici $\mathcal{F}_s(E)$] atteint sa limite supérieure et sa limite inférieure, peuvent être pris sans points communs.

Ainsi les ensembles des singularités de $P_1(x)$ et $N_1(x)$ peuvent être pris sans points communs et l'on peut supposer qu'aucun point singulier de $F(x)$ ne fait partie de ces ensembles, puisque ces points singuliers ne forment qu'un ensemble fini ou dénombrable. Mais pour avoir l'ensemble des singularités de $F(x)$ il suffit d'ajouter à l'ensemble des singularités de $P_1(x)$ les points en lesquels $F(x)$ a au moins un saut positif. Donc *les ensembles des singularités des variations positive et négative*, $P(x)$ *et* $N(x)$, *d'une fonction à variation bornée*, $F(x)$, *peuvent être pris sans autres points communs que ceux en lesquels* $F(x)$ *a un saut de droite et un saut de gauche différents de zéro et de signes contraires.*

De toute cette analyse il faut retenir surtout qu'*une fonction complètement additive d'ensemble mesurable* B *est absolument continue si, et seulement si, elle a une valeur nulle sur tout ensemble mesurable* B *de mesure nulle. La fonction est alors prolongeable à tout ensemble mesurable* ([1]).

([1]) On comparera cet énoncé avec celui de la page 151.

CHAPITRE IX.

LA RECHERCHE DES FONCTIONS PRIMITIVES.
L'EXISTENCE DES DÉRIVÉES.

I. — La recherche des fonctions primitives.

Soit $\mathcal{F}(x)$ une fonction ayant une dérivée $f(x)$, nous savons que $f(x)$ est mesurable, car c'est une fonction de première classe (p. 99). Supposons que $f(x)$ soit bornée, alors $r[\mathcal{F}(x), x, x+h]$ est aussi borné, quels que soient x et h. Et puisque $f(x)$ est la limite pour $h = 0$ de $r[\mathcal{F}(x), x, x+h]$ on peut écrire, d'après un théorème énoncé à la page 125,

$$\int_a^x f(x)\,dx = \lim_{h=0} \frac{\int_a^x [\mathcal{F}(x+h) - \mathcal{F}(x)]\,dx}{h} = \mathcal{F}(x) - \mathcal{F}(a),$$

car $\mathcal{F}(x)$ est une fonction continue.

Donc *les fonctions d'une variable intégrales indéfinies d'une dérivée sont ses fonctions primitives.* Nous avons résolu le problème fondamental du calcul intégral pour les fonctions bornées. De plus, nous avons un procédé régulier de calcul permettant de reconnaître si une fonction bornée est ou non une dérivée ([1]).

Pour aller plus loin, démontrons que les nombres dérivés d'une fonction continue sont mesurables et même mesurables B. Considérons pour cela une suite de fonctions $u_1, u_2, \ldots$, et les fonctions $\overline{u}, \underline{u}$ égales, pour chaque valeur de x, à la plus grande et à la plus petite des limites des u_n, limites prises pour x constant et n croissant indéfiniment; ce sont les *enveloppes d'indétermination* de la limite des u. Voici comment on peut obtenir l'enve-

---

([1]) *Comparez* avec la page 89.

loppe supérieure $\bar{u}$; v_i est la fonction qui, pour chaque valeur de x, est égale à la plus grande des fonctions u_1, u_2, ..., u_i; w_1 est la limite de la suite croissante v_1, v_2, v_3, ...; w_i se définit à partir de u_i, u_{i+1}, ..., comme w_1 à partir de u_1, u_2, ...; $\bar{u}$ est la limite de la suite décroissante w_1, w_2, ... Si les u_i sont des fonctions continues, il en est de même des v_i, les w_i sont donc au plus de première classe et $\bar{u}$ au plus de seconde classe. Un raisonnement analogue s'applique à $\underline{u}$. Si l'on suppose seulement que si les u_i sont mesurables, on voit que $\bar{u}$ et $\underline{u}$ le sont aussi et cela ne suppose pas que les $\bar{u}_i$, que $\bar{u}$ et $\underline{u}$ soient partout finies.

La définition des enveloppes d'indétermination aurait pu être donnée pour une fonction $g(x, h)$, où h est un paramètre remplaçant l'indice de la fonction u_i. L'un des nombres dérivés de $f(x)$ est l'une des enveloppes d'indétermination de $r[f(x), x, x + h]$, quand on fait tendre h vers zéro, par valeurs de signe déterminé. Mais $r[f(x), x, x + h]$ étant continue en (x, h) pour $h \neq 0$, on peut, comme nous allons le voir, remplacer, pour la recherche de ces enveloppes, l'infinité non dénombrable des valeurs de h par une suite de valeurs de h tendant vers zéro et convenablement choisies. Les nombres dérivés sont donc, lorsqu'ils sont finis, au plus de seconde classe et en tout cas mesurables B (¹).

Mais il faut prouver que l'on peut, comme il a été annoncé, remplacer la considération de la valeur continue h par celle d'une suite de valeurs de h. S'il s'agit des nombres dérivés à droite, c'est-à-dire des valeurs positives de h, nous prendrons une suite contenant les nombres 1, $\frac{1}{2}$, $\frac{1}{4}$, $\frac{1}{8}$, ... et, de plus, contenant entre $\frac{1}{2^i}$ et $\frac{1}{2^{i+1}}$ des nombres divisant cet intervalle en assez de parties égales pour que, lorsque h varie dans une de ces parties, l'oscillation de $r[f(x), x, x + h]$ reste inférieure à $\frac{1}{i}$, x restant constant et ayant n'importe quelle valeur. Il est bien clair que cette suite donne, pour plus grande et plus petite limite de r, les deux nombres dérivés à droite de $f(x)$. *Les nombres dérivés sont donc mesurables* et l'on peut espérer que, dans des cas étendus,

---

(¹) Cette distinction est nécessaire car nous n'avons appliqué la classification de M. Baire qu'aux fonctions partout finies. Mais on peut étendre cette classification à toutes les fonctions.

l'intégration des fonctions sommables nous permettra de trouver une fonction connaissant l'un de ses nombres dérivés.

Au Chapitre V, nous avons démontré qu'une fonction continue ayant son nombre dérivé supérieur à droite, par exemple, constamment nul, était constante en calculant de façon approchée l'accroissement subi par cette fonction, à l'aide de la considération d'une chaîne d'intervalles. C'est le même procédé de calcul que nous allons appliquer à une fonction continue $f(x)$ dont nous supposerons connu le nombre dérivé supérieur à droite $\Lambda f(x)$ dans un intervalle (a, b).

A partir de a, nous allons couvrir (a, b) d'une chaîne d'intervalles satisfaisant aux conditions qui vont être indiquées ([1]) :

1° *Chaque intervalle a une longueur au plus égale à un nombre positif* λ que l'on fera par la suite tendre vers zéro. Alors si l'on prend les sommes p et $- n$, formées respectivement des accroissements positifs et négatifs, fournies par la chaîne, on sait que, lorsque λ tend vers zéro, p et $+ n$ tendent respectivement vers les variations totales positive et négative, P et N, et cela uniformément à un certain égard, comme il a été dit page 53.

Nous allons nous proposer seulement le calcul de P. On sait qu'on obtient une valeur approchée de P en faisant la somme des accroissements positifs de $f(x)$ donnés par les intervalles de la chaîne. Or, l'intervalle $(x_0, x_0 + h)$ donne un accroissement égal à $hr[f(x), x_0, x_0 + h]$, et ce nombre r est une valeur approchée de $\Lambda f(x_0)$. Il convient de préciser cette approximation ; pour cela nous partagerons (a, b) en les ensembles

$$\mathrm{E}[l\varepsilon \leqq \Lambda f(x) < (l + 1)\varepsilon] = \mathrm{E}_l,$$

relatifs aux diverses valeurs de l entières, positives, négatives et

---

([1]) Pour satisfaire aux exigences logiques, indiquées en note page 67, il conviendrait d'ailleurs, ce qui serait facile, de préciser ces conditions pour que la construction de la chaîne ne comporte plus aucun choix ; nous ne nous y arrêterons pas.

La condition 1° est en réalité inutile ; les conditions 2° et 3° suffisent.

On pourra remarquer que ce qui suit ne suppose à aucun moment que $\Lambda f(x)$ soit le nombre dérivé supérieur à droite de $f(x)$, mais seulement que Λf est mesurable et compris en tout point entre les deux nombres dérivés à droite de $f(x)$; $\lambda_d \leqq \Lambda f \leqq \Lambda_d$. De nos considérations résulte alors que f est déterminée par Λf, quand Λf est sommable. C'est la réponse à une question posée par M. Denjoy.

nulle, ε étant un nombre positif, très petit, et en les ensembles

$$E[\Lambda f(x) = +\infty] = E^{ip}, \qquad E[\Lambda f(x) = -\infty] = E^{in};$$

Puis nous poserons la condition :

2° *Si x_0 est l'origine d'un intervalle $(x_0, x_0 + h)$ de la chaîne, on aura*

$$(l - 1)\varepsilon \leqq r[f(x), x_0, x_0 + h) \leqq (l + 1)\varepsilon, \qquad si\ x_0\ est\ point\ de\ E_l,$$
$$M \leqq r[f(x), x_0, x_0 + h), \qquad si\ x_0\ est\ point\ de\ E^{ip},$$
$$r[f(x), x_0, x_0 + h) \leqq -M, \qquad si\ x_0\ est\ point\ de\ E^{in};$$

M *étant un nombre positif arbitrairement grand.*

Les intervalles de la chaîne ayant pour origine des points de E^{ip}, des points des E_l à indice positif et certains points de E_0 sont seuls à considérer dans le calcul de P.

Les intervalles ayant pour origines des points de E^{ip} ont une contribution de la forme $M'\Lambda^{ip}$, M' étant au moins égal à M et Λ^{ip} étant la longueur totale des intervalles issus des points de E^{ip}. Ceux qui ont pour origines des points de E_l, $l > 0$, ont une contribution égale à leur longueur totale Λ_l multipliée par un nombre compris entre $(l - 1)\varepsilon$ et $(l + 1)\varepsilon$; en d'autres termes, cette contribution est $\Lambda_l l \varepsilon$ à $\Lambda_l \varepsilon$ près au plus. Ce résultat est vrai aussi pour les intervalles ayant pour origines des points de E_0, car la contribution de ces intervalles dans la valeur approchée de P est au plus $\Lambda_0 \varepsilon$. Donc on peut prendre pour valeur approchée de P

$$p = \sum_{0}^{+\infty} \Lambda_l l \varepsilon + M'\Lambda^{ip},$$

puisqu'on ne s'écarte de la valeur donnée par la chaîne que de $\varepsilon \sum_{0}^{\infty} \Lambda_l$ au plus, soit au plus $\varepsilon(b - a)$.

Il faut maintenant pouvoir évaluer les Λ_l et Λ^{ip}; pour cela, nous supposons que l'on ait enfermé chacun des ensembles que nous avons considérés dans un ensemble d'intervalles; nous aurons ainsi les ensembles A_l, A^{ip}, A^{in} formés chacun d'intervalles non empiétants. Chacun d'eux surpasse en mesure l'ensemble de même indice d'une quantité ε_l, ε^{ip}, ε^{in} que nous pourrons choisir aussi petite que nous le voudrons.

Supposons donc que les séries $\varepsilon^{ip} + \varepsilon^{in} + \sum_{-\infty}^{+\infty} \varepsilon_l$ et $\sum_{-\infty}^{+\infty} |l| \varepsilon_l$ soient convergentes et aient des sommes arbitrairement petites η et ζ. Et posons la condition :

3° *Chaque intervalle de la chaîne est enfermé tout entier dans l'ensemble* A *qui enferme l'ensemble auquel appartient son origine.*

Alors Λ_l est au plus égale à $m(E_l) + \varepsilon_l$ et au moins égale au plus grand des deux nombres : o ou $m(E_l) - \eta$; pour Λ^{ip} on a des limites analogues. De là se déduisent des limites inférieure et supérieure pour p; la limite inférieure est

$$\sum_{0}^{\infty}{}^{p}[m(E_l) - \eta]l\,\varepsilon + M[m(E^{ip}) - \eta],$$

les termes positifs étant seuls conservés dans Σ^p.

Cette somme ne contient donc qu'un nombre fini de termes, nombre variable avec η. Ces termes sont inférieurs à ceux de

$$\sum_{0}^{\infty} m(E_l)\,l\varepsilon,$$

mais tendent respectivement vers ceux-ci pour η tendant vers zéro.

Or on peut faire tendre η vers zéro, d'où la limite

$$\sum_{0}^{\infty} m(E_l)l\varepsilon + M\,m(E^{ip});$$

puis on peut prendre ε arbitrairement petit, M arbitrairement grand, donc on a, l'intégrale ayant une valeur finie ou infinie,

$$P \geqq \int_{E[0 < \Lambda f < +\infty]} \Lambda f\,dx + M\,m(E^{ip}),$$

quel que soit M. P ne sera donc fini que pour

$$m(E^{ip}) = o \quad \text{et} \quad \int_{E[0 < \Lambda f < +\infty]} \Lambda f\,dx$$

finie. Concluons en nous rappelant que l'on aurait pu prendre pour $\Lambda f(x)$ l'un quelconque des quatre nombres dérivés, et qu'il y a pour N une inégalité analogue à celle trouvée pour P.

Une fonction continue et à variation bornée a ses nombres dérivés finis PRESQUE PARTOUT (¹); *ses nombres dérivés sont sommables dans l'ensemble des points où ils sont finis; ses trois variations totales* P, N, V *vérifient les relations*

$$P \geqq \int_{E[0 < \Lambda f]} \Lambda f\, dx = \int_a^b \frac{1}{2}\,[\,\Lambda f + |\,\Lambda f\,|\,]\, dx,$$

$$N \geqq \int_{E[\Lambda f < 0]} -\Lambda f\, dx = \int_a^b \frac{1}{2}\,[\,|\,\Lambda f\,| - \Lambda f\,]\, dx,$$

$$V \geqq \int_a^b |\,\Lambda f\,|\, dx.$$

Λf *étant l'un quelconque des quatre nombres dérivés; les points où* Λf *est infini étant exclus des ensembles ou intervalles d'intégration.*

Supposons maintenant le nombre dérivé supérieur à droite Λf sommable sur l'ensemble $E[\,0 < \Lambda f < +\infty\,]$ et supposons

---

(¹) Nous conviendrons de dire qu'une propriété a lieu *presque partout* dans un intervalle (a, b), ou sur un ensemble $\mathcal{E}$, si les points de (a, b) ou de $\mathcal{E}$ en lesquels elle n'a pas lieu ou bien n'existent pas, ou bien forment un ensemble de mesure nulle.

Cette locution, introduite dans la première édition de ce Livre, a été généralement adoptée. Si l'on se rappelle que M. Denjoy n'a pas trouvé suffisamment précise et qu'il a rejeté l'expression : *le point P est point de l'ensemble* E, on ne s'étonnera pas qu'il ait jugé inadmissible la locution *presque partout* qui, à son avis, a deux sens : l'un qualitatif ou descriptif, l'autre quantitatif ou métrique. Je pense qu'il faut entendre par là qu'on aurait pu convenir de donner à *presque partout* la signification suivante : *exception faite des points formant un ensemble partout non dense.* Certes; mais M. Denjoy dit qu'une propriété a lieu sur une *épaisseur pleine* quand je dis qu'elle a lieu *presque partout. Épaisseur pleine* n'aurait-elle pas pu recevoir une autre signification que celle qu'il a plu à M. Denjoy de lui donner?

Presque partout serait inadmissible si, dans la langue usuelle, cette expression avait un sens précis, mais cela n'est pas; de sorte que le lecteur, en présence de l'énoncé précédent par exemple, ne peut lui donner aucun sens précis sans se reporter à la définition posée pour *presque partout.* Aucune erreur n'est donc possible.

Obliger le lecteur à se reporter à une définition a son inconvénient. Je l'accorderais volontiers à n'importe qui, sauf à M. Denjoy qui a utilisé dans ses Mémoires un nombre formidable de mots nouveaux. Et ce n'est pas diminuer l'inconvénient que de modifier, fût-ce même pour le perfectionner, un vocabulaire dont l'usage commence à se répandre.

l'ensemble E^{ip} de mesure nulle; formons la limite supérieure de P

$$\sum_0^\infty [m(E_l) + \varepsilon_l] l\varepsilon + M'[m(E^{ip}) + \varepsilon^{ip}].$$

Le premier terme est inférieur à $\sum_0^\infty m(E_l)\, l\varepsilon + \zeta\varepsilon$; pour ζ et ε tendant vers zéro, il tend donc vers $\displaystyle\int_{E[0<\Lambda f\leq+\infty]} \Lambda f\, dx$.

Puisque $m(E^{ip})$ est nulle, le second terme se réduit au produit $M'\varepsilon^{ip}$ d'un nombre arbitrairement grand par un nombre arbitrairement petit, il ne nous apprend donc rien.

Enfermons E^{ip} dans un ensemble I d'intervalles non empiétants, supposons les A^{ip} choisis enfermés dans I. Alors, si $P(I)$ désigne la somme des variations positives de f dans les intervalles I, le second terme $M'\varepsilon^{ip}$ est au plus $P(I)$. Si donc on désigne par $P(E^{ip})$ l'une *quelconque* des limites de $P(I)$ quand on fait varier I de façon que $m(I)$ tende vers zéro, on aura

$$P \leqq \int_a^b \frac{1}{2}[\Lambda f + |\Lambda f|]\, dx + P(E^{ip}),$$

les points de $E^i = E^{ip} + E^{in}$ étant exclus de l'intervalle d'intégration.

Soit I_1 un ensemble formé d'un nombre fini des intervalles I choisis de façon que, lorsqu'on fait tendre $m(I)$ vers zéro, $P(I_1)$ tende, comme $P(I)$, vers $P(E^{ip})$. Soit J_1 le complémentaire de I_1 par rapport à (a, b); J_1 est formé d'un nombre fini d'intervalles, on peut donc appliquer une formule précédente et écrire

$$P(J_1) \geqq \int_{J_1} \frac{1}{2}[\Lambda f + |\Lambda f|]\, dx$$

$$= \int_a^b \frac{1}{2}[\Lambda f + |\Lambda f|]\, dx - \int_{I_1} \frac{1}{2}[\Lambda f + |\Lambda f|]\, dx,$$

d'où, en ajoutant $P(I_1)$ aux deux membres,

$$P \geqq \int_a^b \frac{1}{2}[\Lambda f + |\Lambda f|]\, dx + P(I_1) - \int_{I_1} \frac{1}{2}[\Lambda f + |\Lambda f|]\, dx.$$

Et comme, quand $m(I)$ tend vers zéro, $m(I_1)$ tend vers zéro, donc aussi la dernière intégrale du second membre, tandis que $P(I_1)$

tend vers $P(E^{ip})$, on a

$$P \geqq \int_a^b \frac{1}{2}[\Lambda f + |\Lambda f|]\,dx + P(E^{ip}).$$

En rapprochant les deux inégalités de sens inverses obtenues, on conclut finalement

$$P = \int_a^b \frac{1}{2}[\Lambda f + |\Lambda f|]\,dx + P(E^{ip}).$$

Donc $P(E^{ip})$, qui désigne l'une *quelconque* des limites de $P(I)$, a une valeur déterminée; nous pouvons énoncer ce résultat comme il suit :

Si Λf est l'un des nombres dérivés d'une fonction continue $f(x)$, pour que $f(x)$ soit à variation bornée il faut et il suffit que Λf soit sommable dans l'ensemble des points où il est fini et positif, que l'ensemble E^{ip} des points où Λf est infini positif soit de mesure nulle et qu'il puisse être enfermé dans des intervalles I fournissant une somme de variations totales positives $P(I)$ qui soit bornée.

$P(I)$ tend alors vers une limite finie et déterminée, quand on fait varier I de façon que sa mesure tende vers zéro; cette limite est la différence entre la variation totale positive de $f(x)$ dans l'intervalle considéré et l'intégrale de Λf dans l'ensemble des points où il est positif.

On a, bien entendu, un énoncé analogue en changeant positif en négatif, E^{ip} en E^{in}, P en N, qu'exprime l'égalité

$$N = \int_a^b \frac{1}{2}[|\Lambda f| - \Lambda f]\,dx + N(E^{in}).$$

De P et N, par addition et soustraction, nous déduisons la variation totale V et l'accroissement $f(b) - f(a)$ de $f(x)$ dans (a, b). L'ensemble $E^i = E^{ip} + E^{in}$ des points où Λf est infini, est de mesure nulle. Tout ensemble I d'intervalles non empiétants enfermant E^i, et dont la mesure tend vers zéro, peut donc servir simultanément au calcul de $P(E^{ip})$, de $N(E^{in})$ que l'on peut noter en conséquence $P(E^i)$, $N(E^i)$; la limite de la somme $V(I)$ des variations totales dans les intervalles de I sera $P(E^i) + N(E^i) = V(E^i)$; parce que, dans un intervalle δ, $P(\delta) + N(\delta) = V(\delta)$. Mais, dans $\delta = (\alpha, \beta)$, on a, pour l'accroissement $A(\delta)$,

$$A(\delta) = f(\beta) - f(\alpha) = P(\delta) - N(\delta);$$

donc on a pour la somme des accroissements de $f(x)$ dans les intervalles de I,

$$A(I) = P(I) - N(I),$$

d'où, pour E^i, par un passage à la limite,

$$P(E^i) - N(E^i) = P(E^{ip}) - N(E^{in}) = A(E^i).$$

Ainsi, *si* Λf *est l'un des nombres dérivés d'une fonction* $f(x)$ *continue et à variation bornée dans un intervalle* (a, b), *ses trois variations et son accroissement dans* (a, b) *sont donnés par les formules*

$$P = \int_a^b \frac{1}{2}[\,|\Lambda f| + \Lambda f\,]\,dx + P(E^i),$$

$$N = \int_a^b \frac{1}{2}[\,|\Lambda f| - \Lambda f\,]\,dx + N(E^i),$$

$$V = \int_a^b |\Lambda f|\,dx + V(E^i),$$

$$A = f(b) - f(a) = \int_a^b \Lambda f\,dx + A(E^i).$$

$P(E^i)$, $N(E^i)$, $V(E^i)$, $A(E^i)$ *sont les limites, finies et bien déterminées, vers lesquelles tendent les sommes des diverses variations totales et des accroissements de* $f(x)$ *dans des intervalles* I, *non empiétants et enfermant l'ensemble* E^i *des points où* Λf *est infinie, quand on fait varier le système* I *d'intervalles, de façon que* $m(I)$ *tende vers zéro.*

Laissons pour un instant cet énoncé général et attachons-nous au cas où E^i n'existe pas ([1]); les nombres $P(E^i)$, $N(E^i)$, $V(E^i)$,

---

([1]) C'est pour éviter des redites que l'ordre du texte a été adopté, mais il convient de remarquer combien les considérations précédentes se simplifient quand on se borne au cas d'un nombre dérivé Λf toujours fini; on notera en particulier que, alors, la notion de fonction d'ensemble n'y intervient plus.

L'ordre historique est inverse de celui du texte; les théorèmes relatifs au cas Λf toujours fini figuraient dans la première édition de ce livre; l'idée d'évaluer la différence $f(b) - f(a) - \int_a^b \Lambda f\,dx$ comme limite de $A(I)$ est due à M. de la Vallée Poussin, qui a obtenu le théorème général, tout d'abord pour les fonctions monotones (*Cours d'Analyse infinitésimale*, 2ᵉ édition, t. I, p. 269).

$A(E^i)$, sont alors nuls. Si nous appliquons alors le théorème précédent à l'intervalle (a, x), nous avons :

La condition nécessaire et suffisante pour que le nombre dérivé Λf partout fini, d'une fonction continue $f(x)$ soit sommable, est que $f(x)$ soit à variation bornée.

La fonction primitive $f(x)$ de Λf est alors l'intégrale indéfinie, fonction d'une variable, de Λf.

Nous pouvons donc dire que nous savons résoudre les problèmes A', B', C' (p. 78), et par suite les problèmes A, B, C, pour toutes les fonctions sommables.

Il y a un autre cas dans lequel $P(E^i), N(E^i), V(E^i), A(E^i)$ sont tous nuls, c'est celui où $f(x)$ est absolument continue; car alors $V(I)$ tend vers zéro avec $m(I)$. Donc : *une fonction absolument continue est l'intégrale indéfinie de chacun de ses quatre nombres dérivés* (¹)*, sa variation totale est l'intégrale indéfinie de la valeur absolue de l'un quelconque de ses nombres dérivés.*

Maintenant que nous avons cet énoncé à notre disposition, nous pouvons remplacer certains résultats antérieurs par de simples conditions suffisantes d'absolue continuité :

Une fonction continue f, qui a son nombre dérivé Λf partout fini et sommable dans (a, b), y est absolument continue.

Une fonction continue et à variation bornée $f(x)$, qui a son nombre dérivé Λf partout fini dans (a, b), y est absolument continue.

Revenons au cas général dans lequel E^i existe et où les nombres $P(E^i), N(E^i), V(E^i), A(E^i)$ ne sont pas nécessairement nuls.

Alors, si l'on considère un ensemble J d'intervalles non empiétants, on a, en appelant e^{ip} la partie de E^{ip} située dans J

$$P(J) = \int_J \frac{1}{2}[\Lambda f + |\Lambda f|]\,dx + P(e^{ip});$$

On remarquera que l'idée de M. de la Vallée Poussin contient déjà en puissance les notions de fonction et d'ensemble des singularités. Ces notions et toutes celles relatives aux fonctions d'ensemble ont été examinées dans mon Mémoire : *Sur l'intégration des fonctions discontinues* (*Ann. sc. de l'Éc. Norm.*, 1910).

(¹) Il est bien entendu que, pour la conception de cette intégrale indéfinie, on néglige l'ensemble E^i de mesure nulle, formé par les points en lesquels le nombre dérivé considéré Λf est infini. Ou, ce qui revient au même, on prend l'intégrale de la fonction nulle aux points de E^i, égale à Λf ailleurs.

mais $P(e^{ip})$ est au plus égale à $P(E^{ip})$ et l'intégrale du second membre tend vers zéro avec $m(J)$. Donc, quand $m(J)$ tend vers zéro, la plus grande des limites de $P(J)$ est $P(E^{ip})$ et cette plus grande limite est atteinte quand on prend J enfermant E^{ip}. En d'autres termes : *E^{ip} est l'ensemble des singularités de la fonction $P(x)$ représentant la variation totale positive de a à x. La fonction des singularités $P_s(x)$ de la fonction $P(x)$ est*

$$P_s(x) = P(x) - \int_a^x \frac{1}{2}[\Lambda f + |\Lambda f|]\, dx.$$

On a de même, avec des notations dont le sens est clair,

$$N_s(x) = N(x) - \int_a^x \frac{1}{2}[|\Lambda f| - \Lambda f]\, dx;$$

d'où

$$V_s(x) = V(x) - \int_a^x |\Lambda f|\, dx,$$

$$f_s(x) = f(x) - f(a) - \int_a^x \Lambda f\, dx;$$

formules qui font connaître les fonctions des singularités de $P(x)$, $N(x)$, $V(x)$, $A(x)$. Quant à l'ensemble des singularités, c'est E^{ip} pour $P(x)$, E^{in} pour $N(x)$, c'est E^{i} pour $P(x)$, $N(x)$, $V(x)$, $f(x)$.

On a en particulier

$$P_s(b) = P(E^i), \qquad N_s(b) = N(E^i), \qquad V_s(b) = V(E^i), \qquad f_s(b) = A(E^i),$$

ces nombres ne sont donc tous nuls que dans le cas, déjà examiné, où f est absolument continue (¹).

Nous avons décomposé précédemment (p. 163) une fonction continue à variation bornée en sa fonction des singularités et un noyau absolument continu, soit AC le noyau de $f(x)$; nous venons de prouver que l'on a

$$A\,C(x) = f(a) + \int_a^x \Lambda f\, dx,$$

et des formules analogues pour les noyaux de $P(x)$, $N(x)$, $V(x)$.

(¹) Pour f non absolument continue, un des nombres $P(E^i)$, $N(E^i)$, $A(E^i)$ peut être nul, mais un seulement.

II. — La dérivation des fonctions à variation bornée.

Nous allons tenir compte maintenant de ce que chacun de nos résultats a quatre interprétations suivant que, par Λf, on a désigné le nombre dérivé supérieur à droite de f, ou le nombre dérivé inférieur à droite, etc.

Nous avons d'abord vu que E^{ip} jouait un rôle tout spécial que nous venons de préciser en montrant que E^{ip} est l'ensemble des singularités de $P(x)$ quand $P(x)$ n'est pas absolument continue. Il y a quatre ensembles E^{ip}, soit $\mathscr{E}^{ip}$ leur partie commune ; $\mathscr{E}^{ip}$ est l'ensemble des points en lesquels $f(x)$ a une dérivée égale à $+\infty$, or la partie commune à plusieurs ensembles des singularités, s'ils sont mesurables B, est aussi un ensemble des singularités (p. 169), donc $\mathscr{E}^{ip}$ est l'ensemble des singularités de $P(x)$.

Ainsi, *dans tout ce qui précède, on peut remplacer* E^{ip}, E^{in}, E^i *respectivement par les ensembles* $\mathscr{E}^{ip}$, $\mathscr{E}^{in}$, $\mathscr{E}^i = \mathscr{E}^{ip} + \mathscr{E}^{in}$ *formés par les points en lesquels* $f(x)$ *a une dérivée déterminée en grandeur et signe égale respectivement à* $+\infty$, *à* $-\infty$, *à* $+\infty$ *ou à* $-\infty$. *Ces trois ensembles* $\mathscr{E}^{ip}$, $\mathscr{E}^{in}$, $\mathscr{E}^i$ *sont les ensembles des singularités respectivement de* $P(x), N(x), f(x)$, *lorsque ces fonctions ne sont pas absolument continues.*

En particulier, signalons qu'*une fonction continue à variation bornée, qui n'a en aucun point une dérivée bien déterminée en grandeur et signe qui soit égale à* $+\infty$ *ou à* $-\infty$, *est absolument continue.*

Nous avons vu ensuite que le noyau $AC(x)$ de $f(x)$ était donné par la formule

$$\Lambda C(x) = f(a) + \int_a^x \Lambda f \, dx,$$

donc l'intégrale du second membre est la même pour chacun des quatre nombres dérivés ; ainsi (p. 160) ces quatre nombres dérivés sont égaux, exception faite tout au plus des points d'un ensemble de mesure nulle. *Une fonction continue* (¹) *à variation bornée* $f(x)$, *a une dérivée presque partout et le noyau de* $f(x)$ *est*

(¹) On va voir dans un instant que le mot « continue » peut être supprimé.

donné par la formule

$$\mathrm{A\,C}(x) = f(a) + \int_a^x f'(x)\,dx.$$

Appliquons ce résultat à $\mathrm{AC}(x)$ qui est son propre noyau :

$$\mathrm{A\,C}(x) = \mathrm{A\,C}(a) + \int_a^x \mathrm{A\,C}'(x)\,dx;$$

$f'(x)$ et $\mathrm{AC}'(x)$ sont donc égales presque partout comme ayant la même intégrale indéfinie, et par suite la dérivée de $f(x) - \mathrm{AC}(x)$ est presque partout nulle. En d'autres termes : *la dérivée de la fonction des singularités $f_s(x)$ d'une fonction continue* (¹) *à variation bornée $f(x)$ est presque partout nulle*. La réciproque est vraie ; d'une façon plus précise : *une fonction continue* (¹) *à variation bornée et dont la dérivée est presque partout nulle, est sa propre fonction des singularités*. En effet, d'après la formule qui précède, son noyau est identiquement nul.

Les trois théorèmes précédents peuvent, comme il a été indiqué en note, être étendus à toutes les fonctions à variation bornée continues ou discontinues (²). Pour cela, il suffira d'utiliser la formule de la page 163,

$$\mathrm{F} = \mathrm{S} + \mathrm{C} = \mathrm{F}_s + \mathrm{AC} = \mathrm{S} + \mathrm{C}_s + \mathrm{AC},$$

et de démontrer qu'*une fonction des sauts a une dérivée nulle presque partout*.

A chaque point de discontinuité x_0 de la fonction S considérée, attachons deux fonctions $\varphi(x)$; la première égale à

$$\mathrm{S}(x_0) - \mathrm{S}(x_0 - 0) \qquad \text{pour} \qquad x \geqq x_0$$

et nulle ailleurs ; la seconde égale à

$$\mathrm{S}(x_0 + 0) - \mathrm{S}(x_0) \qquad \text{pour} \qquad x > x_0$$

et nulle ailleurs. S est la somme de la série $\Sigma\varphi(x)$. La variation totale $\mathrm{VS}(x)$ de S est, pour l'intervalle (a, x), la somme de la série $\Sigma|\varphi(x)|$; série qui est majorée par la série de constantes $\Sigma|\varphi(b)|$.

Modifions chaque fonction $|\varphi(x)|$ à gauche de son point de

---

(¹) On va voir dans un instant que le mot « continue » peut être supprimé.

(²) La dérivation des fonctions discontinues a été étudiée pour la première fois par M. et Mᵐᵉ W. H. Young (*Quaterly Journal*, 1910 et *Proceedings of the London math. Soc.*, 1910).

discontinuité x_0, dans un intervalle $(x_0 - h, x_0)$, pour avoir une fonction $\psi(x)$ partout continue égale à $|\varphi(x)|$ en dehors de $(x_0 - h, x_0)$, et linéaire dans $(x_0 - h, x_0)$.

La fonction $\Psi(x) = \Sigma\psi(x)$, étant définie par une série de fonctions continues, majorée par la série de constantes $\Sigma|\varphi(b)|$ est continue; elle est de plus non décroissante.

Soit E l'ensemble des points n'appartenant à aucun des intervalles $(x_0 - h, x_0)$; dans E on a

$$\Psi(x) = V S(x);$$

dans le complémentaire CE de E, on a

$$\Psi(x) > V S(x),$$

puisque chaque fonction ψ est supérieure à la fonction $|\varphi|$ correspondante dans l'intervalle où elles diffèrent.

Les fonctions Ψ et ψ étant non décroissantes et continues ont simultanément des dérivées presque partout. En un point où toutes ces dérivées existent, on a, quel que soit l'entier positif p,

$$\Psi = \psi_1 + \psi_2 + \ldots + \psi_p + \rho_p,$$

ρ_p étant une fonction non décroissante, donc

$$\Psi' = \sum_1^p \psi'_i + \rho'_p = \sum_1^\infty \psi' + \theta,$$

θ étant positif ou nul. D'où, d'après les théorèmes des pages 179 et 128,

$$\Psi(b) \geqq \int_a^b \Psi'(x)\,dx = \sum_1^\infty \int_a^b \psi'\,dx + \int_a^b \theta\,dx$$

$$= \sum_1^\infty \psi(b) + \int_a^b \theta\,dx = \Psi(b) + \int_a^b \theta\,dx,$$

et, puisque θ n'est jamais négatif, θ est presque partout nul. Mais, aux points de E, toutes les dérivées ψ' sont nulles; donc presque partout dans E, on a

$$\Psi' = \Sigma\psi' = 0.$$

Or, d'après les relations signalées plus haut,

$$\Psi(x) = V S(x)$$

aux points de E, $\Psi(x) > V S(x)$ aux points de CE; en tout point de E la fonction $VS(x)$ a des nombres dérivés à droite au plus égaux à ceux de $\Psi(x)$, donc presque partout dans E la variation totale VS, et *a fortiori* S, a une dérivée à droite et qui est égale à zéro. Mais la mesure de CE est au plus la somme Σh que nous pouvons rendre arbitrairement petite. Donc $S(x)$ admet presque partout zéro comme dérivée à droite. Une conclusion analogue s'applique évidemment aux dérivées à gauche; le théorème est démontré.

Nous sommes maintenant en mesure de répondre à des questions antérieurement posées et de justifier certaines affirmations. Nous avons déjà, page 143, fait allusion à la propriété suivante : *pour qu'une fonction d'une variable* $F(x)$ *soit l'intégrale indéfinie d'une fonction inconnue* $f(x)$, *il faut et il suffit que* $F(x)$ *soit absolument continue* ('). La légitimation de cet énoncé est maintenant immédiate; nous avons vu, en effet, que toute intégrale indéfinie est absolument continue, page 158, puis, page 183, que toute fonction absolument continue est une intégrale indéfinie.

De là résulte de suite que : *pour qu'une fonction d'ensemble ou d'intervalle soit l'intégrale indéfinie d'une fonction inconnue* $f(x)$, *il faut et il suffit qu'elle soit complètement additive et absolument continue;* d'après ce que nous savons sur le passage d'une telle fonction à une fonction absolument continue d'une variable et sur le passage inverse.

Page 160, nous avons formulé ce problème : *trouver une fonction connaissant son intégrale indéfinie.* Prenons cette intégrale indéfinie sous la forme d'une fonction d'une variable $F(X)$; $F(X)$ est absolument continue, donc a une dérivée presque partout et est l'intégrale indéfinie de cette dérivée; mais deux fonctions qui ont même intégrale indéfinie sont égales presque partout, donc la fonction dont l'intégration a donné $F(X)$ est presque partout égale à $F'(X)$. En d'autres termes : *une intégrale indé-*

---

finie $F(x)$ *admet presque partout pour dérivée la fonction intégrée.*

Si l'intégrale indéfinie est donnée comme fonction d'ensemble ou d'intervalle, le problème n'en est pas moins résolu. Examinons ce que devient alors l'opération de dérivation. Que h soit positif ou négatif, le rapport $r[F(x), x_0, x_0 + h]$ est égal au quotient de la valeur de la fonction considérée Ψ, pour l'intervalle δ d'extrémités x_0 et $x_0 + h$, par la mesure de cet intervalle

$$r[F(x), x_0, x_0 + h] = \frac{\Psi(\delta)}{m(\delta)}.$$

C'est donc par la considération de tels rapports qu'on obtiendra la dérivée; avec la dérivée ordinaire, nous serions conduits à utiliser les deux familles d'intervalles $(x_0 - h, x_0)$, $(x_0, x_0 + h)$ ayant le point étudié pour extrémité ou origine. Mais il est mieux de remarquer que la dérivée peut tout aussi bien se définir à l'aide des intervalles $(x_0 - h, x_0 + k)$, car on a

$$r[F(x, x_0 - h, x_0 + k] = \frac{h}{h + k} r[F(x), x_0 - h, x_0]$$
$$+ \frac{k}{h + k} r[F(x), x_0, x_0 + k],$$

ce qui montre que la valeur de r du premier membre est comprise entre celles qui figurent au second membre. Nous sommes ainsi conduits à dire : *pour dériver en un point x_0 la fonction d'intervalles $\Phi(\delta)$, nous cherchons la limite du rapport $\Phi(\delta)$ quand $m(\delta)$ tend vers zéro, δ désignant un intervalle variable contenant x_0* (¹).

Cette définition ne laisse rien à désirer pour une fonction d'intervalle, mais pour une fonction d'ensemble on voudrait pouvoir prendre la limite de $\frac{\Psi(E)}{m(E)}$ quand $m(E)$ tend vers zéro et que tout l'ensemble E tend vers x_0; c'est-à-dire que E est contenu dans un intervalle Δ contenant x_0 et dont la mesure tend vers zéro.

(¹) On comparera cette définition, qui n'est que la traduction de la définition de la dérivée ordinaire, avec celle donnée par **M.** Volterra pour la dérivée d'une fonction de ligne (*Leçons sur les équations intégrales et les équations intégro-différentielles*, p. 12). La définition du texte peut évidemment être appliquée à des fonctions d'ensemble de points d'un plan, de l'espace, etc. Si on l'applique à un ensemble de points du plan, la parenté avec la définition de **M.** Volterra apparaît mieux.

Si E n'était assujetti qu'à ces conditions, on pourrait le prendre, en particulier, réduit au point x_0 et à un intervalle δ ne contenant pas x_0; il faudrait donc que la dérivée apparaisse comme la limite de

$$\frac{\Psi(\delta)}{m(\delta)} = r[F(x),\ x_0+h,\ x_0+h+k],$$

quand h et k tendent vers zéro, même par valeurs de même signe. D'après le théorème de la moyenne, le second membre est compris entre les valeurs extrêmes prises dans $(x_0+h,\ x_0+h+k)$ par la fonction f dont F est l'intégrale indéfinie. Soit d'ailleurs un point x_0+h voisin de x_0 et en lequel F' existe, on pourra alors trouver $(x_0+h,\ x_0+h+k)$ tel que hk soit positif et aussi petit que l'on veut et que $r[F(x),\ x_0+h,\ x_0+h+k]$ soit aussi voisin de $F'(x_0+h)$ qu'on le voudra. Donc le procédé que nous examinons ne réussira, avec tous les intervalles δ ou tous les ensembles E, que si F' est continue en x_0 dans l'ensemble des points où elle existe. D'ailleurs, dans ce cas, la fonction f dont F est l'intégrale indéfinie pourra être supposée continue en x_0 — puisqu'elle n'est assujettie qu'à la condition d'être presque partout égale à F' — et par suite le procédé de définition de la dérivée à l'aide de tous les ensembles dont tous les points tendent vers x_0, peut bien alors être utilisé ([1]).

Hors ce cas banal, il faut donc particulariser la famille des ensembles E employés, et de façon à diminuer l'influence des points en lesquels f diffère beaucoup de $F'(x_0)$. Pour cela, ε ayant été arbitrairement choisi positif, soit E_i l'ensemble des points

$$E[i\varepsilon \leqq f(x) < (i+1)\varepsilon],$$

soit f_i la fonction égale à f aux points de E_i et nulle ailleurs, soit enfin $g_i = f - f_i$. Un ensemble de mesure nulle de points étant excepté, les intégrales indéfinies $\int f_i\,dx$ et $\int |g_i|\,dx$ ont des dérivées, au sens ordinaire du mot, respectivement égales aux fonctions f_i et $|g_i|$. Alors, si le point non exceptionnel x_0 appartient

---

à E_l, on a

$$\frac{\int_E f\,dx}{m(E)} = \frac{\int_E f_l\,dx}{m(E)} + \frac{\int_E g_l\,dx}{m(E)},$$

$$\left|\frac{\int_E f\,dx}{m(E)} - \frac{\int_E f_l\,dx}{m(E)}\right| \leqq \frac{\int_E |g_l|\,dx}{m(E)} \leqq \frac{\int_\Delta |g_l|\,dx}{m(\Delta)}\,\frac{m(\Delta)}{m(E)};$$

Δ désignant le plus petit intervalle contenant à la fois E et x_0. Le premier rapport du second membre tend vers la dérivée de $\int|g_l|\,dx$ en x_0, laquelle est nulle par hypothèse. Donc nous n'aurons plus à nous occuper que de l'influence de f_l, c'est-à-dire des points de E_l, si le rapport $\frac{m(\Delta)}{m(E)}$ n'augmente pas indéfiniment. D'où la définition : *Nous appellerons dérivée en x_0 d'une fonction d'ensemble Ψ la limite, si elle existe, du rapport $\frac{\Psi(E)}{m(E)}$ pour des ensembles E appartenant à une famille régulière. On entend par là qu'un entier positif k ayant été arbitrairement choisi, on ne considérera un ensemble E que si, Δ étant le plus petit intervalle contenant E et x_0, on a*

$$m(E) > k\,m(\Delta),$$

et que l'on fera varier E de façon que $m(\Delta)$ tende vers zéro.
Nous venons de voir qu'avec ce choix d'ensemble E les deux rapports incrémentiels $\dfrac{\int_E f\,dx}{m(E)}$, $\dfrac{\int_E f_l\,dx}{m(E)}$ avaient les mêmes limites presque partout. Étudions le second. Soit F_l l'ensemble des points communs à E et E_l et soit $G_l = E - F_l$; on a

$$\frac{\int_E f_l\,dx}{m(E)} = \frac{\int_{F_l} f_l\,dx}{m(E)} = \frac{\int_{F_l} f_l\,dx}{m(F_l)}\,\frac{m(F_l)}{m(E)}.$$

Le premier facteur du dernier membre est compris entre $l\varepsilon$ et $(l+1)\varepsilon$; quant au second, il s'écrit encore $1 - \dfrac{m(G_l)}{m(E)}$. Or, si h_l désigne la fonction nulle dans E_l et égale à un en dehors de E_l, on a

$$\frac{m(G_l)}{m(E)} \leqq \frac{m(G_l)}{k\,m(\Delta)} = \frac{\int_{G_l} h_l\,dx}{k\,m(\Delta)} \leqq \frac{1}{k}\,\frac{\int_\Delta h_l\,dx}{m(\Delta)}.$$

En dehors d'un ensemble exceptionnel de mesure nulle, toutes les intégrales indéfinies $\int h_i dx$ ont des dérivées égales aux h_i; si donc x_0 a été pris en dehors aussi de ce nouvel ensemble exceptionnel, le dernier membre des relations précédentes tend vers zéro; donc, le rapport incrémentiel $\dfrac{\displaystyle\int_{\mathcal{E}} f\,dx}{m(\mathrm{E})}$ a toutes ses limites comprises entre $l\varepsilon$ et $(l+1)\varepsilon$, c'est-à-dire différentes de $f(x_0)$ au plus de ε. Mais, comme ε est arbitrairement petit, si l'on prend x_0 en dehors de la somme des ensembles exceptionnels attachés aux valeurs $\varepsilon = 1, \frac{1}{2}, \frac{1}{3}, \frac{1}{4}, \ldots$, c'est-à-dire en dehors d'un ensemble de mesure nulle, la dérivée de la fonction d'ensemble $\int_{\mathcal{C}} f\,dx$ sera $f(x_0)$. Donc *une intégrale indéfinie fonction d'ensemble a presque partout pour dérivée la fonction intégrée.*

Nous avons donc le même énoncé pour les trois espèces d'intégrale indéfinie; mais il faut bien remarquer que, sous sa dernière forme, il exprime une propriété bien plus précise que sous les deux premières formes qui étaient équivalentes. Si l'intégrale indéfinie $\Psi(\mathrm{E})$ a une dérivée au point x_0, $\mathrm{F}(\mathrm{X})$ en a une aussi et ces deux dérivées sont égales; mais la réciproque n'a pas lieu.

Il y a donc lieu de traduire en un énoncé relatif à $\mathrm{F}(\mathrm{X})$ le résultat que nous venons d'obtenir; des développements relatifs au calcul de $\Psi(\mathrm{E})$ connaissant $\mathrm{F}(\mathrm{X})$ résultent de suite cet énoncé : $\mathrm{F}(\mathrm{X})$ *étant une fonction absolument continue dans (a, b) et x_0 un point de (a, b), on enferme x_0 dans un intervalle Δ et l'on choisit, dans Δ, des intervalles non empiétants (α_i, β_i) tels que l'on ait*

$$\Sigma(\beta_i - \alpha_i) \geqq k\, m(\Delta),$$

k *étant un nombre positif fixe. Alors, presque partout on a*

$$\mathrm{F}'(x_0) = \operatorname*{limite}_{\mathrm{mes}(\omega) \to 0} \frac{\Sigma\,[\mathrm{F}(\beta_i) - \mathrm{F}(\alpha_i)]}{\Sigma\,[\beta_i - \alpha_i]}.$$

On peut donner à cet énoncé la forme suivante : $f(x)$ *étant une fonction sommable, la fonction $\int |f(x) - f(x_0)|\,dx$ admet une dérivée nulle pour $x = x_0$, pourvu que x_0 ne soit pas pris dans un certain ensemble exceptionnel de mesure nulle.*

Montrons, en effet, qu'il y a identité entre cet ensemble exceptionnel $\mathcal{E}$ et celui $\mathcal{E}_1$ des points x_0 en lesquels la fonction d'ensemble intégrale indéfinie de $f(x)$ n'admet pas une dérivée égale à $f(x_0)$.

Supposons, en effet, que x_0 soit point de ce dernier ensemble $\mathcal{E}_1$, c'est-à-dire que l'on puisse trouver des ensembles E dont tous les points se rapprochent indéfiniment de x_0, qui appartiennent à une famille régulière de paramètre k et pour lesquels on ait

$$\left| \frac{\int_E f(x)\,dx}{m(E)} - f(x_0) \right| > \alpha,$$

α étant un nombre fixe non nul.

On a donc, *a fortiori*,

$$\frac{\int_E |f(x) - f(x_0)|\,dx}{m(E)} \geqq \left| \frac{\int_E f(x)\,dx - \int_E f(x_0)\,dx}{m(E)} \right| > \alpha,$$

et, par suite, si Δ est le plus petit intervalle contenant $E + x_0$,

$$\frac{\int_\Delta |f(x) - f(x_0)|\,dx}{m(\Delta)} \geqq \frac{\int_E |f(x) - f(x_0)|\,dx}{m(\Delta)}$$

$$= \frac{\int_E |f(x) - f(x_0)|\,dx}{m(E)}\, \frac{m(E)}{m(\Delta)} > k\alpha;$$

ce qui montre que x_0 est point de $\mathcal{E}$.

Inversement, supposons x_0 point de $\mathcal{E}$, alors on peut trouver une suite d'intervalles Δ, enfermant chacun x_0 et de longueurs décroissantes et tendant vers zéro, tels que pour chacun d'eux on ait

$$\frac{\int_\Delta |f(x) - f(x_0)|\,dx}{m(\Delta)} > \alpha,$$

α étant un certain nombre positif.

Partageons les points de Δ en deux ensembles E_p et E_n dans lesquels la différence $f(x) - f(x_0)$ est respectivement positive et non positive et ne conservons qu'une suite partielle des Δ de façon que

$$\frac{\displaystyle\int_{E_p}[f(x)-f(x_0)]\,dx}{m(\Delta)}, \qquad \frac{\displaystyle\int_{E_n}[f(x)-f(x_0)]\,dx}{m(\Delta)}$$

tendent vers deux limites déterminées β et $-\gamma$, et que l'on ait

$$\frac{\displaystyle\int_{E_p}[f(x)-f(x_0)]\,dx}{m(\Delta)} > \frac{\beta}{2} \text{ ou } < \frac{\gamma}{4},$$

suivant que β est positif ou nul, et

$$\frac{\displaystyle\int_{E_n}[f(x)-f(x_0)]\,dx}{m(\Delta)} < -\frac{\gamma}{2} \text{ ou } > -\frac{\beta}{4}$$

suivant que γ est positif ou nul.

Remarquons, au reste, que $\beta - \gamma$ est au moins égal à α, donc que β et γ ne sont jamais nuls à la fois, et que

$$m(E_n) + m(E_p) = m(\Delta),$$

donc que l'un au moins des deux ensembles E_n et E_p appartient à la famille régulière d'ensemble de paramètre $k = \frac{1}{4}$.

Si E_p est régulier et $\beta > 0$, en prenant $E \equiv E_p$, on a

$$\frac{\displaystyle\int_{E}f(x)\,dx}{m(E)} > f(x_0) + \frac{\beta}{2}\frac{m(\Delta)}{m(E)} > f(x_0) + \frac{\beta}{2}.$$

Si ces deux conditions ne sont pas réalisées à la fois et si E_n est régulier et $\gamma > 0$, on prend $E \equiv E_n$,

$$\frac{\displaystyle\int_{E}f(x)\,dx}{m(E)} < f(x_0) - \frac{\gamma}{2}\frac{m(\Delta)}{m(E)} < f(x_0) - \frac{\gamma}{2}.$$

Si E_p est irrégulier, $\beta > 0$, et si $\gamma = 0$, E_n est alors régulier; nous prendrons $E \equiv \Delta$ et nous aurons

$$\frac{\displaystyle\int_{E}f(x)\,dx}{m(E)} = \frac{\displaystyle\int_{E_p}f(x)\,dx}{m(\Delta)} + \frac{\displaystyle\int_{E_n}f(x)\,dx}{m(\Delta)}$$

$$> \left[f(x_0)\frac{m(E_p)}{m(\Delta)} + \frac{\beta}{2}\right] + \left[f(x_0)\frac{m(E_n)}{m(\Delta)} - \frac{\beta}{4}\right] = f(x_0) + \frac{\beta}{4}.$$

Enfin, il ne reste plus que le cas où E_p étant régulier et E_n irrégulier, $\beta = 0$; avec $E \equiv \Delta$, on a alors

$$\frac{\displaystyle\int_E f(x)\,dx}{m(E)} < f(x_0) - \frac{\gamma}{4}.$$

Si donc $\lambda > 0$ est plus petit à la fois que $\frac{\beta}{4}$ et $\frac{\gamma}{4}$, on a toujours

$$\left| \frac{\displaystyle\int_E f(x)\,dx}{m(E)} - f(x_0) \right| > \lambda.$$

La suite de ces ensembles E, qui appartiennent à la famille régulière pour $k = \frac{1}{4}$, permet de constater que x_0 appartient à $\mathscr{E}_1$ ([1]).

Au cours des raisonnements précédents, nous avons rencontré une notion qu'il importe d'expliciter. Soit un ensemble mesurable E, le rapport $\frac{m(e)}{\beta - \alpha}$, de la mesure de la partie e de E située dans un intervalle (α, β) à la mesure de cet intervalle, est appelé *la densité moyenne de E dans* (α, β). Si la densité moyenne de E dans les intervalles (α, β) contenant un point x_0, tend vers une limite déterminée quand $\beta - \alpha$ tend vers zéro, cette limite est dite *la densité en x_0*; x_0 n'a pas besoin d'être un point de E pour que cette définition s'applique ([2]).

([1]) On trouvera dans un Mémoire relatif aux séries de Fourier, que j'ai publié dans les *Math. Annalen* (Bd LXI, 1905), une autre démonstration de ce théorème, d'où l'on pourrait déduire la proposition relative à la dérivabilité des fonctions d'ensemble qui sont des intégrales indéfinies d'une manière toute différente de celle qui nous a servi ici.

([2]) J'ai introduit ces dénominations, qui s'imposent presque, étant donnés les sens physiques des mêmes expressions, dans le Mémoire cité des *Math. Annalen*. M. Denjoy remplace le mot *densité* par *épaisseur*; il est choqué par des phrases telles que celle-ci : « Un ensemble partout non dense peut avoir presque partout une densité égale à un ». Il est certain qu'une telle phrase semble un calembour; mais des deux mots dense et densité, c'est le premier qui est mal choisi, car il éveille, me semble-t-il, une idée de mesure, une idée quantitative.

Quoi qu'il en soit, le lecteur qui m'aura suivi jusqu'ici ne se laissera pas troubler par ces questions de mots puisqu'il aura consenti à s'occuper de la recherche de la définition de l'intégrale définie — ce qui peut paraître ridicule, — et de la définition de l'intégrale qui reste indéfinie même après qu'on l'a définie — ce qui est un peu humiliant.

Soit φ la fonction mesurable égale à un aux points de E et nulle ailleurs, la densité moyenne de E dans (α, β) est le rapport incré-

mentiel $\dfrac{\displaystyle\int_{\alpha}^{\beta} \varphi\, dx}{\beta - \alpha}$, donc le théorème sur la dérivation de $\displaystyle\int_{a}^{x} \varphi\, dx$

donne : *la densité d'un ensemble mesurable* E *est presque partout égale à un aux points de* E, *presque partout égale à zéro en dehors de* E.

On peut regarder cette propriété comme le fondement géométrique des théorèmes sur la dérivation des intégrales définies et l'on peut, pour établir ces théorèmes, suivre une marche exactement inverse de celle suivie ici, c'est-à-dire prouver en premier lieu le théorème sur la densité ([1]). Nous nous contenterons de déduire de ce théorème une proposition intéressante concernant une fonction mesurable quèlconque f, que nous allons obtenir en reprenant les notations utilisées pour étudier la dérivation des fonctions d'ensemble (p. 190).

Sauf aux points d'un ensemble exceptionnel de mesure nulle, les différents ensembles E_i ont une densité égale à un ou à zéro, suivant qu'il s'agit de la densité en un point de E_i ou non; on peut supposer cet ensemble exceptionnel choisi de manière à convenir pour les valeurs $1, \dfrac{1}{2}, \dfrac{1}{3}, \ldots$, données à ε. x_0 ayant été choisi en dehors de cet ensemble exceptionnel, soit $l(\varepsilon)$ l'indice de celui des E_l correspondant à ε, qui contient x_0; alors, en x_0, pour chacune des valeurs indiquées de ε, $E_{l(\varepsilon)}$ a une densité égale à un, les autres E_i ont une densité nulle.

Choisissons un intervalle Δ_1 de centre x_0 et assez petit pour que, dans tout intervalle contenu dans Δ_1 et contenant x_0, la densité moyenne de $E_{l(1)}$ soit supérieure à $1 - \varepsilon_1$, ε_1 étant un nombre, compris entre zéro et un, arbitrairement choisi. Soit $1 - \varepsilon_1 + \eta$ la limite inférieure de cette densité moyenne dans les intervalles considérés.

Choisissons un nombre ε_2 inférieur à la fois à $\dfrac{\varepsilon_1}{2}$ et à η_1, et soit Δ_2 un intervalle de milieu x_0 de longueur inférieure à $\dfrac{\Delta_1}{4}$ et tel que,

---

([1]) *Voir*, par exemple, mon Mémoire des *Ann. Sc. de l'Éc. Norm.*, 1910.

dans tout intervalle contenu dans Δ_2 et contenant x_0, la densité moyenne de $E_{\iota\left(\frac{1}{2}\right)}$ soit supérieure à $1 - \varepsilon_2$. On appellera alors

$$1 - \varepsilon_2 + \eta_2,$$

la limite inférieure de cette densité moyenne et, à partir de η_2 et ε_2, comme tout à l'heure à partir de η_1 et ε_1, on définira, par l'intermédiaire de $E_{\iota\left(\frac{1}{3}\right)}$ un nombre ε_3 et un intervalle Δ_3. Et ainsi de suite.

Soit E l'ensemble formé par la partie de $E_{\iota(1)}$ extérieure à Δ_2 et contenue dans Δ_1, de la partie de $E_{\iota\left(\frac{1}{2}\right)}$ extérieure à Δ_3 et contenue dans Δ_2, ... Il est clair que $f(x)$ est continue en x_0 sur E; nous allons constater que E est de densité un au point x_0.

Pour cela, raisonnons sur un ensemble $\mathscr{E}$ qui serait constitué dans $\Delta_1 - \Delta_2$ par $E_{\iota(1)}$ et qui, dans Δ_2, serait tel que, dans tout intervalle contenu dans Δ_2 et contenant x_0, sa densité moyenne surpasse $1 - \varepsilon_2$. On pourrait, par exemple, prendre $\mathscr{E}$ identique à $E_{\iota\left(\frac{1}{2}\right)}$ dans Δ_2.

Les intervalles contenus dans Δ_1 et contenant x_0 sont, ou bien contenus dans Δ_2, et alors nous connaissons pour eux la limite inférieure $1 - \varepsilon_2$ de leur densité moyenne, ou non contenus dans Δ_2. Soit L un tel intervalle, l sa partie située dans Δ_2. Dans L, $E_{\iota(1)}$ avait une mesure au moins égale à $(1 - \varepsilon_1 + \eta_1) m(L)$; mais tout l peut faire partie de $E_{\iota(1)}$ et, dans l, $\mathscr{E}$ a une mesure supérieure à $(1 - \varepsilon_2) m(l)$; finalement, dans L, $\mathscr{E}$ a une mesure supérieure à

$$(1 - \varepsilon_1 + \eta_1)\, m(L) - m(l) + (1 - \varepsilon_2)\, m(l),$$

donc une densité moyenne supérieure à

$$1 - \varepsilon_1 + \eta_1 - \varepsilon_2 \frac{m(l)}{m(L)} > 1 - \varepsilon_1 + \eta_1 - \varepsilon_2 > 1 - \varepsilon_1.$$

Or, soit $\mathscr{E}_2$ l'ensemble $\mathscr{E}$ identique à $E_{\iota\left(\frac{1}{2}\right)}$ dans Δ_2, soit $\mathscr{E}_i$ l'ensemble identique à $\mathscr{E}_{i-1}$ à l'extérieur de Δ_i et identique à $E_{\iota\left(\frac{1}{i}\right)}$ dans Δ_i. Il est clair maintenant que les densités moyennes de $\mathscr{E}_2$, $\mathscr{E}_3$, ..., sont toutes supérieures à $1 - \varepsilon_1$ dans les intervalles contenant x_0, contenus dans Δ_1 et contenant Δ_2; que les densités moyennes de $\mathcal{E}_3$, $\mathcal{E}_4$, ..., sont toutes supérieures à $1 - \varepsilon_2$ dans les intervalles contenant x_0, contenus dans Δ_2 et contenant Δ_3, ...

Donc, la densité moyenne de E est au moins égale à $1 - \varepsilon_1$, $1 - \varepsilon_2$, ..., respectivement dans les diverses espèces d'intervalles considérés; la densité de E au point x_0 est donc égale à un et celle du complémentaire CE de E est par suite nulle, car la somme des densités moyennes, dans un même intervalle, de deux ensembles complémentaires est bien évidemment égale à un. Ainsi :

Une fonction mesurable $f(x)$ est continue en chaque point x_0 pourvu qu'on néglige les points d'un ensemble de densité nulle en x_0 ([1]), exception faite toutefois des points x_0 appartenant à un ensemble exceptionnel de mesure nulle.

De là résulte en particulier que les dérivées des fonctions $F(x)$ à variation bornée, dont l'existence a été démontrée, sont presque partout continues aux ensembles de densité nulle près. Chacun pourra étudier les rapports entre cette continuité et la possibilité de dériver les fonctions d'ensemble intégrales indéfinies; sans nous y arrêter, nous allons traiter rapidement de la rectification des courbes, ce qui va nous ramener aux procédés du début de ce paragraphe.

III. — La rectification des courbes.

Soit une courbe donnée par les fonctions continues $x(t)$, $y(t)$, $z(t)$ définies dans un certain intervalle (a, b). En appliquant au radical qui représente la longueur d'une corde de cette courbe, l'inégalité

$$|l| \leqq \sqrt{l^2 + m^2 + n^2} \leqq |l| + |m| + |n|.$$

nous avons conclu, au Chapitre IV, que la courbe est rectifiable si, et seulement si, $x(t)$, $y(t)$, $z(t)$ sont à variation bornée; et que, lorsque cette condition est réalisée, l'arc donné par les valeurs de t d'un intervalle δ a une longueur comprise entre la variation totale $Vx(\delta)$ de x dans δ [ou $Vy(\delta)$, ou $Vz(\delta)$], et la somme $Vx(\delta) + Vy(\delta) + Vz(\delta)$.

([1]) L'ensemble négligé, de densité nulle en x_0, varie avec le point x_0; c'est l'ensemble CE du texte.

Si $s(t)$ est la longueur de l'arc depuis $t = a$ jusqu'à t quelconque, on peut écrire cela :

$$V.x(\delta) \leqq Vs(\delta) \leqq Vx(\delta) + Vy(\delta) + Vz(\delta).$$

Appliquons cette double inégalité à tous les intervalles d'un ensemble I d'intervalles non empiétants, et ajoutons ; nous obtenons un résultat que l'on peut noter

$$Vx(I) \leqq Vs(I) \leqq Vx(I) + Vy(I) + Vz(I).$$

Faisons maintenant varier I de façon que $m(I)$ tende vers zéro, nous voyons que : *$s(t)$ est absolument continue si, et seulement si $x(t)$, $y(t)$, $z(t)$ le sont. L'ensemble des singularités de $s(t)$ est la somme des ensembles des singularités de $x(t)$, $y(t)$, $z(t)$.*

Nous pouvons donc prendre l'ensemble $\mathscr{E}_s$ des valeurs de t où $x(t)$, $y(t)$, $z(t)$, $s(t)$ n'ont pas, toutes quatre, des dérivées finies et déterminées comme un ensemble de singularités.

Ceci étant, enfermons $\mathscr{E}_s$ dans un ensemble A^i d'intervalles non empiétants ; puis, ε étant arbitrairement choisi positif, enfermons dans un ensemble A_p d'intervalles non empiétants l'ensemble E_p des points en lesquels on a

$$p\varepsilon \leqq \sqrt{x'^2 + y'^2 + z'^2} < (p+1)\varepsilon;$$

et couvrons (a, b), à partir de a, à l'aide d'une chaîne d'intervalles choisis parmi les suivants :

a. A un point t_0 de $\mathscr{E}_s$ attachons l'intervalle d'origine t_0 et dont l'extrémité coïncide avec l'extrémité de celui des intervalles constituant A^i qui contient t_0 ;

b. A un point t_0 de E_p attachons un intervalle d'origine t_0, contenu dans celui des intervalles constituant A_p qui contient t_0, et tel que la longueur de la corde fournie par cet intervalle δ diffère de

$$m(\delta) \sqrt{x'(t_0)^2 + y'(t_0)^2 + z'(t_0)^2}$$

de moins de ε.

Servons-nous de cette chaîne, ou plutôt du polygone inscrit correspondant, pour calculer une valeur approchée de $s(b)$. La contribution des intervalles de l'espèce *a* est au plus $V_s(A^i)$; d'ailleurs, elle sera aussi voisine qu'on le voudra de cette valeur si l'on modifie la construction de la chaîne comme il suit : on opérera comme il a été indiqué seulement à l'extérieur des p premiers intervalles, δ_1, δ_2, ..., δ_p constituant A^i et l'on subdivisera δ_1, δ_2, ..., δ_p en intervalles partiels extrêmement petits. Moyennant cette modification nous pourrons donc supposer, en choisissant convenablement les A^i, que la contribution des intervalles de l'espèce a diffère aussi peu qu'on le veut de la limite inférieure de $V_s(A^i)$, quand on fait tendre $m(A_i)$ vers zéro, c'est-à-dire de la valeur $s_s(b)$ que prend pour $t = b$ la fonction des singularités $s_s(t)$ de $s(t)$.

D'autre part, la contribution des intervalles de l'espèce b est comprise entre

$$\Sigma[\,|\,p\,| - 2\,]\varepsilon\, m(\alpha_p) \quad \text{et} \quad \Sigma[\,|\,p\,| + 2\,]\varepsilon\, m(A_p),$$

α_p désignant la partie de A_p non couverte par A^i et les autres A_p. Mais nous avons vu que, moyennant un choix convenable de ε, de $m(A^i)$ et des $m(A_p)$, tous pris suffisamment petits, les deux sommes précédentes diffèrent aussi peu qu'on le veut de

$$\int_{\mathcal{E}} \sqrt{x'^2 + y'^2 + z'^2}\, dt,$$

$\mathcal{E}$ étant l'ensemble des points de (a, b) qui n'appartiennent pas à $\mathcal{E}_s$. Avant de conclure remarquons que si nous avions formé $\mathcal{E}_s$ à l'aide des points où l'un des nombres x', y', z' aurait été infini de signe bien déterminé, et $\mathcal{E}$ des points où x', y', z' auraient été tous trois finis et déterminés, cela n'aurait changé ni la limite inférieure de $V_s(A^i)$, ni l'intégrale $\int_{\mathcal{E}} \sqrt{x'^2 + y'^2 + z'^2}\, dt$, donc :

Si l'on désigne par $\mathcal{E}$ l'ensemble des valeurs de t pour lesquelles $x'(t)$, $y'(t)$, $z'(t)$ sont finies et déterminées, et par $\mathcal{E}_s$ l'ensemble des valeurs de t pour lesquelles l'une au moins des dérivées $x'(t)$, $y'(t)$, $z'(t)$ a une valeur infinie de signe déterminé, la longueur de la courbe rectifiable $x(t), y(t), z(t)$ est égale à

$$\int_{\mathcal{E}} \sqrt{x'^2 + y'^2 + z'^2}\, dt + s_s(b);$$

$s_s(b)$ étant la limite inférieure de la somme des longueurs

d'arcs de la courbe contenant tous les points de cette courbe donnés par les valeurs de $\mathcal{E}_s$ ([1]).

Si l'on corrige $s(t)$ de sa fonction des singularités, on a une fonction absolument continue

$$AC\, s(t) = s(t) - s_s(t) = \int_0^t \sqrt{x'^2 + y'^2 + z'^2}\, dt,$$

qui a presque partout pour dérivée $\sqrt{x'^2 + y'^2 + z'^2}$; mais $s_s(t)$ a presque partout une dérivée nulle. Donc, *on a presque partout*

$$\overline{s'(t)}^2 = \overline{x'(t)}^2 + \overline{y'(t)}^2 + \overline{z'(t)}^2,$$

pour toute courbe rectifiable.

Exprimons les coordonnées des points de la courbe en fonction du paramètre $s = s(t)$; cette formule devient

$$1 = \overline{x'(s)}^2 + \overline{y'(s)}^2 + \overline{z'(s)}^2 ;$$

elle a lieu presque partout ; l'expression presque partout étant relative maintenant à la mesure par rapport à la variable s. Partout où elle a lieu $x'(s)$, $y'(s)$, $z'(s)$ existent et ne sont pas toutes trois nulles, donc : *si l'on excepte les points d'une courbe rectifiable, donnés par un ensemble de mesure nulle de valeurs de l'arc s, en tout point de la courbe existe une tangente déterminée, et l'on a*

$$x_s'^2 + y_s'^2 + z_s'^2 = 1.$$

([1]) La démonstration montre que l'on peut remplacer dans cet énoncé les mots « la limite inférieure de la somme des longueurs d'arcs » par « la limite inférieure de la limite de la somme des longueurs des cordes d'arcs ».

CHAPITRE X.

LA TOTALISATION.

I. — Les fonctions de première classe.

Nous allons démontrer le théorème que nous avons déjà énoncé à la page 99 :

Pour qu'une fonction soit de classe un au plus, il faut et il suffit qu'elle soit ponctuellement discontinue pour tout ensemble parfait.

Ce théorème, dû à M. R. Baire ([1]), est étranger à notre sujet mais, d'une part, nous utiliserons la condition nécessaire qu'il exprime, d'autre part, et surtout, le procédé transfini qui nous servira à prouver que la condition énoncée est suffisante, est celui-là même qui a permis à M. Denjoy de résoudre complètement le problème des fonctions primitives ([2]). Aussi nous allons dorénavant utiliser constamment les nombres transfinis; les lecteurs qui ne seraient pas familiarisés avec l'emploi de ces nombres feront bien d'étudier la Note placée à la fin du Volume avant de lire ce Chapitre.

Démontrons que la condition est nécessaire, c'est-à-dire que, si f est la limite d'une suite convergente de fonctions $f_1, f_2, \ldots$ continues, et si E est un ensemble parfait, il y a des points de E en lesquels la fonction f, considérée seulement sur E, est continue. Désignons par $E_{n,p}$ l'ensemble des points de E en lesquels on a $|f_n - f_{n+p}| \leqq \varepsilon|$, ε étant un nombre positif arbitrairement choisi, et par E_n l'ensemble des points communs à $E_{n,1}, E_{n,2}, E_{n,3}, \ldots$

([1]) *Annali di Matematica*, 1899. *Voir* aussi le Livre publié par M. Baire dans cette Collection.

([2]) Les Mémoires de M. Denjoy ont paru au *Journal de Mathématiques*, 1915, au *Bulletin de la Société mathématique de France*, 1915, et aux *Annales scientifiques de l'École Normale*, 1916, 1917.

L'ensemble $E_{n,p}$ est fermé, E_n est donc aussi fermé. E est la somme des E_n.

Je dis que l'on peut trouver un intervalle I, dans lequel il y a des points de E, et dans lequel E et E_n sont identiques pour une valeur assez grande de n (¹). Soit I_0 un intervalle contenant des points de E; si E_1 n'est pas identique à E dans I_0, considérons un point x_0 de E et de I_0 n'appartenant pas à E_1 (²), I_1 étant un intervalle de milieu x_0 et pris assez petit, I_1 sera intérieur à I_0, il contiendra des points de E et aucun point de E_1.

Si, dans I_1, E et E_2 ne sont pas identiques, on pourra, dans I_1, trouver un point x_1 appartenant à E sans appartenir à E_2, à partir duquel on définirait un intervalle I_2 contenu dans I_1, contenant des points de E et aucun point de E_2, etc.

. Or la suite des I_1, I_2, ... ne peut être indéfinie car, à l'intérieur de tous ces intervalles, il y aurait des points; ceux-ci appartiendraient à E et n'appartiendraient à aucun des E_n, ce qui est impossible (³). Donc on arrivera à un dernier intervalle, soit I_p, et, dans I_p, E et E_{p+1} sont identiques.

Ainsi, on peut trouver un intervalle I et une valeur de n tels que, dans I, E et E_n soient identiques et aient effectivement des points. Dans I prenons i, contenant des points de E, et tel que l'oscillation de f_n soit, dans i, inférieure à ε. Alors, pour x_1 et x_0 pris dans i et sur E, on a, quel que soit p positif ou nul,

$$|f_{n+p}(x_1) - f_n(x_1)| \leqq \varepsilon, \qquad |f_n(x_0) - f_n(x_1)| \leqq \varepsilon,$$

d'où

$$|f_{n+p}(x_1) - f_n(x_0)| \leqq 2\varepsilon.$$

et par suite

$$|f(x_1) - f(x_0)| \leqq 2\varepsilon.$$

En d'autres termes, *dans i, f et les f_{n+p} (p positif ou nul) sont chacune constante à 2ε près et, lorsque x et p varient, égales entre elles à 4ε près.*

(¹) Par point contenu dans un intervalle, nous entendons ici un point compris entre les extrémités et différant de ces extrémités.

(²) Je me dispense de préciser la loi des choix des x_0, x_1, ..., I_0, I_1, ... comme il conviendrait de le faire pour satisfaire aux exigences logiques indiquées page 67.

(³) En d'autres termes, un ensemble parfait E ne peut être la somme d'un nombre fini ou d'une infinité dénombrable d'ensembles partout non denses sur E.

Si maintenant nous prenons des nombres ε_1, ε_2, ... tendant vers zéro, nous pourrons trouver des intervalles i_1, i_2, ... contenus les uns dans les autres, contenant des points de E, et dans lesquels l'oscillation de f, sur ε, sera respectivement au plus $2\varepsilon_1$, $2\varepsilon_2$, ... A l'intérieur de tous cés intervalles i_k, il existera au moins un point de E; en ce point, f est continue sur E.

Pour démontrer que la condition est suffisante, prouvons d'abord qu'il suffit que, quel que soit $\varepsilon > 0$, une fonction f diffère de moins de ε d'une fonction f_ε de classe un au plus, pour que f soit de classe un au plus.

En effet, supposons que f diffère de moins de $\frac{1}{2^k}$ d'une fonction $f_{\frac{1}{2^k}}$ de classe un. Alors on peut écrire

$$ f = f_{\frac{1}{2}} + \left(f_{\frac{1}{2^2}} - f_{\frac{1}{2}} \right) + \left(f_{\frac{1}{2^3}} - f_{\frac{1}{2^2}} \right) + \ldots = \Sigma f^k, $$

la série est uniformément convergente, a ses termes majorés par ceux de la série $\sum \left(\frac{1}{2^k} + \frac{1}{2^{k-1}} \right)$, et tous ses termes sont de classe un au plus.

Donc f^k est la limite d'une suite de fonctions continues φ_p^k et comme $|f^k|$ ne surpasse pas $\frac{1}{2^k} + \frac{1}{2^{k-1}}$, si l'on pose, pour $k > 1$,

$$ \psi_p^k = \varphi_p^k, \qquad \text{lorsque l'on a} \qquad |\varphi_p^k| \leqq \frac{1}{2^k} + \frac{1}{2^{k-1}}; $$

$$ \psi_p^k = \frac{1}{2^k} + \frac{1}{2^{k-1}}, \qquad \text{»} \qquad \psi_p^k > \frac{1}{2^k} + \frac{1}{2^{k-1}}; $$

$$ \psi_p^k = -\left(\frac{1}{2^k} + \frac{1}{2^{k-1}} \right), \qquad \text{»} \qquad \varphi_p^k < -\left(\frac{1}{2^k} + \frac{1}{2^{k-1}} \right); $$

pour k fixe et p croissant indéfiniment, la suite des ψ_p^k a même limite que celle des φ_p^k.

Posons enfin

$$ \Psi_p = \varphi_p^1 + \psi_p^2 + \psi_p^3 + \ldots; $$

Ψ_p est une fonction continue car la série du second membre a ses termes majorés, à partir du second, par ceux de la série

$$ \Sigma \left(\frac{1}{2^k} + \frac{1}{2^{k-1}} \right). $$

Or, il est clair que l'on a

$$f = \text{limite de } \Psi_p.$$

ce qui prouve que f est de classe un au plus.

Grâce à ce lemme, pour démontrer qu'une fonction $f(x)$ ponctuellement discontinue sur tout ensemble parfait est de classe un au plus, il suffit de montrer que, quel que soit $\eta > 0$, on peut construire une fonction $\varphi(x)$ de classe un au plus ne différant pas de $f(x)$ de plus de η. Cette construction est basée sur les propriétés de la fonction $f(x)$ considérée sur un ensemble fermé F.

Quand, au Chapitre II, nous avons défini le maximum, le minimum, l'oscillation d'une fonction $f(x)$ en un point, nous avons fait remarquer que ces définitions, et par suite celles de la continuité et de la discontinuité, ne supposaient pas que $f(x)$ soit définie dans tout un intervalle. Si l'on applique ces définitions à un ensemble fermé, elles conduisent à dire que $f(x)$ est, sur l'ensemble fermé F, continue en chaque point isolé de F ou, ce qui est équivalent, que l'oscillation de $f(x)$ sur F est nulle en tout point isolé de F.

De là il résulte qu'une fonction $f(x)$ ponctuellement discontinue sur tout ensemble parfait est aussi ponctuellement discontinue sur tout entemble fermé car, ou bien cet ensemble fermé est parfait, ou il contient des points isolés en lesquels f doit être regardée comme continue.

Le raisonnement de la page 21 conduit, pour le cas des fonctions définies sur un ensemble fermé, à l'énoncé suivant : *si, en tous les points d'un ensemble fermé* F, *l'oscillation d'une fonction $f(x)$ sur* F *est au plus égale à* ω, *l'oscillation de $f(x)$, est inférieure à* $\omega + \varepsilon$, *sur la partie de* E *contenue dans un intervalle de longueur* λ, *dès que* λ *est assez petit; ε étant un nombre positif quelconque.*

Ces remarques faites, étant donnée dans un intervalle (a, b) une fonction $f(x)$ ponctuellement discontinue sur tout ensemble parfait, nous obtiendrons une fonction $\varphi(x)$ différant de $f(x)$ de η au plus par la répétition de l'opération suivante : supposons que $\varphi(x)$ soit déjà construite sauf aux points d'un ensemble fermé F, nous considérerons l'ensemble Φ des points de F en lesquels l'oscillation de $f(x)$ sur F est au moins égale à $\frac{\eta}{2}$. Φ est un ensemble fermé partout non dense sur F, puisque $f(x)$ est ponctuellement discontinue sur F.

(α, β) étant l'un quelconque des intervalles contigus à Φ, subdivisons-le en deux intervalles égaux (α, z_0), (z_0, β); subdivisons chacun d'eux en deux intervalles égaux, cela nous donne, en particulier, les deux intervalles extrêmes (α, z_{-1}), (z_1, β) que nous subdivisons en deux intervalles égaux par les points z_{-2} et z_2 respectivement. Continuons de même en subdivisant les intervalles extrêmes (α, z_{-2}), (z_2, β) en deux intervalles égaux, etc. L'intervalle (α, β) considéré se trouve ainsi divisé en une suite, infinie dans les deux sens, d'intervalles (z_i, z_{i+1}). Dans (z_i, z_{i+1}) il n'y a pas de points en lesquels l'oscillation de $f(x)$ sur F surpasse $\frac{\eta}{2}$, donc, en subdivisant (z_i, z_{i+1}) en assez de parties égales, les oscillations de $f(x)$ sur les parties de F contenues dans chacun de ces intervalles partiels ne surpasseront pas η.

Supposons, pour fixer les idées, que l'on prenne toujours le plus petit nombre de parties qui conduise à ce résultat; on aura ainsi subdivisé (α, β) à l'aide de points

$$\ldots < x_{-2} < x_{-1} < x_0 = \frac{\alpha + \beta}{2} < x_1 < x_2 < \ldots$$

Nous convenons, pour les points de F tels que l'on ait

$$x_i \leqq x < x_{i+1},$$

de prendre

$$\varphi(x) = \frac{l_i + L_i}{2},$$

l_i et L_i étant les limites inférieure et supérieure des valeurs prises par $f(x)$ sur la partie de F située dans (x_i, x_{i+1}).

Si a appartient à F sans appartenir à Φ, on posera $\varphi(a) = f(a)$ et de même si b appartient à F sans appartenir à Φ, on posera $\varphi(b) = f(b)$.

Il est clair que $\varphi(x)$, maintenant définie par tout point n'appartenant pas à Φ, diffère de $f(x)$ de η au plus en dehors de Φ.

Nous allons indiquer comment la répétition transfinie de ce procédé permet de déterminer $\varphi(x)$ dans tout (a, b), puis nous prouverons que $\varphi(x)$ est de classe un au plus en dehors de Φ.

Appliquons notre procédé au cas où F est tout l'intervalle (a, b);

cette opération O_1 nous fournit φ sauf aux points d'un ensemble fermé Φ que nous désignons par e_1. Prenons cet ensemble e_1 pour ensemble F, la nouvelle opération, l'opération O_2 nous donnera φ sauf aux points d'un ensemble Φ que nous désignerons par e_2. Puis nous prendrons e_2 pour F, d'où une opération O_3, etc. S'il arrive que e_n n'existe pas, φ sera entièrement déterminé par l'opération O_n; ceci peut se produire pour une valeur quelconque de n, par exemple pour $n = 1$. Mais il se peut aussi que l'on épuise la suite des indices n entiers finis sans déterminer $\varphi(x)$ dans tout (a, b). Tous les ensembles e_1, e_2, ... existent, ils sont fermés, chacun d'eux contient le suivant, il y a donc des points communs à tous ces ensembles et ces points constituent un ensemble fermé que nous noterons e_ω.

L'opération O_ω, de nature différente des précédentes, se réduira tout simplement à la construction de e_ω et à la constatation, qu'après les opérations précédant O_ω, la fonction φ est connue sauf aux points de e_ω.

L'opération $O_{\omega+1}$ sera celle dans laquelle on prendra e_ω comme ensemble F et, d'une façon générale l'opération $O_{\alpha+1}$, suivant immédiatement l'opération O_α qui aura fourni $\varphi(x)$ sauf aux points de e_α, sera celle dans laquelle on prendra e_α comme ensemble F.

Chaque fois que l'on aura épuisé les indices finis et transfinis inférieurs à un nombre transfini de seconde espèce α, sans arriver à définir φ dans tout (a, b), c'est que les ensembles e_β existeront tous pour $\beta < \alpha$. Il y a alors des points communs à tous les e_β et qui constituent un ensemble fermé e_α. L'opération O_α se réduit alors à la construction de e_α et à la constatation, qu'après les opérations O_β $(\beta < \alpha)$, on connaît $\varphi(x)$ sauf aux points de e_α.

La famille des opérations O est ainsi définie, elle fournit une suite bien ordonnée d'ensembles fermés e_1, e_2, ... tels que chacun contient tous les suivants et que chacun d'eux est partout non dense sur ceux qui le précèdent puisque f est ponctuellement discontinue sur tout ensemble fermé F. Deux ensembles e_i, e_j d'indices différents ne peuvent donc pas être identiques, aussi (*voir* la note de la fin du Volume) la suite des e_i est au plus dénombrable. En d'autres termes, après un nombre fini ou une infinité dénombrable d'opérations, nous arrivons à une opération O_μ pour laquelle il n'y a pas d'ensemble exceptionnel e_μ, c'est-à-dire faisant connaître $\varphi(x)$ dans tout (a, b).

Montrons maintenant que $\varphi(x)$ est de classe un au plus dans l'intervalle (a, b) que nous noterons e_0.

X étant un point quelconque de e_0, X appartient à des ensembles e_0, e_1, ..., mais comme e_μ n'existe pas, il y a un premier indice α, au plus égal à μ, et à partir duquel X n'appartient plus à e_α. α est d'ailleurs de première espèce; un point, appartenant à tous les e_β d'indices inférieurs à un nombre γ de seconde espèce, appartient en effet à e_γ par définition même de e_γ. La fonction $\varphi(x)$ a donc été définie au point X à l'opération O_α et par l'intermédiaire d'un intervalle (x_i, x_{i+1}) contenant X et provenant de la subdivision d'un intervalle contigu à e_α. Si X est distant de e_α de $\frac{1}{p}$ au moins, et si l'on a

$$x_i \leqq X \leqq \frac{p\,x_{i+1} + x_i}{p+1},$$

nous poserons

$$\varphi_p(X) = \varphi(X).$$

Nous poserons

$$\varphi_p(a) = \varphi(a) = f(a) \qquad \text{et} \qquad \varphi_p(b) = \varphi(b) = f(b).$$

Les points en lesquels $\varphi_p(x)$ est ainsi définie, les points a et b mis à part, se répartissent naturellement en ensembles fermés; E_α sera l'ensemble de ceux des points X appartenant à tous les e_β, pour lesquels β est inférieur à α, et n'appartenant pas à e_α, auxquels s'applique notre définition de $\varphi_p(x)$.

Les différents E_α sont à la distance $\frac{1}{p}$ au moins les uns des autres, donc il y en a au plus $p(b-a)$ qui existent effectivement. Chacun d'eux se décompose par là considération des intervalles $\left(x_i, \dfrac{p\,x_{i+1} + x_i}{p+1}\right)$ en un nombre fini d'ensembles fermés et, sur chacun de ceux-ci, $\varphi(x)$, donc $\varphi_p(x)$, est constante.

Finalement $\varphi_p(x)$ est définie par la condition d'être constante sur un nombre fini d'ensembles fermés séparés les uns des autres; donc on peut compléter la définition de $\varphi_p(x)$ dans (a, b) de façon que $\varphi_p(x)$ soit continue dans tout (a, b).

Il est clair que $\varphi(x)$ est la limite des fonctions $\varphi_p(x)$ quand p augmente indéfiniment; en tout point X on a en effet $\varphi(x) = \varphi_p(x)$ à partir d'une certaine valeur de p que l'on détermine ainsi :

soit α l'indice à partir duquel X n'appartient plus à e_α, soit l la distance de X à e_α, soit $(x_i,\ x_{i+1})$, l'intervalle provenant de la subdivision des intervalles contigus à e_α et tel que l'on ait

$$x_i \leqq X < x_{i+1},$$

p est le plus petit entier au moins égal à la fois à $\frac{1}{l}$ et à $\dfrac{X - x_i}{x_{i+1} - X}$.

II. — Les fonctions primitives des dérivées partout finies.

Soit $f(x)$ une fonction dérivée partout finie dans $(a,\ b)$; nous avons, dans ce qui précède, appris à trouver la fonction primitive de $f(x)$ quand $f(x)$ est sommable. Il est clair que les procédés de Cauchy et Dirichlet nous permettent d'atteindre, à partir de là, la fonction primitive de $f(x)$ quand les points de non-sommabilité [1] de $f(x)$ forment un ensemble réductible. Bornons-nous au cas où les deux extrémités de l'intervalle considéré $(a,\ b)$ sont les seuls points de non-sommabilité de $f(x)$; alors on peut obtenir la fonction primitive $F(x)$ par un passage à la limite et en particulier on a

$$F(b) - F(a) = \lim[\,F(\beta) - F(\alpha)\,],$$

quand on fait tendre α vers a et β vers b, de façon que l'on ait

$$a < \alpha < \beta < b.$$

De ce cas particulier nous allons de suite déduire un résultat très étendu. Remarquons pour cela que les points de non-sommabilité d'une fonction $f(x)$ forment nécessairement un ensemble fermé E, puisque, si x_0 est point de sommabilité, c'est-à-dire si x_0 est *intérieur* à un intervalle dans lequel $f(x)$ est sommable, tous les points suffisamment voisins de x_0, pour être intérieurs au même intervalle, sont aussi des points de sommabilité.

Dire qu'un point appartient à E, c'est dire que $f(x)$ n'est *sommable dans aucun intervalle* contenant ce point; mais ce n'est pas dire, remarquons-le bien, que $f(x)$ n'est pas *sommable sur* E autour de ce point. Nous allons examiner précisément le cas cas où $f(x)$ est sommable sur E.

---

[1] Points dans le voisinage desquels $f(x)$ n'est pas sommable.

Nous connaissons déjà $F(x)$, à une constante additive près, dans tout intervalle contigu à E, il suffirait, pour achever de déterminer $F(x)$, de savoir construire la fonction $F_1(x)$ continue, égale à $F(x)$ aux points de E, en a et en b, et linéaire dans les intervalles où $F(x)$ est déjà connue ([1]).

Or, nous connaissons en tout point les dérivées à droite et à gauche de $F_1(x)$; $F_1(x)$ et $F(x)$ ont, en effet, la même dérivée $f(x)$ aux points de E qui ne sont ni origines, ni extrémités d'intervalles contigus à E; si (α, β) est un intervalle contigu à E, la dérivée de $F_1(x)$ en tout point intérieur à (α, β) est la quantité connue $r[F(x), \alpha, \beta]$; cette quantité est aussi la dérivée à droite de $F_1(x)$ en α et la dérivée à gauche en β; en α la dérivée à gauche de $F_1(x)$ est $f(\alpha)$ sauf si α est point isolé de E auquel cas α est aussi extrémité d'un intervalle contigu à E et l'on connaît la dérivée à gauche de $F_1(x)$ en α; on connaît de même la dérivée à droite de $F_1(x)$ en β. Si donc $F_1(x)$ est à variation bornée, c'est-à-dire si sa dérivée à droite, par exemple, est sommable, nous saurons calculer $F_1(x)$. Or la dérivée à droite de $F_1(x)$ n'est sommable que si elle est sommable d'une part sur E, c'est-à-dire si $f(x)$ est sommable sur E, et d'autre part dans l'ensemble des intervalles contigus à E, c'est-à-dire si la série $\Sigma[F(\beta) - F(\alpha)]$ étendue aux intervalles contigus à E est absolument convergente; donc, lorsque les conditions précédentes sont remplies, nous avons

$$F(b) - F(a) = \int_E f(x)\,dx - \Sigma[F(\beta) - F(\alpha)].$$

Pour donner à ce résultat toute sa portée, remarquons que nous nous sommes servis uniquement du fait que E est fermé, donc :

Si l'on connaît la fonction primitive $F(x)$ d'une fonction $f(x)$, donnée dans un intervalle (a, b), dans tout intervalle (α, β) contigu à un ensemble fermé E:

si la série $\Sigma[F(\beta) - F(\alpha)]$ est absolument convergente;

([1]) Nous introduisons ici les extrémités a et b de l'intervalle considéré, parce que nous sommes convenus de considérer (a, x_1) et (x_ω, b) comme deux intervalles contigus à E_1, x_1 et x_ω étant respectivement les points de plus petite et de plus grande abscisse de E_1.

si $f(x)$ est sommable sur E, *on a*

$$F(b) - F(a) = \int_E f(x)\,dx + \Sigma[F(\beta) - F(\alpha)].$$

Or, nous allons voir que, dès que la première des trois conditions de l'énoncé précédent ([1]) est remplie, il existe un intervalle partiel i, à l'intérieur duquel E a des points, et dans lequel les deux autres conditions de l'énoncé sont aussi remplies.

Supposons, en effet, $F(x)$ connue dans tout intervalle contigu à un ensemble fermé E; alors :

ou bien E n'est pas parfait; prenons un intervalle i contenant à son intérieur un seul point de E, ce qui est possible puisque E a des points isolés; dans i les trois conditions de l'énoncé sont remplies;

ou bien E est parfait. Nous avons appris, page 175, à choisir une suite de valeurs h_n tendant vers zéro et telles que le rapport $r[F(x), x, x+h]$ ait, pour h compris entre h_{n+1} et h_n, une oscillation au plus égale à $\dfrac{1}{n}$. Considérons $f(x)$ comme la limite des fonctions continues $r[F(x), x, x+h_k] = f_k$; nous savons qu'on peut déterminer un intervalle i, contenant des points de E, et dans lequel f et les fonctions f_{n+p} sont, sur E, égales et constantes à 4ε près, pour toutes les valeurs positives de p, n ayant été convenablement choisi, page 203. Je dis que cet intervalle i répond à la question. En effet, pour x situé dans i et sur E, $r[F(x), x, x+h]$ est, pour $h < h_n$, différent de $\dfrac{1}{n}$ au plus de l'une des f_i; donc la valeur de $r[F(x), x, x+h]$ est constante à $4\varepsilon + \dfrac{1}{n}$ près. Ainsi, sauf peut-être pour les intervalles contigus à E qui sont de longueur supérieure à h_n, lesquels sont en nombre fini, tout intervalle (α, β) contigu à E et compris dans i donne pour $r[F(x), \alpha, \beta]$ une valeur constante à $4\varepsilon + \dfrac{1}{n}$ près, on a donc, pour *tout* intervalle contigu à E et compris dans i,

$$|\,r[F(x), \alpha, \beta]\,| < M,$$

([1]) J'ai indiqué cet énoncé dans ma Thèse en note de la page 42. Il marque le point extrême que j'avais atteint dans la recherche des fonctions primitives.

M étant un nombre fini. Il en résulte

$$|F(\beta) - F(\alpha)| < M(\beta - \alpha)$$

pour tous les intervalles contigus compris dans i. Il est donc bien clair que, pour la partie de E située dans i, la série $\Sigma[F(\beta) - F(\alpha)]$ est absolument convergente. Mais, d'autre part, $f(x)$, étant constante à 2ε près sur E, est bornée, donc sommable, et toutes les conditions requises pour l'application de notre théorème sont remplies dans i.

Dès lors, dans tout intervalle contenant des points de E, on en peut trouver un autre, contenant des points de E, et dans lequel nous savons déterminer la fonction primitive de $f(x)$. Les points de E qui ne sont pas *intérieurs* à de tels intervalles forment donc un ensemble, évidemment fermé, partout non dense sur E. Soit H cet ensemble; si (l, m) est un intervalle contigu à H et si nous prenons (λ, μ) tel que

$$l < \lambda < \mu < m,$$

nous savons calculer la fonction primitive de $f(x)$ dans (λ, μ), donc un passage à la limite nous donne cette fonction dans (l, m).

Ainsi : *si l'on sait déterminer, à une constante additive près, la fonction primitive d'une fonction dérivée $f(x)$ dans tout intervalle contigu à un ensemble fermé E, on sait par cela même la déterminer dans tout intervalle contigu à un ensemble fermé H, formé de points de E et partout non dense sur E.*

Cette proposition va nous permettre d'opérer par récurrence transfinie. Prenons tout d'abord pour E l'intervalle (a, b) lui-même; l'ensemble H est alors l'ensemble E_1 des points de non-sommabilité de $f(x)$ et nous appellerons O_1 l'opération qui fait connaître $F(x)$ dans les intervalles contigus à E_1. Prenons ensuite E_1 pour ensemble E, nous désignerons par E_2 l'ensemble H fourni par E_1, et O_2 désignera l'opération qui fournit $F(x)$ dans les intervalles contigus à E_2. Et ainsi de suite. Si l'on épuise tous les indices finis sans arriver à trouver $F(x)$ dans tout (a, b), c'est que tous les ensembles E_1, E_2, ... existent. Comme ils sont fermés et que chacun d'eux contient tous les suivants, il y a alors des points communs à tous ces ensembles; ces points forment un ensemble fermé E_ω contenu dans les E_n et non dense sur chacun d'eux. L'opération O_ω consistera à déduire $F(x)$ dans les intervalles contigus à E_ω de la connaissance de $F(x)$ dans les intervalles contigus aux E_n, par passage à la limite.

D'une façon plus générale, si les opérations d'indices inférieurs à α n'ont pas donné $F(x)$ dans tout (a, b), l'opération O_α se définit comme il suit :

Si α est fini ou transfini de première espèce, l'opération O_α est celle qui consiste à calculer $F(x)$ dans les intervalles contigus à un ensemble fermé E_α que l'on obtient comme ensemble H quand on fait jouer à $E_{\alpha-1}$ le rôle de E;

Si α est transfini de seconde espèce, les ensembles E_β pour $\beta < \alpha$ existent tous; il y a des points communs à tous ces E_β; ces points forment un ensemble fermé E_α; l'opération O_α consiste en la détermination, par passage à la limite, de $F(x)$ dans les intervalles contigus à E_α.

Cette suite finie ou transfinie d'opérations, qui constitue la *totalisation*, a été imaginée par M. A. Denjoy. Il est clair que la suite d'ensembles fermés $E_1, E_2, \ldots$, tous différents de ceux qui les précèdent et contenus dans ceux-ci, ne peut contenir qu'un nombre fini ou une infinité dénombrable de termes, donc, *la totalisation permet, dans tous les cas, de déterminer la fonction primitive d'une fonction dérivée connue, dans tout l'intervalle où cette dérivée est donnée*.

Nous reviendrons plus loin sur l'opération de totalisation et sur la recherche des fonctions primitives des nombres dérivés; pour le moment, nous allons modifier notre procédé opératoire, en en conservant toutefois la référence transfinie qui en est l'essentiel, et nous arriverons ainsi à trouver les fonctions primitives des dérivées sans utiliser la notion d'intégrale de fonction sommable ([1]). Le procédé généralise celui de la page 95.

([1]) La possibilité de se passer de cette notion est certaine, puisqu'on peut toujours remplacer une intégrale par une des sommes qui sert à sa définition choisie de manière à ne commettre qu'une erreur aussi petite que l'on veut, puis passer à la limite; seulement, il s'agit alors toujours d'un emploi de l'intégrale, mais d'un emploi masqué.

Le procédé qui va être indiqué, et que j'ai fait connaître dans un article des *Acta Mathematica* (t. 49), s'écarte plus sensiblement de la totalisation telle qu'elle vient d'être exposée et se rapproche au contraire de la construction de la démonstration de la condition suffisante du théorème de M. Baire.

η étant un nombre positif arbitrairement choisi, nous allons construire une fonction $\Phi(x)$ qui ne s'écarte de $F(x)$ que de η au plus, au point de vue différentiel; c'est-à-dire qui est telle que, dans tout intervalle positif (α, β), on ait

$$|[\Phi(\beta) - \Phi(\alpha)] - [F(\beta) - F(\alpha)]| \leqq \eta(\beta - \alpha).$$

Il est clair que si l'on sait construire cette fonction $\Phi(x)$ quel que soit η, on en déduira $F(x)$ par un passage à la limite [1]. La construction de la fonction $\Phi(x)$ est basée sur les remarques suivantes :

Si l'on connaît une fonction $\Phi_1(x)$ pour l'intervalle positif (x_1, x_2) et une fonction $\Phi_2(x)$ pour l'intervalle positif (x_2, x_3), la fonction $\Psi(x)$ égale à $\Phi_1(x)$ dans (x_1, x_2) et donnée par

$$\Psi(x) = \Phi_2(x) - \Phi_2(x_2) + \Phi_1(x_2)$$

dans (x_2, x_3), est une fonction $\Phi(x)$ pour (x_1, x_3). En effet, si l'on prend un intervalle (α, β) situé dans (x_1, x_2) ou (x_2, x_3), il est clair que l'on a

$$|[\Psi(\beta) - \Psi(\alpha)] - [F(\beta) - F(\alpha)]| \leqq \eta(\beta - \alpha);$$

si l'on a

$$x_1 \leqq \alpha < x_2 < \beta \leqq x_3,$$

on a

$$|[\Psi(\beta) - \Psi(\alpha)] - [F(\beta) - F(\alpha)]|$$
$$< |[\Psi(\beta) - \Psi(x_2)] - [F(\beta) - F(x_2)]|$$
$$+ |[\Psi(x_2) - \Psi(\alpha)] - [F(x_2) - F(\alpha)]| \leqq \eta(\beta - x_2) + \eta(x_2 - \alpha).$$

Si l'on a une suite croissante (ou décroissante) de nombres x_i tendant vers une limite X, l'application répétée du procédé précédent fournit pour tout (x, X) une fonction Φ à partir de fonctions $\Phi_i(x)$ relatives aux intervalles (x_i, x_{i+1}).

Il suffit évidemment de prouver que la fonction Ψ résultant de la construction de l'énoncé est continue au point X. Or on a, en supposant, par exemple, la suite croissante et $x_n < x < X$,

$$|[\Psi(x) - \Psi(x_n)] - [F(x) - F(x_n)]| \leqq \eta(x - x_n) \leqq \eta(X - x_n);$$

---

[1] Le nombre dérivé supérieur à droite $\Lambda_d \Phi(x)$, par exemple, tend vers $f(x)$ quand η tend vers zéro; on comparera les constructions de $\Lambda_d \Phi(x)$ et de la fonction $\varphi(x)$ définie page 206.

donc, dans (x_n, X) l'oscillation de $\Psi(x)$ est au plus l'oscillation de $F(x)$ augmentée de $\eta(X - x_n)$. L'oscillation de $\Psi(x)$ dans (x_n, X) tend donc vers zéro avec la longueur de (x_n, X).

Il résulte de là en particulier que, *lorsqu'on sait déterminer une fonction $\Phi(x)$ pour tout intervalle (α, β) entièrement intérieur à un intervalle (a, b),*

$$a < \alpha < \beta < b,$$

on sait en déterminer une pour (a, b).

Notons enfin que, *si l'on connaît une fonction $\Phi(x)$ pour tout intervalle (α, β) contigu à un ensemble fermé $\mathcal{E}$,*
si la série correspondante $\Sigma[\Phi(\beta) - \Phi(\alpha)]$ est absolument convergente,
si la fonction $f(x)$ est constante à moins de η près sur $\mathcal{E}$,
on obtient en tout point x de (a, b) une fonction $\Phi(x)$ à l'aide de l'expression

$$\Phi(x) = \sum_a^r [\Phi(\beta) - \Phi(\alpha)] + f_0\, m(\mathcal{E}_n^x);$$

f_0 est l'une des valeurs prises par $f(x)$ sur $\mathcal{E}$; les indices a et x indiquent qu'on ne s'occupe que des parties de $\mathcal{E}$ et des intervalles contigus à $\mathcal{E}$ situés dans (a, x).

Il nous suffira de démontrer cette proposition pour $x = b$. Pour le faire, couvrons (a, b) à partir de a d'une chaîne d'intervalles dont les uns seront des intervalles contigus à $\mathcal{E}$ et les autres des intervalles de longueur λ au plus, ayant pour origine et extrémité des points x, $x + h$ de $\mathcal{E}$ et tels que l'on ait

$$m \leq r[F(x), x, x + h] \leq M,$$

m et M étant deux nombres distants de η au plus et comprenant entre eux toutes les valeurs prises par $f(x)$ sur $\mathcal{E}$. Nous allons évaluer $F(b) - F(a)$ à l'aide de cette chaîne; mais auparavant il nous faut remarquer que la série $\Sigma[F(\beta) - F(\alpha)]$, étendue aux intervalles (α, β) contigus à $\mathcal{E}$, est absolument convergente, parce que $F(\beta) - F(\alpha)$ diffère de $\Phi(\beta) - \Phi(\alpha)$ de $\eta(\beta - \alpha)$ au plus.

Ceci étant, les intervalles de la chaîne nous donnent comme contribution dans $F(b) - F(a)$:

d'une part, une partie de la somme $\Sigma[F(\beta) - F(\alpha)]$ contenant en particulier tous les termes provenant des intervalles (α, β) de longueur supérieure à λ, donc tendant vers $\Sigma\,[\,F(\beta) - F(\alpha)]$ quand λ tend vers zéro;

d'autre part, la mesure des longueurs des intervalles de la seconde sorte, c'est-à-dire une mesure tendant vers $m(\mathcal{E})$ quand λ tend vers zéro, multipliée par un nombre compris entre m et $\mathbf{M}$.

La somme de ces deux contributions est

$$\Sigma[\Phi(\beta) - \Phi(\alpha)] + f_0\, m(\mathcal{E})$$

à

$$\eta\,\Sigma\,(\beta - \alpha) + \eta\, m(\mathcal{E}) = \eta(b - a)$$

près. L'énoncé est légitimé.

Nous avons vu qu'un ensemble fermé $\mathcal{E}$ étant donné, il était possible de déterminer un intervalle i contenant des points de $\mathcal{E}$ à son intérieur, dans lequel $f(x)$ est constante à η près sur $\mathcal{E}$ et pour lequel la somme $\Sigma_i[\,F(\beta) - F(\alpha)]$, étendue aux parties des intervalles contigus à $\mathcal{E}$ qui sont situées dans i, est absolument convergente. Alors, si l'on connaît des fonctions $\Phi(x)$ pour chaque intervalle contigu à $\mathcal{E}$, la somme $\Sigma_i[\Phi(\beta) - \Phi(\alpha)]$ est aussi absolument convergente, et nous sommes dans les conditions d'application du théorème précédent.

En d'autres termes, dès que la première des conditions du précédent énoncé est remplie, les points de $\mathcal{E}$ qui ne sont pas à l'intérieur d'intervalles i dans lesquels les trois conditions de cet énoncé sont remplies, forment un ensemble, nécessairement fermé, qui est partout non dense sur $\mathcal{E}$. Par suite, *si l'on a pu déterminer des fonctions Φ pour tous les intervalles contigus à un ensemble fermé $\mathcal{E}$, on peut déterminer des fonctions Φ pour tous les intervalles contigus à un ensemble fermé $\mathcal{K}$, formé de points de $\mathcal{E}$ et partout non dense sur $\mathcal{E}$.*

Il est dès lors clair que cet énoncé nous permet la construction de $\Phi(x)$ par récurrence transfinie :

L'opération O_1 sera celle dans laquelle on prendra (a, b) pour ensemble $\mathcal{E}$, l'ensemble $\mathcal{K}$ sera un ensemble $\mathcal{E}_1$ qui contiendra tous les points en lesquels l'oscillation de $f(x)$ est supérieure à η et certains de ceux en lesquels l'oscillation est égale à η. O_1 fera connaître $\Phi(x)$ dans tout intervalle ne contenant pas à son intérieur de point de $\mathcal{E}_1$.

Si α est fini, ou transfini de première espèce, l'opération $O_{\alpha-1}$ aura fait connaître Φ dans tout intervalle ne contenant pas à son intérieur de points d'un ensemble fermé $\mathcal{E}_{\alpha-1}$. L'opération O_α sera celle dans laquelle $\mathcal{E}_{\alpha-1}$ jouera le rôle de $\mathcal{E}$, elle conduira comme ensemble $\mathcal{H}$ à un ensemble $\mathcal{E}_\alpha$ et fera connaître $\Phi(x)$ dans tout intervalle ne contenant, à son intérieur, aucun point de $\mathcal{E}_\alpha$.

Si α est de deuxième espèce, les points communs à tous les $\mathcal{E}_\beta$, pour $\beta < \alpha$, forment un ensemble $\mathcal{E}_\alpha$; les opérations O_β ont formé $\Phi(x)$ dans tout intervalle ne contenant aucun point de $\mathcal{E}_\alpha$ ni à son intérieur, ni comme origine ou extrémité.

L'opération O_α fera connaître $\Phi(x)$ dans tout intervalle ne contenant pas de point de $\mathcal{E}_\alpha$ à son intérieur.

La fonction $\Phi(x)$ sera fournie dans tout (a, b) par cette récurrence transfinie; pour que cette fonction qui, dans ce qui précède, dépend de choix laissés arbitraires, soit déterminée, il suffirait de fixer ces choix par des lois. Cela serait facile, mais il est tout à fait inutile d'y insister.

$\Phi(x)$ étant alors définie pour chaque nombre η, en faisant tendre η vers zéro, on aurait $F(x)$ comme limite de $\Phi(x)$.

Nous avons donc deux procédés transfinis, légèrement différents, qui nous permettent tous deux d'obtenir la fonction primitive $F(x)$ d'une dérivée $f(x)$ donnée; montrons par des exemples que toutes les étapes prévues de ces procédés transfinis sont nécessaires ([1]).

Désignons par $\varphi(x)$ une fonction définie dans $(0, 1)$, qui y est continue et dérivable, telle que l'on ait

$$|\varphi(x)| \leqq x^2, \qquad |\varphi(x)| \leqq (1-x)^2,$$

qui est à variation bornée dans $(h, 1-h)$ et à variation non bornée dans $(0, h)$, $(1-h, 1)$, si petit que soit h positif, et dont la dérivée est continue sauf pour $x = 0$ et $x = 1$.

([1]) Une opération nouvelle O_α peut être nécessitée par le fait que l'une ou l'autre des diverses conditions figurant dans nos énoncés n'est pas remplie dans tout (a, b); on peut se proposer de montrer par des exemples que chacune de ces conditions nécessite, à elle seule, toutes les étapes du transfini. C'est ce qu'a fait M. Denjoy. Le lecteur se reportera à ses travaux. Ici, on montrera seulement que l'ensemble des conditions de nos énoncés nécessite l'emploi du transfini dans toute sa généralité.

On pourra prendre par exemple,

$$\varphi(x) = x^2(1 - x^2) \sin \frac{1}{x^2(1 - x^2)};$$

l'ensemble des racines de $\varphi'(x) = 0$ forme alors un ensemble dont le dérivé se réduit à 0 et 1. Mais on pourrait aussi choisir $\varphi(x)$ de manière que, parmi les racines $\varphi'(x) = 0$, se trouvent tous les points d'un ensemble parfait ou fermé quelconque.

Soit λ un nombre fini ou transfini quelconque, nous allons définir des fonctions $F_1(x)$, $F_2(x)$, ..., $F_\lambda(x)$ dont la détermination à partir de leurs dérivées exigeraient respectivement les opérations O_1; O_1 et O_2; O_1, O_2 et O_3; ...; O_1, O_2, ..., O_λ. Et cela qu'il s'agisse de l'un ou de l'autre de nos deux procédés transfinis.

Rangeons pour cela en une suite S simplement infinie les nombres finis et transfinis jusqu'à λ, soit λ_1, λ_2, ... Si β est un nombre transfini de seconde espèce, au plus égal à λ, nous appellerons suite déterminant β celle obtenue en barrant dans S d'abord tout nombre égal ou supérieur à β, puis tout nombre qui, dans la suite ainsi obtenue, est précédé par un nombre plus grand que lui.

Désignons par E un ensemble fermé partout non dense, choisi une fois pour toutes dans $(0,1)$. $F_1(x)$ sera la fonction $\varphi(x)$.

$F_\alpha(x)$ sera, pour un indice α fini, ou transfini de première espèce, la fonction nulle sur E et égale à $(m - l) F_{\alpha-1}\left(\frac{x - l}{m - l}\right)$, dans l'intervalle (l, m) contigu à E. $F_\beta(x)$ sera, pour β transfini de seconde espèce et déterminé par la suite β_1, β_2, ..., la fonction égale à

$$\frac{1}{2^p} F_{\beta_p}\left[2^p\left(x - \frac{1}{2^p}\right)\right]$$

pour

$$\frac{1}{2^p} \leq x \leq \frac{1}{2^{p-1}}.$$

Il est clair que les fonctions ainsi construites sont continues et ont des dérivées qui se forment à partir de φ' comme les F se forment à partir de φ. On voit de suite que la détermination de la fonction F_γ, quel que soit son indice γ, à partir de sa dérivée, exige les opérations O_1, O_2, ..., jusqu'à O_γ et cela qu'il s'agisse de l'un ou de l'autre des deux procédés de recherche que nous avons décrits ([1]).

A la vérité, certaines de ces opérations sont très simples; par exemple, pour $F_2(x)$ l'opération O_2 de la totalisation se réduit à choisir les fonctions primitives dans les intervalles contigus à E qui sont nulles aux origines de ces intervalles contigus; il n'y a pas à intégrer sur E, puisque $F'_2(x)$ est nulle sur E. Mais il suffirait d'ajouter à chaque fonction $F_\alpha(x)$ une fonction $u_\alpha(x)$ à dérivée continue, pour avoir une fonction $\mathcal{F}_\alpha(x)$ dont la détermination à partir de sa dérivée nécessiterait toutes les opérations O_1, O_2, jusqu'à O_α, ces opérations comportant des intégrations sur des ensembles; intégrations exactes dans le premier procédé, celui de la totalisation, et intégrations approchées dans le second.

III. -- Les fonctions primitives des nombres dérivés partout finis.

Lorsqu'on essaie d'étendre à la détermination de la fonction primitive d'un nombre dérivé donné partout fini les procédés du paragraphe précédent, on est arrêté dès les premiers pas. Ces procédés sont en effet basés sur le fait qu'une dérivée est une fonction de classe un au plus, et par suite est ponctuellement discontinue sur tout ensemble parfait; or, nous savons seulement, page 175, que les nombres dérivés sont de seconde classe au plus et de là nous avons pu déduire seulement qu'ils sont mesurables B.

Si l'on examine d'un peu plus près les deux procédés du paragraphe précédent, on remarque que, tandis que le second utilise bien le fait que la dérivée est ponctuellement discontinue sur tout ensemble parfait, le premier s'appuie seulement, en réalité, sur une proposition qu'on pourrait formuler ainsi : *Une fonction dérivée partout finie est ponctuellement non bornée sur tout ensemble parfait ou fermé* ([2]).

([1]) Il arrive en effet que, sur les ensembles fermés que la suite transfinie d'opérations conduit à considérer, il y a identité entre les points de discontinuité de la dérivée, ses points de non-sommabilité et les points autour desquels la dérivée est non bornée.

([2]) Il convient de faire à l'occasion de cet énoncé et des suivants une observation analogue à celle formulée en note, page 99; on doit donc comprendre que toute dérivée est soit bornée, soit ponctuellement non bornée sur tout ensemble fermé.

Or, M. Denjoy a obtenu, relativement à tout nombre dérivé une proposition qui, pour la recherche de la fonction primitive, remplace exactement la précédente et que l'on peut énoncer :

Lorsque le nombre dérivé supérieur à droite $\Lambda_d F(x)$ d'une fonction continue $F(x)$ est partout fini ou du moins jamais égal à $+\infty$, il est ponctuellement non borné supérieurement sur tout ensemble fermé.

Ou, d'une façon plus précise : *Lorsque le nombre dérivé supérieur à droite $\Lambda_d F(x)$ d'une fonction continue $F(x)$ n'est égal à $+\infty$ en aucun point d'un ensemble fermé E, il existe un nombre positif M et un intervalle I contenant à son intérieur des points de E et tels que, pour tout intervalle (α, β) dont l'origine est point de E et de I, on ait*

$$r[F(x), \alpha, \beta] < M.$$

Il est clair que le second énoncé entraîne le premier ([1]); il est clair aussi que, lorsque nous les aurons démontrés pour tout ensemble parfait, ils seront prouvés par cela même pour tout ensemble fermé E puisque tout point isolé de E est point en lequel Λ_d n'est pas égal à $+\infty$ et par suite peut être enfermé dans un intervalle I satisfaisant aux conditions du second énoncé.

Démontrons le second énoncé ([2]).

Désignons par $E_{n,p}$ l'ensemble des points x_0 d'un ensemble parfait E pour lesquels on a

$$r[F(x), x_0, x_0 + h] \leqq n,$$

dès que l'on a $h \geqq \dfrac{1}{p}$; $E_{n,p}$ est un ensemble fermé, puisque $r[F(x), x_0, x_0 + h]$ est, pour $h \geqq \dfrac{1}{p}$, une fonction continue de l'ensemble des deux variables x_0 et h dont dépend ce rapport.

L'ensemble E_n des points communs à tous les $E_{n,p}$, de même indice n, est donc aussi un ensemble fermé. E est la somme des E_n puisque $\Lambda_d F(x)$ est supposé fini en tout point de E ou du moins non égal à $+\infty$. Donc, en raisonnant comme à la page 203, on

---

([1]) Ce second énoncé précise le premier comme celui de la page 203 précise la condition nécessaire pour qu'une fonction soit de classe un.

([2]) Les deux énoncés précédents remplacent la proposition que M. Denjoy appelle le premier théorème fondamental (descriptif) relatif aux nombres dérivés.

voit qu'il existe un intervalle I dans lequel E est identique·à l'un, E_m, des E_n; alors, pour tout point appartenant à la fois à E et à I, on a

$$r[F(x), \alpha, \beta] \leqq M,$$

quel que soit $\beta > \alpha$; ce qui démontre le théorème.

Nous utiliserons aussi la propriété suivante ([1]) :

Si le rapport $r[F(x), x_0, x_0 + h]$ relatif à une fonction continue $F(x)$ est borné supérieurement uniformément pour tous les points x_0 appartenant à un ensemble fermé E, $h > 0$,

la série $\Sigma[F(\beta) - F(\alpha)]$, étendue aux intervalles contigus à E est alors convergente,

le nombre dérivé supérieur à droite $\Lambda_d F(x)$ n'est, sur E, égal à $-\infty$ qu'aux points d'un ensemble de mesure nulle, E^{in}.

$\Lambda_d F(x)$ a, dans l'ensemble $E - E^{in}$, une intégrale déterminée, finie, et l'on a

$$F(b) - F(a) \leqq \int_{E - E^{in}} \Lambda_d F(x)\, dx + \Sigma[F(\beta) - F(\alpha)].$$

Lorsque E^{in} n'existe pas, c'est le signe égal qui convient. Désignons par E_l l'ensemble des points de E en lesquels on a

$$l\varepsilon \leqq \Lambda_d F(x) < (l+1)\varepsilon,$$

ε étant arbitrairement choisi positif.

Soit $G(x)$ la fonction continue égale à $F(x)$ aux points de E et linéaire dans les intervalles contigus à E. Pour x_0 à l'origine ou à l'intérieur d'un tel intervalle (α, β), on a

$$\Lambda_d G(x) = r[F(x), \alpha, \beta] < k,$$

si k est la limite supérieure dont parle l'énoncé. Aux points de E, qui ne sont pas origines d'intervalles contigus à E, on a d'ailleurs

$$\Lambda_d G(x) \leqq \Lambda_d F(x) \leqq k.$$

$\Lambda_d G(x)$ étant borné supérieurement dans tout (a, b), $G(x)$ est à variation bornée et l'on a, en désignant (a, b) par H_0, et l'ensemble

---

([1]) Cette propriété remplacera ici le second théorème fondamental (métrique) relatif aux nombres dérivés, de M. Denjoy.

des points où $\Lambda_d G(x) = -\infty$ par E_G^{in}

$$G(b) - G(a) = \int_{H_0 - E_G^{in}} \Lambda_d G(x)\,dx - N(E_G^{in})$$

$$= \int_{E - E_G^{in}} \Lambda_d G(x)\,dx + \Sigma[G(\beta) - G(\alpha)] - N(E_G^{in});$$

le symbole $N(E_G^{in})$ ayant le sens indiqué page 181. En tout point de E, on a $\Lambda_d F(x) \geqq \Lambda_d G(x)$; inégalité dont le second membre est borné sauf aux points de E_G^{in}; donc l'ensemble E^{in} est contenu dans E_G^{in} et par suite de mesure nulle.

De plus la série $\Sigma\, l\varepsilon\, m(E_l)$ ne peut être inférieure à

$$\int_{E - E_G^{in}} [\Lambda_d G(x) - \varepsilon]\,dx;$$

puisque, presque partout sur E, $\Lambda_d F(x)$ est au moins égale à $\Lambda_d G(x)$; en termes plus précis, on peut dire que les valeurs de l négatives fournissent des ensembles E_l qui donnent dans $\Sigma\, l\varepsilon\, m(E_l)$ une contribution au moins égale à celle qu'ils donnent dans l'intégrale précédente, tandis que les l positifs donnent des $l\varepsilon$ au plus égaux à k, donc $\int_{E - E^{in}} \Lambda_d F(x)\,dx$ existe et est au moins égale à $\int_{E - E_G^{in}} \Lambda_d G(x)\,dx$. Les deux intégrales sont, il est vrai, étendues à des intervalles différents, $E - E^{in}$ et $E - E_G^{in}$, mais qui diffèrent seulement par un ensemble de mesure nulle.

Si enfin on remarque que

$$G(b) - G(a) = F(b) - F(a),$$
$$G(\beta) - G(\alpha) = F(\beta) - F(\alpha),$$

on a l'inégalité du texte

$$F(b) - F(a) \leqq \int_{E - E^{in}} \Lambda_d F(x)\,dx + \Sigma[F(\beta) - F(\alpha)].$$

Dans le cas où E^{in} n'existe pas, couvrons tout (a, b), à partir de a, à l'aide d'une chaîne d'intervalles choisis comme il suit ([1]).

([1]) Il est clair qu'on pourrait remplacer dans ce qui précède l'emploi des résultats empruntés au Chapitre IX par leur démonstration à l'aide de chaînes d'intervalles; on aurait ainsi, au prix de quelques longueurs, un exposé plus homogène.

Définissons comme il a été fait au Chapitre IX, pages 176 et suivantes, des ensembles E_l et A_l par la considération de nombres ε, η, ζ. Mais en constituant cette fois les E_l à l'aide des seuls points de E. Les intervalles de la chaîne ayant pour origines des points de E sont choisis satisfaisant aux trois conditions indiquées au Chapitre IX. L'intervalle ayant pour origine un point x_0 d'un intervalle (α, β) contigu à E est l'intervalle (x_0, β).

Les intervalles de la première espèce ont, dans l'expression de $F(b) - F(a)$, une contribution qui, lorsque ε, η, ζ tendent vers zéro, tend vers $\int_E \Lambda_d F\, dx$.

Un intervalle (x_0, β) de la seconde espèce fournit comme contribution

$$F(\beta) - F(x_0) = F(\beta) - F(\alpha) - [F(x_0) - F(\alpha)];$$

$F(x_0) - F(\alpha)$ est au plus égal à $k(x_0 - \alpha)$, donc la somme des termes $F(x_0) - F(\alpha)$ est au plus $k\eta$ (*voir*, au Chapitre IX, la signification de η) et par suite a des limites nulles ou négatives quand ε, η, ζ tendent vers zéro.

Par suite on a

$$F(b) - F(a) \geqq \int_E \Lambda_d F\, dx + \Sigma[F(\beta) - F(\alpha)].$$

On a donc bien, conformément à l'énoncé,

$$F(b) - F(a) = \int_E \Lambda_d F\, dx + \Sigma[F(\beta) - F(\alpha)].$$

De ces deux théorèmes il résulte en particulier que : *si E est un ensemble fermé aux points duquel $\Lambda_d F(x)$ est fini, il existe un intervalle i, contenant des points de E à son intérieur, dans lequel $\Lambda_d F(x)$ est sommable sur E et pour lequel la série $\Sigma[F(\beta) - F(\alpha)]$ des accroissements de F dans les intervalles contigus à E est absolument convergente.*

Montrons, sans supposer cette fois $\Lambda_d F(x)$ bornée supérieurement dans i, que *l'accroissement de F dans i est la somme de l'intégrale de $\Lambda_d F(x)$ sur la partie de E située dans i et de la série $\Sigma[F(\beta) - F(\alpha)]$ relative à E et i*, ce que nous noterons

$$\alpha_{F(x)}(i) = \int_{i,E} \Lambda_d F(x)\, dx + \sum_i^E [F(\beta) - F(\alpha)].$$

En effet, s'il n'en était pas ainsi, les points de i qui ne seraient pas intérieurs à des intervalles j dans lesquels on aurait

$$\mathcal{C}_{\mathbf{F}(x)}(j) = \int_{j,\mathbf{E}} \Lambda_d \mathbf{F}(x)\,dx + \sum_{j}^{\mathbf{E}} [\mathbf{F}(\beta) - \mathbf{F}(\alpha)],$$

formeraient un ensemble fermé H. Un intervalle contigu à H est la somme d'une infinité dénombrable d'intervalles j sans points intérieurs communs. Pour chacun de ces intervalles j on a l'égalité précédente. La somme de toutes ces égalités peut être effectuée puisque, par hypothèse, $\displaystyle\int_{i,\mathbf{E}} |\Lambda_d \mathbf{F}(x)|\,dx$ et $\displaystyle\sum_{i}^{\mathbf{E}} |\mathbf{F}(\beta) - \mathbf{F}(\alpha)|$ existent. Et ceci prouve que tout intervalle contigu à H est lui-même un intervalle j.

Or, des théorèmes de ce paragraphe, il résulte que l'on peut trouver un intervalle λ contenant à son intérieur des points de H et pour lequel $r[\mathbf{F}(x), x_0, x_0 + h]$ est borné quand x_0 est point de H, de sorte que l'on a

$$\mathcal{C}_{\mathbf{F}(x)}(\lambda) = \int_{\lambda,\mathbf{H}} \Lambda_d \mathbf{F}(x)\,dx + \sum_{\lambda}^{\mathbf{H}} [\mathbf{F}(m_n) - \mathbf{F}(l_r)]$$
$$= \int_{\lambda,\mathbf{H}} \Lambda_d \mathbf{F}(x)\,dx + \sum_{\lambda} \mathcal{C}_{\mathbf{F}(x)}(\delta_n).$$

$\delta_r = (l_r, m_r)$ désignant les intervalles contigus à H et situés dans λ. Chaque δ_r étant un intervalle j, on a

$$\mathcal{C}_{\mathbf{F}(x)}(\delta_r) = \int_{\delta_r,\mathbf{E}} \Lambda_d \mathbf{F}(x)\,dx + \sum_{\delta_r}^{\mathbf{E}} [\mathbf{F}(\beta) - \mathbf{F}(x)].$$

D'où résulte

$$\mathcal{C}_{\mathbf{F}(x)}(\lambda) = \int_{\lambda,\mathbf{E}} \Lambda_d \mathbf{F}(x)\,dx + \sum_{\lambda}^{\mathbf{E}} [\mathbf{F}(\beta(-\mathbf{F}(\alpha)];$$

ainsi λ serait un intervalle j, ce qui est contraire à la définition de H.

Il est clair que nos deux nouveaux énoncés sont entièrement analogues à ceux sur lesquels nous avons basé la construction d'une fonction à partir de sa dérivée. *On peut donc, de même, obtenir la fonction primitive d'un nombre dérivé borné par récurrence transfinie.*

Étendons ce résultat au cas suivant : *On ne connaît la valeur finie $f(x)$ du nombre dérivé supérieur à droite $\Lambda F(x)$ qu'exception faite des points d'un ensemble dénombrable* D; *on ne sait pas si, aux points de* D, $\Lambda F(x)$ *est fini ou infini.* Cas dans lequel $F(x)$ est encore déterminée à une constante additive près, page 86.

Le théorème de la page 220 sera remplacé par le suivant : *Si, aux points d'un ensemble parfait* E, $F(x)$ *n'est égale à* $+ \infty$ *qu'en une infinité dénombrable de points, les points* P_i, *il existe un nombre positif* M *et un intervalle* I *contenant à son intérieur des points de* E *et tel que, pour tout intervalle* (α, β) *dont l'origine est point de* E *et de* I, *on ait*

$$r[\,F(x),\ \alpha,\ \beta\,] < M.$$

En effet, E est encore la somme d'une infinité dénombrable d'ensembles fermés, savoir les E_n et les divers points P_i considérés comme formant chacun a lui seul un ensemble fermé. Ces ensembles ne sauraient être tous partout non denses sur E, page 203; or tous les P_i sont non denses sur E, donc l'un des E_n est dense sur E dans un intervalle, c'est-à-dire identique à E dans cet intervalle et la démonstration s'achève comme précédemment.

Alors, en convenant comme toujours qu'on laissera de côté les points P_i en lesquels $\Lambda_d F(x)$ est infini dans l'étude de la sommabilité et pour le calcul de l'intégrale, *étant donné un ensemble fermé* E *il existe un intervalle* i :

a. Contenant des points de E *à son intérieur;*

b. Tel que $\displaystyle\int_{i,\,\mathrm{E}} \Lambda_d F(x)\,dx$ *et* $\displaystyle\sum_i^{\mathrm{E}} [F(\beta) - F(\alpha)]$ *existent;*

c. Et pour lequel on a

$$\mathcal{C}_{F(x)}(i) = \int_{i,\,\mathrm{E}} \Lambda_d F(x)\,dx + \sum_i^{\mathrm{E}} [F(\beta) - F(\alpha)].$$

En effet, ou bien E contient un point isolé, alors un intervalle i ne contenant à son intérieur que ce seul point de E répond à la question; ou bien E est parfait et rien n'est changé au raisonnement fait antérieurement.

De là on déduit encore que toutes les fois que les conditions a. et b. sont remplies, c. en résulte. La seule différence, c'est que l'intervalle λ contenant des points de H, ne sera défini par la condition que $r[F(x), x_0, x_0 + h]$ soit borné pour x_0 point de i et de H, que si H est parfait; si H n'est pas parfait, on prendra pour λ un intervalle contenant à son intérieur un seul point de H.

Ainsi la totalisation permet encore le calcul de $F(x)$ quand on ne connaît la valeur finie de l'un de ses nombres dérivés qu'exception faite des points d'un ensemble dénombrable.

Il y a à faire une distinction entre les résultats de ce paragraphe et du précédent. L'opération fondamentale de la totalisation consiste, un ensemble fermé E étant donné, et la fonction F à obtenir étant déjà connue à une constante additive près dans les intervalles contigus à E, à déterminer un intervalle i contenant des points de E et pour lequel $\int_{i,E}^{E} f\,dx, \sum_{i} [F(\beta) - F(\alpha)]$ existent. Mais pour le cas où f est une dérivée nous avons pu astreindre i à être *de plus* tel que f soit bornée sur la partie E_i de E située dans i et, si f est un nombre dérivé supérieur, nous avons pu astreindre i à être *de plus* tel que f soit bornée supérieurement sur E_i. Ainsi il y a des modes de *totalisations spéciales* à côté de *la totalisation générale*, c'est-à-dire celle dans laquelle on ne requiert que la sommabilité de f sur E_i et que la convergence — donc la convergence absolue — de $\sum_{i}^{E} [F(\beta) - F(\alpha)]$. C'est celle-ci que nous allons étudier.

IV. — La totalisation.

Reprenons d'abord, afin de bien préciser, la définition de la suite finie ou transfinie d'opérations qui constitue *la totalisation*. Cette suite d'opérations est effectuée à partir d'une fonction donnée $f(x)$, supposée partout finie (^{1}) dans (a, b), $f(x)$ est la fonction *à totaliser;* si les opérations qui vont être indiquées sont

---

(^{1}) Tout à l'heure nous avons négligé les points où Λf était infini, donc pris $\Lambda f(x) = 0$ en ces points.

possibles, $f(x)$ est dite *totalisable* et la totalisation fait alors correspondre à $f(x)$ une fonction $F(x)$ continue dans tout (a, b) qui est la *totale indéfinie* de $f(x)$; $F(x)$ n'est déterminée qu'à une constante additive près. Si (l, m) est un intervalle quelconque contenu dans (a, b), l'accroissement $F(m) - F(l)$ de $F(x)$ dans (l, m) est la *totale définie* de $f(x)$ dans (l, m). La totalisation est donc susceptible d'être considérée pour deux fins différentes; l'obtention d'une fonction, c'est *la totalisation indéfinie;* l'obtention d'un nombre, c'est la *totalisation définie* (¹).

Les opérations de la totalisation sont construites à partir des deux suivantes :

A. *On suppose connues des totales indéfinies* $F_k(x)$ *dans des intervalles* (a_k, b_k) *tels que l'on ait*

$$l < \ldots < a_2 < a_1 < b_1 < b_2 < \ldots < m.$$

les a_k *tendant vers* l *et les* b_k *vers* m. *Alors on forme la fonction continue* $F(x)$, *égale à* $F_1(x)$ *dans* (a_1, b_1), *égale à*

$$[F_k(x) - F_k(a_{k-1})] + [F_{k-1}(a_{k-1}) - F_{k-1}(a_{k-2})] + \ldots + F_1(a_1)$$

dans (a_k, a_{k-1}) *et égale à*

$$[F_k(x) - F_k(b_{k-1})] + [F_{k-1}(b_{k-1}) - F_{k-1}(b_{k-2})] + \ldots + F_1(b_1)$$

dans (b_{k-1}, b_k), *que l'on prend pour totale indéfinie de* $F(x)$ *dans* (l, m).

B. *On a un ensemble fermé* E *contenu dans un intervalle* (l, m); *on suppose connues des totales de* $f(x)$ *dans les divers intervalles* (α, β) *contigus à* E, *par rapport à* (l, m), *on suppose que la série* $\Sigma[F(\beta) - F(\alpha)]$, *fournie par ces totales, est*

(¹) Ce langage très cohérent, introduit par M. Denjoy, montre bien le parallélisme complet entre totalisation et intégration. Il faut noter pourtant que, dans le cas de l'intégration, c'est la notion d'intégrale définie qui est primordiale, tandis que, dans le cas de la totalisation, c'est la notion de totale indéfinie qui est la plus importante. La totalisation se rattache plus directement à l'intégration des équations différentielles qu'au calcul des quadratures : la totale définie est analogue à l'intégrale définie de Duhamel (Chap. VI).

convergente et que $f(x)$ est sommable sur E. *Alors on forme la quantité*

$$\int_E f\,dx + \Sigma[\mathrm{F}(\beta) - \mathrm{F}(\alpha)].$$

que l'on prend pour totale définie de $f(x)$ dans (l, m).

Les conditions pour que $f(x)$ soit totalisable, sont les suivantes :

1° *L'opération* A *doit conduire à une fonction* F(x) *continue en l et en m;*

2° *Quel que soit l'ensemble fermé $\mathcal{E}$, il doit exister un intervalle (l, m) enfermant des points de $\mathcal{E}$ et tel que, sur la partie* E *de $\mathcal{E}$ située dans (l, m), $f(x)$ soit sommable et que la série $\Sigma[\mathrm{F}(\beta) - \mathrm{F}(\alpha)]$, étendue aux intervalles contigus à* E, *soit convergente* ([1]).

Ces conditions étant remplies ; en prenant pour $\mathcal{E}$ l'intervalle (a, b) lui-même, on voit que les points de (a, b) en lesquels $f(x)$ n'est pas sommable, forment un ensemble E_1, partout non dense dans (a, b). Des opérations B, suivies d'opérations A, font connaître F(x) dans tout intervalle contigu à E_1 ; cet ensemble d'opérations constitue la première opération O_1 de la totalisation.

Si α est un nombre fini ou un nombre transfini et si les opérations d'indice inférieur à α n'ont pas fait connaître F(x) dans tout (a, b), elles ont fait connaître F(x) dans tout intervalle ne contenant aucun point d'un certain ensemble fermé H. Si α n'est pas de seconde espèce, cet ensemble fermé H s'appelle $E_{\alpha-1}$, il a été fourni par l'ensemble $O_{\alpha-1}$ qui a fait connaître F(x) dans tout intervalle contigu à $E_{\alpha-1}$. Alors, en prenant $E_{\alpha-1}$ pour ensemble $\mathcal{E}$, il résulte de la seconde condition remplie par $f(x)$ que les points de $E_{\alpha-1}$, qui ne sont pas intérieurs à des intervalles dans lesquels on puisse effectuer l'opération B, forment un ensemble fermé E_α partout non dense sur $E_{\alpha-1}$. Des opérations B, suivies d'opéra-

---

([1]) On pourrait rattacher à cet énoncé des propriétés comme celle-ci : la somme de plusieurs fonctions totalisables est totalisable; la totale est la somme des totales.

tions A, font alors connaître $F(x)$ dans tout intervalle contigu à E_α. L'ensemble de ces opérations constitue l'opération O_α de la totalisation.

Si α est de seconde espèce, l'ensemble H est formé des points communs à tous les ensembles E_i d'indice inférieur à α. Cet ensemble H est alors désigné par E_α, et l'opération O_α se réduit aux opérations A nécessaires pour construire $F(x)$ dans les intervalles contigus à E_α, à partir des fonctions $F(x)$ connues dans les intervalles contigus aux E_i d'indice inférieur à α.

Les ensembles E_1, E_2, ..., étant fermés, et chacun d'eux contenant tous ceux qui le suivent, nous savons qu'ils sont en nombre fini ou dénombrable, donc la totalisation détermine bien $F(x)$ dans tout (a, b) après un nombre fini ou une infinité dénombrable d'opérations O_i.

Ainsi, les conditions énoncées sont bien suffisantes pour que les opérations de la totalisation soient possibles, mais il n'est pas aussi évident qu'elles soient nécessaires. La première condition est certes nécessaire puisqu'elle est indispensable pour la continuité de $F(x)$ en l et en m; mais il suffit que la seconde condition soit remplie quand on prend pour $\mathscr{E}$ les ensembles E_α auxquels conduisent les opérations mêmes de la totalisation, et les parties des E_α situées dans les divers intervalles (l, m) contenus dans (a, b), pour que les opérations de la totalisation soient légitimées. Or, on va voir que, dès que la seconde condition est remplie pour ces ensembles spéciaux, c'est-à-dire dès que la totalisation est possible, la seconde condition est remplie pour tout ensemble fermé $\mathscr{E}_0$.

Soit O_N la dernière opération de la totalisation. Il n'existe donc pas d'ensemble E_N, tandis que tous les E_i d'indice inférieur à N existent effectivement [1].

Soit α le plus petit indice tel que $\mathscr{E}_0$ ne soit pas tout entier dans E_α. Le nombre α existe et est inférieur à N; de plus, α n'est pas de deuxième espèce, puisque sans cela E_α contiendrait tous les points qui appartiennent aux E d'indice inférieur à α, donc contiendrait $\mathscr{E}_0$. Il y a donc un ensemble $E_{\alpha-1}$, lequel contenait $\mathscr{E}_0$.

---

[1] L'indice N de cette dernière opération n'est donc jamais un nombre transfini de seconde espèce.

Puisque E_α ne contient pas tout $\mathcal{E}_0$, on peut trouver un intervalle (l, m) *entièrement intérieur* à un intervalle contigu à E_α et dans lequel il y a des points de $\mathcal{E}_0$, donc de $E_{\alpha-1}$.

Soit $e_{\alpha-1}$ la partie de $E_{\alpha-1}$ située dans (l, m); soit aussi e^0 la partie de $\mathcal{E}_0$ située dans (l, m). Désignons par (α_i, β_i) les divers intervalles contenus dans (l, m) et contigus à e^0, et soit e^i la partie de $e_{\alpha-1}$ entièrement intérieure à (α_i, β_i). On a

$$e_{\alpha-1} = e^0 + \Sigma\, e^i,$$

les ensembles du second membre étant sans points communs deux à deux. Or, puisque dans (l, m) il n'y a pas de points de E_α, l'opération O_α fait connaître $F(x)$ dans (l, m), donc dans toute portion de (l, m). f est donc sommable sur $e_{\alpha-1}$, donc aussi sur e^0 et sur les e^i, et l'on a

$$\int_{e_{\alpha-1}} f\,dx = \int_{e^0} f\,dx + \sum \int_{e^i} f\,dx.$$

La série $\displaystyle\sum_{(l,m)}^{e_{\alpha-1}} [F(\beta) - F(\alpha)]$ des accroissements de $F(x)$ dans les intervalles contigus à $e_{\alpha-1}$ et contenus dans (l, m) est donc convergente, donc aussi les séries $\displaystyle\sum_{(\alpha_i, \beta_i)}^{e^i} [F(\beta) - F(\alpha)]$.

Et l'on a

$$F(m) - F(l) = \int_{e_{\alpha-1}} f\,dx + \sum_{(l,m)}^{e_{\alpha-1}} [F(\beta) - F(\alpha)];$$

ce que l'on peut écrire, puisque la convergence de la série nécessite son absolue convergence,

$$F(m) - F(l) = \int_{e^0} f\,dx + \sum \int_{e^i} f\,dx + \sum \left\{ \sum_{(\alpha_i, \beta_i)}^{e^i} [F(\beta) - F(\alpha)] \right\}$$

$$= \int_{e^0} f\,dx + \sum \left\{ \int_{e^i} f\,dx + \sum_{(\alpha_i, \beta_i)}^{e^i} [F(\beta) - F(\alpha)] \right\}.$$

Or, si $F(\beta_i) - F(\alpha_i)$ a été fournie par une opération antérieure à O_α, e^i n'existe pas, le signe Σ se réduit à $F(\beta_i) - F(\alpha_i)$, et si $F(\beta_i) - F(\alpha_i)$ a été fournie par O_α, on a

$$F(\beta_i) - F(\alpha_i) = \int_{e^i} f\,dx + \sum_{(\alpha_i,\beta_i)}^{e^i} [F(\beta) - F(\alpha)].$$

Donc, dans tous les cas,

$$F(m) - F(l) = \int_{e^0} f\,dx + \sum_{(l,m)}^{e_0} [F(\beta_i) - F(\alpha_i)].$$

En d'autres termes, l'opération B s'applique à e^0; la seconde condition énoncée page 228 est donc remplie par $\mathcal{E}_0$ ([1]).

Nous avons donc caractérisé les fonctions totalisables; essayons de caractériser les fonctions fournies par la totalisation : les totales indéfinies ([2]).

([1]) Le lecteur pourra aussi utiliser ce mode de raisonnement pour prouver que si l'on a réussi à attacher une totale définie à $f(x)$ prise dans (a, b) à l'aide des opérations A et B, mais en assujettissant les ensembles fermés E figurant dans l'énoncé de B aux conditions indiquées dans cet énoncé et, *en plus*, à des conditions supplémentaires (page 226), le nombre obtenu est celui que la totalisation générale aurait attaché à $f(x)$ prise dans (a, b).

En d'autres termes, qu'il n'y a jamais désaccord entre les nombres ou fonctions fournies par des totalisations spéciales et par la totalisation générale.

Il est inutile de développer ce raisonnement ici, car aux paragraphes II et III de ce Chapitre, nous avons justifié l'emploi de la totalisation générale pour la recherche des fonctions primitives; seulement, nous avons remarqué de plus que certaines totalisations spéciales suffisaient pour obtenir le résultat.

([2]) Aux *Comptes rendus*, en 1912, M. Denjoy a résolu le problème des fonctions primitives pour les dérivées à l'aide d'une totalisation spéciale qu'il a appelée depuis la totalisation complète. Aux *Comptes rendus*, en 1915, il a introduit implicitement la totalisation générale pour résoudre le problème des fonctions primitives des nombres dérivés. Ce n'est que dans ses Mémoires, publiés à partir de 1916, qu'il a abordé l'étude de l'ensemble des questions se rapportant à la totalisation. Avant la publication de ces Mémoires, divers auteurs, partant des résultats déjà publiés par M. Denjoy, avaient, de leur côté, entrepris l'étude de ces questions.

Il convient surtout de dire ici que M. Lusin a, le premier, caractérisé les totales indéfinies (*Comptes rendus*, 1912), et qu'il a, le premier, étudié la dérivation des totales indéfinies (*Thèse de Moscou*, 1915), mais il ne l'a fait que pour les totales indéfinies fournies par la totalisation complète.

M. Khintchine (*Comptes rendus*, 1916) a introduit, pour étudier la dérivation des totales indéfinies fournies par la totalisation générale, un mode nouveau de dérivation fournissant ce qu'il a appelé la dérivée asymptotique et que nous nommerons, avec M. Denjoy, la dérivée approximative.

Une fonction $F(x)$ *est une totale indéfinie si, et seulement si :*

1° *Elle est continue;*

2° E *étant un ensemble fermé, la fonction continue* $G(x)$ *égale à* $F(x)$ *aux points de* E *et linéaire dans tout intervalle contigu à* E, *est absolument continue dans un intervalle contenant à son intérieur des points de* E.

Ces conditions sont nécessaires; les deux propriétés, énoncées page 228, que possède une fonction totalisable $f(x)$, entraînent de suite les propriétés précédentes pour la totale indéfinie $F(x)$ de $f(x)$.

Ces conditions sont suffisantes; car dès qu'elles sont remplies, on peut, par référence transfinie, construire une fonction $f(x)$ dont $F(x)$ est la totale indéfinie, en opérant comme il suit :

Prenons pour ensemble E l'intervalle $H_0 = (a, b)$ lui-même, $G(x)$ est identique à $F(x)$; donc l'ensemble des points de non absolue continuité de $F(x)$ est partout non dense dans (a, b). Soit H_1 cet ensemble. En dehors de H_1, on prend pour $f(x)$ la dérivée de $F(x)$ là où elle existe et, par exemple, zéro là où elle n'existe pas.

Prenons ensuite H_1 pour ensemble E. La fonction $G(x)$ correspondante sera nommée $G_1(x)$. Les points où $G_1(x)$ n'est pas absolument continue, forment un ensemble fermé H_2 partout non dense sur H_1. Aux points de $H_1 - H_2$, on prend pour $f(x)$ la dérivée de $G_1(x)$ là où elle existe et zéro aux autres points.

D'une façon générale, quand en continuant ainsi, on a défini $f(x)$, sauf aux points d'un ensemble fermé H_α, on prend H_α pour ensemble E; la fonction $G(x)$ correspondante, que nous appellerons G_α, est absolument continue, sauf aux points d'un ensemble fermé $H_{\alpha+1}$. Aux points de $H_\alpha - H_{\alpha+1}$, on prend pour $f(x)$ la dérivée de $G_\alpha(x)$ aux points où elle existe et zéro aux autres points.

Pour compléter la définition de $f(x)$, il suffit de dire que par H_β, β étant un nombre transfini de seconde espèce, on entend l'ensemble des points communs à tous les H d'indice inférieur à β.

Notre énoncé est ainsi légitimé. Nous allons maintenant démontrer un énoncé équivalent, dû à M. Denjoy ([1]).

Lorsqu'une fonction continue $F(x)$ est telle que la série

$$\Sigma[\,F(\beta) - F(\alpha)\,],$$

étendue aux intervalles contigus à un ensemble fermé E, est convergente, convenons de dire que l'accroissement ([2]) de $F(x)$ sur E est *défini* et égal à

$$F(b) - F(a) - \Sigma[\,F(\beta) - F(\alpha)\,].$$

Lorsqu'il en est ainsi, l'accroissement de $F(x)$ sur E est la limite de l'accroissement de $F(x)$ dans une famille I d'intervalles, formée d'un nombre fini d'intervalles non empiétants, ayant pour origines et extrémités des points de E, qui enferme E et dont on fait tendre la mesure $m(\mathrm{I})$ vers celle de E; le complémentaire de I est, en effet, formé d'intervalles contigus à E et tout intervalle contigu à E finit par faire partie de ce complémentaire quand $m(\mathrm{I})$ tend vers $m(\mathrm{E})$ ([3]). En particulier, quand la fonction $G(x)$ relative à E est absolument continue, l'accroissement $\mathcal{C}_{F(x)}(\mathrm{E})$ de $F(x)$ sur E est défini et égal au nombre $\mathcal{C}_{G(x)}(\mathrm{E})$ qui résulte des

----

([1]) Le principal intérêt de l'énoncé de M. Denjoy, vient de ce qu'il est l'aboutissement d'une fine analyse de certaines notions, de celle de fonction à variation bornée, par exemple. Le lecteur se reportera aux Mémoires de M. Denjoy.

Il faut dire aussi que la condition suffisante de M. Denjoy exige moins, en apparence nécessairement, que la précédente, et par suite, pourrait être parfois d'une utilisation plus immédiate. Pourtant, dans ce qui suit, nous n'avons pas eu besoin de l'énoncé de M. Denjoy.

Pour mieux montrer la différence entre les deux énoncés, remarquons que le premier est équivalent au suivant : *Pour qu'une fonction continue* $F(x)$ *soit une totale indéfinie, il faut et il suffit que, quel que soit l'ensemble fermé* E, *il existe un intervalle* (l, m) *contenant des points de* E *à son intérieur et tels que, si l'on prend un ensemble* I *d'intervalles non empiétants dont les extrémités appartiennent à* E *et à* (l, m), *la somme des accroissements de* $F(x)$ *dans les intervalles* I, *tende vers zéro avec la mesure de* I.

Si l'on rapproche cet énoncé de celui qui va être donné dans le texte, on voit que ce dernier exige comme condition suffisante qu'une certaine propriété soit vérifiée par tout ensemble fermé de mesure nulle alors que l'énoncé de cette note exige que cette même propriété ait lieu en quelque sorte uniformément.

([2]) M. Denjoy *emploie le mot* variation *à la place d'accroissement.*

([3]) L'accroissement de $F(x)$ sur E est donc défini par l'un, déterminé, des procédés que l'on peut adopter quand on tient compte de la nature mesurable B de E. *Voir page* 156.

définitions antérieures, applicables seulement aux fonctions absolument continues, page 159 ([1]).

Une fonction continue $F(x)$ sera dite *résoluble* si, quel que soit l'ensemble fermé de mesure nulle E, il existe un intervalle (l, m) contenant des points de E et tel que l'accroissement de $F(x)$ sur la partie de E située dans (l, m) soit défini et égal à zéro.

Voici maintenant l'énoncé de M. Denjoy : *Pour qu'une fonction soit une totale indéfinie, il faut et il suffit qu'elle soit résoluble.*

Cette condition est nécessaire. Si, en effet, $F(x)$ est une totale indéfinie et si E est un ensemble parfait de mesure nulle, la fonction $G(x)$ construite à l'aide de $F(x)$ et de E est absolument continue dans un intervalle (l, m) contenant des points de E, et par suite, pour la partie e de E située dans (l, m), on a

$$\mathcal{C}_{F(x)}(e) = \mathcal{C}_{G(x)}(e) = 0.$$

Cette condition est suffisante. D'après le premier énoncé, si $F(x)$ n'est pas une totale indéfinie, il existe un ensemble fermé E tel que la fonction $G(x)$ correspondante ne soit absolument continue dans aucun intervalle contenant des points de E à son intérieur; nous allons montrer que l'on peut même remplacer cet ensemble E par un autre de mesure nulle. Pour cela, nous distinguerons trois cas.

a. Supposons que quel que soit l'intervalle (l, m) contenant à son intérieur des points de E, la série $\sum\limits_{(l,\,m)}^{E} [F(\beta) - F(\alpha)]$, étendue aux parties des intervalles contigus à E situées dans (l, m), contienne une infinité de termes positifs et de somme infinie.

Choisissons un nombre fini des termes de $\sum\limits_{(a,\,b)}^{E} [F(\beta) - F(\alpha)]$ tels que leur somme surpasse 1; soient $(\alpha_1, \beta_1), \ldots, (\alpha_i, \beta_i)$ les intervalles correspondants. Prenons des intervalles (a_1, α_1),

---

$(\beta_1, b_1), \ldots, (a_i, \alpha_i), (\beta_i, b_i)$, non compris dans les intervalles (α, β) choisis, ayant pour origine et extrémités des points de E et formant un ensemble I_1 de mesure ε au plus. Ceci est possible car E est parfait puisque, dans un intervalle ne contenant qu'un point isolé de E, la fonction G serait, nécessairement absolument continue; de sorte que α_1, par exemple, qui est point de E et qui est origine de l'intervalle (α_1, β_1) contigu à E, a nécessairement à sa gauche des points de E dans un voisinage aussi petit qu'on veut. On peut faire évidemment en sorte que les points de E de plus petite abscisse et de plus grande abscisse soient des points origine et extrémité d'intervalles de I_1.

Choisissons de même un ensemble I_2 formé d'un nombre fini d'intervalles, contenus dans les I_1, limités par des points de E parmi lesquels se trouvent toutes les origines et extrémités des I_1, et tels que, parmi les intervalles constituant le complémentaire de I_2 se trouvent des intervalles (α, β) tels que l'on ait les inégalités

$$\sum_{(l, m)}^{E} [F(\beta) - F(\alpha)] > 2,$$

pour tout intervalle (l, m) de I_1. Enfin I_2 devra avoir une mesure inférieure à $\dfrac{\varepsilon}{2}$.

Il est clair qu'en continuant ainsi, on construira des ensembles I_1, $I_2, \ldots$, de mesures tendant vers zéro, dont chacun contient les suivants et tels par suite que les points communs à la fois à tous ces ensembles soient un ensemble de mesure nulle $\mathscr{E}$, fermé et même parfait. Parmi les intervalles contigus à $\mathscr{E}$ se trouvent en particulier tous les intervalles (α_p, β_p) qui ont servi à construire I_1, tous ceux qui ont servi à construire $I_2, \ldots$. Donc la série $\displaystyle\sum_{(\lambda, \mu)}^{E} [F(\beta) - F(\alpha)]$ étendue aux intervalles contigus à $\mathscr{E}$ et situés dans un intervalle (λ, μ) contenant à son intérieur des points de $\mathscr{E}$, est divergente. L'accroissement de $F(x)$ sur la partie de $\mathscr{E}$ située dans (λ, μ) est non définie; $F(x)$ est *non* résoluble.

b. Lorsque la série $\displaystyle\sum_{(l, m)}^{E} [F(\beta) - F(\alpha)]$ ne contient pas toujours une infinité de termes positifs et de somme $+\infty$, ni toujours une infinité de termes négatifs et de somme $-\infty$, pour tout intervalle (l, m) contenant des points de E, c'est qu'il existe un tel intervalle (l, m) pour lequel la série $\sum\limits_{(l,m)}^{E} [F(\beta) - F(\alpha)]$ est convergente. Supprimons les points de E en dehors de (l, m), nous pouvons dire que $\sum\limits_{(a,b)}^{E} [F(\beta) - F(\alpha)]$ est convergente.

Supposons que $G(x)$ ne soit à variation bornée dans aucun intervalle (l, m) contenant des points de E. Alors, soit (l, m) un intervalle qui contient des points de E à son intérieur. Dans (l, m), $G(x)$ est à variation non bornée; on peut donc trouver dans (l, m) des intervalles en nombre fini et dont l'ensemble I fournit une valeur $\mathcal{C}_{G(x)}(I)$ aussi grande que l'on veut. On peut d'ailleurs retrancher de I un nombre quelconque d'intervalles ne contenant pas de points de E à leur intérieur, car ceci ne modifie $\mathcal{C}_{G(x)}(I)$ que de

$$\sum_{(l,m)}^{E} | F(\beta) - F(\alpha) |$$

au plus. Par suite, on peut prendre les intervalles I ayant pour origines des points de E, non origines d'intervalles contigus à E, et pour extrémités des points de E, non extrémités d'intervalles contigus à E, et cela en supposant I de mesure aussi petite que l'on veut. Dans un tel ensemble I, on a $\mathcal{C}_{F(x)}(I) = \mathcal{C}_{G(x)}(I)$.

Ceci étant, choisissons dans (a, b) une suite d'ensembles d'intervalles $I_1, I_2, \ldots,$ satisfaisant aux conditions suivantes : chacun d'eux contient les suivants, les mesures des I_p tendent vers zéro, chaque origine d'un intervalle doit avoir à sa droite des points de E aussi près que l'on veut, et chaque extrémité doit avoir à sa gauche des points de E dont il est point limite, les origines et extrémités des intervalles de I_{k-1} sont origines et extrémités d'intervalles de I_k; enfin, la partie i_k de I_k contenue dans l'un quelconque des intervalles de I_{k-1}, doit donner une valeur supérieure à k pour $\mathcal{C}_{F(x)}(i_k)$. Il est clair que le complémentaire J_k de I_k fournit un accroissement $\mathcal{C}_{F(x)}(J_k)$ qui tend vers $-\infty$ puisque l'on a

$$F(b) - F(a) = \mathcal{C}_{F(x)}(I_k) + \mathcal{C}_{F(x)}(J_k);$$

et comme il en est de même si l'on envisage seulement la partie de J_k située dans un intervalle (l, m) contenant des points de E, la fonction $F(x)$ n'est pas résoluble; car l'accroissement de $F(x)$ n'est, en effet, défini sur aucune partie de l'ensemble $\mathcal{E}$, parfait et de mesure nulle, formé des points communs à la fois à tous les I_k.

c. Lorsqu'on n'est dans aucun des cas précédemment examinés, c'est qu'il existe un intervalle contenant des points de E et dans lequel $G(x)$ est à variation bornée. En supprimant les points de E extérieurs à cet intervalle, nous pouvons supposer que $G(x)$ est à variation bornée dans (a, b) et y admet E pour ensemble de points de non absolue continuité. Nous savons que, si l'on décompose $G(x)$ en son noyau absolument continu et les variations positive et négative de sa fonction des singularités d'après la formule

$$G(x) = A\,C(x) + P_s(x) - N_s(x),$$

l'un au moins des deux nombres $P_s(b)$, $N_s(b)$ est différent de zéro; admettons que $P_s(b)$ soit positif.

On peut trouver un ensemble I_1 formé d'un nombre fini d'intervalles, dont les points origines et extrémités sont des points en lesquels $P_s(x)$ est croissante respectivement à droite et à gauche, et par suite sont des points de E. On peut supposer de plus que la mesure de I est inférieure à ε, et qu'on a les deux inégalités

$$\mathcal{A}_{P_s(x)}(I_1) > P_s(b)(1 - \varepsilon_1),$$
$$\mathcal{A}_{N_s(x)}(I_1) < P_s(b)\varepsilon_1.$$

Dans I_k on peut trouver un ensemble I_{k+1} de mesure inférieure à $\frac{\varepsilon}{2^k}$, formé d'un nombre fini d'intervalles dont les extrémités et origines satisfont aux mêmes conditions que plus haut, la famille de ces extrémités et origines pour I_{k+1} comprenant celle relative à I_k, et de façon que, pour tout intervalle (λ, μ) de I_k, la partie i_{k+1} de I_{k+1} qui lui est contenue satisfasse aux inégalités

$$\mathcal{A}_{P_s(x)}(i_{k+1}) > [P_s(\mu) - P_s(\lambda)](1 - \varepsilon_{k+1}),$$
$$\mathcal{A}_{N_s(x)}(i_{k+1}) < [P_s(\mu) - P_s(\lambda)]\varepsilon_{k+1};$$

les ε_k étant des nombres tels que le produit $\Pi(1 - 2\varepsilon_{k+1})$ soit convergent et de valeur $\dfrac{1}{2}$.

Il est clair que l'ensemble $\mathcal{E}$ formé des points communs à la fois à tous ces I_k est parfait et de mesure nulle, que l'accroissement de $F(x)$, c'est-à-dire de $G(x)$, sur $\mathcal{E}$ est défini et que sa valeur est la limite de $\mathcal{O}_{G(x)}(I_k)$. Or on a

$$\mathcal{O}_{G(x)}(I_k) = \mathcal{O}_{A G(x)}(I_k) + \mathcal{O}_{P_s(x)}(I_k) - \mathcal{O}_{N_s(x)}(I_k),$$

et comme le premier de ces nombres tend vers zéro avec la mesure de I_k, on a

$$\mathcal{O}_{F(x)}(\mathcal{E}) = \mathcal{O}_{G(x)}(\mathcal{E}) = \lim \mathcal{O}_{G(x)}(I_k) \geqq P_s(b)\,\Pi(1 - 2\varepsilon_k) = \frac{P_s(b)}{2} > 0.$$

Ainsi l'accroissement de $F(x)$ sur $\mathcal{E}$ n'est pas nul, et comme une conclusion analogue est exacte pour la partie de $\mathcal{E}$ contenue dans un intervalle quelconque qui contient des points de $\mathcal{E}$ à son intérieur, $F(x)$ est non résoluble, le criterium de M. Denjoy est entièrement légitimé.

A l'occasion de notre premier criterium nous avons vu comment, une totale indéfinie $F(x)$ étant donnée, on pourrait déterminer une fonction $f(x)$ dont $F(x)$ soit la totale indéfinie. Nous avons fait cela à l'aide de certains ensembles H_1, H_2, ..., définis par la considération des points de non absolue continuité de $F(x)$ et de certaines fonctions $G(x)$; montrons que ces ensembles H se définissent tout aussi bien à partir de toute fonction $\varphi(x)$ qui admet $F(x)$ pour totale indéfinie.

En effet, la première opération de la totalisation de $\varphi(x)$ fait apparaître l'ensemble exceptionnel E_1 formé des points en lesquels $\varphi(x)$ n'est pas sommable. Je dis que E_1 est identique à H_1. Tout d'abord la totale indéfinie de $\varphi(x)$ étant absolument continue en tout point n'appartenant pas à E_1, H_1 est contenu dans E_1; s'il ne lui était pas identique, il existerait un intervalle (α, β) contigu à H_1 et contenant plusieurs points de E_1 donc aussi un intervalle (α_1, β_1) contigu à E_1. Dans tout intervalle *entièrement intérieur* à (α_1, β_1), $\varphi(x)$ est sommable, par hypothèse, et l'on a presque partout

$$\varphi(x) = F'(x).$$

Donc presque partout dans *tout* (α_1, β_1) on a $\varphi(x) = F''(x)$, et $\varphi(x)$ est sommable dans l'intervalle (α_1, β_1) *entier* (¹) puisque $F(x)$ est absolument continue à l'intérieur de (α, β) donc dans (α_1, β_1).

Or il existe un intervalle (l, m), entièrement intérieur à (α, β), contenant des points de E_1 et aucun point de l'ensemble exceptionnel E_2, formé par la seconde opération de la totalisation de $\varphi(x)$. Supposons même que (l, m) n'ait, ni pour origine, ni pour extrémité, de points de E_2. Alors $\varphi(x)$ est sommable sur la partie e_1 de E_1, située dans (l, m). Mais (l, m) est la somme de e_1 et d'intervalles, ou de parties d'intervalles, contigus à E_1; écrivons

$$(l, m) = e_1 + i_1 + i_2 + \ldots.$$

Nous savons que, dans i_1, φ est sommable et que l'on a presque partout $\varphi(x) = F'(x)$; donc la série

$$\int_{e_1} \varphi\, dx + \int_{i_1} \varphi\, dx + \int_{i_2} \varphi\, dx + \ldots$$

est convergente, puisque l'on a

$$\int_{i_1} |\varphi|\, dx + \int_{i_2} |\varphi|\, dx + \ldots \leqq \int_{l}^{m} |F'(x)|\, dx.$$

Et ceci montre que $\varphi(x)$ serait sommable dans tout (l, m), ce qui implique contradiction.

Ainsi E_1 et H_1 sont identiques.

Mais l'ensemble exceptionnel E_2 fourni par la seconde opération de totalisation qui donne $F(x)$ à partir de $\varphi(x)$ est le premier ensemble exceptionnel qu'on rencontrerait dans la recherche, par totalisation, de la fonction $G(x)$ construite à partir de E_1, tandis que l'ensemble H_2 relatif à $F(x)$ est pour $G(x)$ l'analogue de l'ensemble de H_1, c'est-à-dire qu'il est l'ensemble des points de non absolue continuité de $G(x)$. Il est donc clair que E_2 et H_2 sont identiques; il en est de même de E_3 et H_3, de E_4 et H_4, etc. E_ω étant l'ensemble des points communs à tous les E_n d'indice inférieur à ω tandis que H_ω est l'ensemble des points communs à

(¹) Il faudrait toutefois diminuer (α_1, β_1), du côté de α_1 si α_1 était en α, du côté de β_1 si β_1 était en β, pour que ceci reste vrai dans l'une ou l'autre de ces hypothèses.

tous les H_n d'indice inférieur à ω, E_ω et H_ω sont aussi identiques. En continuant, on voit qu'il y a identité entre les E et les H de même indice.

On voit en même temps que l'on a : $\varphi(x) = F'(x)$ presque en tout point extérieur à H_1; $\varphi(x) = G'_1(x)$ presque en tout point de $H_1 - H_2$, $G_1(x)$ étant la fonction G construite à l'aide de H_1; $\varphi(x) = G'_2(x)$ presque en tout point de $H_2 - H_3$, $G_2(x)$ étant construite à l'aide de H_1, etc. Or, $H_0 = (a, b)$ est la somme des ensembles $H_{\alpha-1} - H_\alpha$ en nombre fini ou dénombrable; donc, finalement, $\varphi(x)$ *est déterminé presque partout par sa totale indéfinie* $F(x)$ ([1]).

Et cette détermination est toujours faite par des dérivations. Examinons de plus près ces dérivations. Dériver $G_1(x)$ en un point x_0 de E_1 revient à dériver $F(x)$ en ce point, mais en ne tenant compte que des points de E_1; c'est-à-dire à étudier le rapport $r[F(x), x_0, x_0 + h]$ dans lequel $x_0 + h$ est aussi point de E_1; c'est ce que nous appelons dériver $G_1(x)$ sur E_1. Donc, *quel que soit l'ensemble fermé* E, *il existe un intervalle* (l, m) *contenant des points de* E *et tel que, dans* (l, m), $f(x)$ *soit presque partout sur* E *la dérivée prise sur* E *de sa totale indéfinie.*

A la vérité, cet énoncé n'est démontré par ce qui précède que si E est l'un des ensembles H_1, H_2, ...; mais si α est le plus petit indice tel que E ne soit pas tout entier dans H_α, c'est qu'il y a un intervalle (λ, μ) contenant une partie e de E qui soit contenue dans $H_{\alpha-1} - H_\alpha$ et par suite, presque partout sur e, $f(x)$ est la dérivée de $G_\alpha(x)$, donc la dérivée sur E de $F(x)$.

On remplacera avec avantage cet énoncé par le suivant dû à M. Khintchine, et basé sur la notion de dérivée approximative.

Une fonction continue $F(x)$ est dite posséder en x_0 une *dérivée approximative* égale à $f(x_0)$, si $f(x_0)$ est la dérivée de $F(x)$ sur un ensemble de densité 1 au point x_0.

([1]) On arrivera plus vite à ce résultat en prouvant qu'une fonction non presque partout nulle a une totale indéfinie non identiquement nulle. Dans tout ce Chapitre j'ai préféré, malgré les longueurs qui en résultent, l'examen analytique du procédé opératoire transfini de la totalisation aux raisonnements synthétiques, plus rapides mais qui, à mon avis, font comprendre moins profondément.

Il est clair que $F(x)$ ne peut avoir en x_0 deux dérivées approximatives différentes $f(x_0)$, $g(x_0)$, car elles seraient les dérivées de $F(x)$ sur deux ensembles $E(f)$, $E(g)$ ayant tous deux la densité 1 en x_0. Par suite, $E(f)$ et $E(g)$ auraient en commun des points aussi voisins de x_0 qu'on le veut, et par suite $f(x_0)$ et $g(x_0)$ seraient égales.

De là il résulte en particulier que la dérivée approximative coïncide avec la dérivée ordinaire quand celle-ci existe ; d'ailleurs si $F'_a(x_0)$ est la dérivée approximative de $F(x)$ en x_0, et si λ_g, Λ_g, λ_d, Λ_d sont les quatre nombres dérivés de $F(x)$ en x_0, on a

$$\lambda_g < F'_a(x_0) < \Lambda_g, \qquad \lambda_d < F'_a(x_0) < \Lambda_d,$$

car $F'_a(x_0)$ est la limite de rapports $r[F(x), x_0, x_0 + h]$ pour lesquels h est positif, et de rapports pour lesquels h est négatif.

Une fonction totalisable est presque partout la dérivée approximative de sa totale indéfinie.

En effet, presque partout aux points de $H_{\alpha-1} - H_\alpha$ la fonction totalisable $f(x)$ est la dérivée, prise sur $H_{\alpha-1} - H_\alpha$, de sa totale $F(x)$. Mais, presque partout sur $H_{\alpha-1} - H_\alpha$, la densité de $H_{\alpha-1} - H_\alpha$ est égale à 1 ; donc, presque partout sur $H_{\alpha-1} - H_\alpha$, $f(x)$ est la dérivée approximative de $F(x)$, et le théorème est démontré.

Ce théorème généralise celui relatif aux fonctions sommables — une fonction sommable est presque partout la dérivée de son intégrale indéfinie —, mais à l'aide d'une généralisation de la notion de dérivée ordinaire. Pour voir ce que donne cette notion elle-même, comparons une fonction totalisée aux nombres dérivés de sa totale, ce que nous permettent de faire les raisonnements des pages 221 et suivantes.

Remarquons tout d'abord que pour démontrer qu'une propriété n'a lieu tout au plus qu'aux points d'un ensemble de mesure non nulle, il suffit de montrer qu'elle n'a jamais lieu en tous les points d'un ensemble *fermé* de mesure non nulle (¹). Si, en effet, elle avait lieu en tous les points d'un ensemble $\mathcal{E}$ de mesure non

---

(¹) Cette remarque est utilisée constamment par M. Denjoy.

nulle ([1]), il suffirait d'enfermer le complémentaire de $\mathcal{E}$ à l'intérieur d'intervalles dont la mesure est inférieure à celle de l'intervalle total (a, b) considéré pour que l'ensemble E, formé des points non intérieurs à ces intervalles, soit un ensemble fermé de mesure non nulle en tous les points duquel la propriété aurait lieu.

Ceci étant, reportons-nous aux deux énoncés du début du paragraphe précédent pages 220 et 221.

Nous voyons que *le nombre dérivé supérieur à droite* $\Lambda_d F(x)$ *d'une fonction continue* $F(x)$, *n'est égal à* $-\infty$ *que tout au plus aux points d'un ensemble de mesure nulle*. Car s'il n'en était pas ainsi, on pourrait trouver un ensemble fermé E de mesure non nulle en tous les points duquel $\Lambda_d F(x) = -\infty$; d'après le second énoncé de la page 220, on pourrait même supposer que $r[F(x), x_0, x_0 + h]$ est borné supérieurement pour les points x_0 de E; le théorème de la page 221 s'appliquerait donc. Or il affirme que, sur E, l'en semble des points où $\Lambda_d F(x) = -\infty$ est de mesure nulle.

Plus généralement, *l'ensemble des points où l'un des* Λ *est égal à* $-\infty$, *ou l'un des* λ *à* $+\infty$ *est de mesure nulle*.

Nous pourrons donc, dans ce qui suit, raisonner sur des ensembles fermés de mesure non nulle en les points desquels on n'aura ni $\Lambda = -\infty$, ni $\lambda = +\infty$.

Dans l'ensemble des points où une fonction continue $F(x)$ *a son nombre dérivé supérieur à droite fini*, $F(x)$ *a presque partout une dérivée approximative égale à ce nombre*.

Supposons, en effet, qu'il existe un ensemble fermé de mesure non nulle E aux points duquel $\Lambda_d F(x)$ soit fini sans être la dérivée approximative de $F(x)$ et choisissons, page 220, un intervalle dans lequel les conditions d'application du théorème de la page 221 soient remplies. Alors, d'après ce théorème, la fonction $G(x)$ construite à l'aide de E a presque partout sur E une dérivée égale à $\Lambda_d F(x)$. C'est-à-dire que, presque partout sur E, $F(x)$ a une dérivée, prise sur E, égale à $\Lambda_d F(x)$ et par suite $F(x)$ a, presque partout sur E, une dérivée approximative égale à $\Lambda_d F(x)$.

([1]) Je suppose donc ici qu'il s'agit de propriétés telles qu'on sache que l'ensemble $\mathcal{E}$ des points pour lesquels la propriété a lieu est nécessairement mesurable.

Il résulte de là en particulier qu'*une fonction totalisable* $f(x)$ *est presque partout égale au nombre dérivé supérieur à droite de sa totale indéfinie, dans l'ensemble des points où ce nombre dérivé est fini.*

On a naturellement les mêmes énoncés pour les quatre nombres dérivés.

Mais, on va le voir, il existe des totales indéfinies dont les nombres dérivés sont infinis en des ensembles de points de mesures non nulles.

Soit, en effet, P un ensemble fermé partout non dense et de mesure non nulle; numérotons les intervalles contigus à P de façon quelconque.

Plaçons successivement sur (a, b) ces intervalles $u_1, u_2, \ldots$. Chaque intervalle u_i sera ainsi placé dans un intervalle u^i qui est l'un de ceux que l'on obtiendrait en retranchant $u_1, u_2, \ldots, u_{i-1}$ de (a, b); soit ρ_i la longueur de u^i. Le nombre ρ_i sera infiniment petit avec $\frac{1}{i}$.

Prenons $F(x)$ nulle aux points de P et égale dans chaque u_i à une fonction continue dont la dérivée est continue, s'annule aux extrémités de u_i et est de valeur absolue maximum égale à $\sqrt{\rho_i}$.

Il est clair que $F(x)$ est continue, puisque $\sqrt{\rho_i}$ tend vers zéro avec $\frac{1}{i}$; $F(x)$ est la totale indéfinie de la fonction nulle sur P et égale à $F'(x)$ en dehors de P.

Soit ξ un point de P qui ne soit ni origine, ni extrémité d'un intervalle contigu à P. ξ se trouve dans une suite d'intervalles $u^{i_1}, u^{i_2}, \ldots$. En tant que point de u^{i_j} on peut affirmer que, pour x convenablement choisi dans u_{i_j}, on a

$$|r[F(x), \xi, x]| = \frac{\sqrt{\rho_{i_j}}}{|\xi - x|} > \frac{1}{\sqrt{\rho_{i_j}}}.$$

Donc en ξ l'un au moins des quatre nombres dérivés de $F(x)$ est infini et puisque l'ensemble des ξ est de même mesure que P, donc de mesure non nulle, il y a l'un déterminé des quatre nombres dérivés de $F(x)$ qui est infini en un ensemble de points de mesure non nulle. Et cependant $F(x)$, ayant zéro pour dérivée prise sur E en tout point de E, a une dérivée approximative nulle presque partout sur E.

Bien que ce qui précède soit suffisant pour notre conclusion, précisons un peu cet exemple en vue d'autres conclusions [1]. Plaçons-nous dans les deux hypothèses suivantes : on prendra dans u_i une fonction positive ou nulle et de maximum $\sqrt{\rho_i}$; cela nous donnera $F_1(x)$; on prendra dans u_i une fonction de maximum $\sqrt{\rho_i}$ et de minimum $-\sqrt{\rho_i}$, cela nous donnera $F_2(x)$.

Reprenons le rapport considéré $r[F(x), \xi, x]$ pour ξ dans u^{ij} et x dans u_{ij}. Il est clair que pour certaines valeurs de j, la différence $\xi - x$ est négative, sans quoi aucun des u_i ne serait compris entre l'origine de u^{ij} et ξ, ce qui est impossible. Donc on peut affirmer que l'on a

$$r[F(x), \xi, x] < -\frac{1}{\sqrt{\rho_{ij}}}$$

pour certaines valeurs de j, qu'il s'agisse de $F_1(x)$ ou de $F_2(x)$ et par suite que l'on a

$$\lambda_g F_1(\xi) = \lambda_g F_2(\xi) = -\infty.$$

De même on voit que l'on a

$$\Lambda_g F_2(\xi) = +\infty,$$

puis

$$\Lambda_d F_1(\xi) = \Lambda_d F_2(\xi) = +\infty,$$

on a de plus

$$\lambda_d F_2(\xi) = -\infty,$$
$$\Lambda_g F_1(x) = \lambda_d F_1(x) = 0.$$

Supposons de plus que, dans chaque u_i, $F(x)$ soit choisie de façon que, dans u_i, aux voisinages des extrémités de u_i, la courbe $Y = F(x)$ soit semblable à celle qui représente au voisinage de $x = o$ la fonction qui, dans $\left[\frac{1}{(k+1)\pi}, \frac{1}{k\pi}\right]$ est égale à $\frac{1}{k}\left(\sin\frac{1}{x}\right)^{2k}$ s'il s'agit de $F_1(x)$, à $\frac{1}{k}\left(\sin\frac{1}{x}\right)^{k}$ s'il s'agit de $F_2(x)$. Alors les égalités précédentes déterminent les valeurs des quatre nombres dérivés de $F(x)$ non seulement aux points ξ, mais en tout point de P. De plus, si P est parfait et si en tout point de P, qui est un point ξ, la densité de P est égale à 1, $F(x)$ a une dérivée approximative égale à zéro en tout point de P.

Voici donc construites deux totales indéfinies qui ont une dérivée approximative finie en tout point et pour lesquelles on a cependant, en tout point de l'ensemble parfait de mesure non nulle P,

$$\Lambda_g \, F_1(x) = \lambda_d \, F_1(x) = o, \qquad \lambda_g \, F_1(x) = -\infty, \qquad \Lambda_d \, F_1(x) = +\infty,$$
$$\Lambda_g \, F_2(x) = \Lambda_d \, F_2(x) = +\infty, \qquad \lambda_g \, F_2(x) = \lambda_d \, F_2(x) = -\infty.$$

Ainsi on ne peut énoncer les relations entre fonction totalisée et totale indéfinie en n'employant que la dérivation ordinaire prise sur un intervalle ; il est indispensable de recourir à une généralisation de la dérivée : dérivée prise sur un ensemble ou dérivée approximative. Par suite aussi la généralisation de cet énoncé : toute fonction absolument continue a une dérivée presque partout, laquelle s'énonce : *toute fonction résoluble a une dérivée approximative presque partout* ne peut être remplacée par une proposition relative à l'existence de la dérivée ordinaire ([1]).

Nous obtiendrons cependant des renseignements concernant la dérivation ordinaire en appliquant simultanément les théorèmes obtenus à plusieurs nombres dérivés, c'est-à-dire en opérant comme nous l'avons fait au Chapitre IX avec les théorèmes relatifs à l'intégration.

Deux nombres dérivés d'une même fonction, $\Lambda_d F(x)$ et $\lambda_g F(x)$ *par exemple, sont égaux presque partout dans l'ensemble des points où ils sont simultanément finis.* En effet, nous savons d'une part que $F(x)$ admet presque partout sur cet ensemble une dérivée approximative égale à $\Lambda_d F(x)$, et d'autre part que cette dérivée approximative est presque partout égale à $\lambda_g F(x)$.

En particulier, *une fonction continue a une dérivée presque partout dans l'ensemble des points où ses quatre nombres dérivés sont finis* ([2]).

Une fonction continue $F(x)$ *a son nombre dérivé* $\lambda_g F(x)$ *presque partout fini dans l'ensemble des points où* $\Lambda_d F(x)$ *est fini.*

([1]) Il existe un mode de totalisation, appelé par M. Denjoy la totalisation complète, qui a été étudié par M. Denjoy et par M. Lusin, avec lequel, au contraire, tous les théorèmes considérés dans le texte se généralisent aux totales indéfinies sans faire appel à une autre dérivation que la dérivation ordinaire,

([2]) P. MONTEL, *Comptes rendus*, 1912.

Sans quoi, en effet, il existerait un ensemble E, fermé, de mesure non nulle, aux points duquel $\lambda_g F(x)$ serait égale à $-\infty$, et pour les points x_0 duquel le rapport $r\,|\,F(x),\ x_0\ x_0 + h\,|$ serait pourtant toujours inférieur à un nombre fixe k. Couvrons alors (a, b) à partir de b, d'une chaîne d'intervalles ainsi choisis : si η est un point de E, nous lui attachons un intervalle (ξ, η) dans lequel on a

$$r\,[\,F(x),\ \xi,\ \eta\,] < -M,$$

M étant un nombre positif, très grand, arbitrairement choisi.

Si η est un point intérieur à un intervalle (α, β) contigu à E, nous attachons à η l'intervalle (α, η).

Servons-nous de cette chaîne pour évaluer $F(b) - F(a)$; la contribution des intervalles de la première espèce sera inférieure à $-Mm(E)$; celle des intervalles de la seconde espèce sera inférieure à leur longueur multipliée par k, soit moins de $k(b - a)$. Ceci donne

$$F(b) - F(a) < k(b - a) - M\,m(E).$$

Or ceci est impossible puisque le second membre est aussi petit que l'on veut; la proposition est donc démontrée. On a, bien entendu, un énoncé analogue relativement à λ_g et à λ_d.

Rapprochons les divers résultats obtenus, nous avons le remarquable théorème dû à M. Denjoy :

Sauf tout au plus aux points d'un ensemble de mesure nulle, les quatre nombres dérivés d'une fonction continue ([1]), *$F(x)$ présentent l'une des dispositions suivantes :*

$1°$ *Les quatre nombres dérivés sont égaux, c'est-à-dire qu'il y a une dérivée ordinaire;*

$2°$
$$\Lambda_g = +\infty,$$
$$\lambda_g = \Lambda_d = \text{valeur finie},$$
$$\lambda_d = -\infty$$

([1]) Mme Chisholm Young a étendu ce résultat à toute fonction finie mesurable définie sur un ensemble mesurable (*Comptes Rendus*, 1916).

ou

$$\lambda_g = -\infty,$$
$$\Lambda_g = \lambda_d = valeur\ finie,$$
$$\Lambda_d = +\infty.$$

3°
$$\Lambda_g = \Lambda_d = +\infty, \qquad \lambda_g = \lambda_d = -\infty.$$

Les deux fonctions $F_1(x)$ et $F_2(x)$, construites quelques pages plus haut, montrent d'ailleurs que les cas 2° et 3° se présentent effectivement en des ensembles de points de mesures non nulles.

De ce théorème, M. Denjoy a déduit qu'*une fonction continue qui n'a en aucun point ses quatre nombres dérivés infinis à la fois, est une totale indéfinie.*

Montrons, en effet, que toute fonction continue $F(x)$ qui n'est pas une totale indéfinie a ses quatre nombres dérivés infinis en certains points. Pour une telle fonction, il existe un ensemble parfait E tel que la fonction $G(x)$ correspondante ne soit absolument continue dans aucun intervalle (l, m) contenant des points de E à son intérieur. C'est dire que, dans (l, m), la limite de la valeur absolue de l'accroissement $\mathcal{A}_{G(x)}(I)$ de $G(x)$ dans un ensemble I d'intervalles non empiétants ne tend pas vers zéro quand $m(I)$ tend vers zéro. Comme $G(x)$ est linéaire dans les intervalles contigus à E, nous supposerons même que les origines et extrémités des intervalles constituant I sont points de E, ce qui ne changera rien à la plus grande limite de $|\mathcal{A}_{G(x)}(I)|$.

Deux cas sont à distinguer :

a. Dans tout intervalle (l, m), pour $m(I)$ tendant vers zéro la plus grande limite de $A_{G(x)}(I)$ est positive et la plus petite négative;

b. Ou bien il existe un intervalle (l, m) pour lequel l'une de ces limites est nulle.

a. Dans ce cas, dans tout (l, m) on peut trouver des intervalles limités par des points x_0 et $x_0 + h$, $h > 0$, de E et pour lesquels $r[F(x), x_0, x_0 + h]$ est aussi grand que l'on veut ou aussi petit que l'on veut. Car, par exemple, si ce rapport ne pouvait surpasser k, $A_{G(x)}(I)$ serait au plus $k\,m(I)$.

$r[F(x), x_0, x_0 + h]$ est donc, partout sur E, non borné supérieurement, donc il y a sur E des points où $\Lambda_d F(x) = +\infty$.

$r[F(x), x_0, x_0 - h]$ est aussi partout non borné supérieurement, il y a sur E des points où $\Lambda_g F(x) = +\infty$, et puisque ces rapports sont aussi non bornés inférieurement, il y a des points où $\lambda_d = -\infty$ et des points où $\lambda_g = -\infty$.

Précisons ce résultat en nous reportant à la démonstration de notre premier théorème sur les nombres dérivés (p. 220). Nous avons remarqué alors que l'ensemble E_n des points x_0 de E en lesquels on a

$$r[F(x), x_0, x_0 - h] \leq n,$$

quel que soit h positif, était un ensemble fermé. Dans l'hypothèse actuelle c'est un ensemble fermé non dense sur E, puisque, dans tout intervalle contenant des points de E, en certains de ces points r surpasse n pour certaines valeurs positives de h.

L'ensemble $\mathcal{E}_n$ des points en lesquels on a l'une ou l'autre des inégalités

$$r[F(x), x_0, x_0 + h] \leq n, \qquad r[F(x), x_0, x_0 + h] \geq -n,$$

soit quel que soit h positif, soit quel que soit h négatif, étant la somme de quatre ensembles analogues à E_n, est fermé et non dense sur E.

Si l'on remarque que la somme des $\mathcal{E}_n$ est l'ensemble des points de E en lesquels l'un des quatre nombres dérivés est fini, la démonstration s'achève facilement. E ne peut être la somme des $\mathcal{E}_n$ partout non denses sur E (p. 203), donc il y a des points de E n'appartenant à aucun $\mathcal{E}_n$; en ces points les quatre nombres dérivés de $F(x)$ sont infinis.

b. Admettons que, dans un intervalle que nous supposerons l'intervalle (a, b) lui-même, la plus petite limite de $A_{G(x)}(I)$, pour $m(I)$ tendant vers zéro, soit nulle. Il est clair que la variation totale négative de $G(x)$ est bornée, donc $G(x)$ est à variation bornée; de plus, si l'on décompose $G(x)$ en son noyau absolument continu et sa fonction des singularités, celle-ci se réduit à sa propre variation positive

$$G(x) = A\,G(x) + P_s(x);$$

on a

$$P_s(x) = -\infty$$

aux points d'un ensemble E^{ip}, de mesure nulle, lequel est l'ensemble des singularités de $P_s(x)$ et de $G(x)$.

Le changement de variable (p. 167)

$$t = x + P_s(x),$$

transforme $P_s(x)$, $AC(x)$, $G(x)$ en des fonctions absolument continues $p_s(t)$, $ac(t)$, $g(t)$ et E^{ip} en e^{ip}, un ensemble I d'intervalles enfermant E^{ip} en un ensemble i d'intervalles enfermant e^{ip}, les variations totales de $P_s(x)$ et de $AC(x)$, dans I, en les variations totales de $p_s(t)$ et de $ac(t)$, dans i.

Or, pour $P_s(x)$, la variation totale dans I est égale à $P_s(b)$, c'est-à-dire à la variation totale dans tout (a, b), parce que E^{ip} est l'ensemble des singularités de $P_s(x)$. Donc la variation totale de $p_s(t)$ dans e^{ip} est égale à sa variation totale dans (a, b) et par suite est différente de zéro. Ceci montre que e^{ip} est de mesure non nulle.

Pour $AC(x)$, la variation totale dans I tend vers zéro avec $m(I)$ puisque $AC(x)$ est absolument continue; donc la variation totale de $ac(t)$ est nulle dans e^{ip} et par suite on a, presque partout sur e^{ip},

$$ac'(t) = 0.$$

Or, en tout point de E^{ip}, donc de e^{ip}, on a

$$P_s'(x) = +\infty;$$

d'où

$$t'(x) = 1 + P_s'(x) = +\infty, \qquad x'(t) = 0;$$

puis

$$1 = x'(t) + p_s'(t), \qquad p_s'(t) = 1.$$

Donc la dérivée de $g(t) = ac(t) + p_s(t)$ existe et est égale à 1 en tous les points d'un ensemble e_0 contenu dans e^{ip} et de même mesure que lui.

En restreignant e_0 sans changer sa mesure, nous pouvons même supposer qu'aux points de e_0 sont remplies des conditions qui sont presque partout remplies dans la transformée e de E, donc presque partout dans e^{ip}. Nous admettrons ainsi que les points de e_0 ne sont ni origines, ni extrémités d'intervalles contigus à e et qu'en ces points les quatre nombres dérivés de la fonction $f(t)$ transformée de $F(x)$, $f(t) = F(x)$, présentent l'une des quatre associations indiquées par le théorème précédent.

De la première de ces hypothèses, comme on a $f(t) = g(t)$ aux points de e, il résulte qu'à toute valeur t_0 appartenant à e on peut associer deux suites de valeurs de t tendant vers t_0, l'une par valeurs supérieures à t_0, l'autre par valeurs inférieures à t_0 et pour lesquelles $r[f(t), t_0\ t]$ a une limite égale à 1. Il suffit en effet de prendre ces suites de valeurs de t appartenant à e; r tend alors vers la dérivée de $f(t)$, prise sur e, laquelle est $g'(t) = 1$.

De la deuxième hypothèse résulte alors :

α. Que si l'on est dans le cas où les quatre nombres dérivés sont égaux, on a $f'(t) = 1$;

β. Que si l'on est dans le cas où $\Lambda_g = +\infty$, $\lambda_d = -\infty$, $\lambda_g = \Lambda_d = $ valeur finie, cette valeur finie est égale à 1 puisque 1 doit être commun aux deux intervalles (λ_g, Λ_g), (λ_d, Λ_d) ;

γ. Que si l'on est dans le cas où $\lambda_g = -\infty$, $\Lambda_d = +\infty$, $\Lambda_g = \lambda_d = $ valeur finie, cette valeur finie est 1 ;

δ. Enfin on peut avoir $\Lambda_d = \Lambda_g = +\infty$, $\lambda_d = \lambda_g = -\infty$.

Or la formule

$$\frac{\Delta F(x)}{\Delta x} = \frac{\Delta f(t)}{\Delta t} \frac{\Delta t}{\Delta x},$$

qui lie les accroissements et dans laquelle le dernier rapport tend vers $t'_x = +\infty$ aux points de l'homologue E_0 de e_0, montre qu'en un point de E_0 on a, suivant les cas,

(α) $\qquad\qquad \Lambda_d = \Lambda_g = \lambda_d = \lambda_g = +\infty$;

(β) $\qquad\qquad \Lambda_d = \Lambda_g = \lambda_g = +\infty, \qquad \lambda_d = -\infty$;

(γ) $\qquad\qquad \Lambda_d = \Lambda_g = \lambda_d = +\infty, \qquad \lambda_g = -\infty$;

(δ) $\qquad\qquad \Lambda_d = \Lambda_g = +\infty, \qquad \lambda_d = \lambda_g = -\infty$.

Le théorème de M. Denjoy est démontré. Il en résulte que *si l'on connaît une fonction $f(x)$ finie et si l'on sait qu'elle est en tout point égale à l'un des quatre nombres dérivés d'une fonction continue $F(x)$, à Λ_d en certains points, à λ_d en d'autres, etc., la fonction $F(x)$ est déterminée et s'obtient par la totalisation de $f(x)$.* En effet, $F(x)$ est une totale indéfinie et la fonction totalisable qui en dérive est presque partout égale à $f(x)$ dans l'ensemble des points où $f(x) = \Lambda_d F(x)$, dans l'ensemble des points où $f(x) = \lambda_d F(x)$, etc. Ces ensembles sont inconnus, mais peu importe puisqu'il en résulte que la fonction à totaliser est presque partout égale à $f(x)$ dans tout (a, b).

Ainsi la totalisation permet non seulement de résoudre les problèmes A, B, C posés au Chapitre V et leurs extensions A', B', C'; mais elle permet aussi de traiter des problèmes plus larges encore comme le précédent.

A la vérité celui-ci paraît quelque peu étrange; on ne comprend guère comment on pourrait avoir su que $f(x)$ est partout égale à l'un des nombres dérivés de $F(x)$ sans savoir au moins duquel il s'agit en chaque point. Aussi le lecteur se demandera peut-être s'il ne suffirait pas de savoir que la fonction finie $f(x)$ est en tout point l'une des limites de $r[F(x), x, x+h]$, pour des valeurs de h tendant vers zéro, pour que la connaissance de $f(x)$ détermine $F(x)$ à une constante près? La réponse est négative. Remarquons en effet, avec M. Denjoy, que la fonction $F_2(x)$, page 244, a une dérivée déterminée $F'_2(x)$ en tout point extérieur à l'ensemble parfait P et a pour nombres dérivés $\Lambda_d = \Lambda_g = +\infty$, $\lambda_d = \lambda_g = -\infty$ aux points de P. La fonction $F_2(x) + m(x)$, le symbole $m(x)$ désignant la mesure de la partie de P située dans (a, x), a partout les mêmes nombres dérivés que $F_2(x)$. Donc, pour chacune de ces fonctions, l'une des limites de r est la fonction $f(x)$ égale à $F'_2(x)$ en dehors de P et nulle sur P; on peut même dire que $f(x)$ est l'une des limites de r quand on fait tendre h vers zéro par valeurs de signe déterminé; par valeurs positives, par exemple. Et pourtant la différence de ces fonctions n'est pas constante.

CHAPITRE XI.

L'INTÉGRALE DE STIELTJÈS.

En 1894, Stieltjès, à l'occasion de recherches relatives à des développements en fractions continues ([1]), a défini un nouveau mode d'intégration des fonctions continues. Il importe de bien comprendre l'originalité de la généralisation de Stieltjès et en quoi elle diffère profondément de celles que nous avons examinées jusqu'ici. Au Chapitre I, nous avions rappelé ce qu'on appelle l'intégration dans les cours élémentaires de calcul infinitésimal; c'est une opération *bien déterminée* faisant correspondre un nombre à chaque fonction continue $f(x)$. Aux Chapitres II, III, VI, VII, X nous avons défini cette opération pour des familles de fonctions $f(x)$ de plus en plus larges; nous avons étendu la notion d'intégration en profondeur dans la mine des fonctions $f(x)$. Stieltjès, lui, laisse invariable la famille de fonctions $f(x)$ considérées; mais, pour la même fonction $f(x)$, il définit autant d'intégrations que l'on veut; chacune d'elles fait correspondre un nombre à $f(x)$. Il étend la notion d'intégration en surface dans le champ des opérations fonctionnelles.

Dans ce Chapitre, nous donnerons la définition de l'intégrale de Stieltjès d'une fonction continue $f(x)$, ce qui est l'analogue du Chapitre I, puis nous devrions, comme aux Chapitres II, III, VI, VII, X, étendre cette notion à des classes de fonctions de plus en plus larges, enfin nous aurions à examiner, comme aux Chapitres IV, V, VIII, IX, des notions et des problèmes liés à la nouvelle intégrale. L'exécution de ce programme supposerait *effectuées des recherches qui n'ont même pas encore été abordées*; sur bien des points nous nous contenterons de poser des problèmes.

([1]) *Annales de la Fac. des Sc. de Toulouse*, 1894.

I. — L'intégrale de Stieltjès définie à l'aide de la théorie des fonctions sommables.

Soit $\alpha(x)$ une fonction à variation bornée dans un intervalle (a, b); nous l'appellerons la *fonction déterminante* de l'intégration qui va être définie.

$f(x)$ étant une fonction continue dans (a, b), nous appelons intégrale de Stieltjès de $f(x)$, prise dans (a, b) par rapport à la fonction déterminante $\alpha(x)$, la limite de la somme

$$S = \sum_0^n f(\xi_i)\,[\alpha(x_{i+1}) - \alpha(x_i)].$$

relative à une division de (a, b) faite à l'aide de valeurs x_i se succédant dans l'ordre : $x_0 = a, x_1, x_2, \ldots, x_{n+1} = b$, quand on fait croître indéfiniment le nombre n et que l'on choisit les x_i de façon que le maximum de $x_{i+1} - x_i$ tende vers zéro. ξ_i désigne une valeur quelconque de x prise dans (x_i, x_{i+1}).

Pour justifier cette dénomination, il faut prouver que la limite existe. Considérons une suite de divisions de (a, b), soit D_1, $D_2, \ldots$, obtenues chacune par subdivision des intervalles de la division précédente, et soient $S_1, S_2, \ldots$ les valeurs de S fournies par ces divisions et certains choix des ξ_i.

Soit $f(\xi_i)\,[\alpha(x_{i+1}) - \alpha(x_i)]$ la contribution dans S_k d'un des intervalles de D_k. Dans D_{k+1} l'intervalle (x_i, x_{i+1}) se trouve divisé par des points y_j et fournit une contribution de la forme

$$\Sigma_1 f(\eta_j)\,[\alpha(y_{j+1}) - \alpha(y_j)].$$

la sommation étant étendue à certaines valeurs de j. Or, avec les mêmes valeurs de j, on a

$$f(\xi_i)\,[\alpha(x_{i+1}) - \alpha(x_i)] = \Sigma_1 f(\xi_i)\,[\alpha(y_{j+1}) - \alpha(y_j)].$$

La différence entre les deux contributions de (x_i, x_{i+1}) est donc

$$\Sigma_1 [f(\eta_j) - f(\xi_i)]\,[\alpha(y_{j+1}) - \alpha(y_j)] \le \omega_i \Sigma_1 |\alpha(y_{j+1}) - \alpha(y_j)| \le \omega_i V_i,$$

ω_i désignant l'oscillation de $f(x)$ dans (x_i, x_{i+1}) et V_i la variation totale de $\alpha(x)$ dans le même intervalle.

D'où, par addition,

$$|\,S_k - S_{k+l}\,| \leqq \Omega_k V,$$

V étant la variation totale de $\alpha(x)$ dans (a, b) et Ω_k le maximum de l'oscillation de $f(x)$ dans les intervalles de la division D_k. Or Ω_k tend vers zéro quand k augmente indéfiniment, par hypothèse, donc la suite des S_k est convergente.

Le cas particulier des suites $D_1, D_2, \ldots$, obtenues par subdivisions successives, ainsi examiné, on passe au cas général par le raisonnement qui nous a tant de fois servi.

L'intégrale que nous venons de considérer est *l'intégrale définie*, elle se note

$$\int_a^b f(x)\,d[\alpha(x)].$$

Elle jouit évidemment des propriétés

$$\int_a^b f(x)\,d[\alpha(x)] = -\int_b^a f(x)\,d[\alpha(x)],$$

$$\int_a^b f(x)\,d[\alpha(x)] + \int_b^c f(x)\,d[\alpha(x)] + \int_c^a f(x)\,d[\alpha(x)] = 0.$$

$$\int_a^b [f(x) + g(x)]\,d[\alpha(x)] = \int_a^b f(x)\,d[\alpha(x)] + \int_a^b g(x)\,d[\alpha(x)].$$

Pour cette intégrale, le *théorème de la moyenne* s'énonce ainsi : *Si l'on a*

$$|f(x)| < M,$$

il en résulte

$$\left|\int_a^b f(x)\,d[\alpha(x)]\right| < MV,$$

V *étant la variation totale de* $\alpha(x)$ *dans* (a, b).

Toutes ces propriétés résultent de suite de l'examen des sommes S.

La fonction

$$F(x) = \text{const.} + \int_a^x f(x)\,d[\alpha(x)]$$

est dite *la fonction d'une variable intégrale indéfinie, au sens de Stieltjès, de* $f(x)$ *prise par rapport à* $\alpha(x)$. Cette définition s'applique pour $a < x \leqq b$, nous compléterons tout à l'heure la définition pour $x = a$.

L'intégrale indéfinie est une fonction à variation bornée. Représentons par $V(x)$ la variation totale de $\alpha(x)$ de a à x; on a

$$| F(l) - F(m) | = \left| \int_m^l f(x)\, d[\alpha(x)] \right| \leqq M \, | V(l) - V(m) |,$$

M désignant la limite supérieure du module de $f(x)$ dans (a, b). Donc si l'on partage (a, b) en un nombre fini d'intervalles (x_i, x_{i+1}) on a

$$\Sigma | F(x_{i+1}) - F(x_i) | \leqq M \, \Sigma | V(x_{i+1}) - V(x_i) | = MV.$$

Cette inégalité démontre la proposition et donne la limite supérieure MV pour la variation totale de l'intégrale indéfinie.

Lorsque la fonction déterminante est continue, l'intégrale indéfinie est continue. En effet, dans ce cas, $V(l) - V(m)$ tend vers zéro avec la longueur de (m, l); donc il en est de même de $F(l) - F(m)$.

D'une façon plus générale, l'intégrale indéfinie est continue en tout point de continuité de $\alpha(x)$. Mais *elle est discontinue en x_0 si $f(x_0)$ est différent de zéro et si $\alpha(x)$ admet x_0 pour point de discontinuité.* En effet, x_0 étant supposé différent de a, soient $\beta(x)$ et $\gamma(x)$ deux fonctions définies comme il suit :

pour $x < x_0$,
$$\beta(x) = \alpha(x), \qquad \gamma(x) = 0;$$
en x_0,
$$\beta(x_0) = \alpha(x_0 - 0), \qquad \gamma(x_0) = \alpha(x_0) - \alpha(x_0 - 0);$$
pour $x > x_0$,
$$\beta(x) = \alpha(x) - \alpha(x_0 + 0) + \alpha(x_0 - 0). \qquad \gamma(x) = \alpha(x_0 + 0) - \alpha(x_0 - 0).$$

$\beta(x)$ et $\gamma(x)$ sont deux fonctions à variations bornées dont la somme est $\alpha(x)$. L'intégrale indéfinie $F(x) = A(x)$, relative à $\alpha(x)$, est donc la somme de celles relatives à $\beta(x)$ et $\gamma(x)$; soient $B(x)$ et $C(x)$. Or $B(x)$ est continue en x_0, car $\beta(x)$ est continue en x_0 et $C(x)$ est évidemment égale à

$$\text{une constante K}, \qquad \text{pour } x < x_0;$$
$$K + f(x_0)[\alpha(x_0) \qquad - \alpha(x_0 + 0)], \qquad \text{»} \quad x = x_0;$$
$$K + f(x_0)[\alpha(x_0 + 0) - \alpha(x_0 - 0)], \qquad \text{»} \quad x > x_0.$$

Donc $C(x)$ est discontinue en x_0, et par suite aussi $A(x)$, si $f(x_0)$ est différent de zéro. En même temps, nous avons prouvé que : *Si l'on désigne par $s_g(x)$ et $s_d(x)$ les sauts de gauche et de droite de $\alpha(x)$ au point x, la fonction des sauts de l'intégrale indéfinie de $f(x)$, prise par rapport à $\alpha(x)$, est*

$$\Phi(x) = \sum_{a \leq x_i < x} f(x_i)\, s_d(x_i) - \sum_{a < x_i \leq x} f(x_i)\, s_g(x_i),$$

les sommations étant étendues à toutes les valeurs indiquées par les inégalités, ou, ce qui est équivalent, à toutes celles de ces valeurs qui sont des points de discontinuité de $\alpha(x)$. Toutefois, c'est par une convention nouvelle, complétant la définition de l'intégrale indéfinie, que nous avons fait figurer le point a dans la première sommation.

Par suite aussi, l'intégrale corrigée de sa fonction des sauts, $F(x) - \Phi(x)$, est l'intégrale indéfinie, au sens de Stieltjès, par rapport à la fonction déterminante obtenue en corrigeant $\alpha(x)$ de sa fonction des sauts

$$\alpha(x) - \sum_{a \leq x_i < x} s_d(x_i) - \sum_{a < x_i \leq x} s_g(x_i).$$

Les intégrales de Stieltjès relatives à des fonctions déterminantes discontinues, se calculent donc facilement à partir de celles résultant des fonctions déterminantes continues. Celles-ci, dans les cas usuels, se calculent de suite.

Supposons, par exemple, $\alpha(x)$ continue et croissante, au sens strict, $\alpha(x_1) > \alpha(x_0)$ pour $x_1 > x_0$; le changement de variable $\alpha = \alpha(x)$ transforme $f(x)$ en une fonction $g(\alpha)$ et la définition de $\int f(x)\, d[\alpha(x)]$ en celle de l'intégrale ordinaire de $g(\alpha)$. Ainsi

$$\int_a^b f(x)\, d[\alpha(x)] = \int_{\alpha(a)}^{\alpha(b)} g(\alpha)\, d\alpha,$$

et l'on est ramené à une intégration ordinaire de fonction continue. C'est d'ailleurs la formule précédente qui est l'origine même de la notation de l'intégrale de Stieltjès.

Le cas général où $\alpha(x)$ est continue se ramène à celui-ci.

Soient $p(x)$ et $n(x)$ les deux variations totales positive et négative de $\alpha(x)$, les deux fonctions

$$\alpha_1(x) = p(x) + x, \qquad \alpha_2(x) = n(x) + x$$

sont croissantes au sens strict, et l'on a

$$\alpha(x) = \alpha_1(x) - \alpha_2(x).$$

Si donc on pose

$$f(x) = g_1(\alpha_1) = g_2(\alpha_2),$$

on en déduit

$$\int_a^b f(x)\, d[\alpha(x)] = \int_{\alpha_1(a)}^{\alpha_1(b)} g_1(\alpha_1)\, d\alpha_1 - \int_{\alpha_2(a)}^{\alpha_2(b)} g_2(\alpha_2)\, d\alpha_2.$$

Enfin, le cas le plus général se traite de même : $\alpha_1(x)$ et $\alpha_2(x)$ étant formées à l'aide des variations totales de $\alpha(x)$ corrigée de sa fonction des sauts, on a, avec les notations précédentes,

$$\int_a^b f(x)\, d[\alpha(x)] = \sum_{a \leq x_i < b} f(x_i)\, s_d(x_i) + \sum_{a < x_i \leq b} f(x_i)\, s_g(x_i)$$
$$+ \int_{\alpha_1(a)}^{\alpha_1(b)} g_1(\alpha_1)\, d\alpha_1 - \int_{\alpha_2(a)}^{\alpha_2(b)} g_2(\alpha_2)\, d\alpha_2.$$

Toute intégrale de Stieltjès s'exprime donc à l'aide d'intégrales ordinaires. Avant de tirer des conséquences de ce fait essentiel, donnons d'autres formules équivalentes à la précédente. Celle-ci présente l'avantage de ne faire appel à l'intégration que sous sa forme la plus primitive : intégrale d'une fonction continue dans un intervalle; par contre elle exige deux intégrales, l'emploi des séries et des changements de variables.

Supposons que $\alpha(x)$ soit continue, croissante au sens strict, et à dérivée continue; alors aucun changement de variable n'est nécessaire car on a

$$\int_a^b f(x)\, d[\alpha(x)] = \int_{\alpha(a)}^{\alpha(b)} g(\alpha)\, d\alpha = \int_a^b f(x)\, \alpha'(x)\, dx,$$

en revenant de la variable α à la variable x par la formule classique du changement de variable (^{1}). En somme, nous traitons ici l'intégrale de Stieltjès en remarquant qu'elle se réduit à l'inté-grale curviligne $\displaystyle\int_{a,\alpha(a)}^{b,\alpha(b)} f(x)\,d\alpha$, attachée à la courbe $\alpha = \alpha(x)$.

La formule précédente s'étend au cas où $\alpha(x)$ est seulement supposée absolument continue; désignons alors par $'\alpha(x)$ la fonc-tion, déterminée seulement aux points d'un ensemble de mesure nulle près, dont $\alpha(x)$ est l'intégrale indéfinie; fonction qu'on pourrait appeler la presque dérivée de $\alpha(x)$. On a

$$S = \sum f(\xi_i)\left[\alpha(x_{i+1}) - \alpha(x_i)\right] = \sum f(\xi_i)\int_{x_i}^{x_{i+1}} {}'\alpha(x)\,dx.$$

Donc

$$S - \int_a^b f(x).'\alpha(x)\,dx = \sum \int_{x_i}^{x_{i+1}} [f(\xi_i) - f(x)].'\alpha(x)\,dx.$$

Il en résulte, Ω désignant le maximum de l'oscillation de $f(x)$ dans les intervalles $(x_i,\ x_{i+1})$ et V représentant toujours la varia-tion totale de $\alpha(x)$ dans $(a.\ b)$.

$$\left| S - \int_a^b f(x).'\alpha(x)\,dx \right| \leqq \Omega \sum \int_{x_i}^{x_{i+1}} |'\alpha(x)|\,dx = \Omega V.$$

D'où, par passage à la limite.

$$\int_a^b f(x)\,d[\alpha(x)] = \int_a^b f(x).'\alpha(x)\,dx.$$

Lorsque la fonction à variation bornée $\alpha(x)$ est simplement supposée continue, un changement de variable suffit pour nous ramener au cas précédent; il est clair en effet que si l'on a un changement de variable $(t\,|\,x)$ uniforme dans les deux sens faisant correspondre $(t_1,\ t_2)$ à $(a,\ b)$, on a toujours

$$\int_a^b f(x)\,d[\alpha(x)] = \int_{t_1}^{t_2} f[x(t)]\,d\{\alpha[x(t)]\}.$$

(^{1}) L'extension aux divers modes d'intégration des procédés classiques permet-tant le calcul exact ou approché des intégrales de fonctions continues (intégra-tion par parties, par substitution, second théorème de la moyenne, inégalité de Schwarz, etc.) n'a pas trouvé place dans notre exposé. Ce qui suit est en réalité relatif au procédé d'intégration par substitution.

Il suffit de choisir t de manière que $\alpha[x(t)]$ soit absolument continue en t pour pouvoir appliquer la formule précédente. Cette variable t pourrait être la longueur de la courbe $\alpha = \alpha(x)$, depuis a jusqu'à x; il est plus simple ici de prendre (¹)

$$t = x + V(x),$$

$V(x)$ étant, comme précédemment, la variation totale de $\alpha(x)$ de a à x. Alors on a, en posant $\alpha[x(t)] = A(t)$,

$$\int_a^b f(x)\,d[\alpha(x)] = \int_a^{b+V} f[x(t)].\,'A(t)\,dt.$$

Si $\alpha(x)$ était continue et variable dans tout intervalle on pourrait poser $v = V(x)$ et l'on aurait

$$\int_a^b f(x)\,d[\alpha(x)] = \int_0^V f[x(v)].\,'\alpha[x(v)]\,dv.$$

Nous allons étendre cette formule à tous les cas : posons pour cela les définitions suivantes :

$V(x)$ *désignant la variation totale, de a à x, de la fonction déterminante $\alpha(x)$, à toute valeur v_0 comprise entre o et $V = V(b)$ il correspond :*

a. Soit une ou plusieurs valeurs de x telles que l'on ait $v_0 = V(x)$, nous choisissons alors l'une de ces valeurs x_0 et nous posons

$$x_0 = x(v_0), \qquad A(v_0) = \alpha[x(v_0)] = \alpha(x_0),$$

b. Soit une valeur x_0, telle que l'on ait

$$V(x_0 - o) \leqq v_0 < V(x_0) \qquad \text{ou} \qquad V(x_0) < v_0 \leqq V(x_0 + o);$$

nous posons alors $x_0 = x(v_0)$ et, dans le premier cas

$$A(v_0) = \alpha(x_0 - o) + \frac{\alpha(x_0) - \alpha(x_0 - o)}{V(x_0) - V(x_0 - o)}[v_0 - V(x_0 - o)],$$

dans le second

$$A(v_0) = \alpha(x_0) + \frac{\alpha(x_0 - o) - \alpha(x_0)}{V(x_0 - o) - V(x_0)}[v_0 - V(x_0)].$$

(¹) *Voir* pages 167 et suivantes.

Avec ces conventions, on a

$$\int_a^b f(x)\,d[\alpha(x)] = \int_0^V f[x(v)].'A(v)\,dv.$$

Pour justifier cet énoncé, partageons (a, b) en intervalles partiels δ_i dans chacun desquels l'oscillation de $f(x)$ est inférieure à ε. Dans chaque intervalle $\delta_i = (l_i, m_i)$ choisissons arbitrairement une valeur $l_i \leqq \xi_i \leqq m_i$ et posons

$$\Delta_i = [V(l_i),\ V(m_i)], \qquad \Delta V_i = V(m_i) - V(l_i).$$

Alors on a

$$\left| \int_a^b f(x)\,d[\alpha(x)] - \sum_i [f(\xi_i)\,\{\,\alpha(m_i) - \alpha(l_i)\,\}] \right|$$

$$= \left| \sum_i \int_{\delta_i} [f(x) - f(\xi_i)]\,d[\alpha(x)] \right|$$

$$\leqq \sum_i \left[\varepsilon \int_{\delta_i} d V(x) \right] = \varepsilon \sum_i \Delta_i V = \varepsilon V;$$

$$\left| \int_0^V f[x(v)].'A(v)\,dv - \sum_i [f(\xi_i)\,\{\,\alpha(m_i) - \alpha(l_i)\,\}] \right|$$

$$= \left| \sum_i \int_{\Delta_i} \{f[x(v)] - f(\xi_i)\,\}\,.'A(v)\,dv \right|$$

$$\leqq \sum_i \left[\varepsilon \int_{\Delta_i} |'A(v)|\,dv \right] = \varepsilon \sum_i \Delta_i V = \varepsilon V.$$

Le théorème résulte de suite du rapprochement de ces deux inégalités.

La fonction $A(v)$ a, dans (v_1, v_2), une variation totale égale à $v_2 - v_1$; $A(v)$ a donc presque partout une dérivée égale à ± 1 et par suite *on peut supposer* $'A(v)$ *partout égale à* ± 1. Cela rend la formule précédente particulièrement simple; mais, pour ce qui suit, les formules plus compliquées obtenues auparavant conviendraient aussi fort bien; c'est surtout pour fixer les idées que nous partirons d'une formule bien déterminée de réduction des intégrales de Stieltjès aux intégrales ordinaires; nous utiliserons la dernière formule établie. Elle exige que soit connue la théorie des fonctions sommables; mais, dès que cette théorie est connue, le second membre de notre formule a un sens pour des cas beaucoup

plus étendus que celui examiné jusqu'ici, où $f(x)$ était continue.
Et par suite *nous pouvons prendre la formule*

$$\int_a^b f(x)\,d[\alpha(x)] = \int_0^V f[x(v)].\,'A(v)\,dv$$

comme définition même de l'intégrale de Stieltjès de $f(x)$.

Cette définition s'appliquera, en n'utilisant pour le moment que
l'intégration des fonctions sommables, toutes les fois que
$f[x(v)].\,'A(v)$ sera sommable, donc pour toutes les fonctions $f[x(v)]$
qui sont sommables, puisque $'A(v) = \pm\,1$, c'est-à-dire *pour toutes
les fonctions $f(x)$ qui sont sommables quand on prend pour
variable la variation totale v de $\alpha(x)$ entre a à x*, et en particulier pour toutes les fonctions bornées qui sont mesurables par
rapport à v.

Or, parmi les fonctions $f(x)$ qui sont mesurables par rapport
à v, il faut citer toutes les fonctions $f(x)$ qui sont mesurables B
par rapport à x. En effet, la formule $x = x(v)$ fait correspondre
à tout intervalle en x un intervalle en v ou un point, à une somme
d'ensembles en x, une somme d'ensembles en v, à une différence
d'ensembles en x une différence d'ensembles en v plus parfois
certaines des valeurs de v correspondant aux intervalles de cons-
tance de x; et comme ces valeurs sont en nombre fini ou dénombrables, à tout ensemble mesurable B en x correspond un ensemble
mesurable B en v. Si donc $f(x)$ est mesurable B en x, c'est-
à-dire si l'ensemble $E[\alpha < f(x) < \beta]$ est mesurable B, l'ensemble
$E[\alpha < f[x(v)] < \beta]$ l'est aussi et $f[x(v)]$ est mesurable B en v.

Donc *la définition précédente s'applique à une classe de
fonctions $f(x)$, variable avec la fonction déterminante $\alpha(x)$,
mais qui contient toujours la famille des fonctions $f(x)$
bornées et mesurables B.*

L'inconvénient de la méthode si rapide qui nous a donné ce
résultat c'est qu'elle ne met nullement en évidence l'intérêt que
peut présenter l'extension de la notion d'intégrale de Stieltjès.
Un théorème de M. Frédéric Riesz mettra cet intérêt en évidence ([1]).

([1]) C'est à l'occasion de ce théorème de M. Riesz (*C. R. Acad. Sc.*, 1909;
voir aussi *Annales de l'Ecole Normale supérieure*, 1911 et 1914) que j'ai donné

II. — Les fonctionnelles linéaires.

Nul, depuis Stieltjès, ne s'était occupé de l'intégration d'une fonction par rapport à une fonction quand, en 1909, M. F. Riesz nous révéla que pourtant cette notion avait été l'objet d'assez nombreuses recherches mais sous un autre nom, sous le nom d'*opération fonctionnelle linéaire*.

Une opération fonctionnelle linéaire est celle qui associe à chaque fonction $f(x)$, appartenant à une certaine classe de fonctions, un nombre $A[f(x)]$ tel que l'on ait :

1° $$A[f_1(x) + f_2(x)] = A[f_1(x)] + A[f_2(x)];$$
2° $$|A[f(x)]| \leqq M \times \max |f(x)|.$$

M *étant un nombre fixe.*

La fonctionnelle ([1]) $A[f(x)]$ *fournie par l'opération linéaire est dite elle-même linéaire.*

Ce sont surtout des questions de physique mathématique qui ont conduit à la notion de fonctionnelle linéaire; la classe de fonctions qui se présentait alors, variable avec les questions, contenait toujours les fonctions continues mais aussi souvent divers types de fonctions discontinues. De sorte que le problème de l'extension du champ d'application des opérations fonctionnelles linéaires était virtuellement posé. Or cette extension sera acquise grâce à la généralisation précédente de la notion d'intégrale de Stieltjès et au théorème de M. Riesz.

Parmi les fonctionnelles linéaires définies dans le champ des fonctions continues se trouvent celles de la forme

$$\int_a^b K(x) f(x)\, dx;$$

aussi s'est-on adressé à des expressions de cette forme quand on a

---

(*C. R. Ac. Sc.*, 1909) l'extension de la notion d'intégrale de Stieltjès par les procédés qui viennent d'être indiqués, présentés parfois sous des formes légèrement différentes.

([1]) Les mots *fonction de fonction* prêtant à équivoque, M. Volterra avait appelé *fonction de ligne* les nombres tels que $A[f(x)]$; l'expression *fonctionnelle* proposée par M. Hadamard a généralement prévalu.

essayé de construire la fonctionnelle linéaire la plus générale ; M. Hadamard et M. Fréchet avaient obtenu dans cette direction des résultats fort intéressants; mais il était réservé à M. Riesz de résoudre complètement la question en montrant que *toute fonctionnelle linéaire définie pour toutes les fonctions continues dans (a, b) est de la forme* $\int_a^b f(x) d[(\alpha(x)]$; $\alpha(x)$ *étant une fonction à variation bornée qui caractérise la fonctionnelle* ([1]).

Soit $A(f)$ une fonctionnelle linéaire définie dans le champ C des fonctions continues de a à b([2]). L'égalité

$$A(f_1 + f_2 + \ldots + f_p) = A(f_1) + \ldots + A(f_p)$$

a donc lieu dans C; il existe deux cas importants où l'on peut même supposer les fonctions f_i en nombre infini. C'est d'une part,

---

([1]) J'imite dans ce qui suit la démonstration donnée par M. Riesz dans son Mémoire des Annales de l'École Normale, 1914. M. Riesz me fait là l'honneur de déclarer qu'une remarque que j'avais faite sur le rôle des suites monotones de fonctions l'a guidé. En réalité, je n'avais que très imparfaitement compris ce rôle sans quoi je n'aurais pas écrit, dans ma Note de 1909, qu'il serait très difficile d'étendre la notion d'intégrale de Stieltjès par un procédé différent de celui que j'employais. Peu de temps après que j'eus commis cette imprudence, M. W. H. Young montrait que mon procédé était loin d'être indispensable et que l'intégrale de Stieltjès se définit exactement comme l'intégrale ordinaire par le procédé des suites monotones indiqué au Chapitre VII, p. 134 (*Proceed. of the London Math. Society*, 1913).

Ce travail de M. Young est le premier de ceux qui ont finalement bien fait *comprendre* ce que c'est qu'une intégrale de Stieltjès. On n'a pénétré vraiment au fond de cette notion que grâce à la définition qu'en a donnée M. Radon (*Sitz. d. K. Ak. d. Wiss. in Wien*, 1913) et aux travaux de M. de la Vallée Poussin sur l'extension de la notion de mesure (*voir*, en particulier, dans cette collection, le livre déjà cité de M. de la Vallée Poussin). Mais pour que ces travaux soient eux-mêmes possibles, il avait fallu que soient dégagées les notions de fonction d'ensemble (Lebesgue), de fonction de plusieurs variables à variation bornée (Vitali, *Rend. della R. Acc. delle Sc. di Torino*, 1908), d'intégrale de Stieltjès d'une fonction continue de plusieurs variables (Fréchet, *Nouv. Ann. de Math.*, 1905), etc.

Comme je ne m'occupe dans ce livre que des fonctions d'une seule variable, la difficulté et l'importance de certains travaux y apparaissent mal. C'est pourquoi je tiens à dire que si, en ce qui concerne les fonctions d'une seule variable, le Mémoire de M. Radon ne nous a apporté qu'une définition nouvelle, particulièrement heureuse à la vérité, de l'intégrale de Stieltjès, pour le cas de plusieurs variables ce Mémoire fournit une véritable extension de la notion d'intégrale.

([2]) On pourrait partir d'un champ plus restreint, de celui des polynomes, par exemple.

le cas où la série des f_i converge uniformément, d'autre part le cas où tous les f_i, à partir d'une certaine valeur de i, sont de même signe.

Supposons, en effet, que la série des f_i converge uniformément; si f est sa limite et s_p la somme de ses p premiers termes, on a, pour p suffisamment grand $|f - s_p| < \varepsilon$, d'où

$$|\mathrm{A}(f) - \mathrm{A}(s_p)| = |\mathrm{A}(f - s_p)| \leqq \varepsilon \mathrm{M}.$$

Le premier cas est ainsi examiné; or le second se ramène au premier, car si les f_i sont toutes positives ou nulles et *si la somme f de la série des f_i appartient au champ C*, l'ensemble E_p des points où l'on a $|f - f_p| \geqq \varepsilon$ est un ensemble fermé lorsqu'il existe, et comme E_p contient E_{p+1} et qu'il n'y a pas de point commun à tous les E_p, l'ensemble E_p n'existe plus dès que p est assez grand. Donc la série des f_i converge uniformément.

Examinons maintenant le cas où l'on sait seulement que les f_i sont positifs ou nuls, et que la série des f_i converge vers une fonction bornée f (¹). Alors on a, en remarquant que $\mathrm{A}(f_i)$ et $\mathrm{A}(-f_i)$ sont égaux et de signes contraires, et en posant $\theta_i = \pm 1$ et du signe de $\mathrm{A}(f_i)$,

$$\sum_1^p |\mathrm{A}(f_i)| = \sum_1^p \theta_i \mathrm{A}(f_i) = \mathrm{A}\left[\sum_1^p \theta_i f_i\right]$$

$$\leqq \mathrm{M} \times \text{max. de} \left|\sum_1^p \theta_i f_i\right|$$

$$\leqq \mathrm{M} \times \text{max. de} \sum_1^p f_i \leqq \mathrm{M} \times \text{max. de } f.$$

Ainsi, lorsqu'une suite non décroissante ou non croissante de fonctions s_p de C tend vers une limite bornée, la suite $\Sigma \mathrm{A}(s)$ converge.

Une autre propriété nous sera utile : si f est une fonction de C

(¹) Dans le champ C un examen analogue pour le cas de la convergence uniforme serait sans objet; pour d'autres champs il fournit au contraire un résultat intéressant qui, avec celui qui va être donné dans le texte, peut servir à étudier directement l'extension du champ de définition d'une fonctionnelle, sans faire appel à la notion d'intégrale de Stieltjès.

et si k est une constante, on a

$$\Lambda(kf) = k\,\Lambda(f).$$

Cette propriété est évidente pour k entier ou inverse d'un entier; on arrive ensuite à k commensurable, puis enfin on atteint k quelconque par un passage à la limite uniforme.

Ceci posé, posons $\alpha(a) = 0$ et, pour $a < x_i \leqq b$, prenons $\alpha(x_i)$ égale à la limite des $\mathrm{A}(f)$ pour la suite décroissante des fonctions continues $f_{n,x_i}(x)$ égales à 1 de a à x_i, égales à 0 de $x_i + \dfrac{1}{n}$ à b, linéaire de x_i à $x_i + \dfrac{1}{n}$.

Une fonction continue quelconque dans (a, b) peut être approchée autant que l'on veut à l'aide d'une combinaison linéaire de fonction $f_{n,x_i}(x)$. Formons, en effet, la fonction

$$g_n(x) = f(\xi_p)f_{n,x_p}(x) + [f(\xi_{p-1}) - f(\xi_p)]f_{n,x_{p-1}}(x)$$
$$+ [f(\xi_{p-2}) - f(\xi_{p-1})]f_{n,x_{p-2}}(x) + \ldots + [f(x_1) - f(x_2)]f_{n,x_1}(x),$$

pour

$$x_0 = a < \xi_1 < x_1 < \xi_2 < x_2 < \ldots < x_{p-1} < \xi_p < x_p = b;$$

elle est, dans chaque (x_{i-1}, x_i), comprise entre $f(\xi_{i-1})$ et $f(\xi_i)$ lorsque $\dfrac{1}{n}$ est inférieur à la plus petite différence $x_i - x_{i-1}$.

Si donc on a choisi les x_i de manière que l'oscillation de $f(x)$ soit, dans chaque (x_{i-1}, x_i), inférieure à ε, la différence $f(x) - g_n(x)$ est inférieure à 2ε dès que n est assez grand. Et alors la différence $\mathrm{A}[f(x)] - \mathrm{A}[g_n(x)]$ sera inférieure à $2\mathrm{M}\varepsilon$.

Or nous connaissons la limite S de $\mathrm{A}[g_n(x)]$ pour n très grand; elle s'écrit

$$\mathrm{S} = f(\xi_p)\alpha(x_p) + [f(\xi_{p-1}) - f(\xi_p)]\alpha(x_{p-1}) + \ldots + [f(\xi_1) - f(\xi_2)]\alpha(x_1)$$

ou encore

$$\mathrm{S} = \quad f(\xi_1)[\alpha(x_1) - \alpha(x_0)]$$
$$+ f(\xi_2)[\alpha(x_2) - \alpha(x_1)] + \ldots + f(\xi_p)[\alpha(x_p) - \alpha(x_{p-1})].$$

Et par suite $\mathrm{A}(f)$ est la limite de la somme précédente, c'est-à-dire que $\mathrm{A}(f)$ est l'intégrale de Stieltjès de $f(x)$, prise par rapport à $\alpha(x)$. Le théorème de M. Riesz sera démontré, dès que l'on aura vérifié que $\alpha(x)$ est à variation bornée.

Or ceci est évident; si $\alpha(x)$ n'était pas à variation bornée, elle aurait une variation positive égale à $+\infty$, on pourrait donc trouver des intervalles $(a_1, b_1), (a_2, b_2), \ldots$, extérieurs les uns aux autres et en nombre fini tels que $\Sigma[\alpha(b_i) - \alpha(a_i)]$ surpasse $2M$; M étant toujours le nombre qui figure dans la seconde propriété des fonctionnelles linéaires. Dès lors, pour les fonctions continues φ_i égales à 1 dans les (a_k, b_k), nulles dans les intervalles $\left(b_k + \frac{1}{i}, a_{k+1} - \frac{1}{i}\right)$ et linéaires dans les intervalles $\left(a_k - \frac{1}{i}, a_k\right), \left(b_k, b_k + \frac{1}{i}\right)$, fonctions qui tendent en décroissant vers la fonction φ égale à 1 dans les (a_k, b_k) et à 0 à l'extérieur, les nombres $A(\varphi_i)$ tendraient vers

$$\Sigma[\alpha(b_i) - \alpha(a_i)] > 2M;$$

ce qui est impossible, puisque $A(\varphi_i)$ ne peut surpasser M.

Ce théorème de M. Riesz attache à chaque fonctionnelle linéaire, définie pour les fonctions $f(x)$ continues dans un intervalle (a, b), une fonction déterminante $\alpha(x)$ et ce que nous avons vu, relativement à l'extension des intégrales de Stieltjès, montre qu'*une telle fonctionnelle peut être prolongée au champ de toutes les fonctions qui, par le passage de la variable x à la variation totale v de $\alpha(x)$ dans (a, x), se transforment en fonctions sommables de v.* Cette famille est variable avec $\alpha(x)$ mais il importe de noter qu'elle contient toujours toutes les fonctions mesurables B et bornées.

Quand on emploie des fonctionnelles linéaires de fonctions continues $f(x)$, l'une des propriétés les plus utiles est celle-ci : la somme $A[f(x)] + B[f(x)]$ de deux fonctionnelles linéaires $A[f(x)]$ et $B[f(x)]$ est elle-même une fonctionnelle linéaire.

Quand on veut étendre le champ des fonctions $f(x)$ et cependant conserver l'avantage de cette propriété, c'est donc à un champ fonctionnel indépendant de la fonction déterminante $\alpha(x)$ qu'il faut s'arrêter; aussi est-il très intéressant de savoir que *toutes les fonctionnelles linéaires définies dans le champ des fonctions continues peuvent être étendues au champ des fonctions mesurables* B *et bornées.*

Il est clair que la fonctionnelle étendue au champ des fonctions mesurables B et bornées, telle que nous l'avons obtenue, y possède la propriété suivante :

3° *Si des fonctions $f_i(x)$ tendent en croissant vers une limite $f(x)$, on a*

$$A[f(x)] = \lim_{i \to \infty} A[f_i(x)].$$

Nous allons vérifier que *les propriétés* 1°, 2°, *et* 3° *suffisent à caractériser l'extension que nous avons faite au champ des fonctions mesurables* B *et bornées d'une fonctionnelle linéaire donnée, définie pour les fonctions continues.*

Voyons, en effet, comment à partir des propriétés 1°, 2° et 3° nous pourrions prolonger à un champ plus vaste une fonctionnelle linéaire $A(f)$ donnée dans le champ des fonctions continues.

Nous avons vu que, pour n croissant indéfiniment les fonctions $f_{n,r_i}(x)$ tendent en décroissant vers la fonction $f_{x \leq r_i}(x)$ égale à 1 pour $a \leq x \leq x_i$ et à 0 pour $x_i < x \leq b$; donc, d'après 1° et 3°, $A[f_{x \leq r_i}(x)]$ s'en déduit.

Posons, pour $\alpha < \beta$,

$$f_{\alpha < x \leq \beta} = f_{x \leq \beta}(x) - f_{x \leq \alpha}(x).$$

De 1° se déduit la valeur $A[f_{\alpha < x \leq \beta}(x)]$.

La suite des fonctions $f_{\alpha - \frac{1}{n} < x \leq \beta}(x)$ tend en décroissant, quand n augmente indéfiniment, vers une limite $f_{\alpha \leq x \leq \beta}(x)$; donc la valeur de $A[f_{\alpha \leq x \leq \beta}(x)]$ est déterminée par 1° et 3°.

Nous avons ainsi déterminé la valeur de $A[f_E(x)]$ pour certaines fonctions $f_E(x)$ nulles en dehors d'un ensemble E, égales à 1 sur E; nous venons d'arriver aux fonctions $f_{\alpha \leq x \leq \beta}(x)$ pour lesquelles l'ensemble E est un intervalle fermé. Or, à partir de tels intervalles on construit tout ensemble mesurable B par la répétition de deux opérations : additions d'ensembles sans points communs, soustraction d'un ensemble d'un autre qui le contient; à la première de ces opérations

$$E = E_1 + E_2 + E_3 + \ldots$$

les conditions 1° et 3° font correspondre l'égalité

$$A[f_E] = A[f_{E_1}] + A[f_{E_2}] + A[f_{E_3}] + \ldots,$$

à la deuxième

$$E = E_1 - E_2,$$

la condition 1° fait correspondre

$$A[f_E] = A[f_{E_1}] - A[f_{E_2}],$$

donc $A[f]$ est définie pour chaque fonction $f_E(x)$ relative à un ensemble E mesurable B.

Si maintenant $f(x)$ est une fonction mesurable B bornée quelconque, elle ne diffère que de ε au plus de la fonction

$$f^\varepsilon(x) = \Sigma\, i\varepsilon\, f_{E[i\varepsilon \leq f(x) < (i+1)\varepsilon]}(x);$$

donc la suite des fonctions $f^\varepsilon(x)$ tend uniformément vers $f(x)$ quand ε tend vers zéro et l'on déduit de 1° et de 2°, comme nous l'avons fait précédemment, que les nombres $A[f^\varepsilon(x)]$ convergent vers une limite, que nous devons prendre pour valeur de $A[f(x)]$.

Ainsi le prolongement à tout le champ des fonctions mesurables B et bornées, s'il est possible, est unique; or nous avons vu qu'il était possible ([1]).

L'extension à ce large champ fonctionnel ([2]) est donc bien caractérisé par les conditions 1°, 2° et 3°.

Nous allons, grâce à la notion d'intégrale de Stieltjès, obtenir une autre extension. A toute intégration définie nous avons attaché une intégration indéfinie fournissant une fonction de points, une fonction d'intervalles, une fonction d'ensemble mesurable; de sorte que la notion d'intégrale de Stieltjès conduit à une intégrale indéfinie de Stieltjès fonction de point, à une intégrale indéfinie de Stieltjès fonction d'intervalle, à une intégrale indéfinie de Stieltjès fonction d'ensemble. Cette dernière nous permet d'associer à la fonction $f(x)$ et à un ensemble E_x un nombre déterminé

$$\int_{E_v} f[x(v)].'A(v)\,dv = \int_{E_x} f(x)\,d[\alpha(x)].$$

([1]) Si nous n'avions pas déjà fait le prolongement, grâce à l'intégrale de Stieltjès, nous devrions ici, ce qui serait facile, vérifier que les valeurs que nous avons attribuées à $A[f]$ sont bien déterminées pour chaque f du nouveau champ fonctionnel et qu'elles vérifient les conditions 1°, 2° et 3°. C'est au reste ce que nous ferons tout à l'heure.

([2]) On verra plus loin comment on peut atteindre le champ fonctionnel plus large encore, constitué par les fonctions $f(x)$ qui donnent des fonctions $f[x(v)]$ mesurables.

E_ν étant l'ensemble des valeurs de ν pour lesquelles $x(\nu)$ appartient à E_x. Voici donc définie *l'intégrale de Stieltjès de $f(x)$ prise par rapport à $\alpha(x)$, et étendue à l'ensemble E_x.*

Cette intégrale est définie pour les ensembles E_x pour lesquels E_ν est mesurable; cette famille d'ensembles contient tous les ensembles E_x mesurables B.

L'intégrale est définie pour toute fonction ayant une valeur déterminée aux points de E_x et égale sur E_c à une fonction $f(x)$ pour laquelle $f[x(\nu)]$ est sommable dans (o, V). Donc en particulier *cette définition s'applique à toute fonction $f(x)$ bornée et mesurable B sur un ensemble E_x mesurable B.*

Or $\int_{E_x} f(x)\, d[\alpha(x)]$ est évidemment une fonctionnelle linéaire dans le champ des fonctions $f(x)$ données sur E_x; donc, *quand une fonctionnelle linéaire $A_1[f(x)]$ est définie pour les fonctions continues dans un intervalle I, on en déduit une famille de fonctionnelles linéaires $A_E[f(x)]$, attachées chacune à un ensemble E mesurable B situé dans I et définies pour les fonctions mesurables B bornées sur E, par les conditions*

1° $\qquad A_E[f_1(x) + f_2(x)] = A_E[f_1(x)] + A_E[f_2(x)];$

2° $\qquad A_E[f(x)] \leqq M \times [\,\text{max. sur E de } |f(x)|\,],$

M *étant un nombre fixe, inconnu, indépendant de E et de $f(x)$;*

3° *Si $f_i(x)$ tend en croissant vers $f(x)$ sur E, on a*

$$A_E[f(x)] = \lim_{i \to \infty} A_E[f_i(x)];$$

4° *Si $g(x)$ est égale à $f(x)$ sur E et nulle ailleurs, on a*

$$A\,[f(x)] = A_1[g(x)].$$

On peut être surpris de ce résultat car $A_1[f(x)]$ étant donnée, la fonction déterminante $\alpha(x)$ n'est pas unique. Il est bien clair, en effet, que si l'on modifie $\alpha(x)$ en un seul point x_0 intérieur à I cela ne modifie par $A_1[f(x)]$ pour les fonctions $f(x)$ continues dans I, car on a

$$A_1[f(x)] = \int_{a \leqq x < x_0} f(x)\, d[\alpha(x)]$$
$$+ f(x_0)[\alpha(x_0 + o) - \alpha(x_0 - o)] + \int_{x_0 < x \leqq b} f(x)\, d[\alpha(x)];$$

et pourtant cela modifie en général

$$\int_{a \leqq x \leqq x_0} f(x)\, d[\alpha(x)] = \int_{a \leqq x < x_0} f(x)\, d[\alpha(x)] + f(x_0)[\alpha(x_0) - \alpha(x_0 - 0)].$$

Le paradoxe vient uniquement de ce que l'on n'a, pour $x_0 > a$, l'égalité

$$A_{a \leqq x \leqq x_0}[f(x)] = \int_{a \leqq x \leqq x_0} f(x)\, d[\alpha(x)],$$

qu'avec les fonctions α qui sont continues à droite en x_0. Tel était le cas pour la fonction $\alpha(x)$ qui a été construite au cours de la démonstration du théorème de M. Riesz, on le vérifiera facilement; mais avec cette fonction on n'a pas

$$A_{x_0 \leqq x \leqq b}[f(x)] = \int_{x_0 \leqq x \leqq b} f(x)\, d[\alpha(x)],$$

quand x_0 est un point de discontinuité de $\alpha(x)$.

La difficulté que l'on rencontre ici est la même que celle qui s'est présentée précédemment (p. 153). Pour chaque fonction $f(x)$, $A_E[f(x)]$ est une fonction d'ensemble complètement additive; si donc on veut avoir

$$A_{x_1 < x \leqq x_2}[f(x)] = \int_{x_1}^{x_2} f(x)\, d[\alpha(x)] = \mathcal{F}(x_2) - \mathcal{F}(x_1),$$

en appelant $\mathcal{F}(x)$ l'intégrale indéfinie $\displaystyle\int_a^x f(x)\, d[\alpha(x)]$, il faut que $\mathcal{F}(x)$ puisse être fonction génératrice d'une fonction additive d'ensemble et par suite soit, comme nous l'avons vu à l'endroit indiqué, une fonction continue à droite. Or le saut de droite de $\mathcal{F}(x)$ est, en x_0, égal à $f(x_0)[\alpha(x_0 + 0) - \alpha(x_0)]$, donc $\alpha(x)$ doit être continue à droite.

Pour tourner la difficulté qui se présente ainsi, lorsque l'on veut étendre aux ensembles mesurables une fonctionnelle connue dans un intervalle grâce à une fonction $\alpha(x)$ déterminée et non continue à droite, on peut décomposer $\alpha(x)$ en sa fonction des sauts et sa partie continue

$$\alpha(x) = S(x) + C(x);$$

$S(x)$ donne alors naissance à une fonctionnelle de la forme

$$\Sigma f(x_0)[\alpha(x_0 + o) - \alpha(x_0 - o)],$$

dont la définition s'applique de suite aux fonctions $f(x)$ discontinues tout aussi bien qu'aux fonctions continues. Quant à l'extension de la fonctionnelle correspondant à $C(x)$, elle ne soulève plus aucune difficulté ([1]).

III. — Définition directe de l'intégrale de Stieltjès.

Cette étude des fonctionnelles linéaires fait mieux comprendre la signification des conditions 1 I, 2 I, ..., 6 I du problème d'intégration (page 105). Comparons ces conditions aux conditions 1 F, 2 F, 3 F, 4 F posées pour les fonctionnelles linéaires (page 269). 3 I est identique à 1 F; 6 I remplacera 3 F; 2 I remplace 4 F; quant à 2 F elle se trouve être une conséquence de 4 I et 5 I. Les conditions 1 I, 4 I, 5 I ne servent qu'à caractériser la fonctionnelle $Af(x)$ relative aux fonctions continues dont il faut faire le prolongement. En somme, l'intégrale d'une fonction continue $f(x)$ étant connue dans tout intervalle où la fonction est donnée, nous aurions pu, au Chapitre VII, nous borner à poser les conditions 1 F, 2 F, 3 F et en déduire le prolongement de l'intégrale en raisonnant comme il y a un instant. Seulement, tandis que pour le prolongement de la fonctionnelle linéaire générale nous avons pu nous borner à prouver que le prolongement était unique, parce que le cas de l'intégrale avait été précédemment examiné, il faudrait maintenant vérifier directement que le prolongement est possible. C'est ce que nous allons faire en nous plaçant dans le cas de l'intégrale de Stieltjès la plus générale; nous obtiendrons ainsi une définition directe de cette intégrale, d'où celle de l'intégrale ordinaire se déduira en faisant $\alpha(x) = x$.

([1]) Si l'on décompose $C(x)$ en sa fonction des singularités et son noyau

$$C(x) = C_1(x) + AC(x),$$

la fonctionnelle relative à $AC(x)$ s'écrit $\int_a^b f(x) \cdot AC(x)\, dx$; seule la fonctionnelle relative à $C_s(x)$ exige l'emploi des intégrales de Stieltjès (FRÉCHET, *Comptes rendus du Congrès des Sociétés savantes en* 1913).

Mais, avant de rechercher une forme nouvelle de la définition de l'intégrale de Stieltjès, il convient de voir dans quel cas on peut employer sans modification la définition primitivement posée pour les fonctions continues.

Soit $f(x)$ une fonction bornée dans (a, b) et $\alpha(x)$ une fonction à variation bornée, nous formons, comme il a été dit, la somme

$$S = \sum_0^n f(\xi_i)\,[\alpha(x_{i+1}) - \alpha(x_i)] = \sum_0^n f(\xi_i)\,\delta_i\alpha.$$

Si, dans (x_i, x_{i+1}), $f(x)$ varie entre L_i et l_i, nous désignerons par L_i' et l_i' deux nombres définis par les conventions

$$L_i' = L_i, \qquad l_i' = l_i, \qquad \text{si } \delta_i\alpha \geqq 0,$$
$$L_i' = l_i, \qquad l_i' = L_i, \qquad \text{si } \delta_i\alpha < 0;$$

L_i' et l_i' seront les bornes supérieure et inférieure de $f(x)$ prises par rapport à $\alpha(x)$. L'oscillation de $f(x)$, toujours dans l'intervalle considéré, sera

$$\omega_i = L_i - l_i = |L_i' - l_i'|.$$

Ceci posé, si l'on fait varier les ξ_i sans faire varier les x_i, S varie entre

$$\tilde{S} = \sum_0^n L_i'\,\delta_i\alpha \qquad \text{et} \qquad \underline{S} = \sum_0^n l_i'\,\delta_i\alpha;$$

nous allons montrer que ces sommes, pour une suite de divisions D_1, D_2, ... *en intervalles dont la longueur maximum tend vers zéro, tendent vers des limites déterminées*

$$\overline{\int_a^b} f(x)\,d[\alpha(x)], \qquad \underline{\int_a^b} f(x)\,d[\alpha(x)],$$

— que nous appellerons les intégrales de Stieltjès-Darboux de $f(x)$, *par excès et par défaut, — pourvu que tout point de discontinuité de* $\alpha(x)$ *soit point de la division* D_k, *à partir d'une certaine valeur de* k.

Si $p(x)$, $n(x)$, $v(x)$ sont les trois variations totales de $\alpha(x)$,

$$\alpha(x) = \alpha(a) + p(x) - n(x), \qquad v(x) = p(x) + n(x).$$

on a

$$\sum_0^n l_i \delta_i p - \sum_0^n L_i \delta_i n \leqq S = \sum_0^n f(\xi_i) \delta_i [p - n] \leqq \sum_0^n L_i \delta_i p - \sum_0^n l_i \delta_i n.$$

Or, pour les fonctions croissantes p et n, l'étude des sommes telles que $\Sigma L_i \delta_i p$ est facile. Soit Δ_1, Δ_2, ... une seconde suite de divisions assujettie aux mêmes conditions que la suite des D_i; soient s_i et σ_j les nombres $\Sigma L_i \delta_i p$ fournis par D_i et Δ_j; nous voulons comparer la suite des s_i et celle des σ_j.

Si j est pris assez grand, i étant fixe, dans chaque intervalle fourni par Δ_j se trouve au plus un des points de D_i si bien que si (x, y) est l'un des intervalles fourni par D_i, x sera dans un intervalle (r, s) de Δ_j et y dans (t, u); $r \leqq x \leqq s \leqq t \leqq y \leqq u$. Si x (ou y) est point de discontinuité de $\alpha(x)$, pour j assez grand r et s seront confondus avec x (ou t et u avec y); de sorte que nous ne supposerons $s - r$ (ou $u - t$) différent de zéro que si x (ou y) est point de continuité de $\alpha(x)$. Alors, remplaçons la contribution de (r, s) dans σ_j par $f(x)[p(s) - p(r)]$; comme $f(x)$ diffère de la borne supérieure de f dans (r, s) d'aussi peu que l'on veut quand j est pris suffisamment grand, — à cause de la petitesse de (r, s) et de la continuité de f au point x, — on modifiera ainsi σ_j d'aussi peu que l'on voudra. Faisons cela pour chaque point de division de D_i, nous aurons un nombre (σ_j) différent de σ_j de moins de ε. Si, entre s et t les points de Δ_j sont z_1, z_2, ... nous pouvons dire que la contribution de (x, y) dans (σ_j) est de la forme

$$[p(s) - p(x)]f(x) + L^1(p(z_1) - p(s))$$
$$+ L^2[p(z_2) - p(z_1)] + \ldots + [p(y) - p(t)]f(y).$$

Or $f(x)$, L^1, L^2, ..., $f(y)$ sont au plus égaux à la borne supérieure L de f dans (α, β); la somme précédente est donc au plus égale à

$$L[p(y) - p(x)].$$

c'est-à-dire à la contribution de (α, β) dans s_i. Donc on a

$$(\sigma_j) \leqq s_i.$$

et par suite

$$\sigma_j \leqq s_i + \varepsilon,$$

dès que j est assez grand. Il en résulte que les s_i et les σ_j convergent vers une même limite.

Nous venons en somme de démontrer le théorème pour une fonction monotone et l'existence des limites

$$\overline{\int_a^b} f(x)\,d[p(x)], \qquad \underline{\int_a^b} f(x)\,d[p(x)],$$

$$\overline{\int_a^b} f(x)\,d[n(x)], \qquad \underline{\int_a^b} f(x)\,d[n(x)]$$

est prouvée.

En désignant par $\lim S$ l'une quelconque des limites du nombre S, nous pouvons donc écrire :

$$\underline{\int_a^b} f(x)\,d[p(x)] - \overline{\int_a^b} f(x)\,d[n(x)]$$
$$\leqq \lim S \leqq \overline{\int_a^b} f(x)\,d[p(x)] - \underline{\int_a^b} f(x)\,d[n(x)];$$

ou

$$D \leqq \lim S \leqq E.$$

La différence entre les membres extrêmes de ces inégalités est, d'après la façon même dont elle a été obtenue, la limite de

$$\left[\sum_0^n L_i\,\delta_i p - \sum_0^n l_i\,\delta_i n \right] - \left[\sum_0^n l_i\,\delta_i p - \sum_0^n L_i\,\delta_i n \right]$$
$$= \sum_0^n (L_i - l_i)(\delta_i p - \delta_i n) = \sum_0^n \omega_i\,\delta_i v.$$

Or, on a

$$\overline{S} - \underline{S} = \sum_0^n L_i'\,\delta_i \alpha - \sum_0^n l_i'\,\delta_i \alpha = \sum_0^n (L_i' - l_i')\,\delta_i \alpha = \sum_0^n \omega_i\,|\,\delta_i \alpha\,|.$$

Comparons ces deux différences, on obtient

$$0 \leqq \sum_0^n \omega_i\,\delta_i v - \sum_0^n \omega_i\,|\,\delta_i \alpha\,| = \sum_0^n \omega_i[\,\delta_i v - |\,\delta_i \alpha\,|\,];$$

tous les ω_i sont au plus égaux à l'oscillation Ω de $f(x)$ dans (a, b),
les $\delta_i v - |\delta_i \alpha|$ sont positifs, donc cette quantité est au plus
égale à

$$\Omega \sum_0^n [\delta_i v - |\delta_i \alpha|] = \Omega V - \Omega \sum_0^n |\delta_i \alpha|.$$

Mais on sait (p. 61) que dans les conditions ici considérées
$\sum_0^n \delta_i \alpha$ tend vers V. De là résultent les relations suivantes :

$$D \leqq \lim \overline{S} \leqq E; \qquad D \leqq \lim \underline{S} \leqq E;$$
$$\lim(\overline{S} - \underline{S}) = E - D;$$

donc on a

$$\lim \overline{S} = E, \qquad \lim \underline{S} = D.$$

Le théorème est démontré et l'on a pour les intégrales par excès
et par défaut les expressions

$$E = \overline{\int_a^b f(x)\,d[\alpha(x)]} = \overline{\int_a^b f(x)\,d[p(x)]} - \underline{\int_a^b f(x)\,d[n(x)]}.$$
$$D = \underline{\int_a^b f(x)\,d[\alpha(x)]} = \underline{\int_a^b f(x)\,d[p(x)]} - \overline{\int_a^b f(x)\,d[n(x)]}.$$

Pour que nos énoncés se réduisent exactement à ceux du Chapitre II quand on fait $\alpha(x) \equiv x$, convenons d'appeler oscillation
moyenne de $f(x)$ dans (a, b), prise par rapport à $\alpha(x)$, la limite
du rapport

$$\frac{\sum_0^n \omega_i \delta_i v}{\sum_0^n \delta_i v},$$

c'est-à-dire le nombre

$$\omega = \frac{E - D}{V};$$

alors *la condition nécessaire et suffisante pour que les sommes* S
tendent ([1]), *vers une limite déterminée, que nous appellerons*

([1]) On remarquera qu'ici il n'est plus nécessaire de ne considérer que des suites

l'intégrale de Stieltjès-Riemann de $f(x)$ prise par rapport à $\alpha(x)$, est que $f(x)$ ait une oscillation moyenne, prise par rapport à $\alpha(x)$, nulle dans l'intervalle considéré.

Du fait que la convergence de $\sum_0^n \omega_i \delta_i v$ vers zéro est la condition d'intégrabilité, on déduit de suite, comme au Chapitre II, que *la condition nécessaire et suffisante pour que $f(x)$ soit intégrable, au sens de Stieltjès-Riemann, par rapport à $\alpha(x)$, est que l'ensemble des points en lesquels $f(x)$ a une discontinuité au moins égale à ε, soit, quel que soit $\varepsilon > 0$, un groupe intégrable par rapport à $\alpha(x)$.* En entendant par groupe intégrable par rapport à $\alpha(x)$, tout ensemble de points qui peut être enfermé à l'*intérieur* (¹) d'intervalles en nombre fini fournissant une somme d'accroissements $\Sigma \delta v$ de la variation totale aussi petite que l'on veut.

Le mot *intérieur* est indispensable si $\alpha(x)$ est discontinue; alors un ensemble réduit à un seul point P n'est pas toujours un groupe intégrable. En effet, si P est point de discontinuité de $\alpha(x)$, il n'existe pas d'intervalle contenant P à son intérieur et pour lequel δv soit inférieur à $v(P + o) - v(P - o)$. Ainsi les groupes intégrables par rapport à $\alpha(x)$ sont formés de points de continuité de $\alpha(x)$; une fonction $f(x)$ ne peut être intégrable, au sens de Stieltjès-Riemann, par rapport à $\alpha(x)$ que si elle est continue en tous les points de discontinuité de $\alpha(x)$. Par contre une fonction peut avoir une intégrale de Stieltjès-Riemann et admettre cependant tous les points d'un intervalle pour points de continuité. Il suffit que cet intervalle soit un groupe intégrable par rapport à $\alpha(x)$, c'est-à-dire qu'il suffit que $\alpha(x)$ soit constante dans cet intervalle. On voit combien la nature des groupes intégrables varie quand varie $\alpha(x)$.

En utilisant la théorie de la mesure qui va être développée, le lecteur démontrera facilement, comme au Chapitre II, que *la condition nécessaire et suffisante pour qu'une fonction ait une intégrale de Stieltjès-Riemann c'est que l'ensemble de ses*

---

de divisions D_i telles que tout point de discontinuité de $\alpha(x)$ appartienne à toutes les D_i à partir d'une certaine valeur de l'indice.

(¹) C'est-à-dire « enfermé dans des intervalles ouverts ».

points de discontinuité ait, par rapport à la fonction détermi-
nante $\alpha(x)$, *une mesure nulle.*

N'étudions pas plus longuement la définition primitive de l'intégrale de Stieltjès et, pour préparer une définition plus large de
cette intégrale, définissons la mesure d'un ensemble, prise par
rapport à une fonction $\alpha(x)$ à variation bornée.

Nous convenons que la mesure de l'intervalle fermé (l, m) est

$$m_{\alpha(x)}[\,l \leqq x \leqq m\,] = \alpha(m + 0) - \alpha(l - 0).$$

que la mesure d'un point x_0 est

$$m_{\alpha(x)}(x_0) = \alpha(x_0 + 0) - \alpha(x_0 - 0);$$

de là on déduit la mesure d'un intervalle ouvert ou à demi ouvert
en soustrayant de la mesure d'un intervalle fermé la mesure de l'un
ou de l'autre ou de ses deux points extrêmes.

Il est évident que cette fonction d'intervalles est complètement
additive; il lui correspond donc (p. 167), une fonction d'ensemble complètement additive et définie en particulier pour tous
les ensembles mesurables B. Nous allons compléter ce résultat.

Rappelons que les ensembles E_x pour lesquels nous avons défini
la fonction $\mathcal{A}_{\alpha(x)}(E_x)$, que nous noterons ici $m_{\alpha(x)}(E_x)$, sont ceux
qui sont transformés en ensembles $\mathcal{E}_t$ mesurables par rapport à t
grâce au changement de variable

$$t = x + \mathrm{V}(x);$$

$\mathrm{V}(x)$ désignant toujours la variation totale de $\alpha(x)$ de a à x; ce
changement de variable étant interprété comme il a été ex-
pliqué à la page 168.

Dire que $\mathcal{E}_t$ est mesurable, c'est dire qu'on peut l'enfermer dans
un ensemble e_t d'intervalles ouverts, et qu'on peut enfermer son
complémentaire $\mathcal{F}_t$ dans un ensemble f_t d'intervalles ouverts tels
que la longueur des parties communes à e_t et f_t soit ε, aussi petit
que l'on veut. A e_t et f_t correspondent des ensembles e_x et f_x d'intervalles enfermant E_x et son complémentaire F_x, si l'on a eu soin
de choisir les intervalles constituant e_t et f_t de façon qu'aucun
d'eux n'ait une extrémité à l'intérieur d'un intervalle (t_1, t_2) correspondant à un point singulier de $\alpha(x)$; ce qui est possible

puisque ces intervalles sont, chacun, tout entiers dans $\mathcal{E}_t$ ou $\mathcal{F}_t$ [1].
Dans chaque intervalle de l'axe des x on a

$$\delta x \leqq \delta t, \qquad \delta V < \delta t.$$

De la première inégalité nous avons déjà déduit que E_x était mesurable, car elle entraîne $\Sigma \delta x \leqq \varepsilon$, la sommation étant étendue aux intervalles communs à e_x et f_x. La seconde nous donne $\Sigma \delta V < \varepsilon$ et nous montre que les E_x sont mesurables par rapport à $\alpha(x)$ en convenant que : *un ensemble E_x est dit mesurable par rapport à $\alpha(x)$ s'il peut être enfermé dans une infinité d'intervalles ouverts e_x et si l'on peut enfermer le complémentaire F_x de E_x dans une infinité d'intervalles ouverts f_x, tels que la somme $\Sigma \delta V$, étendue aux intervalles communs à e_x et f_x, soit aussi petite que l'on veut.*

Ainsi nous avons défini $m_{\alpha(x)}(E)$ pour des ensembles qui sont à la fois mesurables au sens ordinaire et mesurables par rapport à $\alpha(x)$ [2]; si nous nous arrêtions là, la mesurabilité au sens ordinaire jouerait un rôle à part. Nous ne généraliserons complètement la théorie de la mesure qu'en définissant la mesure par rapport à $\alpha(x)$ pour tous les ensembles mesurables par rapport à $\alpha(x)$, sans exiger de plus qu'ils soient mesurables au sens ordinaire. C'est ce que nous allons faire maintenant [3].

Le problème de la mesure que nous avons résolu au Chapitre VII peut être énoncé comme il suit.

Trouver une fonction d'ensemble qui soit :

1° *Positive ou nulle;*
2° *Complètement additive;*
3° *Qui, pour les intervalles ouverts et fermés, se réduise à la mesure connue de ces intervalles.*

Lorsqu'il s'agit de la mesure par rapport à une fonction $\alpha(x)$ non décroissante, on peut conserver exactement cet énoncé. Alors

---

[1] Comparer, page 169.

[2] Nous avons défini $m_{\alpha(x)}(E)$ pour *tous* les ensembles remplissant ces deux conditions à la fois.

[3] On remarquera que le résultat auquel nous allons arriver est celui que fournirait le changement de variable $v = V(x)$ utilisé à la place du changement $t = x + V(x)$.

on définit la mesure extérieure de E_x par la limite inférieure des sommes $\Sigma\,\delta\alpha$ relatives aux ensembles d'intervalles enfermant E_x. La mesure de (a, b) diminuée de la mesure extérieure du complémentaire F_x de E_x donne la mesure *intérieure* de E_x. On voit de suite que la première de ces mesures est au moins égale à la seconde ; ces deux mesures sont égales pour les ensembles mesurables par rapport à $\alpha(x)$ et seulement pour eux. Bref pour $\alpha(x)$ non décroissante, la théorie de la mesure par rapport à $\alpha(x)$ se construit identiquement comme celle de la mesure ordinaire, c'est-à-dire de la mesure pour $\alpha(x) = x$.

Mais si $\alpha(x)$ est seulement à variation bornée, la condition 1° ne peut être conservée puisqu'elle n'est même plus vérifiée pour tous les intervalles. Nous la remplacerons par la suivante :

$1'$ *La mesure d'un ensemble par rapport à une fonction non décroissante est positive ou nulle.*

La mesure d'un ensemble par rapport à $\alpha(x)$ est au plus égale en valeur absolue à la mesure du même ensemble par rapport à la variation totale $v(x)$ de $\alpha(x)$.

Si E_x est un ensemble, enfermons-le dans des suites $\mathcal{E}_x^1$, $\mathcal{E}_x^2$, ... d'ensembles d'intervalles ouverts tels que les sommes $\Sigma^1\delta v$, $\Sigma^2\delta v$, ... correspondantes tendent vers la plus petite valeur possible. Soit $\mathcal{E}_x^{ij}$ l'ensemble commun à $\mathcal{E}_x^i$ et $\mathcal{E}_x^j$; comme $\mathcal{E}_x^{ij}$ enferme E_x il fournit une somme $\Sigma^{ij}\delta v$ telle que $\Sigma^i\delta v - \Sigma^{ij}\delta v$, $\Sigma^j\delta v - \Sigma^{ij}\delta v$ tendent vers zéro quand i et j augmentent indéfiniment tous deux. Or les trois ensembles $\mathcal{E}_x^i$, $\mathcal{E}_x^j$, $\mathcal{E}_x^{ij}$ fournissent des sommes d'accroissements de $\alpha(x)$ telles que l'on ait

$$|\,\Sigma^i\delta\alpha - \Sigma^{ij}\delta\alpha\,| \leqq \Sigma^i\delta v - \Sigma^{ij}\delta v, \qquad |\,\Sigma^j\delta\alpha - \Sigma^{ij}\delta\alpha\,| \leqq \Sigma^j\delta v - \Sigma^{ij}\delta v.$$

Donc les nombres $\Sigma^i\delta\alpha$ convergent quand i augmente indéfiniment; leur limite est ce qu'on appelle la *mesure extérieure, par rapport à $\alpha(x)$ de E_x. La mesure intérieure de E_x* est la mesure de (a, b) diminuée de celle du complémentaire F_x de E_x.

Or supposons E_x mesurable par rapport à $\alpha(x)$ et enfermons F_x dans une suite d'ensembles d'intervalles — les ensembles $\mathcal{F}_x^i$, fournissant des sommes $\sigma^i\delta v$ et $\sigma^i\delta\alpha$ — tels que les parties communes à $\mathcal{E}_x^i$ et $\mathcal{F}_x^i$ fournissent une somme $\tau^i\delta v$ tendant vers zéro quand i croît. Alors la somme $\tau^i\delta\alpha$ fournie par ces parties communes tend *a fortiori* vers zéro et comme l'on a évidemment

$$m_{\alpha(x)}[\mathcal{E}^i_x] + m_{\alpha(x)}['\mathcal{F}^i_x] = m_{\alpha(x)}[\alpha \leqq x \leqq b] + \tau^i\,\delta\alpha,$$

il en résulte

$$m\,(\text{ext.})_{\alpha(x)}[\mathrm{E}_x] + m\,(\text{ext.})_{\alpha(x)}[\mathrm{F}_x] = m_{\alpha(x)}[a \leqq x \leqq b],$$

c'est-à-dire

$$m\,(\text{ext.})_{\alpha(x)}[\mathrm{E}_x] = m\,(\text{int.})_{\alpha(x)}[\mathrm{E}_x].$$

Ainsi les mesures extérieure et intérieure, par rapport à $\alpha(x)$, d'un ensemble mesurable par rapport à $\alpha(x)$ sont égales. Leur valeur commune est la mesure de l'ensemble, prise par rapport avec $\alpha(x)$.

Pour démontrer ce dernier point, remarquons que l'ensemble $\mathcal{E}^i_x - \mathrm{E}_x$, étant enfermé dans les parties communes à $\mathcal{E}^i_x$ et $\mathcal{F}^i_x$, a pour mesure par rapport à $v(x)$ au plus $\tau^i\,\delta v$. *A fortiori* on a

$$|\,m_{\alpha(x)}[\mathcal{E}^i_x - \mathrm{E}_x]\,| < \tau^i\,\delta v;$$

d'où l'on tire

$$m_{\alpha(x)}[\mathrm{E}_x] = \lim_{i=\infty} m_{\alpha(x)}[\mathcal{E}^i_x] = m\,(\text{ext.})_{\alpha(x)}\mathrm{E}_x.$$

Ayant ainsi trouvé le seul nombre qui puisse satisfaire aux conditions du problème de la mesure, il resterait à vérifier qu'il y satisfait effectivement. Pour abréger, et pour revenir à des considérations antérieures, tirons cela de la correspondance entre ensembles E_x situés sur (a, b) et ensembles E_v de (o, V) qui nous a déjà servi ([1]); correspondance dans laquelle à tout point x de (a, b) on associe l'intervalle $[v(x - \mathrm{o}), v(x + \mathrm{o})]$ de (o, V). A tout intervalle E_x correspond alors un intervalle E_v dont la longueur est la mesure de E_x par rapport à $v(x)$. Dès lors les ensembles E_x mesurables par rapport à $v(x)$ sont ceux qui fournissent des ensembles E_v mesurables au sens ordinaire et l'on a pour eux.

$$m_{v(x)}[\mathrm{E}_x] = m[\mathrm{E}_v].$$

Comme les ensembles mesurables par rapport à $\alpha(x)$ et par

---

([1]) *Voir* page 259. Pour des démonstrations directes on pourra se reporter au Livre déjà cité de M. de la Vallée Poussin.

rapport à $v(x)$ sont, par définition, les mêmes, nous savons quels sont les ensembles mesurables par rapport à $\alpha(x)$.

De plus, la mesure par rapport à $\alpha(x)$ d'un intervalle $E_x = (l, m)$ est $\alpha(m + o) - \alpha(l - o)$, c'est-à-dire l'accroissement $A(\mu) - A(\lambda)$ subi par la fonction $A(v)$, dans l'intervalle $E_v = (\lambda, \mu)$ transformé de (l, m). Donc la mesure qui vient d'être définie n'est pas différente de la fonction complètement additive de l'ensemble E_v déterminée sur (o, V) par la fonction absolument continúe $A(v)$; les définitions mêmes de ces deux fonctions sont identiques. Ainsi on a

$$m_{\alpha(x)}[E_x] = \int_{E_v} 'A(v)\,dv;$$

ce qui permet d'énoncer toutes les propriétés de la mesure à partir de celles connues des intégrales de fonctions sommables. Bornons-nous à cette indication et passons à l'extension de la notion d'intégrale.

Le problème d'intégration que nous avons résolu au Chapitre VII peut être énoncé ainsi :

Attacher à toute fonction f définie dans (a, b) un nombre $I(f)$ tel que

1° $$I(f_1 + f_2) = I(f_1) + I(f_2);$$
2° $$I(f_1 + f_2 + \ldots) = I(f_1) + I(f_2) + \ldots,$$

lorsque la série $f_1 + f_2, \ldots$ est uniformément convergente;
3° *et lorsque cette série est convergente et à termes positifs;*
4° $I(f)$ *se réduit à l'intégrale connue de f lorsque f est continue;*
5° $I(f) = I(g)$ *si f ne diffère de g qu'aux points d'un ensemble de mesure nulle.*

Nous conserverons cet énoncé pour le prolongement de l'intégrale de Stieltjès; seulement, l'intégrale et la mesure dont il est parlé aux n°s 4° et 5° seront maintenant l'intégrale et la mesure par rapport à $\alpha(x)$.

Il nous suffit pour traiter ce problème de reprendre, légèrement modifiés à cause de la condition 5°, les raisonnements utilisés pour le prolongement d'une fonctionnelle linéaire, page 267, et nous retomberons sur les mêmes considérations qu'au Chapitre VII.

Considérons une fonction ψ ne prenant que les valeurs o et i. Si $E[\psi = 1]$ est un intervalle (l, m), ψ est la limite de la suite décroissante des fonctions continues f_p égales à i dans (l, m), nulles en dehors de $\left(l - \dfrac{1}{p},\ m + \dfrac{1}{p}\right)$, linéaires dans $\left(l - \dfrac{1}{p},\ l\right)$, $\left(m,\ m + \dfrac{1}{p}\right)$. De i° et de 3° il résulte que $I(\psi)$ est la limite de $I(f_p)$, nombre qui, étant l'intégrale de Stieltjès de la fonction continue f_p, diffère de moins en moins de $\alpha(m + o) - \alpha(l - o)$ c'est-à-dire de $m_{\alpha(x)}[E(\psi = 1)]$. On a donc

$$I(\psi) = m_{\alpha(x)}[E(\psi = 1)].$$

lorsque $E(\psi = 1)$ est un intervalle. Par l'addition de telles fonctions et l'application de la condition 3°, on voit qu'on a la même égalité lorsque $E(\psi = 1)$ est un ensemble d'intervalles. Supposons maintenant que $E(\psi = 1)$ soit un ensemble mesurable par rapport à α et enfermons cet ensemble dans des ensembles d'intervalles fournissant des sommes $\Sigma \delta v$ tendant vers la plus petite limite possible; nous pourrons supposer d'ailleurs que chacun de ces ensembles d'intervalles contient les suivants. A ces ensembles d'intervalles correspondent des fonctions $\psi_1, \psi_2, \ldots$, ne prenant que les valeurs o et i, et telles que ces ensembles se notent $E[\psi_1 = 1]$, $E[\psi_2 = 1]$, ... Soit ψ_0 la fonction vers laquelle tendent en décroissant les fonctions ψ_i. On a, d'après 3°,

$$I[\psi_0] = \text{limite de } I[\psi_i] = \text{limite } m_{\alpha(x)}[E(\psi_i = 1)] = m_{\alpha(x)}[E(\psi = 1)]$$

et, d'après 5°,

$$I[\psi_0] = I[\psi].$$

d'où encore

$$I[\psi] = m_{\alpha(x)}[E(\psi = 1)].$$

Soit maintenant $f(x)$ une *fonction bornée et mesurable par rapport à* $\alpha(x)$, c'est-à-dire telle que tous les ensembles $E[l_i \leqq f(x) < l_{i+1}]$ soient mesurables par rapport à $\alpha(x)$.

Soit (l, L) un intervalle contenant à son intérieur l'intervalle de variation de $f(x)$; partageons cet intervalle à l'aide des nombres

$$l_0 = l < l_1 < l_2 < \ldots < l_n = L,$$

supposons que $l_{i+1} - l_i$ ne soit jamais supérieur à ε.

Désignons par ψ_i, $(i = 0, 1, 2, \ldots, n)$, la fonction égale à 1 quand x appartient à $E[l_i \leq f(x) < l_{i+1}]$ et nulle ailleurs. Puisque nous connaissons $I(\psi_i)$, des conditions 1 et 2 résulte $I(\varphi)$, pour la fonction

$$\varphi(x) = \sum_0^n l_i \psi_i(x).$$

Or $\varphi(x)$ tend uniformément vers $f(x)$ quand ε tend vers zéro, puisque l'on a

$$0 \leq f(x) - \varphi(x) < \varepsilon,$$

donc, d'après 2°,

$$I(f) = \lim_{\varepsilon = 0} I[\varphi(x)] = \lim_{\varepsilon = 0} \sum_0^n l_i \, m_{\alpha(x)}[E(\psi_i = 1)].$$

L'intégrale d'une fonction bornée est obtenue.

Si $f(x)$ est encore supposée mesurable par rapport à $\alpha(x)$ mais n'est plus nécessairement supposée bornée, les l_i seront pris échelonnés de $-\infty$ à $+\infty$ et distants les uns des autres de ε au plus. Alors on voit de suite que si la série infinie dans les deux sens

$$\sum_0^n l_i \, m_{\alpha(x)}[E(\psi_i = 1)]$$

est absolument convergente pour un choix des l_i elle le sera pour tout choix des l_i et quel que soit ε. La fonction $f(x)$ est dite alors *sommable par rapport à* $\alpha(x)$. Du n° 3″ il résulte que, pour une telle fonction, on a encore

$$I(f) = \lim_{\varepsilon = 0} \sum_{-\infty}^{+\infty} l_i \, m_{\alpha(x)}[E(\psi_i = 1)];$$

ce que l'on peut écrire encore

$$I(f) = \lim_{\varepsilon = 0} \sum_{-\infty}^{+\infty} l_i \, m_{x(x)}[E(l_i \leq f(x) < l_{i+1})].$$

L'intégrale, par rapport à $\alpha(x)$, *d'une fonction sommable, par rapport à* $\alpha(x)$, *est ainsi définie dans tous les cas exactement comme dans le cas particulier* $\alpha(x) \equiv x$.

Il serait facile de démontrer directement, par des raisonnements entièrement analogues à ceux du Chapitre VII, que cette définition fournit un nombre déterminé, que ce nombre vérifie bien les conditions de notre ·problème et d'en trouver les principales propriétés. Mais nous allons faire tout cela d'un seul coup en prouvant que $\mathrm{I}(f)$ est identique à l'intégrale de $\int_a^b f(x)\,d[\alpha(x)]$ définie page 261. Nous utiliserons les fonctions $x(v)$ et $\mathrm{A}(v)$ qui nous ont alors servi.

L'expression précédemment obtenue de la mesure d'un ensemble, par rapport à $\alpha(x)$, nous donne

$$\mathrm{I}(f) = \lim_{\varepsilon=0} \sum l_i\, m_{\alpha(x)}[\mathrm{E}(\psi_i = 1)] = \lim_{\varepsilon=0} \sum l_i \int_{\mathrm{E}_v(\psi_i=1)} \mathrm{A}(v)\,dv;$$

$\mathrm{E}_v(\psi_i = 1)$ étant le transformé sur $(0, \mathrm{V})$ de $\mathrm{E}(\psi_i = 1)$.

De là on déduit, en utilisant les propriétés des intégrales ordinaires de fonctions sommables,

$$\mathrm{I}(f) = \lim_{\varepsilon=0} \sum l_i \int_0^{\mathrm{V}} \psi_i[x(v)].\mathrm{A}(v)\,dv = \lim_{\varepsilon=0} \int_0^{\mathrm{V}} \varphi[x(v)].\mathrm{A}(v)\,dv$$

$$= \int_0^{\mathrm{V}} \lim_{\varepsilon=0} \{\varphi[x(v)].\mathrm{A}(v)\}\,dv = \int_0^{\mathrm{V}} f(x, v).\mathrm{A}(v)\,dv$$

$$= \int_a^b f(x)\,d[\alpha(x)].$$

La définition que nous venons de donner, et qui est due à M. Radon, est donc équivalente à celle de la page 261 et celle-ci nous dispense de toute étude directe des propriétés de l'intégrale de Stieltjès. Nous allons pourtant montrer, à titre d'exemple, comment se présente la généralisation de la notion de fonction absolument continue ([1]); mais, auparavant, examinons comment il

----

([1]) Parmi les questions que pourra traiter le lecteur à titre d'exercice je signale les suivantes. Appliquer les méthodes de Jordan au problème de la mesure relative à $\alpha(x)$; définir l'étendue par rapport à $\alpha(x)$; montrer que les fonctions mesurables J par rapport à $\alpha(x)$ sont les fonctions intégrables, au sens de Stieltjès-Riemann, par rapport à $\alpha(x)$. Comparer le champ d'extension de la définition de Radon à celui des diverses définitions données dans le paragraphe I de ce Chapitre; et en particulier montrer que, de même que l'extension de la notion de mesure obtenue (p. 277) à l'aide d'un changement de variable de la forme $t = x + v(x)$, ne s'appliquait qu'aux ensembles qui sont mesurables

se fait que les notions ensembles mesurables B, fonctions mesurables B soient indépendantes de la fonction $\alpha(x)$ déterminant les problèmes de mesure ou d'intégration dont on s'occupe, alors que les notions ensembles mesurables et fonctions mesurables varient avec $\alpha(x)$.

C'est qu'il s'agit de notions de caractères entièrement différents; M. Denjoy dirait que les premières sont descriptives et les secondes métriques. M. Borel avait introduit les ensembles B à l'occasion de la théorie de la mesure, et c'est de là que vient leur nom, mais il ne les a pas caractérisées par une propriété métrique : il indique quelles sont les opérations géométriques qui, effectuées à partir d'intervalles et de points, permettent d'obtenir ces ensembles. L'importance des fonctions mesurables B, en Analyse, vient surtout de ce que ces fonctions sont toutes celles qui rentrent dans la classification de M. Baire, toutes celles qui sont susceptibles d'une réprésentation analytique (¹). Ici, l'importance des ensembles et fonctions mesurables B vient, comme on a dû le remarquer, de ce que, pour eux, la mesure ou l'intégrale est déterminée par celles des conditions de nos problèmes qui se traduisent par des égalités, et sans qu'il soit nécessaire d'utiliser celles qui impliquent des inégalités; c'est-à-dire à l'aide des conditions 2°, 3° (p. 278), des conditions 1°, 2°, 3°, 4° (p. 281). Or le champ de ces ensembles est si vaste qu'il a fallu de grands efforts pour construire quelques exemples d'ensembles ou fonctions non mesurables B; c'est-à-dire qu'il n'y aurait aucun inconvénient pratique à se limiter à l'étude des ensembles et fonctions mesurables B.

Proposons-nous de caractériser les fonctions $F(x)$ qui sont des intégrales indéfinies par rapport à une fonction à variation bornée $\alpha(x)$, connue; ces fonctions $F(x)$ sont celles que l'on pourrait appeler *fonctions absolument continues par rapport à* $\alpha(x)$.

à la fois au sens ordinaire et par rapport à $\alpha(x)$, l'extension obtenue (p. 259) à l'aide du même changement de variable ne s'applique qu'aux fonctions qui sont à la fois mesurables et sommables au sens ordinaire et par rapport $\alpha(x)$.

Il est d'ailleurs clair que deux de ces définitions sont toujours d'accord lorsqu'elles s'appliquent toutes deux, puisqu'elles définissent des fonctionnelles linéaires vérifiant la troisième condition de la page 267 et qu'elles sont identiques pour les fonctions continues.

(¹) LEBESGUE, *Journ. de Math.*, 1905.

Une première condition c'est que $F(x)$ soit à variation bornée et ait en tout point des sauts de droite et de gauche proportionnels à ceux de $\alpha(x)$, d'après l'expression de la fonction des sauts d'une intégrale donnée (p. 256) :

$$\frac{F(x) - F(x - o)}{\alpha(x) - \alpha(x - o)} = \frac{F(x + o) - F(x)}{\alpha(x + o) - \alpha(x)}.$$

Cherchons les autres conditions : nous voulons avoir

$$F(x) = C + \int_a^x f(x)\,d[\alpha(x)] = C + \int_0^{V(x)} f[x(v)].A(v)\,dv$$

pour une fonction inconnue $f(x)$. La fonction continue

$$\Phi(v) = C + \int_0^v f[x(v)].A(v)\,dv$$

est définie dans tout (o, V). Pour toute valeur v telle que l'équation $v = V(x)$ ait au moins une racine, on a

$$\Phi(v) = F[x(v)];$$

les seules valeurs de v en lesquelles on n'a pas cette égalité sont donc celles pour lesquelles on a une inégalité de la forme

$$V(x_0 - o) = v_1 \leqq v < V(x_0) = v_0$$

ou de la forme

$$V(x_0) = v_0 < v \leqq V(x_0 + o) = v_2.$$

Dans (v_1, v_2), $x(v)$ est constant et égal à x_0 ; $A(v)$ est linéaire dans (v_1, v_0) et (v_0, v_2) et prend les valeurs $\alpha(x_0 - o)$, $\alpha(x_0)$, $\alpha(x_0 + o)$ pour v_1, v_0, v_2. Donc $\Phi(v)$ est linéaire dans (v_1, v_0) et (v_0, v_2) et y subit les accroissements

$$f(x_0)[\alpha(x_0) - \alpha(x_0 - o)], \qquad f(x_0)[\alpha(x_0 + o) - \alpha(x_0)].$$

Il résulte de là que si l'on pose $\Psi[V(x)] = F(x)$ et si l'on convient de compléter la définition de Ψ de manière qu'elle soit partout continue et qu'elle soit linéaire dans les intervalles où elle n'était pas encore déterminée, on doit avoir $\Psi(v) = \Phi(v)$. En d'autres termes $\Psi(v)$ doit être absolument continue en v.

Montrons que cette condition jointe à la précédente, est suffisante. Supposons donc ces conditions vérifiées. Si x_0 est un point de discontinuité de $\alpha(x)$, nous prendrons

$$f(x_0) = \frac{\Psi[V(x_0)] - \Psi[V(x_0 - 0)]}{\alpha(x_0) - \alpha(x_0 - 0)} = \frac{F(x_0) - F(x_0 - 0)}{\alpha(x_0) - \alpha(x_0 - 0)},$$

$$f(x_0) = \frac{\Psi[V(x_0 + 0)] - \Psi[V(x_0)]}{\alpha(x_0 + 0) - \alpha(x_0)} = \frac{F(x_0 + 0) - F(x_0)}{\alpha(x_0 + 0) - \alpha(x_0)};$$

ces deux expressions de $f(x_0)$ sont bien d'accord à cause de la première condition.

Si x_0 est un point de continuité de $\alpha(x)$ pour lequel l'équation $V(x) = V(x_0)$ n'admet que la racine x_0, nous prendrons

$$f(x_0) = \frac{\Psi'(v)}{\Lambda(v)};$$

quantité finie puisque $\Lambda(v)$ a été pris égal à $+1$ ou à -1.

Enfin aux points où $f(x)$ n'est pas encore définie nous prendrons $f(x)$ arbitrairement; ces points correspondant en effet à une infinité dénombrable de valeurs de $v = V(x)$ n'ont aucune influence sur une intégrale prise de 0 à V.

Avec ce choix il est clair que l'on a

$$\Psi(v) = C + \int_0^v f[x(v)].\Lambda(v)\,dv,$$

donc

$$F(x) = C + \int_a^x f(x)\,d[\alpha(x)].$$

Transformons la seconde condition trouvée; pour cela remarquons que, dès que la première condition est remplie, on peut calculer $f(x)$ aux points de discontinuité de $\alpha(x)$ donc $f[x(v)]$ dans les divers intervalles (v_1, v_2). Désignons par $g(v)$ la fonction égale à $f[x(v)]$ dans les intervalles (v_1, v_2) et nulle ailleurs. La fonction $g(v).\Lambda(v)$ est sommable, car dans (v_1, v_0) son intégrale est $F(x_0) - F(x_0 - 0)$ et dans (v_0, v_2) elle est $F(x_0 + 0) - F(x_0)$ et la somme des valeurs absolues de toutes ces intégrales est bornée puisque $F(x)$ a été supposée à variation bornée.

La fonction

$$\Psi_1(v) = \int_0^v g(v).\Lambda(v)\,dv$$

peut donc être calculée dès que la première condition est remplie.

Il est d'ailleurs clair d'après ce qui précède, que $\Psi_1(v)$ est la transformée de la fonction des sauts $S(x)$ de $F(x)$.

$\Psi_1(v)$ étant absolument continue, il nous suffit d'exprimer que $\Psi(v) - \Psi_1(v) = \Psi_2(v)$ est aussi absolument continue. C'est-à-dire que si l'on forme la somme $\Sigma\Delta\Psi_2$, étendue à un ensemble I_v d'intervalles — que l'on peut supposer n'ayant jamais ni leurs origines ni leurs extrémités dans les intervalles (v_1, v_2) puisque $\Psi_2(v)$ est constante dans de tels intervalles, et que l'on peut supposer ouverts puisque $\Psi_2(v)$ est continue — dont la mesure totale est ε, tend vers zéro avec ε.

Mais puisque les I_v n'ont ni leurs origines ni leurs extrémités dans les (v_1, v_2) et que ce sont des intervalles ouverts; ils sont les transformés d'ensembles I_x d'intervalles ouverts de l'axe des x et la somme à considérer est

$$\sum_{I_x} |\Delta[F(x) - S(x)]|.$$

$\Psi_1(v)$ est absolument continue,

$$\sum_{I_v} |\Delta\Psi_1| = \sum_{I_x} |\Delta S|$$

tend vers zéro avec ε; donc il faut et il suffit que $\Sigma_{I_x}|\Delta F|$ tende vers zéro.

Pour qu'une fonction $F(x)$ soit une intégrale indéfinie par rapport à $\alpha(x)$, il faut et il suffit :

1° Que $F(x)$ soit à variation bornée;

2° Qu'en tout point les sauts de droite et de gauche de $F(x)$ soient proportionnels à ceux de $\alpha(x)$;

3° Que la somme $\Delta|F(x)|$, étendue à un ensemble d'intervalles ouverts dont la mesure, par rapport à la variation totale $V(x)$ de $\alpha(x)$ est égale à ε, tende vers zéro avec ε.

La réponse est bien plus simple s'il s'agit de savoir à quoi l'on peut reconnaître qu'une fonction d'ensemble mesurable B est une intégrale indéfinie par rapport à $\alpha(x)$ donnée. Rappelons-nous d'abord que, pour le calcul d'une telle intégrale indéfinie, on peut supprimer toutes les *singularités inutiles* de $\alpha(x)$, c'est-à-dire remplacer $\alpha(x)$ par une fonction égale à $\alpha(x)$ en a, en b et en tous les points de continuité de $\alpha(x)$ et qui n'a en aucun point deux sauts de signes contraires. Supposons donc que $\alpha(x)$ n'ait plus que des singularités utiles.

Une intégrale indéfinie par rapport à $\alpha(x)$ est une fonction d'ensemble mesurable B :

1° *Qui est complètement additive;*
2° *Qui est nulle dans tout ensemble de mesure nulle par rapport à la variation totale* $V(x)$ *de la fonction* $\alpha(x)$, *supposée sans singularités inutiles,*
et réciproquement.

La propriété énoncée des intégrales indéfinies n'est que la traduction du fait que, considérée comme attachée aux ensembles de (o, V), cette fonction d'ensemble est absolument continue. Examinons la réciproque.

A une fonction φ d'ensemble E_x mesurable B, notre changement de variable fait correspondre une fonction Φ d'ensemble $\mathcal{E}_v$ mesurable B mais qui n'est pas définie pour tout ensemble mesurable B de (o, V). On sait, en effet, sa valeur W dans un intervalle (v_1, v_2) correspondant à un point singulier x_0 de $\alpha(x)$ mais on ne sait pas sa valeur U dans un ensemble e_v mesurable B contenu dans (v_1, v_2); convenons qu'on aura

$$\frac{U}{m(e_v)} = \frac{W}{v_2 - v_1}$$

Cette convention suffit à achever de déterminer Φ pour tous les ensembles mesurables B de (o, V), car nous voulons que Φ soit complètement additive.

φ étant nulle dans tout ensemble de mesure nulle par rapport à $V(x)$, Φ est nulle dans tout ensemble de mesure nulle. Donc Φ est une intégrale indéfinie, et, d'après la façon dont a été choisie Φ à l'intérieur de chaque (v_1, v_2), la fonction, sommable par rapport à v, dont Φ est l'intégrale indéfinie, est constante dans (v_1, v_2); on a bien

$$\Phi(\mathcal{E}_v) = \int_{\mathcal{E}_v} f[x(v)].'A(v)\,dv,$$

pour une certaine fonction $f(x)$; la presque dérivée $'A(v)$ étant constante dans tout (c_1, c_2) parceque $\alpha(x)$ n'a pas de singularité inutile.

La dernière forme que nous avons donnée, (p. 173), à la condition d'absolue continuité se généralise donc littéralement : de là on tirerait facilement les généralisations des autres formes de cette condition.

IV. — Signification physique de l'intégrale de Stieltjès.

Nous venons de généraliser l'un des modes de définition analytique de l'intégrale; les autres modes de définition analytique sont susceptibles de généralisations analogues ([1]). Mais n'y a-t-il pas, pour l'intégrale de Stieltjès, une définition analogue à la définition géométrique de l'intégrale, c'est-à-dire qui apparaisse comme une simple mise au point d'une définition intuitive. Ce mode de définition existe, il a certainement guidé les premières idées de Stieltjès, mais Stieltjès n'y insiste pas; son exposé analytique donne toute satisfaction du point de vue logique de sorte que la signification intuitive de l'intégrale de Stieltjès a été un moment oubliée.

Stieltjès dit cependant : supposons qu'il y ait, répandue sur Ox, de la matière pesante. Soit $u(x)$ la masse située sur (o, x); calculons le moment de la masse totale par rapport à l'origine. Pour cela, partageons l'intervalle considéré à l'aide de valeurs croissantes ξ_i, nous aurons une valeur approchée du moment sous la forme

$$\Sigma\, \xi_i [\, u(\xi_{i+1}) - u(\xi_i)\,];$$

d'où, pour la valeur exacte du moment, une intégrale $\int x\, d[\,u(x)\,]$.

Mais la signification de l'intégrale de Stieltjès est bien plus nettement donnée par Cauchy qui avait, avant Stieltjès, considéré l'intégration par rapport à une fonction; bien plus amplement que Stieltjès, au point de vue physique, mais sous une forme bien moins précise, au point de vue logique ([2]).

([1]) Il a déjà été dit que la définition de M. W. H. Young fut généralisée la première (p. 263, en note).

([2]) *Sur le rapport différentiel de deux grandeurs qui varient simultanément* (*Ex. d'Analyse*, t. II, p. 188-229; *Œuvres*, 2ᵉ série, t. XII, p. 214-262). *Voir* aussi le *Traité de Mécanique analytique* de l'abbé Moigno.

Le point de départ de Cauchy est la notion de *grandeurs coexistantes*, notion plus large que celle de fonction, dont celle-ci n'est qu'un cas particulier.

Des grandeurs sont dites coexistantes lorsqu'elles sont déterminées par les mêmes conditions, géométriques ou physiques. La surface et le volume d'un cylindre sont des grandeurs coexistantes, déterminées en même temps par la donnée du cylindre. Dans une étendue gazeuse, isolons par la pensée la matière contenue dans un certain domaine; le volume du corps ainsi conçu, sa masse, la quantité de chaleur nécessaire pour élever sa température d'un degré à volume constant sont trois grandeurs coexistantes.

Les nombres qui mesurent ces grandeurs ne sont pas nécessairement des fonctions les uns des autres, les exemples précédents le prouvent; ils le sont parfois; le rayon, la hauteur, la surface, le volume d'un cylindre de révolution sont des grandeurs coexistantes et deux quelconques d'entre elles déterminent les deux autres. D'une façon plus générale, si une grandeur est fonction d'autres grandeurs, toutes ces grandeurs sont coexistantes. Nous sommes habitués à raisonner sur variables et fonctions, mais il y a tout aussi bien lieu de raisonner sur des grandeurs coexistantes : entre la surface et le volume d'un cylindre, on peut, par exemple, établir des relations d'inégalité. Pour donner une base solide aux raisonnements sur les grandeurs coexistantes, précisons cette notion ce qui d'ailleurs va en restreindre la portée.

Dans les exemples précédents, les grandeurs coexistantes apparaissent comme attachées à un même corps, le cylindre ou le corps gazeux, ce sont des fonctions d'un même domaine. Les grandeurs de la physique directement mesurables apparaissent d'ailleurs toujours comme des fonctions de domaine; seulement ces domaines ne sont pas toujours à trois dimensions. Il peut s'agir de domaines sur la droite, c'est-à-dire d'intervalles, de domaines plans ou de domaines à plus de trois dimensions; dans ce dernier cas le domaine ne s'impose plus à nos sens, sa conception purement mathématique est quelque peu artificielle. Si, par exemple, nous avions voulu parler de la quantité de chaleur nécessaire pour élever de δt degrés un corps gazeux C conçu isolé du reste d'une étendue gazeuse et si nous avions voulu faire varier et δt et le corps, il nous aurait fallu considérer la quantité de chaleur comme attachée à un domaine à quatre dimensions de l'espace x, y, z, t; celui qui serait obtenu en faisant subir au corps C, tracé dans $t = t_0$, une translation δt parallèle à l'axe des t.

Nous admettrons donc que les grandeurs dont nous parlons sont des fonctions de domaine et nous remplacerons la notion de grandeurs coexistantes par celle, plus précise, de fonctions d'un même domaine ou, par une abstraction de mathématicien, par celle de fonctions d'un même ensemble.

On rencontre aussi en physique des fonctions de points ou si l'on veut d'un certain nombre de variables. Les unes sont encore des fonctions de domaine, mais attachées à des domaines spéciaux ne dépendant plus que d'un nombre fini de paramètres : la masse m de la quantité d'eau comprise dans un récipient jusqu'à la hauteur h est une fonction de h, mais parce que m et h sont des fonctions d'un même domaine. Les autres sont vraiment attachés à des points; ces nombres servent en général à étalonner des états, des qualités, à distinguer par exemple des mouvements plus ou moins rapides (vitesse), des matières plus ou moins denses (densité).

Si l'on considère la définition précise de ces nombres, on constate qu'on les obtient comme valeur limite du quotient de deux fonctions d'un même domaine :

$$\text{Vitesse} = \lim. \text{Vitesse moyenne} = \lim \frac{\text{longueur d'arc de trajectoire}}{\text{temps de parcours de cet arc}},$$

$$\text{Densité} = \lim. \text{Densité moyenne} = \lim \frac{\text{masse d'un corps}}{\text{volume de ce corps}}.$$

Comme notre but n'est pas d'étudier les nombres de la physique, nous n'avons pas à rechercher si tous ces nombres rentrent bien dans l'une ou l'autre des deux catégories indiquées et si la distinction entre ces deux catégories de nombres est absolue; il nous suffira d'avoir remarqué l'importance, en physique, des fonctions de domaine et de cette sorte de dérivation d'une fonction de domaine par rapport à une autre qui fournit les fonctions de points.

Que les fonctions de domaine s'introduisent en physique et y apparaissent même comme plus directement adaptées aux besoins du physicien que les fonctions de points ne doit pas nous étonner. Un point n'est que la conception limite de corps de plus en plus petits, une fonction de point ne peut s'introduire en physique que comme limite d'une fonction de corps, d'une fonction de domaine. Si pourtant, on parle peu de ces fonctions, c'est que les mathématiciens n'ont pas encore créé l'Algèbre et l'Analyse des fonctions de domaine. On possède par contre des notations remarquablement maniables pour les fonctions de points; aussi, par des artifices divers — mais qui se réduisent toujours au fond à ne raisonner que sur des domaines assez spéciaux pour qu'ils ne dépendent plus que d'un nombre fini de variables —, remplace-t-on toujours l'emploi des fonctions de domaine par celui des fonctions de point.

L'opération de dérivation que nous avons rencontrée est celle qu'étudie Cauchy. Elle se définit ainsi : $\varphi(D)$ et $\psi(D)$ étant deux fonctions de domaines, pour avoir la dérivée en un point P de φ par rapport à ψ, on prend la limite du rapport $\dfrac{\varphi(D_i)}{\psi(D_i)}$ pour une suite de domaines D_i de plus en plus petits et se réduisant à la limite au seul point P.

On pourra définir de même la dérivée d'une fonction d'ensemble par rapport à une autre; on pourra être amené aussi à astreindre la suite des D_i ou des E_i, à des restrictions supplémentaires pour que la limite existe, comme nous avons dû le faire (p. 191); laissons ces détails de côté.

Proposons-nous, avec Cauchy, de calculer $\varphi(D)$ connaissant $\psi(D)$ et la dérivée $f(P)$ de $\varphi(D)$ par rapport à $\psi(D)$. Ce problème ne serait pas déterminé, et nous ne saurions guère comment l'étudier, si nous laissions à la notion de fonction de domaine toute la généralité possible. *Nous allons supposer qu'il s'agit de fonctions additives de domaine.* C'est là une restriction importante à la conception de Cauchy : la surface et le volume d'un corps sont deux grandeurs coexistantes, ce sont certes aussi deux fonctions de domaine, mais la seconde seule est additive.

En réalité, pour traiter le problème qui va nous occuper, Cauchy se restreint, comme nous allons le faire, mais sans s'en rendre compte nettement, au cas des fonctions additives de domaines. Cette restriction est d'ailleurs légitimée pratiquement par le fait que ceux des nombres fournis par la physique qui sont ce que nous appelons des mesures de grandeur (¹) sont des fonctions additives de domaine.

(¹) A mon avis les grandeurs devraient être définies *dès les Éléments* comme

Tout point P_0 est alors intérieur à un domaine $D(P_0)$ tel que le rapport $\frac{\varphi}{\psi}$ diffère de $f(P)$ de moins de ε pour le domaine $D(P_0)$ et pour tous les domaines intérieurs, assujettis aux restrictions qui ont pu être imposées dans la définition de la dérivée. A l'aide d'un nombre fini de ces domaines $D(P_0)$ on couvrira, d'après le théorème de M. Borel (p. 112), tout le domaine D que l'on considère. En restreignant ces domaines $D(P_0)$ on pourra les supposer sans points intérieurs communs. Alors on aura partagé D en domaines partiels D_1, D_2, ..., D_n et pris dans chacun d'eux ou au voisinage de chacun d'eux un point particulier P_i, de manière que l'on ait

$$\varphi(D_i) = \psi(D_i)[f(P_i) + \theta_i \varepsilon] \qquad (-1 \leqq \theta_i \leqq 1).$$

Si $f(P)$ est continue, on modifiera très peu ceci en supposant P_i pris dans D_i.

De là résulte

$$\varphi(D) = \Sigma \, \varphi(D_i) = \Sigma \, \psi(D_i) f(P_i) + \theta\varepsilon \, \Sigma | \psi(D_i) |.$$

Si donc, quel que soit le morcellement de D en les D_i et quel que soit le choix des P_i, la première somme tend vers une limite déterminée pour des D_i de plus en plus petits, et la seconde reste bornée — ce dernier fait exprime que ψ est à variation bornée — on sait calculer $\varphi(D)$.

La précision de ces aperçus conduit tout naturellement à l'intégrale de Stieltjès; il suffit de supposer qu'il s'agit de domaines à une dimension, d'intervalles, que $f(P)$ est $f(x)$, que $\psi(D)$ est la fonction d'intervalle que nous avons attachée à une fonction $\alpha(x)$ à variation bornée, pour retrouver la définition posée par Stieltjès, pour $\int f(x)\, d[\alpha(x)]$.

Mais il est clair que de ces aperçus dériveraient aussi des généralisations de cette intégrale aux fonctions de plusieurs variables. Nous n'insisterons pas puisque, dans ce Livre, nous nous bornons toujours à l'intégration des fonctions d'une variable.

---

des nombres attachés à des domaines et tels que les grandeurs attachées à des domaines provenant de la subdivision d'un autre domaine aient pour somme la grandeur attachée à ce dernier domaine.

Ces intégrales se réduiraient aux intégrales ordinaires si la fonction $\psi(D)$ se réduisait à la mesure, au sens ordinaire, du domaine D; l'extension de la notion de mesure étudiée par M. de la Vallée Poussin, la forme donnée par M. Radon à la définition de l'intégrale se relient donc étroitement aux considérations physiques qui viennent d'être développées.

La définition de M. Radon s'impose particulièrement si, au lieu d'examiner avec Cauchy une généralisation du problème des fonctions primitives, on étudie une généralisation du problème des quadratures. Supposons qu'on sache que pour tout domaine ou ensemble E, le produit $\psi(E)\lambda$ — le nombre λ étant intermédiaire entre les limites inférieure l et supérieure L des valeurs prises sur E par une fonction $f(P)$ — est une valeur approchée de $\varphi(E)$ et d'autant plus approchée que $L - l$ est plus petit. Nous serons tout naturellement conduits, pour calculer $\varphi(D)$, à examiner la somme $\Sigma i\varepsilon\psi(E_i)$, où E_i est formé des points de D en lesquels on a $i\varepsilon \leq f(P) < (i+1)\varepsilon$. Or ceci est la définition de M. Radon.

Remarquons que, dans l'Analyse classique, on considère à diverses occasions des sommes $\Sigma\psi(D_i) . f(P_i)$. Par exemple, lorsque l'on calcule une intégrale curviligne $\int_c f(x, y, z)\,dx$ on cherche la limite de

$$\Sigma[x(t_{i+1}) - x(t_i)]f[x(t_i), y(t_i), z(t_i)];$$

et l'on a alors affaire à une fonction $\psi(D)$ égale à la mesure du segment projection, sur Ox, de l'arc D.

Ordinairement de telles intégrales se considèrent groupées

$$\int P\,dx + Q\,dy + R\,dz.$$

Si nous rapprochons ceci de la formule classique qui donne l'arc d'une courbe dans les cas simples

$$\int \sqrt{dx^2 + dy^2 + dz^2},$$

formule que l'on doit traiter comme une intégrale curviligne, en y substituant x, y, z en fonction d'un même paramètre t; on sera conduit à examiner des intégrations par rapport à plusieurs fonctions d'ensembles, ou si l'on veut par rapport à plusieurs grandeurs coexistantes. Soit $f(P, u_1, u_2, \ldots, u_p)$ une fonction d'un point P et de p variables, supposons f homogène et de degré 1 par rapport à l'ensemble de ces variables. Soient, d'autre part, p fonctions additives de domaine coexistantes $\psi_1(E)$, $\psi_2(E)$, $\ldots, \psi_p(E)$.

La somme

$$\Sigma f[P_i, \psi_1(E_i), \psi_2(E_i), \ldots, \psi_p(E_i)]$$

étendue à une division d'un domaine ou d'un ensemble en ensembles partiels E_i, P_i désignant un point de E_i, définira par sa limite, quand elle existe, une sorte d'intégrale de Stieltjès de f par rapport aux fonctions $\psi_1, \psi_2, \ldots, \psi_p$.

Ces sommations n'ont pas encore été étudiées; M. Hellinger [1] a pourtant utilisé une intégration qui se note $\int f(x) \dfrac{d\psi\, d\chi}{d\rho}$ et qui est la limite des sommes

$$\Sigma f(x_i) \frac{\psi(E_i)\, \chi(E_i)}{\rho(E_i)};$$

intégrale qu'a ensuite étudiée à son tour M. Radon.

Terminons ce paragraphe en signalant que, d'après Cauchy, la notion de grandeurs coexistantes est de nature élémentaire et rendrait de grands services si on l'utilisait dès les débuts de l'Analyse ou même de la Géométrie. Il nous semble bien, en tout cas, qu'il y aurait grand avantage à exposer tout d'abord la notion d'intégrale par rapport à une fonction de domaine. On aurait une vue synthétique de l'ensemble des types d'intégrales de fonctions continues, la théorie de ces intégrales serait obtenue plus rapidement et pourtant on préparerait mieux les applications géométriques et physiques.

V. — Fonction primitive par rapport à une fonction. Totalisation par rapport à une fonction.

Pour le cas des fonctions d'une seule variable, le problème des fonctions primitives qu'on vient de rencontrer s'énonce ainsi : *Étant donnée dans (a, b) une fonction à variation bornée $\alpha(x)$ et une fonction $f(x)$, trouver une fonction $F(x)$ qui admette en tout point $f(x)$ comme dérivée par rapport à $\alpha(x)$.*

---

[1] *Journal de Crelle*, Bd 136.

Dire que f est la dérivée de F, c'est-à-dire que l'on a

$$f(x) = \operatorname*{limite}_{h \to 0,\ k \to 0}^{h>0,\ k>0} \frac{\mathrm{F}(x+k) - \mathrm{F}(x-h)}{\alpha(x+k) - \alpha(x-h)},$$

si l'on traduit exactement les considérations du précédent paragraphe; mais il est évident qu'alors $\mathrm{F}(x)$ ne serait déterminée en aucun point puisque $\mathrm{F}(x-\mathrm{o})$ et $\mathrm{F}(x+\mathrm{o})$ interviennent en fait seuls (¹). Exigeons donc que l'on ait

$$f(x) = \lim_{h \to 0} \frac{\mathrm{F}(x+h) - \mathrm{F}(x)}{\alpha(x+h) - \alpha(x)},$$

pour dire que F admet f pour dérivée. Dans la recherche de la limite du second membre, il ne sera tenu compte que des nombres h pour lesquels le second membre a une valeur déterminée, finie ou non. En un point intérieur à un intervalle dans lequel F et α

(¹) Ceci est tout naturel, car $\alpha(x)$ n'intervient que pour définir la fonction $\psi(\mathrm{D})$ et que $\mathrm{F}(x)$ est définie par une fonction de domaine $\varphi(\mathrm{D})$; or, à $\psi(\mathrm{D})$ et $\varphi(\mathrm{D})$, correspondent des fonctions $\alpha(x)$ et $\mathrm{F}(x)$ pour lesquelles

$$\alpha(x-\mathrm{o}), \quad \alpha(x+\mathrm{o}), \quad \mathrm{F}(x-\mathrm{o}), \quad \mathrm{F}(x+\mathrm{o})$$

sont déterminés à une constante additive près, tandis que $\alpha(x)$ et $\mathrm{F}(x)$ ne le sont pas.

Stieltjès avait déjà remarqué qu'à une distribution donnée de masses sur $\mathrm{O}x$, c'est-à-dire à une fonction $\varphi(\mathrm{D})$, ne correspond pas une fonction $\alpha(x)$ unique. Lorsque $\alpha(x)$ est donnée directement, tout point de discontinuité x_0 de $\alpha(x)$ correspond à la concentration d'une masse $\alpha(x_0+\mathrm{o}) - \alpha(x_0-\mathrm{o})$ au point x_0. Stieltjès imagine que cette concentration est faite en deux points géométriquement confondus en x_0; le premier, portant la masse $\alpha(x_0) - \alpha(x_0-\mathrm{o})$, appartient à (a, x_0); le second, de masse $\alpha(x_0+\mathrm{o}) - \alpha(x_0)$ appartient à (x_0, b).

Cela revient à considérer les symboles $x+\mathrm{o}$, $x-\mathrm{o}$ comme des nombres au même titre que les symboles x, tous ces symboles étant susceptibles d'être classés par ordre de grandeur, à considérer comme un intervalle les ensembles de nombres $\alpha \leq x \leq \beta$, α et β étant deux nombres différents, $\alpha < \beta$, et à prendre pour $\varphi(\mathrm{D})$ une fonction de tels intervalles. Les intervalles seraient alors de neuf catégories différentes suivant que leur origine et leur extrémité seraient des symboles $x-\mathrm{o}$, x ou $x+\mathrm{o}$; il y aurait trois espèces d'intervalles nuls,

$$(x-\mathrm{o}, x), \quad (x, x+\mathrm{o}), \quad (x-\mathrm{o}, x+\mathrm{o}).$$

Ces conventions dispenseraient des précautions que nous avons dû prendre dans la division d'un intervalle en plusieurs autres (p. 152); dans une telle division devrait figurer une fois et une seule tout intervalle nul des formes

$$(x-\mathrm{o}, x) \quad \text{et} \quad (x, x+\mathrm{o}).$$

seraient toutes deux constantes, la dérivée serait indéterminée; quelle que soit $\varphi(x)$, on pourrait la dire égale à $f(x)$.

C'est encore par le procédé des chaînes d'intervalles que nous allons étudier ce problème; mais il nous faudra opérer avec précautions, tout d'abord parce que $F(x)$ n'est pas continue. Faisons tendre, en effet, h vers zéro par valeurs positives dans la formule de définition de la dérivée, nous voyons que $F(x + o)$ existe et que l'on a

$$\frac{F(x+o)-F(x)}{\alpha(x+o)-\alpha(x)} = f(x).$$

Cette formule et la formule analogue pour $x - o$ nous font connaître les points de discontinuité et les sauts de $F(x)$.

A cause de cette discontinuité si a, x_1, x_2, ..., sont les points de division de la chaîne, nous utiliserons la formule

$$F(b) - F(a) = [F(x_1 - o) - F(a)] + \ldots$$
$$+ \Sigma[F(x_{i+1} - o) - F(x_i - o)] + \ldots + [F(b) - F(b - o)];$$

dans cette formule, la somme Σ doit être étendue à tous les indices i des points de la chaîne, finis ou transfinis, et elle doit être calculée en tenant compte de l'ordre de succession de ces indices. Pour démontrer que, dans ces conditions, la formule est exacte, il suffit de prouver que l'on a, pour tout indice I,

$$F(x_1 - o) - F(a) = [F(x_1 - o) - F(a)]$$
$$+ \sum_{i<I} [F(x_{i+1} - o) - F(x_i - o)].$$

Cette formule est évidemment vraie pour $I + 1$ si elle est vraie pour I; d'autre part, elle est vraie pour un indice I, nombre transfini de seconde espèce si elle est vraie pour $I_0 < I$, car pour I_0 tendant vers I en croissant $F(x_{I_0} - o)$ tend vers $F(x_I - o)$. En d'autres termes, que I soit de première ou seconde espèce, la formule est vraie pour I parce qu'elle est vraie pour les indices plus petits; la formule est générale.

Nous prendrons les intervalles de la chaîne de manière que l'on ait

$$\left| \frac{F(x_{i+1} - o) - F(x_i - o)}{\alpha(x_{i+1} - o) - \alpha(x_i - o)} - f(x_i) \right| < \varepsilon,$$

et de manière analogue pour (a, x_1). Alors

$$F(x_{i+1} - 0) - F(x_i - 0)$$
$$= f(x_i)[\alpha(x_{i+1} - 0) - \alpha(x_i - 0)] + \theta_i \varepsilon |\alpha(x_{i+1} - 0) - \alpha(x_i - 0)|,$$

θ_i étant compris entre -1 et $+1$; ceci s'écrit encore

$$F(x_{i+1} - 0) - F(x_i - 0)$$
$$= f(x_i)\, m_{\alpha(x)}[x_i \leqq x < x_{i+1}] + \theta_i \varepsilon [V(x_{i+1} - 0) - V(x_i - 0)].$$

$V(x)$ désignant comme toujours la variation totale de $\alpha(x)$ de a à x. D'où

$$f(b - 0) - f(a) = f(a)[\alpha(x_1 - 0) - \alpha(a)]$$
$$+ \Sigma f(x_i)[\alpha(x_{i+1} - 0) - \alpha(x_i - 0)] + \theta \varepsilon V.$$

De cette formule et de celle analogue relative à (a, x), on déduirait facilement que, toutes les fois que $f(x)$ a une intégrale de Stieltjès-Riemann, $F(x)$ est l'intégrale indéfinie de $f(x)$ prise par rapport à $\alpha(x)$. Contentons-nous d'en déduire que si $f(x)$ est identique à zéro, $F(x)$ est une constante, d'où il résulte que *la fonction primitive, par rapport à une fonction donnée à variation bornée $\alpha(x)$, d'une fonction donnée $f(x)$ est déterminée à une constante additive près*, puisque la différence de deux fonctions primitives de $f(x)$ a, par rapport à $\alpha(x)$, une dérivée identiquement nulle.

Reprenons la formule que nous venons de trouver

$$F(b - 0) - F(a) = \lim_{\varepsilon \to 0} \sum_{i=0} f(x_i)\, m_{\alpha(x)}[x_i \leqq x < x_{i+1}],$$

formule dans laquelle, pour simplifier, nous avons fait rentrer sous le signe Σ la contribution de (a, x) malgré sa forme spéciale. Et précisons, comme pages 176 et suivantes, le choix des intervalles de la chaîne. Supposons pour cela $f(x)$ sommable par rapport à $\alpha(x)$ et soit E_l l'ensemble $E[l\varepsilon \leqq f(x) < (l+1)\varepsilon]$; enfermons E_l dans un ensemble A_l d'intervalles non empiétants dont la mesure, par rapport à $V(x)$, ne surpasse celle de E_l que de ε_l au plus; les nombres ε_l étant choisis tels que les séries $\Sigma \varepsilon_l$ et $\Sigma |l| \varepsilon_l$ soient convergentes et de sommes η et ζ très petites.

Assujettissons l'intervalle (x_i, x_{i+1}) dont l'origine x_i appartient à E_l à être enfermé dans A_l et tel que

$$\left| \frac{F(x_{l+1}-\mathrm{o})-F(x_l-\mathrm{o})}{\alpha(x_{l+1}-\mathrm{o})-\alpha(x_l-\mathrm{o})} - l\varepsilon \right| < \varepsilon;$$

notre formule deviendra

$$F(b-\mathrm{o})-F(a) = \lim_{i \to 0} \sum_{l=0} l\varepsilon\, m_{\alpha(x)}[\,x_i \leqq x < x_{l+1}\,].$$

Montrons que la série qui y figure est absolument convergente; soit Λ_l la mesure, par rapport à $\alpha(x)$, de ceux des intervalles de la chaîne dont les origines sont points de E_l, soit Λ'_l la mesure de ces mêmes intervalles par rapport à $V(x)$. En groupant les valeurs absolues des termes de la série, on voit que leur somme est au plus

$$\Sigma\,|\,l\,|\,\varepsilon \Lambda'_l \leqq \Sigma\,|\,l\,|\,\varepsilon\, m_{V(x)}[\Lambda_l] \leqq \Sigma\,|\,l\,|\,\varepsilon[\,m_{V(x)}(E_l) + \varepsilon_l\,],$$

laquelle quantité est au plus égale à

$$\int_a^b [\,|f(x)| + \varepsilon\,]\,d[V(x)] + \varepsilon\zeta.$$

La série étant absolument convergente, on en peut grouper les termes et écrire

$$F(b-\mathrm{o}) - F(a) = \lim_{\varepsilon \to 0} \Sigma\, l\varepsilon\, \Lambda_l.$$

Montrons que, lorsqu'on fait tendre η et ζ vers zéro, on peut remplacer sous le signe Σ chaque Λ_l par sa limite $m_{\alpha(x)}(E_l)$. La série du second membre ayant ses termes qui varient moins que ceux de la dérivée $\Sigma\,|\,l\,|\,\varepsilon \Lambda'_l$, il suffit de justifier le passage à la limite pour cette série. Or, on a

$$m_{V(x)}(E_l) - \eta \leqq \Lambda'_l \leqq m_{V(x)}(\Lambda_l) \leqq m_{V(x)}(E_l) + \varepsilon_l,$$

d'où

$$\Sigma^p\,|\,l\,|\,\varepsilon[\,m_{V(x)}(E_l) - \eta\,] \leqq \Sigma\,|\,l\,|\,\varepsilon \Lambda'_l \leqq \Sigma\,|\,l\,|\,\varepsilon[\,m_{V(x)}(E_l) + \varepsilon_l\,];$$

l'indice p indiquant que la première sommation ne doit être étendue qu'aux termes positifs.

Pour η tendant vers zéro, le premier membre tend en croissant vers $\Sigma\,|\,l\,|\,\varepsilon\, m_{V(x)}(E_l)$; le dernier membre est $\Sigma\,|\,l\,|\,\varepsilon\, m_{V(x)}(E_l) + \varepsilon\zeta$; donc la limite de $\Sigma\,|\,l\,|\,\varepsilon \Lambda'_l$, pour η et ζ tendant vers zéro, est $\Sigma\,|\,l\,|\,\varepsilon\, m_{V(x)}(E_l)$. En d'autres termes, on peut passer à la limite sous le signe Σ; on a donc

$$F(b-o)-F(a)=\lim_{\varepsilon \to 0}\sum l\varepsilon\, m_{\alpha(x)}(E_l)=\int_a^{b-0} f(x)\,d[\alpha(x)].$$

Mais nous avons vu que l'on a

$$\frac{F(b)-F(b-o)}{\alpha(b)-\alpha(b-o)}=f(b),$$

d'où

$$F(b)-F(a)=\int_a^b f(x)\,d[\alpha(x)].$$

On aurait pu raisonner de même sur (a, x), donc *la fonction primitive, par rapport à $\alpha(x)$, d'une fonction $f(x)$ sommable, par rapport à $\alpha(x)$, est la fonction d'une variable intégrale indéfinie de $f(x)$ par rapport à $\alpha(x)$.*

Nous venons de reprendre les raisonnements du Chapitre IX, mais en nous plaçant dans des conditions particulièrement simples. Pour suivre plus exactement les raisonnements de ce Chapitre, il faudrait introduire la notion de nombres dérivés par rapport à une fonction $\alpha(x)$. Le lecteur verra facilement que tous les résultats du Chapitre IX s'étendraient alors à l'intégration et à la dérivation par rapport à $\alpha(x)$, et très souvent littéralement. Bornonsnous à vérifier cet énoncé en relation avec celui qui précède : *La fonction d'une variable intégrale indéfinie d'une fonction $f(x)$, par rapport à une fonction à variation bornée $\alpha(x)$, admet $f(x)$ pour dérivée par rapport à $\alpha(x)$, sauf tout au plus en un ensemble de points de mesure nulle, par rapport à $V(x)$.*

On a, par définition même,

$$F(x)=\int_a^x f(x)\,d[\alpha(x)]=\int_0^{V(x)} f[x(v)]\,'A(v)\,dv.$$

Sauf peut-être pour un ensemble E_v de valeurs de v, dont la mesure est nulle, la fonction

$$\int_0^v f[x(v)]\,'A(v)\,dv$$

admet $f[x(v)]\,'A(v)$ pour dérivée et $A(v)$ admet $'A(v)$ pour dérivée.

En d'autres termes,

$$\frac{F[x(v+\delta v)]-F[x(v)]}{\delta v} \quad \text{et} \quad \frac{\alpha[x(v+\delta v)]-\alpha[x(v)]}{\delta v}$$

tendent, pour δv tendant vers zéro, vers les deux limites indiquées. Et comme $A'(v)$ est différent de zéro, de ceci résulte que

$$\frac{F[x(v+\delta v)]-F[x(v)]}{\alpha[x(v+\delta v)]-\alpha[x(v)]}$$

tend vers $f[x(v)]$. Nous ne pouvons cependant pas conclure immédiatement parce que la fonction $x(v)$ ne prend pas toutes les valeurs de $(a,\ b)$ et que v et $v+\delta v$ peuvent donner la même valeur de x; nous pouvons dire seulement que presque en tout point $x = x(v)$, donné par une valeur de v n'appartenant pas E_0 et pour laquelle $\alpha(x)$ est continue, $F(x)$ admet $f(x)$ pour dérivée par rapport à $\alpha(x)$. Les points qui ne sont pas donnés par une valeur de v grâce à la formule $x = x(v)$ appartiennent à un intervalle dans lequel $\alpha(x)$ est constante; l'ensemble de ces intervalles donne un ensemble fini ou dénombrable de points $V(x)$; donc est de mesure nulle par rapport à $V(x)$, et d'ailleurs, dans ces intervalles, la dérivée de $F(x)$ est indéterminée. D'autre part, si x est point de discontinuité de $\alpha(x)$, en ce point $F(x)$ admet bien $f(x)$ pour dérivée, d'après le calcul que nous avons fait des sauts de $F(x)$. Donc le théorème est entièrement démontré.

Essayons maintenant de résoudre le problème des fonctions primitives, sans assujettir la fonction $f(x)$, jusqu'ici supposée sommable par rapport à $\alpha(x)$, à aucune condition restrictive. Nous supposons donc donnée la dérivée, partout finie, $f(x)$, d'une fonction inconnue $F(x)$, cette dérivée étant prise par rapport à une fonction à variation bornée donnée $\alpha(x)$.

Il est clair que, pour la détermination de $F(x)$, l'intégration par rapport à $\alpha(x)$ sera insuffisante et qu'il faudra nous adresser à une généralisation de la totalisation, puisqu'il faut recourir à l'opération de totalisation lorsque $\alpha(x)$ se réduit à la fonction x. Or une telle généralisation s'est présentée à nous (p. 261); quand nous avons décidé de prendre pour définition de l'intégrale de Stieltjès la formule

$$\int_a^b f(x)\,d[\alpha(x)] = \int_0^V f[x(v)]\,A'(v)\,dv,$$

nous n'avons considéré que le cas où la théorie des fonctions sommables donnait un sens au second membre et nous n'avons pas fait appel à la théorie de la totalisation. Convenons maintenant d'appeler *totale définie de $f(x)$ par rapport à $\alpha(x)$*, l'expression

$$\mathrm{T}_a^b f(x)\, d[\alpha(x)] = \mathrm{T}_0^v f[x(v)].'\Lambda(v)\, dv,$$

dans le second membre de laquelle le symbole T_0^v désigne la totale définie, au sens de M. Denjoy, de la fonction $f[x(v)].'\Lambda(v)$ supposée totalisable ([1]).

Ce nouveau mode de totalisation. définit en même temps *la totale indéfinie de $f(x)$ par rapport à $\alpha(x)$*. Ces deux totales sont obtenues comme précédemment par l'emploi répété par récurrence transfinie d'opérations analogues aux opérations A et B de la page 227 :

A_1. *On suppose connues des totales indéfinies $F_k(x)$ de $f(x)$ dans des intervalles (a_k, b_k). tendant vers (l, m)*

$$l < \ldots < a_2 < a_1 < b_1 < b_2 < \ldots < m,$$

La fonction $F(x)$, égale à $F_1(x)$ dans (a_1, b_1), égale à

$$F_k(x) - F_{k-1}(a_{k-1}) + F_{k-1}(a_{k-1}) - F_{k-1}(a_{k-2}) \cdots \ldots + F_1(a_1)$$

dans (a_k, a_{k-1}), et définie d'une manière analogue dans (b_{k-1}, b_k). est prise pour totale indéfinie de $f(x)$ dans $(l+o, m-o)$. On achève la détermination de la totale indéfinie dans (l, m) en convenant que $F(x)$ a, en l, un saut à droite égal à

$$f(l)[\alpha(l+o) - \alpha(l)]$$

et, en m, un saut à gauche égal à

$$f(m)\,[\alpha(m) - \alpha(m-o)].$$

---

[1] En évitant d'employer le mot intégrale à la place de totale et le symbole $\int$ à la place de symbole T, je suis l'exemple de M. Denjoy qui a toujours soigneusement distingué l'intégration et la totalisation dans le vocabulaire et dans les formules.

D'autres Auteurs ont, au contraire, utilisé pour tous les cas le mot intégrale et le symbole $\int$.

Les deux façons de faire ont des avantages et des inconvénients.

B_1. *On a un ensemble fermé* E *contenu à l'intérieur d'un intervalle* (l, m); *on suppose connues des totales de* $f(x)$ *pour les divers intervalles* (α, β) *contigus à* E *et contenus dans* (l, m); *si la série* $\Sigma[F(\beta - o) - F(\alpha + o)]$ *fournie par ces totales est convergente et, si* $f(x)$ *est sommable sur* E *par rapport à* $\alpha(x)$, *on prend*

$$\int_E f(x)\, d[\alpha(x)] \quad \Sigma[F(\beta - o) - F(\alpha + o)]$$

comme totale indéfinie de $f(x)$ *dans* $(l + o, m - o)$.

Pour que $f(x)$ soit totalisable par rapport à $\alpha(x)$ il faut : $1°$ *que l'opération* A_1 *donne une fonction pour laquelle* $F(l + o)$ *et* $F(m - o)$ *existent;* $2°$ *que quel que soit l'ensemble fermé* $\mathcal{E}$, *il existe un intervalle* (l, m) *contenant des points de* $\mathcal{E}$ *à son intérieur et dans lequel sont vérifiées les conditions nécessaires à l'opération* B_1.

De la définition il résulte aussi que : *une fonction* $F(x)$ *est une totale indéfinie par rapport à* $\alpha(x)$ *si, et seulement si :*

$1°$ *Elle n'admet que des points de discontinuité de première espèce;*

$2°$ *Quel que soit un ensemble* E *fermé, la fonction* $G(x)$ *égale à* $F(x)$ *sur* E, *linéaire dans les intervalles contigus à* E *et admettant en chaque point de* E *les mêmes sauts que* $F(x)$ *est absolument continue, dans un intervalle contenant des points de* E *à son intérieur, par rapport à la fonction déduite de* $\alpha(x)$, *comme* $G(x)$ *est déduite de* $F(x)$.

Enfin, des relations entre une intégrale indéfinie par rapport à $\alpha(x)$ et la fonction intégrée $f(x)$, il résulte que *la totale indéfinie, prise par rapport à* $\alpha(x)$, *d'une fonction* $f(x)$ *admet* $f(x)$ *pour dérivée approximative par rapport à* $\alpha(x)$, *sauf aux points d'un ensemble de mesure nulle par rapport à la variation totale* $V(x)$ *de* $\alpha(x)$.

Par dérivée approximative de $F(x)$ par rapport à $\alpha(x)$, en un point x_0, nous entendons la limite du rapport

$$\frac{F(x_0 + h) - F(x_0)}{\alpha(x_0 + h) - \alpha(x_0)}$$

prise pour des nombres $x_0 + h$ formant un ensemble E de densité un, par rapport à $V(x)$, au point x_0. Ce qui revient à dire que, si l'on fait tendre x et y vers x_0, $x \leq x_0 \leq y$, et si E_{xy} désigne la partie de E située dans xy, le rapport $\dfrac{m_{V(x)}[E_{xy}]}{V(y+o) - V(x-o)}$ tend vers un.

Bornons la théorie de la totalisation par rapport à une fonction à ces affirmations, que le lecteur justifiera de suite, et revenons à la recherche des fonctions primitives.

Nous nous proposons donc de former une fonction $F(x)$ connaissant la valeur finie $f(x)$ de sa dérivée prise par rapport à une fonction donnée $\alpha(x)$, à variation bornée. Reprenons ce que nous avons déjà fait (p. 286).

A toute valeur v_0 de v telle que l'on ait $v_0 = V(x_0)$ pour une ou plusieurs valeurs x_0, associons le nombre $\mathscr{F}(v_0) = F(x_0)$; cette convention ne prête à aucune ambiguïté car, s'il y a plusieurs valeurs x_0 correspondant à v_0, c'est qu'elles donnent toutes la même valeur à $V(x_0)$ donc à $\alpha(x_0)$ et par suite à $F(x_0)$. En effet, si $F(x)$ n'était pas constante dans un intervalle où $\alpha(x)$ est constante, $F(x)$ n'aurait pas une dérivée finie, par rapport à $\alpha(x)$, en tous les points de cet intervalle.

A une valeur v_0 telle que l'on ait :
soit
$$V(x_0 - o) \leqq v_0 < V(x_0),$$
soit
$$V(x_0) < v_0 \leqq V(x_0 + o),$$

Posons respectivement :
soit
$$\mathscr{F}(v_0) = F(x_0 - o) + \frac{F(x_0) - F(x_0 - o)}{V(x_0) - V(x_0 - o)}[v_0 - V(x_0 - o)],$$
soit
$$\mathscr{F}(v_0) = F(x_0) + \frac{F(x_0 + o) - F(x_0)}{V(x_0 + o) - V(x_0)}[v_0 - V(x_0)].$$

Il est clair que la fonction $\mathscr{F}(v)$, définie dans l'intervalle (o, V), y est continue. Laissons de côté l'infinité dénombrable D des points v donnés par les intervalles dans lesquels $\alpha(x)$ est constante et par les formules

$$v = V(x_0), \qquad v = V(x_0 - o), \qquad v = V(x_0 + o).$$

dans lesquelles on ne donnera à x_0 que des valeurs de discontinuité de $\alpha(x)$.

Étudions ce que donne la dérivation de $\mathcal{F}(v)$ en un point n'appartenant pas à D. Dans un intervalle $V(x_0-0) < v < V(x_0+0)$ la fonction $\mathcal{F}(x)$ est formée par deux fonctions linéaires de pentes

$$\frac{F(x_0)-F(x_0-0)}{V(x_0)-V(x_0-0)} = \frac{F(x_0)-F(x_0-0)}{\alpha(x_0)-\alpha(x_0-0)}\,\frac{\alpha(x_0)-\alpha(x_0-0)}{V(x_0)-V(x_0-0)} = f(x_0).'A(v),$$

$$\frac{F(x_0+0)-F(x_0)}{V(x_0+0)-V(x_0)} = \frac{F(x_0+0)-F(x_0)}{\alpha(x_0+0)-\alpha(x_0)}\,\frac{\alpha(x_0+0)-\alpha(x_0)}{V(x_0+0)-V(x_0)} = f(x_0).'A(v).$$

dans $\quad V(x_0-0) < v < V(x_0) \quad$ et $\quad V(x_0) < v < V(x_0+0)$.
Sauf en $v = V(x_0)$ la dérivée de $\mathcal{F}(v)$ existe et peut se noter $f[x(v)].'A(v)$, en utilisant la fonction $x(v)$ de la page 259.

Tout point v_0 n'appartenant pas à D et non situé dans les divers intervalles $[V(x_0-0), V(x_0+0)]$ correspond à une valeur unique x_0 par la formule $v_0 = V(x_0)$, et x_0 n'est pas une valeur de discontinuité de $\alpha(x)$. Si l'on considère une valeur v_1 tendant vers v_0, le nombre $x_1 = x(v_1)$ tend alors vers $x(v_0) = x_0$. Le nombre $F(x_1) = F[x(v_1)]$ est égal à $\mathcal{F}(v_1)$ si ce nombre $\mathcal{F}(v_1)$ résulte de la première partie de la définition de $\mathcal{F}(v)$. Dans ce cas on a

$$\frac{\mathcal{F}(v_1)-\mathcal{F}(v_0)}{v_1-v_0} = \frac{F(x_1)-F(x_0)}{\alpha(x_1)-\alpha(x_0)}\,\frac{\alpha(x_1)-\alpha(x_0)}{v_1-v_0},$$

et quand v_1 tend vers zéro le premier rapport tend vers $f(x_0)$, le second reste compris entre -1 et $+1$ et tend presque partout vers $'A(v_0)$.

Si la valeur de $\mathcal{F}(v_1)$ résulte de la seconde partie de la définition de $\mathcal{F}(v)$ c'est que $x(v_1)$ est l'abscisse d'un point singulier de $\alpha(x)$ et que v_1 est compris dans $\{V[x(v_1)-0], V[x(v_1)+0]\}$. Supposons, par exemple, que l'on ait

$$V[x(v_1)] < v_1 \leqq V[x(v_1)+0];$$

Dans cet intervalle $\mathcal{F}(v)$ est linéaire et le rapport $\dfrac{\mathcal{F}(v_1)-\mathcal{F}(v_0)}{v_1-v_0}$ est compris entre

$$\frac{\mathcal{F}\{V[x(v_1)]\}-\mathcal{F}(v_0)}{V[x(v_1)]-v_0} \quad \text{et} \quad \frac{\mathcal{F}\{V[x(v_1)+0]+\varepsilon\}-\mathcal{F}(v_0)}{V[x(v_1)+0]+\varepsilon-v_0},$$

ou tout au moins diffère aussi peu que l'on veut de ce second membre, ε désignant un nombre très petit positif choisi de manière que pour $V[x(v_1 + o) + \varepsilon]$, la valeur de $\mathcal{F}$ résulte de la première partie de la définition de $\mathcal{F}(v)$.

Or ces deux derniers rapports rentrent dans la catégorie de ceux étudiés au début, donc les plus grande et plus petite limites de ces rapports sont toujours comprises entre $+f(x_0)$ et $-f(x_0)$ et ils tendent presque partout vers une limite déterminée

$$f(x_0).'\mathrm{A}(v_0) = f[x(v_0)].'\mathrm{A}(v_0).$$

donc :

La fonction $\mathcal{F}(v)$ a, sauf peut-être aux points de l'ensemble dénombrable D, tous ses nombres dérivés finis, et par suite $\mathcal{F}(x)$ est une totale indéfinie ;

La fonction $\mathcal{F}(v)$ a presque partout une dérivée déterminée et finie égale à $f[x(v)].'\mathrm{A}(v)$, donc $\mathcal{F}(v)$ est la totale indéfinie

$$\mathcal{F}(v) = \text{const.} + \mathrm{T}_0^v f[x(v)].'\mathrm{A}(v);$$

d'où il résulte que

$$\mathrm{F}(x) = \text{const.} + \mathrm{T}_0^x f(x)\, d[\alpha(x)].$$

Ainsi, la recherche d'une fonction $\mathrm{F}(x)$, dont on connaît la dérivée finie $f(x)$ prise par rapport à une fonction donnée $\alpha(x)$ à variation bornée, peut toujours être effectuée par la totalisation indéfinie de $f(x)$ par rapport à $\alpha(x)$.

Ce résultat généralise exactement celui de M. Denjoy relatif au cas $\alpha(x) = x$; il serait très intéressant de reprendre pas à pas les raisonnements qui nous ont servis dans ce cas particulier et de les étendre au cas général. Le lecteur ne rencontrera aucune difficulté particulière dans cette étude ; il pourra aussi montrer que la méthode développée aux pages 214 et suivantes, et qui permet la résolution du problème des fonctions primitives sans faire appel à une notion d'intégrale, s'applique encore à toute fonction $\alpha(x)$ à variation bornée. Il pourra examiner aussi le problème des fonctions primitives des nombres dérivés auquel la méthode de changement de variable utilisée ici ne semble pas permettre de donner une solution. Nous n'examinerons pas cette généralisation du problème des fonctions primitives. Mais il en est d'autres, bien plus élémentaires et immédiats, qui restent sans solution; on va le voir.

Le cas où $\alpha(x)$ est à variation bornée est, d'après ce qui a été expliqué, le seul sans doute qui ait un intérêt physique. Mais au point de vue mathématique, il n'y a aucune raison pour ne considérer la dérivation d'une fonction $F(x)$ par rapport à une fonction $\alpha(x)$ que dans l'hypothèse où $\alpha(x)$ est à variation bornée.

Or, si l'on abandonne cette hypothèse, à peu près aucune de nos conclusions ne subsiste. Montrons, par exemple, que si $\alpha(x)$ est à variation non bornée, il existe des fonctions *continues* $f(x)$ qui n'ont pas d'intégrale de Stieltjès par rapport à $\alpha(x)$, c'est-à-dire pour lesquelles les sommes $S = \Sigma f(\xi_i)\,[\alpha(x_{i+1}) - \alpha(x_i)]$ ne tendent vers aucune limite déterminée et finie, quand on fait varier le choix des x_i et des ξ_i de façon que le maximum λ de $x_{i+1} - x_i$ tende vers zéro.

En effet, $\alpha(x)$ étant à variation non bornée, on peut (p. 57), trouver une suite ordonnée de points X_i tels que la série

$$\Sigma\,|\,\alpha(X_{i+1}) - \alpha(X_i)\,|$$

soit divergente. Alors on peut trouver une suite de nombres ρ_i tendant vers zéro et tels que la série

$$\Sigma \rho_i[\alpha(X_{i+1}) - \alpha(X_i)]$$

soit divergente et à termes positifs.

Supposons, pour fixer les idées, que les points X_i se succèdent dans l'ordre

$$a \leqq X_1 < X_2 < \ldots < b_1 \leqq b;$$

b_1 étant la limite des X_i. Prenons pour $f(x)$ une fonction continue, nulle de a à X_1, de b_1 à b et aux points X_i et atteignant la valeur ρ_i dans (X_i, X_{i+1}).

Je dis que, quel que soit le maximum λ imposé à la longueur des intervalles de subdivision de (a, b), on peut choisir ces intervalles et les points ξ_i de façon que la somme S correspondante surpasse toute limite assignée.

Soit k la valeur de l'indice i à partir de laquelle $X_{i+1} - X_i$ reste inférieur à λ. Divisons arbitrairement (a, X_k) en intervalles de longueur λ au plus et choisissons dans chacun d'eux un point ξ;

faisons de même pour (b_1, b). Il reste à diviser (X_k, b_1); prenons comme points de divisions les points $X_{k+1}, X_{k+2}, X_{k+l}$; l étant un entier quelconque. Dans (X_k, X_{k+1}), (X_{k+1}, X_{k+2}), ... (X_{k+l-1}, X_{k+l}) nous prenons des points ξ en lesquels $f(x)$ a respectivement les valeurs $\rho_k, \rho_{k+1}, \ldots \rho_{k+l-1}$. Dans (X_{k+l}, b_1) nous prenons ξ en X_{k+l+1}. Alors on a

$$S = s + \sum_{k}^{k+l-1} \rho_l \left[\alpha(X_{l+1}) - \alpha(X_l) \right],$$

s étant la contribution des intervalles (a, X_k), (b_1, b), laquelle ne dépend pas du choix de l. Or, pour l assez grand, le second terme du second membre surpasse toute limite; donc S est aussi grand qu'on le veut. La définition de Stieltjès ne s'applique donc pas à $f(x)$ et $\alpha(x)$.

Ainsi nous ne savons plus attacher à chaque fonction continue $f(x)$ une intégrale par rapport à $\alpha(x)$, quand $\alpha(x)$ est à variation non bornée.

Le problème des fonctions primitives ne se posera d'ailleurs plus pour toutes les fonctions continues $f(x)$.

Prenons $\alpha(x) = x \sin\frac{1}{x}$; la fonction $\alpha(x)$ est croissante dans les intervalles

$$p_k = \left[\frac{1}{\left(2k + \frac{1}{2}\right)\pi}, \frac{1}{\left(2k + \frac{3}{2}\right)\pi} \right],$$

décroissantes dans les intervalles

$$n_k = \left[\frac{1}{\left(2k - \frac{1}{2}\right)\pi}, \frac{1}{\left(2k + \frac{1}{2}\right)\pi} \right].$$

Prenons $f(x)$ continue dans $(0, 1)$, nulle dans les n_k, positive dans les p_k; cela sera possible même si l'on exige que l'intégrale $\int_{p_k} f(x)\, d[\alpha(x)]$ ait une valeur π_k pourvu que π_k tende vers zéro plus rapidement que l'accroissement de $\alpha(x)$ dans p_k. Prenons

$$\pi_k = \frac{1}{\left(2k + \frac{1}{2}\right)\pi \, \mathrm{Log}\, k},$$

Il est alors clair que, dans $(\varepsilon, 1)$, si petit que soit ε positif $f(x)$ est la dérivée par rapport à $\alpha(x)$ de la fonction

$$\int_\varepsilon^x f(x)\, d[\alpha(x)].$$

Mais cette intégrale augmente indéfiniment quand ε tend vers zéro, parce que la série des π_k est divergente; dans $(0, 1)$, la fonction continue $f(x)$ n'est donc pas la dérivée par rapport à $\alpha(x)$ d'une fonction $F(x)$.

Ainsi, quand nous ne supposons plus que $\alpha(x)$ est à variation bornée, le problème des fonctions primitives apparaît tout différent de celui que nous avons résolu.

Voici pourtant une catégorie de fonctions $\alpha(x)$ à laquelle les considérations précédentes s'étendent de suite.

La fonction $\alpha(x)$ satisfait aux deux conditions suivantes :

1° *$\alpha(x)$ n'a que des points de discontinuité de première espèce;*

2° *E étant un ensemble fermé quelconque, il existe un intervalle i contenant des points de E à son intérieur et dans lequel est à variation bornée la fonction $\beta(x)$ égale à $\alpha(x)$ aux points de E, linéaire dans les intervalles (l, m) contigus à E et telle que $\alpha(l) = \beta(l)$, $\alpha(m) = \beta(m)$.*

Prenons pour E l'intervalle (a, b) lui-même; $\beta(x)$ est identique à $\alpha(x)$ dans i; dans i nous connaissons la dérivée $f(x)$ de $F(x)$, par rapport à la fonction à variation bornée $\alpha(x)$; donc $f(x)$ y est totalisable, par rapport à $\alpha(x)$. Dans i existe, par suite, un intervalle j dans lequel $f(x)$ est sommable, par rapport à $\alpha(x)$; l'intégrale de Stieltjès de $f(x)$ fournissant $F(x)$.

On connaît ainsi $F(x)$ dans des intervalles qui couvrent l'intérieur des intervalles contigus à un certain ensemble fermé. De là on déduit $F(x)$, d'abord dans les intervalles contigus considérés comme ensembles ouverts ; puis, comme on connaît les sauts de $F(x)$ en tout point, dans les intervalles contigus fermés.

Supposons que, par cette opération ou toute autre, nous ayons déterminé $F(x)$ dans les intervalles fermés contigus à un ensemble fermé E. Soit $G(x)$ la fonction déduite de $F(x)$ comme $\beta(x)$ est déduite de $\alpha(x)$.

Si (l, m) est un intervalle contigu à E, $G(x)$ y est linéaire et y admet, par rapport à $\beta(x)$, une dérivée connue

$$\frac{G(m) - G(l)}{\beta(m) - \beta(l)} = \frac{F(m) - F(l)}{\alpha(m) - \alpha(l)}.$$

Aux points de E on a $F = G$, $\alpha = \beta$, d'où il résulte facilement que G admet en ces points $f(x)$ pour dérivée par rapport à $\beta(x)$.

Ceci n'est toutefois vrai que pour la dérivée à gauche aux points l, à droite aux points m; la dérivée à droite, en l, à gauche en m, a été calculée plus haut.

Ainsi, dans i, nous connaissons la dérivée de $G(x)$ par rapport à la fonction à variation bornée $\beta(x)$. Cette dérivée est finie et déterminée, exception faite des points d'un ensemble dénombrable D_x en lesquels il existe une dérivée à droite et une dérivée à gauche finies et connues.

Les conditions dans lesquelles nous nous trouvons placés sont donc un peu plus générales que celles examinées précédemment, mais rien d'essentiel ne sera changé. Quand la dérivée $f(x)$ existe partout, nous en déduisons que la fonction $\mathcal{G}(v)$ provenant de $G(x)$ a un nombre dérivé supérieur à droite fini, sauf peut-être aux points d'un ensemble dénombrable D. Il nous faut maintenant dire, sauf aux points de $D + D_v$, D_v étant le transformé de D_x. Si tous les points de D_x sont des points de continuité de $\alpha(x)$, D_v est dénombrable et rien n'est changé à nos conclusions antérieures; nous n'aurions même pas besoin de savoir qu'aux points de D_x les nombres dérivés de $G(x)$ sont finis. Si x_0 est un point de discontinuité de $\beta(x)$ appartenant à D_x, à ce point correspond, dans D_v, les deux intervalles $(^1)$ $[V(x_0 - o), V(x_0)]$, $[V(x_0), V(x_0 + o)]$; mais grâce aux dérivées à droite et à gauche en x_0, $f_d(x_0)$, $f_g(x_0)$, qui sont connues, on connaît $\mathcal{G}(v)$ dans ces deux intervalles, et l'on sait que $\mathcal{G}(v)$ y a en tout point une dérivée à droite finie et connue. Ainsi rien d'essentiel n'est changé; $\mathcal{G}(v)$ a en tout point, sauf au plus un ensemble dénombrable de points, un nombre dérivé supérieur à droite fini, $\mathcal{G}(v)$ est une

---

$(^1)$ $V(x)$ désigne ici la variation totale de $\beta(x)$ et non de $\alpha(x)$; pour la fonction particulière $\beta(x)$ du texte et l'ensemble spécial D_x, l'un des deux intervalles considérés n'existe pas. $\beta(x)$ est, en effet, continue à droite en l, à gauche en m.

totale indéfinie dans i. Toutefois, pour calculer $G(x)$, il conviendrait de modifier légèrement la méthode de calcul des intégrales de Stieltjès $\int \varphi(x) d[\beta(x)]$; car $\varphi(x)$ représente maintenant la dérivée connue de G par rapport à $\beta(x)$, laquelle est multiforme au point de discontinuité x_0, si en ce point G a une dérivée à droite $f_d(x_0)$ et une dérivée à gauche $f_g(x_0)$. Alors x_0 pourra intervenir dans un ensemble $E[l\varepsilon \leqq \varphi < (l+1)\varepsilon]$, soit à cause seulement de la valeur $f_d(x_0)$, soit seulement de $f_g(x_0)$, ou des deux; suivant ces cas, x_0 interviendra dans $m_{\beta(x)}\{E[l\varepsilon \leqq \varphi < (l+1)\varepsilon]\}$ pour

$$\beta(x_0+o) - \beta(x_0), \quad \beta(x_0) - \beta(x_0-o), \quad \beta(x_0+o) - \beta(x_0-o) \quad (^1).$$

Par de telles modifications élémentaires, nous arriverons donc à trouver *une fonction* $F(x)$ *connaissant en tout point la valeur finie* $f_d(x)$ *de sa dérivée à droite par rapport à une fonction à variation bornée* $\alpha(x)$, *et connaissant, aux points de discontinuité de* $\alpha(x)$, *la valeur finie* $f_g(x)$ *de sa dérivée à gauche* $(^2)$.

Mais ces modifications sont inutiles ici car les points de D_x sont des origines l ou des extrémités m d'intervalles contigus à E; $\beta(x)$ est continue à droite en l, à gauche en m, de sorte qu'il suffit de prendre $\varphi = f$ aux points de D_x sans tenir compte des valeurs $f_d(l)$ et $f_g(m)$.

Par suite, dans i, on peut trouver un intervalle j contenant à son intérieur des points de E et dans lequel φ est sommable par rapport à $\beta(x)$. L'intégrale de φ, dans j, est la somme des contributions des intervalles (l, m), laquelle est connue, et de la contri-

---

(^{1}) Ceci revient à ne considérer, dans l'évaluation de la grandeur physique $m_{\beta(x)}\{E[l\varepsilon \leqq \varphi < (l+1)\varepsilon]\}$, que l'un ou l'autre ou les deux points matériels que Stieltjès *imagine situés au point* x_0 (p. 297).

D'une façon plus abstraite, on peut dire qu'on remplace la notion d'ensemble de points par celle d'ensemble d'intervalles nuls. Mais il y a trois espèces d'intervalles nuls et il faut tenir compte dans l'évaluation de la mesure d'un ensemble de la nature des intervalles nuls qui le constituent.

(^{2}) Les considérations précédentes prouvent nettement qu'une fonction n'est pas définie par la connaissance d'un ou plusieurs de ses nombres dérivés à droite, par rapport à une fonction $\alpha(x)$, qu'il faut avoir de plus des renseignements sur l'allure de la fonction cherchée aux voisinages gauches des points de discontinuité de $\alpha(x)$.

bution de la partie E_j de E située dans j. Donc, on a

$$\mathcal{C}_{G(x)}(j) = \int_{E_j} f(x)\, d[\beta(x)] + \sum_{j}^{E_j} [G(m) - G(l)].$$

Ceci pourrait se remplacer par

$$\mathcal{C}_{G(x)}(j) = \int_{E_j} f(x)\, d[\alpha(x)] + \sum_{j}^{E_j} [F(m) - F(l)],$$

les extrémités de j étant supposées prises sur E, mais seulement si, dans le calcul de l'intégrale par rapport à $\alpha(x)$, on ne fait compter les points l que pour leur mesure à gauche, et les points m pour leur mesure à droite.

Sous l'une ou l'autre forme, on voit qu'il y a là la possibilité de déterminer F dans des intervalles contenant des points de E; ceci suffit pour qu'on soit certain de pouvoir obtenir F dans tout (a, b) par récurrence transfinie; F est, par suite, déterminée à une constante additive près.

La nouvelle catégorie de fonctions $\alpha(x)$ est très vaste, pourtant *nous ne savons pas toujours trouver la fonction* $F(x)$ *continue admettant par rapport à une fonction continue* $\alpha(x)$ *donnée une dérivée continue donnée* $f(x)$. Il suffit de prendre $\alpha(x)$ continue et à variation non bornée dans tout intervalle et de prendre $f(x) \equiv 1$ pour nous trouver dans ce cas. Sans doute, dans cet exemple, nous connaissons l'une des fonctions primitives de $f(x)$, savoir la fonction $\alpha(x)$ elle-même; mais nous ignorons s'il existe ou non des fonctions primitives qui ne soient pas de la forme

$$\alpha(x) + \text{const.};$$

nous n'avons, en effet, donné ici aucune méthode, ni pour trouver les fonctions primitives de $f(x) \equiv 1$, ni pour délimiter l'étendue de leur indétermination.

NOTE.

SUR LES NOMBRES TRANSFINIS.

I. — Les ensembles dérivés.

Nous avons du résoudre, à la fin du Chapitre I, la question suivante :

Une fonction continue est connue à une constante additive près, variant d'un intervalle à l'autre, dans tout intervalle ne contenant aucun des points d'un ensemble E ; quelle doit être la nature de l'ensemble E pour que la fonction soit complètement déterminée ([1])?

Ce problème a été résolu par M. G. Cantor, qui l'utilisa dans la théorie des séries trigonométriques. Nous allons étudier les propriétés des ensembles qui ont été employées au Chapitre I pour la résolution de cette question.

Considérons un ensemble borné E de points ([2]). L'ensemble de ses points limites est son *premier dérivé*, il se note E' ou E^1. Le dérivé de E^1 est le *second dérivé*, il se note E^2 ; et ainsi de suite.

I. *Pour tout ensemble infini* (c'est-à-dire comprenant une infinité de points) E^1 *existe*, c'est le principe de Balzano-Weierstrass. Pour le démontrer, rangeons en une classe A tous les nombres qui ne sont supérieurs qu'à un nombre fini de nombres de E et dans la classe B les autres nombres. La coupure A, B définit un nombre qui est évidemment un point limite de E et même le plus petit de ses points limites.

E^1 est évidemment fermé, c'est-à-dire contient ses points limites, donc il contient son dérivé E^2 ; E^2 est fermé, il contient E^3 ; et ainsi de suite.

Ces ensembles E^1, E^2, E^3, ... peuvent exister. Un premier cas où leur existence est évidente est celui ou E^1 est parfait, car alors E^1, E^2, E^3, ... sont tous identiques. Dans ce cas, la définition de E^2, E^3, ... ne présente pas d'intérèt, nous conviendrons de ne jamais parler de dérivé pour un

---

([1]) On peut toujours supposer que l'ensemble E qui figure dans cet énoncé est fermé ; il suffirait donc d'étudier seulement les ensembles fermés, mais il ne résulterait de cette limitation aucune simplification notable.

([2]) Il s'agit de points en ligne droite, donc de nombres ; il n'y aurait que peu de changements s'il s'agissait d'ensembles de points dans un espace à plusieurs dimensions ; d'ailleurs l'emploi des courbes telles que la courbe de Peano permet de se borner à l'étude du cas de la droite.

ensemble parfait. Mais ces ensembles peuvent être tous distincts. Voici le procédé de construction que nous emploierons pour le voir :

Soient des ensembles e_1, e_2, ... situés sur $(o, 1)$. Divisons $(o, 1)$ en intervalles partiels $\left(\frac{1}{2}, 1\right)$, $\left(\frac{1}{2^2}, \frac{1}{2}\right)$, $\left(\frac{1}{2^3}, \frac{1}{2^2}\right)$, ... Effectuons sur e_i la transformation homothétique qui remplace $(o, 1)$ par $\left(\frac{1}{2^i}, \frac{1}{2^{i-1}}\right)$; e_i devient $\mathcal{C}_i$.

La somme de ces ensembles $\mathcal{C}_i$ et du point o sera notée $A(e_1, e_2, \ldots)$.

Si e_1, e_2, ..., se réduisent au point o,

$$A_1 = A(e_1, e_2, \ldots)$$

est un ensemble pour lequel E^1 se réduit au point o. Si e_1, e_2, ... sont identiques à A_1 on obtient $A_2 = A(A_1, A_1, \ldots)$ pour lequel E^2 se réduit au point o. Et ainsi de suite.

Si $e_1 = A_1$, $e_2 = A_2$, ... pour $A(A_1, A_2, \ldots)$, les dérivés E^1, E^2, ... contiennent tous des points.

II. *Lorsque les dérivés* E^1, E^2, ... *contiennent tous des points, il existe des points communs à tous ces dérivés.* Soit, en effet, M_i un point de E^i; M_i est aussi point de E^{i-1}, E^{i-2}, ... E^1. L'ensemble M_1, M_2, ... a au moins un point limite qui, étant limite des points M_i, M_{i+1}, ... de E^i, est point de E^{i+1}. Ce point appartient donc à tous les E^i [1]

L'ensemble des points dont l'existence est ainsi démontrée est appelé le *dérivé* E^ω.

Pour $A_\omega = A(A_1, A_2, \ldots)$. E^ω contient le seul point o. Pour

$$A_{\omega+1} = A(A_\omega, A_\omega, A_\omega, \ldots)$$

le dérivé de E^ω se réduirait au point o. Le dérivé de E^ω se note $E^{\omega+1}$, et plus généralement les dérivés successifs de E^ω, se notent $E^{\omega+1}$, $E^{\omega+2}$, ... Il ne faut attacher aucune importance à la forme particulière des indices ici employés; il suffit d'imaginer qu'on emploie des symboles différents pour désigner les différents dérivés.

Nous dirons de deux dérivés d'un même ensemble que l'un d'eux vient *après* l'autre s'il est contenu dans cet autre. Avec cette convention les mots *avant* et *après* peuvent être employés comme dans le langage ordinaire.

Jusqu'ici nous avons utilisé cette définition : *Lorsqu'un dérivé contient une infinité de points et n'est pas parfait, son dérivé est par définition le premier dérivé qui vient après lui.* Une seconde définition est nécessaire; pour la formuler, remarquons d'abord que si E^α, E^β, ... sont

---

[1] Nous venons de prouver, en somme, qu'il y a toujours des points communs à la fois à tous les ensembles E_1. E_2, ..., lorsque ces ensembles sont fermés et que chacun d'eux contient tous ceux qui le suivent dans la suite E_1, E_2, ... L'ensemble de ces points est évidemment fermé.

des dérivés en nombre fini ou dénombrable, s'ils contiennent tous des points et s'ils sont différents deux à deux il existe des points qui leur sont communs à tous,

En effet, rangeons E^α, E^β, ... en une suite S finie ou simplement infinie, soit E_1, E_2, ... cette suite. Nous pourrons comparer deux ensembles $E_i = E^\lambda$, $E_j = E^\mu$ à deux points de vue : soit en tant que dérivés, c'est-à-dire en considérant les indices supérieurs λ, μ, et nous emploierons alors les mots *avant* et *après* pour énoncer les résultats de cette comparaison; soit en tant que termes de la suite E_1, E_2, ..., c'est-à-dire en considérant les indices inférieurs i, j, et nous emploierons alors les mots *devant* et *derrière*. Barrons dans S les termes qui sont à la fois avant E_1 et derrière E_1; nous obtenons E_1, F_2, F_3, ... Dans cette suite, barrons les termes qui sont à la fois avant F_2 et derrière F_2, etc. Nous obtenons finalement une suite E_1, F_2, G_3, ... pour laquelle il y a accord entre les mots avant et devant, entre les mots après et derrière; il en résulte que chacun des ensembles de cette suite Σ contient tous ceux qui sont derrière lui et comme ces ensembles sont fermés il y a un ensemble fermé de points communs à tous les ensembles de Σ. Tout point de cet ensemble $\mathcal{C}$ est évidemment commun à tous les ensembles de S et inversement puisque tout ensemble de S fait partie de Σ ou vient avant un ensemble de Σ; pour la même raison $\mathcal{C}$ ne serait pas changé si nous remplacions la suite S par toute autre suite S' formée de dérivés de E et telle que tout terme de l'une de ces suites appartienne à l'autre, ou soit avant un ensemble de cet autre.

A cause de ces faits, et par analogie avec la définition de E^ω, nous énonçons la proposition et la définition suivante :

III. *Lorsque des dérivés d'un ensemble, en nombre fini ou dénombrable, contiennent tous des points, il existe des points communs à tous ces dérivés. L'ensemble de ces points, qui est évidemment fermé, est, par définition, le premier dérivé qui ne vient pas avant ceux donnés* [1].

Pour que cette définition soit acceptable il faut que, si dans la suite S il y avait un ensemble e venant après tous les autres, ce soit à celui-ci que nous conduise notre définition. Or, il en est bien ainsi, car e, venant après les autres, est contenu dans les autres, et il constitue donc bien l'ensemble des points communs à tous les ensembles de S. Dans le cas que nous examinons en ce moment, la suite Σ est limitée et inversement; e est le dernier terme de Σ. Dans les autres cas, le dérivé défini est dit le premier dérivé venant après les dérivés donnés.

Par définition même, avant chaque dérivé il y a au plus une infinité dénombrable de dérivés.

---

[1] Le raisonnement qui nous a servi donne un résultat général qui s'énonce, à l'aide d'une notion définie dans le paragraphe suivant, sous la forme : Un ensemble bien ordonné dénombrable d'ensembles fermés, tels que chacun d'eux contienne tous ceux qui le suivent, étant donné; il y a des points communs à tous ces ensembles et ces points forment un ensemble fermé.

II. — Les ensembles bien ordonnés. Les nombres transfinis.

Cantor dit qu'un ensemble d'éléments est ordonné s'il a été établi entre deux éléments quelconques de cet ensemble une relation qui peut s'exprimer avec les mots *avant* et *après;* ces mots étant soumis aux règles d'emploi usuelles. C'est-à-dire que si l'on dit α est avant β, cela entraînera : β est après α; que si l'on dit α est avant β qui est avant γ, cela entraînera : α est avant γ.

Cantor dit qu'un ensemble E est bien ordonné, s'il est ordonné de telle manière que, dans cet ensemble E, et dans chaque ensemble partiel P qu'on peut déduire de E en supprimant des éléments, il y a un élément venant avant tous les autres.

Si l'on convient qu'avant signifie plus petit que, tout ensemble de nombres réels est ordonné, mais il n'est pas toujours bien ordonné. L'ensemble des nombres compris entre o et 1, l'ensemble des entiers positifs et négatifs ne sont pas bien ordonnés. Par *contre,* l'ensemble des nombres positifs, qui, dans le système décimal s'écrivent avec une suite non croissante de chiffres décimaux, c'est-à-dire l'ensemble des nombres

$$n + \frac{a}{10} + \frac{b}{100} + \frac{c}{1000} + \dots.$$

n entier, les chiffres a, b, c, ... vérifiant les inégalités $9 \geq a \geq b \geq c \geq \dots$, est bien ordonné.

L'ensemble des ensembles A_1, A_2, ..., A_ω, $A_{\omega+1}$ est bien ordonné quand on range les ensembles A dans l'ordre où nous les avons obtenus; il n'est qu'ordonné si on les range dans l'ordre inverse.

L'ensemble $\mathcal{C}$ des dérivés d'un ensemble est bien ordonné; le mot avant ayant la signification indiquée, c'est-à-dire que le dérivé Δ_1 est avant le dérivé Δ_2, si Δ_1 contient Δ_2. En effet, $\mathcal{C}$ est ordonné, il contient un élément avant tous les autres, le dérivé E^1. Soit P un ensemble partiel déduit de $\mathcal{C}$. Soit α un dérivé situé dans P; avant il y a au plus une infinité dénombrable de dérivés, l'ensemble $\mathcal{C}_1$ des dérivés situés avant tous ceux de P, contient donc au plus une infinité dénombrable d'éléments. Si E^1 est dans P, $\mathcal{C}_1$ n'existe pas; dans ce cas P admet l'élément E^1 qui est avant tous les autres. Si E^1 n'est pas dans P, $\mathcal{C}_1$ existe et il existe un dérivé de P qui est le premier, venant après tous ceux de $\mathcal{C}_1$. Ce dérivé λ appartient à P et il ne saurait y avoir dans P de dérivé venant avant celui-ci; λ est donc un élément de P venant avant tous les autres. $\mathcal{C}$ est bien ordonné.

Les ensembles de dérivés sont tels qu'avant chacun de leurs éléments il y a au plus une infinité dénombrable d'éléments; nous ne nous occuperons que des ensembles bien ordonnés possédant cette propriété; nous réserverons le nom de *suite* pour ces ensembles ([1]). Les nombres transfinis que

---

([1]) Nous réserverons le nom de *suite simplement infinie* pour les suites dont les éléments se notent à l'aide des entiers successifs.

nous allons définir sont ceux qui servent à noter l'ordre des éléments de ces suites. Considérons une de ces suites S; elle contient un élément venant avant tous les autres que nous appellerons le premier et que nous pourrons noter avec l'indice ı, u_1. Puis, si S ne se réduit pas à u_1, la suite $S - u_1$, aura un premier élément qu'on appellera le deuxième élément de S et qu'on notera u_2. Si $S - u_1 - u_2$ existe, on en déduira l'existence d'un troisième élément de S, etc.

La place dans la suite, des éléments ainsi rencontrés se caractérise donc à l'aide des adjectifs ordinaux habituels ou des entiers jouant le rôle de nombres ordinaux.

Mais si la suite S n'est pas épuisée en même temps que la suite des entiers, il faudra utiliser de nouveaux symboles pour noter la place des éléments restants; nous conviendrons de noter u_ω le premier élément de la suite $S - u_1 - u_2 \ldots$, de noter $u_{\omega+1}$ le premier élément de $S - u_1 - u_2 - \ldots - u_\omega$. Ces nouveaux symboles sont appelés les nombres transfinis de la première classe numérique de nombres transfinis; nous dirons seulement les nombres transfinis. En somme, les nombres transfinis sont les indices différents que nous imaginions tout à l'heure utilisés pour distinguer les dérivés successifs, ils servent pour toutes les suites (¹). Les éléments des suites seront donc notés u_α, α étant un nombre fini ou transfini. Les nombres α forment eux-mêmes une suite, quand on convient de dire que α est avant β, quand α sert à noter un élément qui vient avant celui noté à l'aide de β. Par analogie avec le cas ou les nombres sont finis — et où par suite ces nombres ont à la fois une signification ordinale et cardinale, — on dit aussi que α est plus petit que β, et l'on écrit $\alpha < \beta$, quand α est avant β.

Pour constituer la suite des nombres transfinis, il suffirait de donner un procédé permettant de former le nombre qui vient immédiatement après un nombre fini ou dénombrable de nombres finis ou transfinis donnés. On pourrait convenir, par exemple, que le nombre suivant α, β, ... se notera $(\alpha, \beta, \ldots)$. Avec cette convention, il y aurait plusieurs notations pour le même nombre, mais peu importe. Il est bien clair aussi que l'écriture des symboles avec cette convention serait impossible puisqu'elle nécessiterait une infinité de traits; laissons de côté cette question d'une numération pour les nombres transfinis, elle est accessoire pour nous; nous y reviendrons d'ailleurs plus loin.

IV. *L'ensemble des nombres transfinis n'est pas dénombrable.* — En effet, s'il était dénombrable, il suffirait d'ajouter à la suite S_0 des nombres finis et transfinis un nouveau symbole, que l'on conviendrait de placer

---

(¹) Les nombres transfinis ainsi conçus sont les nombres transfinis ordinaux. Cantor considère aussi des nombres transfinis cardinaux qui lui servent à noter des puissances d'ensembles.

après tous ceux de S_0, pour obtenir une suite S_1 dont la place du dernier élément ne pourrait être notée avec les symboles constituant S_0. Ainsi S_0 est non dénombrable; mais avant tout élément de S_0 il n'y a qu'une infinité dénombrable de nombres, au plus.

Ce fait est tout à fait analogue au suivant : la suite s_0 des nombres entiers est telle qu'avant tout élément de s_0 il n'y a qu'un nombre fini de nombres; mais, comme l'addition d'un élément à toute suite finie donne une suite finie, la suite s_0 n'est pas finie.

Au cours de ces considérations, nous avons admis à plusieurs reprises comme évident, que le numérotage des éléments d'une suite ordonnée à l'aide des symboles successifs de S_0, ne pouvait se faire que d'une façon. Par exemple, nous avons considéré comme clair que si l'on numérote les éléments de S_0 en tant que termes d'une suite avec les éléments de S_0 en tant que nombres, chaque élément est identique au nombre qui fixe son rang. On peut, sinon rendre ces faits plus clairs, du moins les présenter sous une forme à laquelle on est plus habitué, en disant :

Faisons correspondre les éléments de deux suites S et T de manière que les deux premiers éléments de S et T se correspondent et que, si les premiers éléments en nombre fini ou dénombrable de S, soient s, s', ..., correspondent aux premiers éléments t, t', ... de T, le premier élément de S après s, s', ... corresponde au premier élément de T, après t, t', ...; si ces deux éléments existent.

Montrons que cette correspondance est bien déterminée. En effet, il y a des éléments de S pour lesquels la correspondance est déterminée; le premier élément de S, par exemple. Considérons l'ensemble Σ de tous les éléments de S pour lesquels la correspondance est déterminée ainsi que pour tous les éléments antérieurs. Alors, s'il restait encore des éléments dans S et dans T, la correspondance, d'après sa définition même, serait encore déterminée pour le premier élément de S après Σ. Ceci serait en contradiction avec la définition de Σ; donc la correspondance est entièrement déterminée et épuise S ou T, ou les deux. *Dans ce dernier cas, on dit que les suites sont semblables.*

Dans le cas où S est la suite S_0 des nombres transfinis, il y aurait contradiction à supposer que la correspondance épuise S sans épuiser T : Toute suite est semblable à S_0 ou semblable à un segment de S_0. (Par un segment d'une suite, on entend tous les éléments qui précèdent un élément donné).

Toutes les suites non finies que nous rencontrerons, sauf S_0, seront dénombrables; elles seront donc semblables à un segment de S_0. Or, un segment de S_0 est entièrement déterminé par le nombre qui le suit; à chaque suite dénombrable S nous pouvons attacher un nombre transfini α qui nous fait connaître les nombres finis et transfinis nécessaires au numérotage des éléments de S. Ce nombre α nous donne ainsi un renseignement extrêmement important sur S, mais ne nous permet naturellement pas de distinguer entre S et les suites semblables puisque, par définition, α est le

même pour toutes les suites semblables. Car il résulte immédiatement du
fait que la correspondance entre les éléments successifs de deux suites est
déterminée, que si S est semblable à T et T à U, S est semblable à U et
que la correspondance établie directement entre les éléments de S et U
est en accord avec celle qu'on pourrait établir par l'intermédiaire de T.

Ce nombre α est dit le *type d'ordre* de la suite dénombrable S; il nous
donne sur S des renseignements exactement analogues à ceux que nous
connaissons sur une suite finie quand nous savons qu'elle contient 10 éléments ([1]), C'est comme types d'ordre que G. Cantor a introduit les nombres
transfinis ([2]).

Il y a lieu de faire, entre les divers nombres transfinis, une différence
essentielle. Les uns, ceux qui sont dits de *première espèce*, suivent immédiatement un nombre transfini, c'est-à-dire qu'ils sont les types d'ordre
de suites ayant un dernier terme, les autres sont dits de *deuxième espèce*.
Si α est de première espèce, il y a un nombre transfini que l'on peut noter
$\alpha - 1$; cette notation ne s'applique à aucun nombre, si α est de seconde
espèce. ω est de seconde espèce, $\omega + 1$ est de première espèce.

III. — Les ensembles de points.

Nous venons de concevoir logiquement un ensemble S_0 de nombres finis et
transfinis qui est dénombrable; mais il n'est pas certain que cet ensemble
soit tout entier utile. Montrons donc, par des exemples, qu'un segment
de S_0 ne peut suffire, ni pour numéroter tous les dérivés des ensembles de
points, ni pour fournir les types d'ordre de toutes les suites de points. Ces
exemples ne seront pas effectivement construits; on montrera seulement
qu'il y aurait absurdité à admettre qu'on sera arrêté au cours de la construction de ces exemples. G. Cantor a fréquemment utilisé ce procédé de
preuve.

Supposons donc que nous ayions construit des ensembles A_1, A_2, ...,
A_ω, $A_{\omega+1}$. ..., pour lesquels les dérivés se numérotent respectivement à
l'aide des segments de S_0 dont le dernier terme est le nombre 1, le nombre 2, ..., le nombre ω, le nombre $\omega + 1$, ... Et ceci pour tous les
nombres d'un certain segment Σ de S_0. Si α est le premier terme de la
suite S_0 après Σ, nous voulons construire un ensemble A_α pour lequel le
numérotage des dérivés exige tous les nombres de S_0 jusques et y compris α.

Si α est de première espèce, c'est-à-dire si $\alpha - 1$ existe, nous prendrons $A_\alpha = A[A_{\alpha-1}, A_{\alpha-1}, ...]$; si α est de seconde espèce, c'est-à-dire

---

([1]) On remarquera que si nous appliquions la définition précédente du type
d'ordre aux suites finies, ce serait le nombre 11 qui serait le type d'ordre d'une
suite de 10 éléments.

([2]) Ses principaux Mémoires à ce sujet se trouvent dans les *Math. Ann.*
Bd 46 et Bd 49. Ces Mémoires ont été traduits par F. Marotte (*Sur les fondements
de la théorie des ensembles transfinis*, Hermann, 1899).

si $\alpha - 1$ n'existe pas, rangeons tous les nombres de Σ en suite simplement infinie, soit $a_1, a_2, a_3, \ldots$ cette suite; nous prendrons

$$\mathrm{A}_\alpha = \mathrm{A}(\mathrm{A}_{a_1}, \mathrm{A}_{a_2}, \mathrm{A}_{a_3}, \ldots).$$

On vérifie de suite que l'ensemble ainsi construit répond à la question : en effet, dans le premier cas le dérivé d'ordre $\alpha - 1$ se compose des points $\frac{1}{2}, \frac{1}{4}, \frac{1}{8}, \ldots$ et du point o; dans le second, si α_p est le plus grand des nombres $a_1, a_2, \ldots, a_p$, il n'y a plus de points du dérivé d'ordre $\alpha_p + 1$ dans $\left(\frac{1}{2^{p+1}}, 1\right)$ et il y en a encore dans $\left(0, \frac{1}{2^{p+1}}\right)$; α étant le premier nombre transfini qui vient après tous les nombres $\alpha_p + 1$, le dérivé d'ordre α existera et se réduira au point o [1].

Convenons que « avant » signifie plus petit que et montrons que l'on peut obtenir une suite de points, situés sur (o, 1), qui soit de type ordinal donné. On connaît des suites finies et des suites simplement infinies, c'est-à-dire de type ω. On pourra prendre comme exemple de ces dernières suites, la suite S_ω constituée par les points dont les abscisses sont les sommes successives de la série

$$\frac{1}{2} + \frac{1}{4} + \frac{1}{8} + \ldots$$

Si l'on connaît une suite S_α de type α, on prendra comme suite $S_{\alpha+1}$ de type $\alpha + 1$ celle qui est obtenue en prenant, par rapport à o, l'homothétique, dans le rapport $\frac{1}{2}$, de la suite constituée par S_α plus le point 1.

Si l'on connaît des suites $S_{a_1}, S_{a_2}, \ldots$, de types d'ordre $a_1, a_2, a_3, \ldots$, si la suite simplement infinie $a_1, a_2, \ldots$ ne contient pas un terme plus grand que les autres et si α est le premier nombre transfini après $a_1, a_2, \ldots$, formons une suite S à l'aide de suites $s_{a_1}, s_{a_2}, \ldots$. La suite s_{a_p} étant directement semblable à S_{a_p} et contenue à l'intérieur du $p^{\mathrm{ième}}$ intervalle déterminé dans (o, 1) par les points de S_ω.

Il est clair que cette suite S a un type d'ordre supérieur à $a_1, a_2, \ldots$; donc, si l'on numérote les éléments successifs à l'aide des nombres de S_0, on rencontrera un segment de S, qui pourra être S lui-même, dont le numérotage exige tous les nombres inférieurs à α. C'est ce segment qui est la suite S_α, de type d'ordre α, que nous voulions obtenir.

Ainsi la suite S_0 tout entière est indispensable pour l'une ou l'autre des utilisations dont nous avons parlé. Mais nous allons voir qu'un segment de S_0 suffit toujours pour le numérotage des éléments d'un ensemble bien

---

[1] On remarquera que nous nous proposons de construire un ensemble dont le dernier dérivé a un rang α donné, et non pas un ensemble pour lequel le premier dérivé n'existant pas à un rang α. D'après la proposition III, un tel ensemble ne pourrait exister quand α est de seconde espèce.

ordonné de points *déterminé* et aussi pour le numérotage des dérivés successifs d'un ensemble *déterminé*. Le premier fait est évident, il résulte de ce que tout ensemble bien ordonné de points sur une droite est dénombrable; en effet, si l'on compte les abscisses x de ces points à partir du premier d'entre eux et dans le sens ou se succèdent les points, la transformation $X = \dfrac{1}{x+1}$ remplace l'ensemble bien ordonné donné par un ensemble E de points de $(o, 1)$ bien ordonné dans le sens décroissant. Chaque point A de E est l'extrémité d'un intervalle dont l'origine est le point B de E d'abscisse immédiatement inférieure à celle de A. On a donc autant de ces intervalles (A, B) que de points A; ces intervalles sont non empiétants, il y a donc p au plus de longueur non inférieure à $\dfrac{1}{p}$ et cela quel que soit p; donc l'ensemble de ces intervalles est fini ou dénombrable; l'ensemble proposé est dénombrable au plus.

L'autre fait est bien autrement caché. Il est le résultat de l'analyse faite par Cantor des propriétés des dérivés. Dans ce paragraphe, sans suivre pas à pas les considérations de Cantor, nous ne nous écarterons pas essentiellement des idées qui l'ont guidé.

V. *Les points de E^1 qui ne font pas partie de E^α, $(a > 1)$, forment un ensemble dénombrable.* — En effet, les points de E^1 qui ne font pas partie de E^2 sont isolés dans E^1; chacun d'eux peut donc être enfermé dans un intervalle ne contenant pas d'autre point de E^1 et l'on peut prendre ces intervalles sans points communs. Donc ces intervalles forment au plus une infinité dénombrable; les points de E^1 qui ne font pas partie de E^2 forment donc un ensemble B_1 fini ou dénombrable.

De même les points de E^β ne faisant pas partie de $E^{\beta+1}$ forment un ensemble B_β fini ou dénombrable. Or, l'ensemble dont parle l'énoncé est la somme des B_β pour les valeurs de β inférieures à α, lesquelles sont en nombre fini ou dénombrable; donc cet ensemble est lui-même fini ou dénombrable.

On peut d'ailleurs dire aussi que les points de E qui ne font pas partie de E^α forment un ensemble fini ou dénombrable, car le même raisonnement qui nous a montré que les ensembles B_β sont au plus dénombrables prouve qu'il en est de même pour l'ensemble des points de E ne faisant pas partie de E^1. De là il résulte que *tout ensemble de points dont l'un des dérivés ne contient aucun point est au plus dénombrable.* Ces ensembles sont appelés *ensembles réductibles.* Ce sont des ensembles dénombrables particuliers : l'ensemble des nombres rationnels est dénombrable, mais n'est pas réductible.

Lorsqu'un ensemble n'est pas réductible, deux cas sont, *a priori*, possibles. Ou bien, au cours des opérations de dérivation, on arrive à un ensemble dérivé E^α qui est parfait et alors, suivant nos conventions, nous arrêtons à cet ensemble nos opérations de dérivation, c'est-à-dire que nous ne considérons que les dérivés différents E^1, E^2, ..., E^α. Ou bien, les opérations de dérivation donneront toujours des dérivés différents, on aurait un ensemble non dénombrable semblable à S_0 de tels dérivés. Nous allons voir que ce cas ne se présente pas.

Considérons l'ensemble S des dérivés de E, qui existent effectivement, c'est-à-dire contiennent des points, et qui ne sont pas parfaits, à l'exception peut-être du dernier. Ils sont tous différents. Soient (a_1, b_1), (a_2, b_2), ... les intervalles contigus à E^1, rangés en suite simplement infinie. Soit (a_i^α, b_i^α) celui des intervalles contigus à E^α qui contient (a_i, b_i). Soit l_i^α l'accroissement de longueur quand on passe de $(\overline{a_i^\alpha}, b_i^\alpha)$ à $(a_i^{\alpha+1}, b_i^{\alpha+1})$. Certains des l_i^α sont nuls; mais, pour chaque valeur de α, certains des l_i^α sont différents de zéro, puisque $E^{\alpha+1}$ est toujours différent de E^α; si $E^{\alpha+1}$ n'existait pas, on prendrait (a, b) pour l'intervalle $(a_i^{\alpha+1}, b_i^{\alpha+1})$.

Or il ne peut, pour i donné, y avoir qu'une infinité dénombrable au plus de valeurs l_i différentes de zéro, car la longueur de (a_i^α, b_i^α) ne peut croître au delà de celle de la longueur de l'intervalle (a, b) contenant l'ensemble E donné ([1]). Et comme ceci est vrai pour chaque valeur entière de i, l'ensemble de tous les l_i^α différant de zéro est au plus dénombrable. L'ensemble des termes de S est donc dénombrable ([2]), donc :

VI. *Tout ensemble de points a soit un dérivé qui ne contient aucun point, soit un dérivé parfait.*

VII. *Tout ensemble fermé est la somme d'un ensemble fini ou dénombrable et d'un ensemble parfait;* l'un ou l'autre de ces ensembles peut ne pas exister.

En effet, un ensemble fermé E est contenu dans son dérivé E^1 et celui-ci est la somme d'un ensemble dénombrable au plus et de son dernier dérivé, nul ou parfait.

Ces deux théorèmes constituent la propriété connue sous le nom de théorème de Cantor-Bendixson ([3]). Pour donner à la décomposition indiquée par ce théorème toute sa valeur, il faut évidemment remarquer

---

([1]) Nous supposons donc E tout entier à distance finie; cette supposition n'a rien d'essentiel. On traiterait le cas général soit par une transformation telle que $x = \tan\frac{\pi x}{2}$, soit en décomposant l'ensemble E en les ensembles E_i, E_i étant formé de ceux des points de E qui sont dans $(i, i+1)$. Pour le cas où E n'est pas tout entier à distance finie, il est commode de convenir de dire que le dérivé de E contient un point à l'infini.

([2]) Nous venons en somme de prouver une propriété générale des suites d'ensembles fermés qui sera énoncée dans le texte dans un moment.

([3]) Voir *Acta mathematica*, t. 2.

J'ai dit que nous ne nous écarterions pas des idées de Cantor, mais la forme de la démonstration du texte est très différente de celle de Cantor au point de vue suivant. Cantor utilise la conception de l'ensemble total des dérivés différents ou non, que l'on peut attacher à chaque nombre de S_0 et il appelle E_Ω l'ensemble

que *tout ensemble parfait est non dénombrable ou, d'une façon plus précise, a la puissance du continu.* Ceci est évident s'il s'agit d'un ensemble contenant un intervalle; supposons donc que E soit un ensemble parfait partout non dense, dont nous désignons par a et b les points extrêmes. Or nous avons associé (p. 13) à un tel ensemble E une fonction $\varphi(x)$ continue, constante dans tout intervalle contigu à E, croissante dans tout intervalle contenant des points de E et qui varie de 0 à 1 quand x varie de a à b. L'équation $\varphi(x) = m$ admet pour chaque valeur de m comprise entre 0 et 1 soit une seule solution x_0, x_0 est alors l'abscisse d'un point de E, soit une infinité de solutions données par une double inégalité $x_1 \leqq x \leqq x_2$, alors x_1 et x_2 sont les abscisses des deux extrémités d'un intervalle contigu à E. Ainsi à chaque valeur m de (0, 1), nous faisons correspondre soit un point x_0 de E, soit deux points x_1 et x_2 de E; E a donc la puissance du continu.

Notons aussi que le raisonnement de la page 323 prouve que : *toute suite d'ensembles fermés tous différents, tels que chacun d'eux contienne ceux qui viennent après lui dans la suite, est nécessairement finie ou dénombrable.*

IV. — Une notation des nombres transfinis nous est-elle nécessaire ?

Dans le cours de ce livre, nous faisons plusieurs fois appel à la notion de nombre transfini; il importe donc d'éclaircir cette notion et d'amener, si possible. le lecteur à cette conviction qu'il lui suffirait de se familiariser avec la suite des nombres transfinis en l'utilisant fréquemment pour acquérir de cette suite une vue aussi claire que celle qu'il a de la suite des entiers [1].

Quand on entend parler pour la première fois de la suite S_0, des nombres finis et transfinis, on croit volontiers que tout deviendrait net, si l'on avait une notation des nombres transfinis. Or il est clair qu'on n'en saurait avoir une; nous ne pouvons manier qu'un nombre fini de symboles ou de sons et les combiner seulement d'un nombre fini de manières, ce qui

---

des points communs à tous ces dérivés. Cet ensemble E_Ω est une sorte de dérivé venant après tous ceux, relatifs aux nombres transfinis de S_0, le symbole Ω est, pour Cantor, le premier nombre transfini de la seconde classe de nombres transfinis; il vient après tous les éléments de S_0.

Nous avons évité, au contraire, de raisonner sur l'ensemble S_0 conçu comme *actuellement* formé tout entier; nous n'avons raisonné que sur le procédé de formation de S_0 et sur l'un quelconque des segments de S_0 obtenus au cours de l'application de ce procédé. De cette manière, nous n'utilisons à aucun moment un ensemble bien ordonné non dénombrable.

[1] Mon but est ainsi nettement délimité; je n'aborderai donc pas les questions, plus philosophiques que mathématiques, que pose la conception de la suite des entiers. Cette notion est considérée par moi comme acquise et parfaitement claire.

ne donne jamais qu'un nombre fini de notations. Ce nombre pourra être grand; cela dépendra du nombre des symboles, de leur choix plus ou moins heureux, de l'ingéniosité des lois de combinaisons prévues; mais il sera toujours fini. Toute numération s'appliquant à un ensemble infini de nombres est, à certains égards, fictive.

Examinons, par exemple, la numération décimale appliquée aux nombres compris entre o et 1; elle a la prétention de nous permettre de noter tout nombre. Pour cela elle utilise une suite indéfinie de chiffres o, a, b, c, ... Mais une telle suite ne peut jamais être ni écrite, ni énoncée. Il y a quelques cas heureux dans lesquels nous pouvons énoncer la loi de succession des chiffres décimaux a, b, c, ... de x et cette loi détermine x; le plus souvent, tout ce que nous pouvons dire se réduit à ceci : la suite o, a, b, c, ... est déterminée par le nombre x. On voit à quel point la notation décimale des nombres de (o, 1) est illusoire en tant que notation.

Examinons encore la numération des entiers. Elle est hautement pratique et commode pour les usages usuels et constitue un progrès considérable sur les procédés de l'Arénaire, bien que ceux-ci soient déjà très puissants et d'ailleurs voisins de nos procédés actuels.

Mais, pas plus que les procédés de l'Arénaire, elle ne permet de noter tous les nombres; elle nous convainc seulement, comme l'Arénaire, que si grand que soit un nombre on réussira à établir des conventions assez ingénieuses pour qu'on arrive à noter ce nombre et les nombres plus petits.

La numération ne nous permettrait de noter tous les nombres que si nous pouvions répéter le même acte (écrire un chiffre, énoncer un chiffre) un nombre quelconque arbitrairement grand de fois : mais alors nous pourrions tracer autant de barres, ou prononcer autant de fois le son un, qu'il y a d'objets dans la collection finie à dénombrer. Nous n'avons donc résolu le problème de la notation des nombres qu'en nous plaçant dans une hypothèse où ce problème ne se pose en réalité plus ([1]).

Il est bien clair que, de même, la notation des nombres transfinis serait immédiate pour celui qui pourrait répéter le même acte une infinité bien ordonnée et dénombrable de fois de type d'ordre quelconque.

Malgré tout, nos habitudes sont telles que nous désirons un simulacre de notation; fût-il simplement conçu, pratiquement irréalisable, c'est-à-dire entièrement illusoire. Avoir pu noter les premiers nombres transfinis ω, $\omega + 1$, ..., 2ω, $2\omega + 1$, ..., 3ω, ..., ω^2, ... nous aide déjà.

Soit x un nombre entre o et 1, écrivons-le dans le système décimal; nous supposons ce développement indéfini, soit o, a_1, a_2, a_3, a_4, ... Posons

$$x_1 = 0, a_1 \quad a_3 \quad a_5 \quad \ldots,$$

$$x_2 = 0, a_{2\times1} \; a_{2\times3} \; a_{2\times5} \ldots,$$

$$x_3 = 0, a_{2^2\times1} \; a_{2^2\times3} \; a_{2^2\times5} \ldots,$$

$$\ldots\ldots\ldots\ldots\ldots\ldots\ldots\ldots\ldots$$

([1]) On se reportera avec intérêt à ce que dit M. Borel d'une conversation qu'il eut avec M. Baire (*Leçons sur la théorie des fonctions*, 2ᵉ édition, p. 178).

Si tous les nombres x_i sont différents, si l'ensemble de ces nombres est ordonné dans le sens des x croissants, par exemple, convenons de dire que x note le type d'ordre de cet ensemble.

Ce que nous avons fait au paragraphe précédent relativement à la construction de suites S_α d'ordre α montre que tout nombre transfini est noté par certains points x, mais cette notation est très imprécise : au même nombre α correspond une infinité de points x. Pour que cette *notation* se rapproche par ses propriétés des notations ordinaires il faudrait qu'à chaque nombre transfini α nous ayions pu attacher une suite S_α bien déterminée ([1]), donc un nombre x bien déterminé ([2]).

On est ainsi conduit à se demander s'il est possible de nommer un ensemble E pris dans $(0, 1)$ et tel qu'il existe une correspondance biunivoque entre les points de E et les nombres de S_0. Ce problème a préoccupé bien des mathématiciens; on a affirmé plusieurs fois qu'on pouvait prendre pour E l'intervalle $(0, 1)$ lui-même. Mais la question est loin d'être élucidée ([3]). Pour nous, d'ailleurs, tout ceci est accessoire, car il est clair que ce mode de représentation des nombres transfinis ne nous aiderait guère à les bien concevoir.

Pourtant cette pseudo-notation remplit l'une des conditions essentielles d'une notation. A quoi sert, en effet, la numération des entiers ? Elle n'intervient jamais dans les raisonnements, sauf bien entendu, ceux qui concernent la numération elle-même; mais elle permet de caractériser le nombre dont on veut parler, s'il n'est pas trop grand, c'est-à-dire qu'elle permet de construire, qu'elle détermine, un ensemble bien ordonné fini semblable à celui dont on s'occupe. Quand on nous parle du nombre 3, nous savons qu'il va s'agir d'ensembles semblables à celui-ci : I I I, et quand nous raisonnons sur le nombre trois, nous faisons des raisonnements s'appliquant à tous les ensembles bien ordonnés semblables à cet ensemble de traits. Toutes les fois que nous raisonnons sur un entier, donné de quelque manière que ce soit, nous sommes dans des circonstances analogues.

Dès lors, il est clair que nous pourrions nous passer de la notion et du mot nombre; la notion plus tangible de suite ordonnée et finie d'objets nous suffirait. Exactement de la même manière, supposer un nombre transfini donné c'est supposer déterminé un ensemble bien ordonné dénombrable; raisonner sur ce nombre, c'est faire des raisonnements s'appliquant indifféremment à tous les ensembles semblables à celui-ci. La notion et le

---

([1]) La suite que nous avons appelée S_α n'est déterminée que si $S_{\alpha-1}$ l'est, quand α est de première espèce; quand α est de seconde espèce la définition que nous avons donnée de S_α supposait que les nombres inférieurs à α avaient été rangés d'une *manière déterminée*, en suite simplement infinie.

([2]) Pour que x soit bien déterminé quand S_α l'est, il faut prendre quelques précautions, d'ailleurs élémentaires, pour tenir compte de ce que les nombres décimaux ont deux développements décimaux.

([3]) Dans un Mémoire tout récent, auquel je ne puis que renvoyer le lecteur, M. Hilbert est revenu sur la question (*Sur l'infini*, *Acta mathematica*, t. 48).

mot de nombre transfini nous sont donc inutiles; celle d'ensemble bien
ordonné dénombrable nous suffit.

Au fond, les obscurités que nous croyions apercevoir dans la notion de
nombre transfini sont peut-être déjà dans la notion d'entier fini, quand
on veut y voir une entité métaphysique, donc peu claire. G. Cantor dit ([1]) :
Nous appelons puissance ou nombre cardinal d'un ensemble M. la notion
générale que nous déduisons de M à l'aide de notre faculté de penser, en
faisant abstraction de la nature des différents éléments de M et de leur
ordre.

Et, pour lui, un type d'ordre est la notion générale qui résulte de M
lorsque nous faisons abstraction de la nature des éléments de M, mais non
de leur ordre de succession.

Il paraît difficile de trouver sous ces définitions philosophiques autre
chose que les remarques qui précèdent, et dès lors ces définitions se réduisent à une convention de langage : quand nous emploierons le mot nombre,
nous rappellerons par là que nous raisonnons sur un ensemble, mais en
n'employant que des raisonnements applicables tout aussi bien à tous les
ensembles semblables à celui considéré.

La définition des nombres finis et transfinis est ainsi vidée de son contenu métaphysique et ne présente plus d'obscurité. Il est vrai que nous
avons montré en même temps que l'emploi du mot nombre est inutile;
mais nous sommes habitués à employer les mots nombres entiers, il nous
sera commode d'employer aussi les mots nombres transfinis, ce que nous
savons pouvoir faire sans inconvénient ([2]).

En résumé, quand nous parlerons d'un nombre transfini, c'est que nous
nous occuperons d'une suite, c'est-à-dire d'un ensemble bien ordonné
dénombrable, définie seulement à une similitude près.

V. — Le raisonnement par récurrence transfinie.

Comment pourra-t-on obtenir une propriété des nombres transfinis ? ([3])
Pour répondre à cette question. examinons comment on obtient une propriété valable pour tous les entiers. C'est toujours en utilisant à quelque
endroit le raisonnement par récurrence.

([1]) Ces citations sont faites d'après la traduction de M. Marotte.

([2]) Ce qui nous arrive ici se présente toujours quand on éclaircit une notion
d'abord obscure. Quand on a su que raisonner sur les nombres *imaginaires*, c'était
raisonner sur des couples de nombres réels, l'emploi des imaginaires était devenu
à la fois sans obscurité et sans nécessité. Du moins du point de vue logique;
mais pratiquement, on avait les plus gros avantages à faire usage des *imaginaires*
dont l'emploi était devenu à la fois légitime et avantageux.

([3]) Il ne va s'agir que des raisonnements applicables à un nombre transfini
quelconque; des raisonnements relatifs à un nombre transfini particulier pour-

Ce mode de raisonnement est parfaitement convaincant (¹); il est constamment utilisé par les mathématiciens, il ne saurait être question pour nous d'élever le moindre doute sur sa validité. Du fait, que nous allons rappeler, que le raisonnement par récurrence n'est pas réductible au raisonnement syllogistique, nous conclurons donc simplement que le raisonnement syllogistique n'est pas le seul qui puisse être utilisé en mathématique.

Supposons démontré : 1° qu'une propriété P est vraie pour le nombre un, 2° que si la propriété P est vraie d'un nombre, elle est vraie pour le suivant. Ceci étant, démontrons la propriété P pour le nombre 3. Nous dirons :

La propriété P est vraie pour un; or la propriété P est vraie pour un nombre lorsqu'elle est vraie pour le précédent, donc la propriété P est vraie pour le nombre deux qui suit un.

La propriété P est vraie pour deux; or la propriété P est vraie pour un nombre lorsqu'elle est vraie pour le précédent, donc la propriété P est vraie pour le nombre trois qui suit deux.

Ainsi il nous a fallu, pour atteindre le nombre trois, répéter deux fois un raisonnement réductible, lui, aux syllogismes.

Pour obtenir la propriété P pour tous les nombres, il nous faudrait faire une infinité de syllogismes. Il est vrai qu'on peut raisonner par l'absurde : si la propriété n'était pas vraie pour tous les nombres, on pourrait trouver un nombre N pour lequel elle ne serait pas vérifiée; alors, en descendant l'échelle des nombres depuis N pour lequel P n'a pas lieu jusqu'à un pour lequel P a lieu, on rencontrerait deux nombres n et $n+1$ tels que P ait lieu pour n et n'ait pas lieu pour $n+1$, or ceci est contradictoire.

Mais, si l'on examine ce raisonnement, on voit que la recherche de N se fera ainsi : si la propriété P n'est pas vraie pour tous les nombres, ou elle est fausse pour un ou pour un nombre plus grand que un; puis, si elle est vrai pour un, elle est fausse pour deux ou pour un nombre plus grand que deux, etc. La recherche de N se fera par récurrence et grâce à une proposition dont l'exactitude n'est prouvée que par l'absurdité qu'il y aurait à admettre que l'on ait épuisé la suite des entiers sans rencontrer N. L'affirmation de l'existence de N, sur laquelle nous avons basé notre

---

raient être de nature tout à fait différente de ceux que nous allons étudier :

Considérons la fonction $F(x) = \dfrac{1}{f(x)-1}\,\Gamma\left[\dfrac{1}{f(x)}\right]$, dans l'expression de laquelle $f(x)$ représente l'une quelconque des fonctions continues constamment croissantes qui varient de $-\infty$ à $+\infty$ quand x varie de $-\infty$ à $+\infty$. Raisonner sur l'ensemble des valeurs de x au voisinage desquelles $F(x)$ est infinie, c'est raisonner sur le nombre $\omega + 1$; mais il est clair qu'on n'utilise pas alors la notion générale d'ensemble bien ordonné.

(¹) J'emploie à dessein le mot convaincre pour marquer qu'à mon avis les raisons de se déclarer satisfait par un raisonnement sont de nature psychologique, en mathématique comme ailleurs. La logique nous donne des raisons pour rejeter certains raisonnements, elle ne peut nous faire croire à un raisonnement.

démonstration par l'absurde, n'est donc elle-même légitimée ainsi, que par l'absurde et grâce à une infinité actuelle de syllogismes ([1]).

Nous n'avons donc pas légitimé le procédé de preuve par récurrence à l'aide d'un raisonnement syllogistique. Il est bien clair que toute légitimation de cette nature est impossible, car nous n'avons construit la suite des nombres entiers qu'en admettant que nous pouvions envisager la répétition de la même opération, savoir l'adjonction d'un élément, un nombre arbitrairement grand de fois; nous ne pouvons espérer explorer le domaine ainsi construit qu'en considérant comme possible la répétition du même raisonnement un nombre arbitrairement grand de fois c'est-à-dire précisément en raisonnant par récurrence.

Notre premier essai de légitimation du raisonnement par récurrence à l'aide de syllogismes donne donc un résultat aussi heuréux qu'on pouvait l'espérer puisqu'il nous donne le moyen de vérifier P, pour chaque nombre particulier, à l'aide d'un nombre fini de syllogismes ([2]); sans doute, si vite que l'on aille à débiter ces syllogismes, il y aura des nombres assez grands pour que nous ne puissions faire pour eux la démonstration effectivement; mais il nous est facile de concevoir que, chaque fois qu'on aura réussi à nommer un nombre M, c'est-à-dire chaque fois qu'on aura su réaliser l'adjonction M — 1 fois de suite d'un élément pour former l'ensemble de M objets considérés, on pourra trouver le moyen de répéter M — 1 fois le raisonnement récurrent, comme il est nécessaire de le faire pour vérifier la propriété P pour le nombre M. Au reste, pour le mathématicien, ce n'est pas la démonstration qui crée la vérité d'une proposition, elle permet seulement de constater cette vérité. Nous pouvons donc ne pas avoir ici les mêmes exigences que nous avions lorsqu'il s'agissait d'une notation, et

---

([1]) C'est à l'occasion des difficultés que présentent certains raisonnements par l'absurde qu'a été soulevée la question dite du « tiers exclu ». On verra à ce sujet les travaux de M. Brouwer et de M. Weyl. On me permettra peut-être de profiter de cette occasion pour rappeler que, bien avant que la question n'ait pris la forme philosophique actuelle, j'écrivais (*Soc, math. de France*, 1904) « ..... je n'attribue pas plus de valeur à la méthode par laquelle on démontre qu'un ensemble non fini contient un ensemble dénombrable. Bien que je doute fort qu'on nomme jamais un ensemble qui ne soit ni fini, ni infini, l'impossibilité d'un tel ensemble ne me paraît pas démontrée. »

Je voulais dire par là que des définitions ayant été posées pour les *deux* mots fini et infini il n'était pas certain que non fini veuille dire infini. Cette observation n'est pas sans rapport avec certaines des idées de M. Brouwer; mon but, en la faisant, était pourtant tout à fait l'opposé du sien. Je ne conteste nullement, pour ma part, la valeur de la logique traditionnelle et du mode de raisonnement par l'absurde; je rappelle seulement qu'il faut les utiliser correctement.

La façon méprisante dont M. Brouwer parle de l'Ecole de Paris souligne très heureusement notre désaccord.

([2]) La légitimation par l'absurde du procédé par récurrence est bien moins parfaite à cet égard, puisqu'elle exige une *infinité actuelle* de syllogismes.

nous contenter d'une démonstration conçue par le même procédé qu'est conçue la suite elle-même des entiers.

En résumé, la construction d'un segment fini de la suite des entiers n'exige que l'emploi de ce qu'on peut appeler une récurrence finie, la démonstration d'une propriété pour tous les nombres de ce segment exige seulement un raisonnement par récurrence finie, réductible aux syllogismes; la construction de la suite complète des entiers exige un procédé de récurrence indéfinie' et la démonstration d'une propriété pour tous les entiers exige le raisonnement par récurrence indéfinie qu'on ne pourrait remplacer que par une suite indéfinie de syllogismes.

Dès lors, il est clair que, pour démontrer une proposition pour la suite des nombres transfinis, il faut utiliser un mode de raisonnement qui permette de suivre pas à pas le procédé de formation de cette suite. Ce raisonnement est appelé le raisonnement par récurrence transfinie; il exige que l'on prouve : 1° qu'une propriété P est vraie pour le nombre un (ou pour le nombre ω, suivant qu'on envisage tous les nombres finis et transfinis ou seulement les nombres transfinis); 2° que, si la propriété P est vraie pour tous les nombres inférieurs à un nombre α, elle est vraie pour le nombre α.

Cette deuxième partie du raisonnement par récurrence est le plus souvent remplacée par deux démonstrations distinctes; on ne prouve l'énoncé du n° 2 précédent que pour α de seconde espèce et, pour α de première espèce, on montre que, si la propriété est vraie pour $\alpha - 1$, elle est vraie pour α.

Sous l'une ou l'autre forme, le raisonnement par récurrence transfinie conduirait à la vérification syllogistique de la proposition, pour un nombre α quelconque, si l'on admettait que l'on peut répéter un raisonnement une suite bien ordonnée et dénombrable quelconque de fois.

Les liens entre ce mode de raisonnement et le raisonnement syllogistique sont donc encore étroits, mais nous sommes pourtant très loin du raisonnement ordinaire puisque, au moins pour α de seconde espèce, la seconde partie de notre raisonnement est basée sur la connaissance d'une infinité actuelle de prémisses ([1]).

On peut, comme nous l'avons déjà fait, expliquer pourquoi nous regardons une propriété comme démontrée pour tous les nombres transfinis par le raisonnement par récurrence transfinie en disant : si la propriété P n'était pas vraie pour tous les nombres transfinis, il existerait des nombres pour lesquels elle ne serait pas vraie, la suite de ces nombres comprendrait un élément α plus petit que tous les autres; la propriété P serait vraie pour tous les nombres inférieurs à α, fausse pour α, ce qui serait contradictoire.

Mais on ne saurait considérer ceci comme une justification du raisonne-

---

([1]) Cette infinité est dénombrable; c'est pour ne pas avoir à considérer une infinité non dénombrable de prémisses que j'ai évité précédemment de parler de la suite non dénombrable des dérivés distincts ou non d'un ensemble donné.

ment par récurrence transfinie. Ce mode de raisonnement est nouveau, irréductible aux autres, et c'est précisément pour cela qu'il est puissant et utile.

Mais est-on obligé d'accepter ce mode de démonstration ? Nullement; c'est à chacun de décider s'il est ou non entièrement satisfait par le raisonnement par récurrence transfinie. Seulement, de même qu'à peu près tout en mathématiques n'a été écrit que pour ceux qui admettent le raisonnement par récurrence ordinaire, certains passages de ce livre ne sont écrits que pour ceux qui admettent le raisonnement par récurrence transfinie.

Même si l'on se sent convaincu par les démonstrations par récurrence transfinie, on peut ne pas les aimer, désirer s'en passer ou vouloir délimiter ce que serait le domaine des mathématiques sans ce mode de démonstration. C'est pourquoi nous examinerons certains moyens d'éviter l'emploi de la récurrence transfinie.

VI. — Examen de quelques raisonnements par récurrence transfinie.

Dans le corps de ce livre, nous avons utilisé les nombres transfinis de trois manières différentes : d'abord en faisant usage du théorème de Cantor-Bendixson, puis en employant les chaînes d'intervalles, enfin à l'occasion des travaux de MM. Baire et Denjoy. Examinons ces utilisations et d'abord l'emploi des chaînes.

Supposons donné dans (a, b) un ensemble bien ordonné de points; bien ordonné dans le sens des x croissants, par exemple. Numérotons-en les points x_1, x_2, ..., x_ω, $x_{\omega+1}$, ... et supposons que chaque point dont l'indice est de seconde espèce soit point limite de l'ensemble des points d'indices plus petits. Alors nous disons que la division de (a, b) à l'aide des points considérés est une chaîne d'intervalles.

Une telle chaîne nous servira à évaluer l'accroissement $F(b) - F(a)$ d'une fonction $F(x)$ par la formule

$$F(b) - F(a) = \Sigma[F(x_i) - F(x_{i-1})],$$

mais il convient d'expliquer le sens du second membre (¹).

Supposons connus des nombres u_0, u_1, ... affectés, comme indices, de tous les nombres de la suite S_0 inférieurs à un certain nombre α. La suite ordonnée de ces nombres u_i est alors de type d'ordre α (²). Le sym-

---

(¹) Cette explication a pu être omise dans le corps de l'Ouvrage et ajournée jusqu'ici, c'est dire à quel point les définitions suivantes sont naturelles et en quelque sorte nécessaires.

(²) La présence d'un terme u_0 rétablit l'accord entre la définition des types d'ordre pour α fini et α transfini. *Voir la note* (¹) *de la page* 320.

bole $S = \sum\limits^{\lambda < \alpha} u_\lambda$ représente une série transfinie de type d'ordre α. Posons

$$S_i = \sum_{\lambda = \iota}^{\lambda <}$$

les S_i sont dits les séries partielles de S. Les S_i, en tant que nombres, ont un sens pour i fini; pour $i = \omega$ on convient que S_i, en tant que nombre, n'existe que si la série ordinaire $\sum\limits_{\lambda=1}^{\lambda < \omega} u_\lambda$ est convergente et qu'il est alors égal à la somme de cette série. Les nombres S_i ainsi définis, pour $i \leq \omega$, sont des sommes partielles de S. Pour prolonger la définition de ces nombres à tout indice au plus égal à α, convenons que l'on aura, pour tout λ de première espèce

$$S_\lambda = S_{\lambda - 1} + u_{\lambda - 1},$$

et que, pour tout λ de seconde espèce, S_λ désignera la limite, si elle existe, vers laquelle tend toute suite S_{λ_1}, S_{λ_2}, ... simplement infinie et relative à des nombres λ_1, λ_2, ... croissants et définissant λ comme le plus petit nombre qui leur soit supérieur.

Lorsque ces définitions s'appliquent à toutes les valeurs de λ au plus égales à α, $\lambda \leq \alpha$, la série transfinie est dite convergente et sa somme S est le nombre S_α qui vient d'être défini. La convergence d'une série de type d'ordre α exige donc l'existence d'une limite déterminée pour chaque nombre de seconde espèce, au plus égal à α.

Pour la série

$$\sum_{\lambda=1}^{\lambda < \alpha} [F(x_\lambda) - F(x_{\lambda - 1})],$$

relative à une fonction continue $F(x)$, dans laquelle on a supposé $x_0 = a$, $x_\alpha = b$ et dans laquelle on remplace $F(x_\lambda) - F(x_\lambda - 1)$ [par zéro quand λ est de seconde espèce, il est clair que :

1° On a
$$S_1 = F(x_1) - F(a);$$

2° Que si l'on a
$$S_{\lambda - 1} = F(x_{\lambda - 1}) - F(a),$$
on a
$$S_\lambda = S_{\lambda - 1} + u_{\lambda - 1} = [F(x_{\lambda - 1}) - F(a)] + [F(x_\lambda) - F(x_{\lambda - 1})]$$
$$= F(x_\lambda) - F(a).$$

3° Que si l'on a
$$S_\lambda = F(x_\lambda) - F(a)$$

pour tous les nombres λ inférieurs à un nombre μ de seconde espèce et si l'on prend une suite croissante de nombres λ_i définissant μ comme premier nombre supérieur auquel cas les points x_{λ_i} tendent en croissant vers x_μ, on a, à cause de la continuité de F,

$$S_\mu = \lim_{i \to \infty} S_{\lambda_i} = \lim [\, F(x_{\lambda_i}) - F(a)\,] = F(x_\mu) - F(a).$$

D'où, par récurrence transfinie, on voit que la série est convergente et de somme

$$S = F(b) - F(a).$$

Voici, relativement aux séries transfinies, deux propositions dont on utilise fréquemment des cas particuliers dans l'analyse classique, par exemple pour la transformation d'une série ordinaire en série à double entrée.

Dans une série transfinie convergente, on peut grouper n'importe comment les termes consécutifs et considérer comme effectuées les sommations partielles ainsi mises en évidence. En d'autres termes, si l'on a

$$0 = \lambda_0 < \lambda_1 < \lambda_2 < \ldots < \lambda_\mu < \ldots < \alpha.$$

les μ constituant une suite finie, simplement infinie ou transfinie de type d'ordre β on a, si la première série est convergente,

$$\sum_{\lambda=0}^{\lambda<\alpha} u_\lambda = \sum_{\mu=0}^{\mu<\beta} \left(\sum_{\lambda=\lambda_\mu}^{\lambda<\lambda_\mu+1} u_\lambda \right).$$

Ce théorème résulte de suite de l'égalité

$$\sum_{\lambda=0}^{\lambda<\alpha} = \sum_{\lambda=0}^{\lambda<\alpha_1} + \sum_{\lambda=\alpha_1}^{\lambda<\alpha} \qquad \text{pour } \alpha_1 < \alpha;$$

que l'on vérifiera facilement.

Si, en remplaçant les termes d'une série transfinie par leurs valeurs absolues, on obtient des sommes partielles bornées dans leur ensemble, la série est convergente; elle reste convergente dans quelque ordre (bien ordonné) que l'on range ses termes, et sa somme ne dépend pas de cet ordre.

On peut démontrer cette propriété de bien des manières par récurrence transfinie; mais rappelons à son occasion que l'on peut toujours masquer l'emploi de cette récurrence grâce à un raisonnement par l'absurde.

Il nous suffit évidemment de montrer que si l'on range en une série (simplement infinie) $V_\alpha = \Sigma v_n$ les termes u_λ d'une série transfinie $\displaystyle\sum_{\lambda=1}^{\lambda<\alpha} u_\lambda$ de la nature indiquée dans l'énoncé, c'est-à-dire absolument convergente, chaque somme partielle

$$S_\mu = \sum_{\lambda=1}^{\lambda<\mu} u_\lambda$$

existe et est égale à la somme de la série V_μ obtenue en barrant dans V_α les termes qui ne figurent pas dans S_μ. Ceci a lieu à coup sûr pour $\mu = 1$; si ceci n'avait pas lieu pour toute valeur de μ, il y aurait une première valeur μ_0 pour laquelle la proposition ne serait pas vraie. Or supposons que μ_0 soit de première espèce; on a alors

$$S_{\mu_0-1} = V_{\mu_0-1}$$

mais

$$S_{\mu_0} = S_{\mu_0-1} + u_{\mu_0-1}, \qquad V_{\mu_0} = V_{\mu_0-1} + u_{\mu_0-1},$$

d'où

$$S_{\mu_0} = V_{\mu_0},$$

ce qui est en contradiction avec la définition de μ_0.

Supposons donc μ_0 de seconde espèce. Alors pour $\mu < \mu_0$, on a

$$S_\mu = V_\mu;$$

d'ailleurs V_μ est une série partielle déduite de V_{μ_0} en y barrant des termes, et tout terme de V_{μ_0} appartient à V_μ dès que $\mu < \mu_0$ est assez grand, donc si la suite simplement infinie

$$\mu_1 < \mu_2 < \ldots < \mu_0$$

définit μ_0 comme premier nombre supérieur à tous les μ_i, V_{μ_i} tend vers V_μ et par suite on a

$$S_{\mu_0} = \lim S_{\mu_i} = \lim V_{\mu_i} = V_{\mu_0};$$

c'est la même contradiction que précédemment.

La démonstration du théorème nous montre que, quand une suite transfinie est supposée formée, nous pourrons raisonner sur elle, grâce au raisonnement par l'absurde, sans faire à nouveau appel, apparemment du moins, à un procédé de récurrence transfinie.

Mais, dans le cas des chaînes transfinies, on peut aller plus loin. Dire qu'il est absurde qu'il y ait un premier nombre transfini μ_0 à partir duquel une propriété n'a pas lieu, c'est alors dire qu'il y a, parmi les intervalles (a, x_λ), un premier intervalle (a, x_{μ_0}) pour lequel une certaine propriété n'a pas lieu.

Et si l'on a réussi à mettre cette propriété sous une forme telle qu'elle appartienne à (a, x) dès qu'elle appartient à un (a, x_λ), avec $x_\lambda > x$, nous sommes ramenés à démontrer qu'une certaine propriété a lieu pour un intervalle (a, X) dès qu'elle a lieu pour tout (a, x), avec $x < X$. Nous n'avons plus à nous servir ni de la chaîne, ni de la récurrence transfinie, nous raisonnons sur le continu.

La première transformation de cette nature que l'on ait fait subir à une démonstration où intervenait le transfini, est sans doute celle qui a permis de déduire le raisonnement de la page 112 d'un raisonnement de M. Borel que l'on peut résumer ainsi : Nous avons une infinité ([1]) d'intervalles (a_i, b_i) telle que chaque point de $a \leqq x \leqq b$ soit intérieur au sens strict à l'un d'eux au moins. Choisissons un intervalle (a_{i_1}, b_{i_1}) contenant a à son intérieur, un intervalle (a_{i_2}, b_{i_2}) contenant b_{i_1} à son intérieur, un intervalle (a_{i_3}, b_{i_3}) contenant b_{i_2}, etc. Si l'on n'atteint pas ainsi b, il y a un point, appelons-le b_{i_ω}, qui est la limite des points b_i. Choisissons un intervalle $(a_{i_{\omega+1}}, b_{i_{\omega+1}})$ contenant b_{i_ω}, etc. Il est clair qu'on définit ainsi, par les b_λ, une chaîne d'intervalles couvrant (a, b). Or il est clair que (a, b_{i_n}) peut être couvert avec un nombre fini des intervalles (a_i, b_i) ; qu'il en est de même de $(a, b_{i_{\omega+1}})$ puis que cet intervalle peut être couvert avec $(a_{i_{\omega+1}}, b_{i_{\omega+1}})$ et certains, en nombres finis des (a_{i_n}, b_{i_n}). En continuant ainsi transfiniment on voit que (a, b) peut être couvert à l'aide d'un nombre fini d'intervalles (a_i, b_i).

La transformation de ce raisonnement donne : L'intervalle (a, b) peut être couvert à l'aide d'un nombre fini des (a_i, b_i), sans quoi il y aurait une valeur x telle que $(a, x + h)$ ne puisse être ainsi couvert alors que $(a, x - h)$ le pourrait être, si petit que soit h positif. Or ceci est impossible ; car il existe un intervalle (a_{i_0}, b_{i_0}) contenant x, et par suite, (a, b_{i_0}) peut être couvert par cet intervalle joint à ceux qui permettent de couvrir (a, a_{i_0}) ; l'existence de la valeur x est impossible. C'est le raisonnement de la page 112.

L'examen de cette transformation de raisonnement met bien en évidence les avantages et inconvénients de l'une et l'autre forme : sous la deuxième forme il est rapide, d'aspect habituel, il permet de mieux apercevoir les généralisations possibles, les hypothèses restrictives que l'on peut supprimer ; mais il ne donne plus qu'un théorème d'existence alors que, sous la première forme, il fournit un procédé opératoire pour le choix des (a_i, b_i), en nombre fini, propres à couvrir tout (a, b).

M. Borel, dès le début, insistait sur le fait que son raisonnement fournissait un « procédé régulier » pour « déterminer effectivement » les (a_i, b_i). Sans doute, on pourrait chicaner sur le mot effectivement ; faire observer qu'on ne saurait faire « effectivement » une opération qui comporte une infinité de stades ([2]), mais, à ce compte, on ne déterminerait pas effectivement une fonction quand on en aurait trouvé un développement en série. On peut, certes, se refuser à employer pour ce cas le mot effectivement ; mais n'est-ce pas déjà beaucoup que d'avoir résolu un problème aussi bien

---

([1]) M. Borel suppose l'infinité dénombrable, mais ceci est inutile.

([2]) J'ajoute qu'il n'est à certains égards aucune opération que l'on sache toujours effectuer réellement. Calculer la valeur d'une fonction connue, de $\sin x$, par exemple, est une telle opération. Quand nous disons que $f(x)$ est donnée si $f(x)$ est connue quand x est connu, nous ne donnons pas l'explication de ce qu'on doit entendre par une fonction donnée, nous faisons cette convention : quand on a dit que $f(x)$ est donnée, on raisonne *comme si* l'on pouvait calculer f pour chaque valeur de x.

qu'est celui de la détermination d'une fonction quand on a su donner la
loi des termes successifs de son développement en série ?

Les chaînes d'intervalles s'introduisent dans la recherche des fonctions
primitives de la façon suivante : Soit $f'(x)$ la dérivée d'une fonction continue $f(x)$; il existe des intervalles $(a_0,\ a_1)$, $(a_1,\ a_2)$, ... dans chacun
desquels on a une inégalité de la forme

$$|f(x) - f(a_i) - (x - a_i) f'(a_i)| \leqq \varepsilon(x - a_i).$$

Ces intervalles, et ces inégalités, sont ceux que l'on considère dans la
démonstration d'existence des solutions de l'équation $y' = f'(x)$; seulement on se place généralement dans des conditions où l'on peut couvrir
tout l'intervalle considéré à l'aide d'un nombre fini de ces intervalles
$(a_i,\ a_{i+1})$. Si l'on ne suppose rien sur $f'(x)$ les intervalles $(a_i,\ a_{i+1})$ sont
en nombre infini et ils forment une chaîne d'intervalles qu'on peut toujours utiliser pour l'évaluation approchée de $f(x)$ à partir de la formule
exacte

$$f(x) - f(a) = f(x) - f(a_\alpha) + \sum_{\lambda=0}^{\lambda < \alpha} [f(a_{\lambda+1}) - f(a_\lambda)].$$

x étant supposé contenu dans $(a_\alpha,\ a_{\alpha+1})$. De cette évaluation approchée
de $f(x)$, on déduit alors que l'on a, avec certaines généralisations de l'intégrale,

$$f(x) - f(a_0) \doteq \int_{a_0}^{x} f'(x)\, dx,$$

comme conséquence de l'inégalité,

$$\left| f(x) - f(a_0) - \int_{a_0}^{x} f'(x)\, dx \right| \leqq \varepsilon(x - a_0).$$

Ce résultat est obtenu dans les différents chapitres de ce livre à l'aide du
raisonnement par récurrence transfinie; mais il est clair, d'après ce qui
précède, qu'on le déduira d'un raisonnement par l'absurde toutes les fois
qu'on aura prouvé qu'aucun point x ne saurait être le dernier pour
lequel on a l'inégalité précédente.

Le lecteur pourra rechercher les modifications qu'il faut apporter à notre
exposé pour le débarrasser de tout emploi des nombres transfinis et de la
récurrence transfinie; nous allons faire cette transformation de raisonnement seulement pour la première des propositions relatives aux dérivées
obtenues à l'aide du procédé des chaînes, la suivante (¹) :

Une fonction est déterminée à une constante additive près quand on

---

(¹) On se reportera à la page 86; à cet endroit les conditions envisagées sont
un peu plus générales que celles de l'énoncé du texte, nous nous plaçons ici dans
les conditions les plus simples.

connaît sa dérivée en tout point. En effet, soit $f(x) = f_1(x) - f_2(x)$ la différence de deux fonctions f_1 et f_2 ayant la même dérivée finie; $f(x)$ a une dérivée nulle en tout point. Notre procédé des chaînes nous donne

$$|f(x) - f(a_0)| \leqq \varepsilon(x - a_0),$$

quelque petit que soit $\varepsilon < 0$; donc $f(x)$ est constante.

Le raisonnement par l'absurde est le suivant : Il existe des points $x > a_0$ pour lesquels on a l'inégalité précédente, soit x_0 le dernier des points pour lequel cette inégalité est vérifiée. Prenons, ce qui est toujours possible, h assez petit positif pour que dans $(x_0, x_0 + h)$ on ait

$$|f(x) - f(x_0)| \leqq \varepsilon(x - x_0);$$

alors dans tout cet intervalle, on a

$$|f(x) - f(a_0)| \leqq |f(x_0) - f(a_0)| + |f(x) - f(x_0)| \leqq \varepsilon(x_0 - a_0 + x - x_0),$$

ce qui montre qu'il était absurde de supposer que l'inégalité considérée n'avait pas lieu pour $x > x_0$.

Cette forme de la démonstration a été donnée par M. Denjoy [1].

---

[1] (*Jour. de Math.*, 1915, p. 176). M. Denjoy n'obtient d'ailleurs pas cette démonstration, comme nous le faisons ici, en transformant un raisonnement déjà donné dans la première édition de ce livre; tout au contraire, il oppose sa méthode à celles de cette première édition. Mais il ne fait allusion qu'aux démonstrations utilisant le théorème des accroissements finis; il lui a évidemment échappé que la méthode des chaînes, puisqu'elle permettait la recherche des fonctions primitives d'une dérivée donnée, fournissait par cela même la preuve que ces fonctions étaient déterminées à une constante additive près, et que j'avais utilisé cette méthode de démonstration à la page 79 de la première édition. Seulement je ne m'y étais pas donné la peine de montrer, comme je l'ai fait dans cette édition nouvelle (page 86), que le procédé des chaînes donnait les énoncés *antérieurement acquis;* je m'en étais surtout servi pour avoir de *nouveaux* énoncés.

Je profite de cette occasion pour dire que je ne suis pas d'accord avec M. Denjoy et certains autres auteurs qui opposent comme entièrement différents des raisonnements faits sur les dérivées, dont les uns emploient la notion d'intégrale, tandis que les autres ne l'emploient pas mais utilisent le théorème de la moyenne :

$$|f(b) - f(a)| < M|b - a| \text{ lorsque } |f'(x)| < M.$$

Tout théorème basé sur l'intégration peut être exposé en ne faisant appel qu'au théorème de la moyenne. D'ailleurs, désirant donner plus d'unité de forme à cet Ouvrage, j'ai voulu, au Chapitre X, déduire de la totalisation certains théorèmes obtenus par M. Denjoy sans utiliser la totalisation, exactement comme j'avais déduit, au Chapitre IX, certains théorèmes de l'*intégration;* cela m'a été très facile et je n'ai pas eu à m'écarter notablement des démonstrations mêmes de M. Denjoy, tant il y a peu opposition entre les idées utilisées dans les raisonnements qui font appel à l'intégration et ceux qui ne l'utilisent pas.

Cela, bien entendu, ne veut pas dire que je méconnais l'intérêt des diverses

L'étude des fonctions possédant une certaine propriété en chacun de leurs points, conduit tout naturellement à utiliser les chaînes d'intervalles (¹), donc la récurrence transfinie. Chacun de ces raisonnements pourra être transformé comme il vient d'être dit de façon à n'utiliser que les propriétés du continu.

Il semble beaucoup plus difficile d'éliminer le transfini des autres applications que nous en faisons ici : théorème de Cantor-Bendixson, résultats de M. Baire, théorie de la totalisation. Mais une distinction s'impose. Nous avons décomposé le théorème de Cantor-Bendixson en deux énoncés VI et VII. L'énoncé VI se réfère à la notion des dérivés qui n'a été acquise que par récurrence transfinie, nous ne pouvons donc pas justifier cet énoncé sans l'emploi du transfini; l'énoncé VII, au contraire, est une propriété des ensembles fermés que l'on peut espérer obtenir sans le transfini.

On peut dire encore que VII est le *théorème d'existence de Cantor-Bendixson* et que VI fournit un procédé opératoire transfini pour résoudre le *problème de Cantor-Bendixson :* « étant donné un ensemble fermé F, on demande de le décomposer en un ensemble dénombrable D et un ensemble parfait P ».

De même, il y a à distinguer, à l'occasion des recherches de M. Baire, entre le *théorème de M. Baire :* « toute fonction de classe un est ponctuellement discontinue sur tout ensemble parfait et inversement » et le *problème de M. Baire :* « étant donnée une fonction ponctuellement discontinue sur tout ensemble parfait, trouver une série de fonctions continues dont elle soit la somme ? » Rien n'empêche d'espérer que l'on puisse démontrer le théorème de M. Baire sans l'emploi du transfini, mais le procédé opératoire, donné par M. Baire pour résoudre le problème de M. Baire, est transfini; il ne saurait être justifié sans le transfini.

Dans les recherches de M. Denjoy, les énoncés se réfèrent à l'opération de totalisation dont la définition même est transfinie; on ne peut espérer s'y passer du transfini.

Mais rien n'empêche d'espérer qu'on arrivera à remplacer le procédé opératoire de Cantor-Bendixson (énoncé VI), le procédé opératoire de M. Baire, la totalisation de M. Denjoy par des procédés non transfinis et permettant cependant de résoudre les problèmes de Cantor-Bendixson, le problème de M. Baire, le problème des fonctions primitives.

En fait, on a pu démontrer sans le transfini le théorème de Cantor-Bendixson et le théorème de Baire, et l'on peut résoudre le problème de Cantor-Bendixson sans le transfini. Voyons comment.

Dans les trois ordres de recherches dont il s'agit actuellement, les nombres transfinis sont intervenus pour noter les éléments successifs de suites; ces

---

formes de démonstrations, la grande élégance de certaines d'entre elles, et le progrès qu'il y a à utiliser les procédés les plus simples. C'est au contraire la comparaison de ces formes de démonstrations qui m'a conduit aux réflexions que j'expose dans le texte.

(¹) *Voir* la note (²) de la page 112.

éléments sont des ensembles fermés, tous différents, chacun d'eux contenant ceux qui viennent après lui dans la suite. Nous savons (p. 324), qu'une telle suite est finie ou dénombrable. Or, dans les questions étudiées, la suite ne peut s'arrêter que lorsqu'on arrive à un ensemble ne contenant aucun point ou parfait et la démonstration des théorèmes se réduit à prouver que, dans certaines conditions, la suite ne se termine pas par un ensemble parfait. Tout revient donc à caractériser l'ensemble parfait qui pourrait se présenter par une propriété de ses points.

Je ne m'occuperai ici que du théorème de Cantor-Bendixon ([1]); dans ce cas, il saute aux yeux que les points de l'ensemble parfait P sont caractérisés par le fait d'être ceux au voisinage desquels il y a une infinité non dénombrable de points de l'ensemble.

Ceci aperçu, appelons *point d'accumulation* d'un ensemble E tout point x tel que dans tout intervalle contenant x à *son* intérieur, il y ait une infinité non dénombrable de points de E ([2])

Le théorème de Bolzano-Weierstrass suggère l'énoncé suivant : *tout ensemble* E, *qui est non dénombrable dans* (a, b), *y admet des points d'accumulation.* En effet, soit x la plus petite valeur de (a, b) telle qu'il n'y ait qu'une infinité dénombrable au plus de points de E dans $(a, x - h)$ et qu'il y en ait une infinité non dénombrable dans $(a, x + h)$ quel que soit $h > o$. Un tel point existe bien; or, dans $(x - h, x + h)$ il y a une infinité non dénombrable de points de E; donc x est un point d'accumulation de E.

([1]) J'ai donné plusieurs démonstrations du théorème de M. Baire sans employer le transfini (*Bull. de la Soc. math. de France*, 1904. — Note II des Leçons de M. Borel, *Sur les fonctions de variable réelle.* — *Journ. de Math.*, 1905); ces démonstrations consistaient surtout, conformément à ce qui est dit dans le texte, en la définition d'un ensemble parfait.

M. E. Lindelöf (*Acta mathematica*, t. 29) et moi-même (dans la première édition de ce livre) avons à peu près simultament montré que le théorème de Cantor-Bendixson pouvait être tiré de la notion de ce que M. Lindelöf appelle un point de condensation. Je crois qu'on dit plus souvent maintenant point d'accumulation, c'est cette dénomination que j'adopte.

Dans mon exposé, comme j'arrivais simultanément aux théorèmes VI et VII, il apparaissait mal que la démonstration du théorème VII était indépendante des nombres transfinis. J'adopte ici, à peu près, l'exposé de M. Lindelöf préférable au mien à bien des égards; c'est-à-dire que je ne m'occupe que du théorème VII.

En donnant ces méthodes, j'avais indiqué l'intérêt que présentent les démonstrations tirées du transfini parce qu'elles fournissent des procédés opératoires réguliers, permettant non seulement de démontrer les théorèmes, mais aussi de résoudre les problèmes (*Journ. de Math.*, 1905, p. 183; *C. R. Acad. Sc.*, 1903).

Les dénominations *théorème* et *problème*, qui concrétisent si heureusement les distinctions à faire, sont dues à M. de la Vallée Poussin.

([2]) Je me place donc dans le cas des ensembles de points sur une droite comme nous l'avons toujours fait jusqu'ici, mais le raisonnement s'étend à l'espace à n dimensions.

De cette démonstration il résulte aussi que, dans (a, x), il n'y a, au plus, qu'une infinité dénombrable de points de E puisqu'il n'y en a qu'une infinité dénombrable au plus dans $\left(a,\ x - \dfrac{1}{n}\right)$, quel que soit n. Donc x ne peut être en b. Il y a au moins un point d'accumulation à l'intérieur de $(a,\ b)$.

Un point d'accumulation ne peut, d'après cela, être isolé; car, si x était seul point d'accumulation de E dans $(a,\ b)$, il n'y aurait qu'au plus une infinité dénombrable de points de E et dans $(a,\ x)$ et dans $(b,\ x)$, donc dans $(a,\ b)$; et x ne serait pas un point d'accumulation. Or l'ensemble des points d'accumulation est évidemment fermé, donc : *l'ensemble des points d'accumulation d'un ensemble non dénombrable est parfait.*

Appliquons ceci à un ensemble fermé F; il contient alors son dérivé F′ et *a fortiori* l'ensemble parfait P de ses points d'accumulation. Donc F est la somme de P et de l'ensemble de ceux de ses points qui sont contenus dans les divers intervalles $(l,\ m)$ contigus à P. Mais dans chaque $(l,\ m)$ il n'y a qu'au plus une infinité dénombrable de points de F, les $(l,\ m)$ sont en nombre fini ou dénombrable, donc l'ensemble F — P est dénombrable. Le théorème de Cantor-Bendixson est démontré :

$$F = P + D.$$

Si E n'avait pas été supposé fermé, on aurait vu de même que l'ensemble D des points de E qui ne sont pas points d'accumulation de E, est dénombrable. Quant aux points de E — D ce sont ceux des points d'accumulation de E qui appartiennent à E, ils forment un ensemble non seulement partout dense sur l'ensemble P des points d'accumulation, mais partout accumulé sur P. En entendant par là que, dans tout intervalle $(\alpha,\ \beta)$ contenant des points de P à son intérieur, il y a une infinité non dénombrable de points communs à E et à P; sans quoi, en effet, E serait dénombrable dans $(\alpha,\ \beta)$, ce qui est absurde.

La nouvelle méthode prouve donc très simplement le théorème de Cantor-Bendixson et même le généralise; de plus, elle résout le problème de Cantor-Bendixson si l'on fait la convention que déterminer les points d'accumulation d'un ensemble est l'une des opérations que nous regarderons comme toujours possible effectivement. Et cela parce que nous savons, en fait, l'effectuer souvent.

FIN.

TABLE DES MATIÈRES.

FIN DE LA TABLE DES MATIÈRES.

GAUTHIER-VILLARS & Cie

Imprimeurs-Éditeurs

55, Quai des Grands-Augustins, PARIS (6ᵉ)

Tél. : LITTRÉ 50-14 et 50-15.　　　R. C. Seine 22520

Intégrales de Lebesgue
Fonctions d'ensemble
Classes de Baire

LEÇONS PROFESSÉES AU COLLÈGE DE FRANCE

PAR

C. DE LA VALLÉE POUSSIN

Professeur à l'Université de Louvain,
Membre correspondant de l'Institut de France.

Leçons

sur

l'Approximation des Fonctions

d'une variable réelle

PROFESSÉES A LA SORBONNE

PAR

C. DE LA VALLÉE POUSSIN

Professeur a l'Université de Louvain,
Membre correspondant de l'Institut de France.

Leçons

sur les

Équations intégrales

et les

Équations intégro-différentielles

PROFESSÉES A LA FACULTÉ DES SCIENCES DE ROME

PAR

Vito VOLTERRA

Membre Associé Étranger de l'Institut de France,
Professeur à l'Université de Rome.

■■■■

PUBLIÉES PAR MM.

M. TOMASSETTI

ET

F.-S. ZARLATTI

79772-28.   Paris. — Imp. GAUTHIER-VILLARS et Cⁱᵉ, 55, quai des Grands-Augustins.